国家出版基金项目

『十三五』国家重点图书

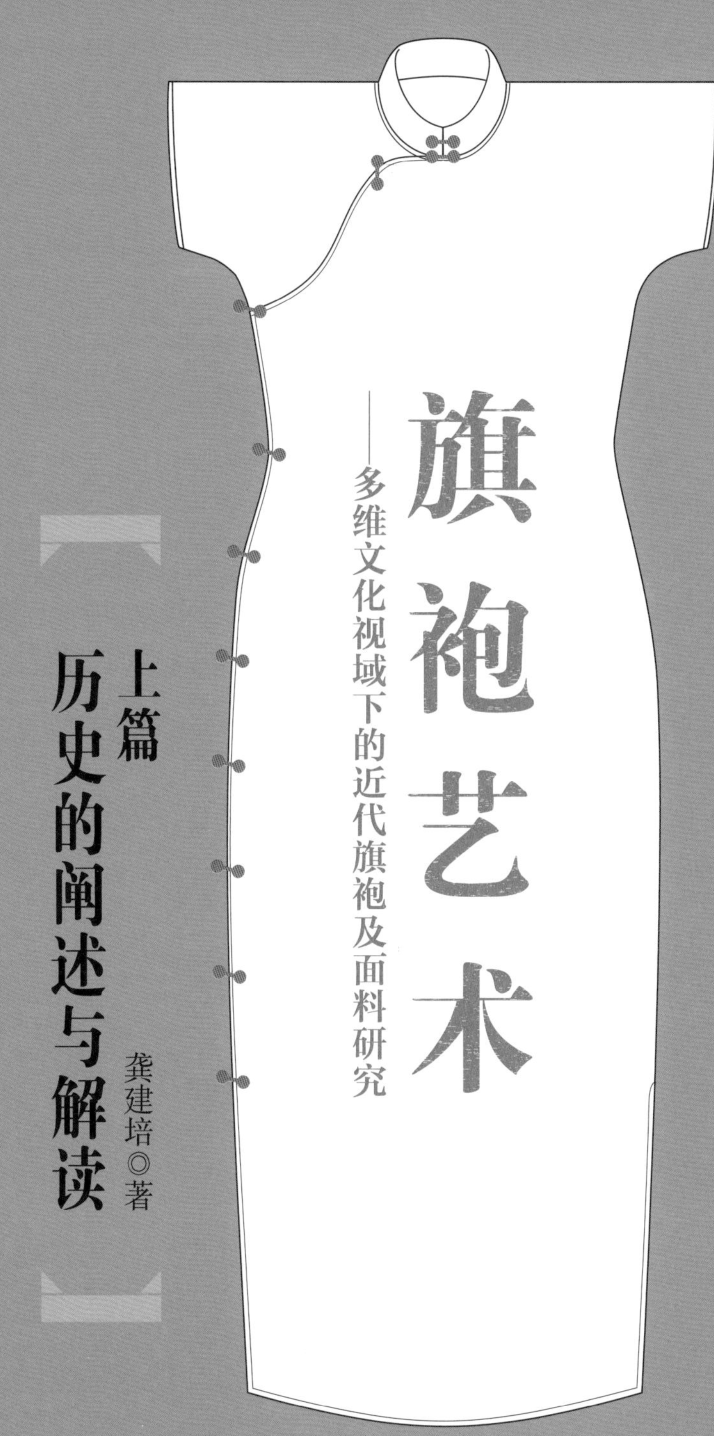

旗袍艺术

——多维文化视域下的近代旗袍及面料研究

上篇 历史的阐述与解读

龚建培◎著

中国纺织出版社有限公司

·北京·

内 容 提 要

本书以翔实的历史文献及罕见的传世实物为依据，对旗袍的概念、起源、发展等进行了综合考释与界定，探讨了旗袍及面料与社会时尚、消费模式、技术发展、西方文化、海派文化之间的关系。本书重点从技术、品种被动和主动突破的角度，阐述了土布、丝绸、印染、刺绣等工艺的近代发展与旗袍时尚的关系；从观念与表达的层面，论述了近代旗袍及面料纹样、色彩发展中显现的中西杂糅的文化特征；从生活影像与旗袍时尚叙事的角度，分析了报章杂志图像对旗袍时尚的引领作用，以大家闺秀、摩登女郎、演艺明星、女学生、职场女性为案例，揭示了不同女性人群的旗袍和面料特征以及相互关系。本书中独特的学术观点，丰富的旗袍、面料图像及历史文献，对近代服饰历史、旗袍历史的研究，现代旗袍、织物设计等都具有重要的参考和借鉴价值。

图书在版编目（CIP）数据

旗袍艺术：多维文化视域下的近代旗袍及面料研究．上篇，历史的阐述与解读／龚建培著．--北京：中国纺织出版社有限公司，2020.4（2024.1重印）

ISBN 978-7-5180-7317-7

Ⅰ．①旗…　Ⅱ．①龚…　Ⅲ．①旗袍—服饰文化—研究—中国　Ⅳ．①TS941.717

中国版本图书馆CIP数据核字（2020）第066352号

策划编辑：李春奕　唐小兰　责任编辑：李春奕

特约编辑：籍　博　姜娜琳　责任校对：高　涵　责任印制：王艳丽

中国纺织出版社有限公司出版发行

地址：北京市朝阳区百子湾东里A407号楼　邮政编码：100124

销售电话：010—67004422　传真：010—87155801

http://www.c-textilep.com

中国纺织出版社天猫旗舰店

官方微博http://weibo.com/2119887771

北京雅昌艺术印刷有限公司印刷　各地新华书店经销

2020年4月第1版　2024年1月第2次印刷

开本：889×1194　1/16　印张：33.5

字数：538千字　定价：468.00元

序一

南京艺术学院龚建培教授是我国染织艺术设计领域的著名专家。前几年他编著的《摩登佳丽——月份牌与海派文化》一书（上海人民美术出版社，2015年版）在我国大量的月份牌研究成果中独具特色。它的最大特点是从设计学的角度，对月份牌的设计语言和设计符号做了准确、深入的分析，帮助对月份牌感兴趣、然而仅仅在月份牌门外徘徊的读者登堂入室，从而使该书成为通向月份牌“精读细品”的桥梁。

时隔不久，龚建培教授又推出了专著《旗袍艺术——多维文化视域下的近代旗袍及面料研究》。这部书视角独特，对旗袍及面料设计发展过程和文化转型结果进行了深入的分析和研究，并通过近代旗袍及织物在设计、技术、品种、消费、审美等方面的具体案例，梳理、探讨了社会观念、文化价值、科学技术演变的机制与特征，亦见微知著地剖析、反思了近代旗袍及面料设计的历史贡献和时代局限，填补了近代服装、染织设计和近代设计史研究领域的部分缺失。

近代是中国服装及面料设计大变革、大发展的时期，也是中国女性时装——旗袍的产生和发展时期。这一时期通过技术、设备、新型材料和管理模式的大量引进与自主开发，以及近代消费结构、社会需求、流行时尚的变迁，旗袍及面料设计在品种、消费的发展上获得了前所未有的成就，成为近代设计史和近代服装、面料设计史研究的重要关注点。从设计史文献研究的角度来看：传世旗袍是一种可供测绘、工艺分析、实物复原，甚至是可以触摸、穿着的真实存在；月份牌中的旗袍织物图像表现的是时尚的典型性、审美的世俗性以及大众的商业意识，是一种近代都市欲望、消费观念以及“服装生态环境”的图像叙事表述；而近代报章杂志中的旗袍及面料图像则具体、明确地标示了不同阶层女性消费者的时尚意识和消费特征。本书综合三种文献形态的研究方法，是近代服装和面料设计史研究的一种新尝试与新探索。

龚建培教授的这部著作是在教育部人文社会科学基金项目“多维视域下的近代

旗袍及织物艺术研究”的结项成果基础上，经过修改，并增加大量文字和图像资料而完成的。此书不但获批为“十三五”国家重点图书出版规划项目，还是2019年度国家出版基金资助项目。此书的撰写和出版，展现了作者多视域对近代旗袍及面料设计、生产形态的阐述、审视和批评，其中对近代旗袍概念的界定，对旗袍及面料设计发展过程中新型市民阶层与消费模式的参与、转型研究，对存世旗袍实物及历史文献图形学、工艺学、信息学的交叉、关联研究等，既补充了此领域学术研究的不足，也为建立中国近代服装、面料设计史的完整体系做了很多必要的工作，对现代纺织、服装设计中新型中西文化交流途径、体系的建构，自主设计理念、方法的建立，都具有重要的借鉴作用和启发意义。

凌继尧

2019 年 7 月

东南大学艺术学院教授，博士生导师

艺术学国家重点学科带头人

国务院学位委员会艺术学科评议组第五、六届成员

序二

旗袍无疑是近代中国第一款划时代的女性时装，在短短几十年里曾创造了服饰史上罕见的辉煌。近代旗袍及织物不断变迁，它们承载了比历史上任何时期、任何服饰更为丰富的政治、社会、科技、时尚信息与人文意蕴，是近代服饰和织物设计发展的典型缩影，也是研究近代服装设计、织物设计、织物生产、消费模式、时尚潮流与中西方服饰文化交融的重要载体和资料来源。

尽管我们应该质疑将博物馆中的经典收藏作为设计史研究中心的传统观念，但对于传世实物，特别是一般消费者使用的实物，以观念、生产和消费为重点的考察应该被视为设计史研究的关键之一。本书的研究和撰写从整体上舍弃了传统美术史、设计史以时间发展为轴线的研究方式，而是以传世旗袍及织物、上海老月份牌图像、历史文献中的时尚剪影为三大重要依据，将研究的重点放在服饰价值取向、多元文化形态、时尚传播特点、文化观念嬗变、消费需求变迁与旗袍及面料发展的关系之上，从面料品种的变迁与突破、中西文化的观念与表达、女性生活图像与时尚叙事等方面，着重探讨了近代旗袍及面料的设计、消费，既表现丰富多样、融汇东西，又显露肤浅、粗糙、暧昧、杂糅以及没有完整体系的深层社会原因；分析了“欧风美雨”、输入技术、海派文化对旗袍及面料在纹样题材、色彩观念、表现程式等嬗变的影响；探究了近代传播媒介和时尚女性对旗袍及织物设计发展的横向引导作用；揭示了思想观念、生活方式、大众消费的更迭，如何参与和影响近代旗袍、织物发展的历史现实，以及观念、语境上的共性、个性特征和诸多存疑问题。

在本书的研究和撰写中，笔者拜访了多位国内近代服饰的收藏、研究专家，专程赴相关博物馆做了大量的调研工作，收集、拍摄了近代旗袍及面料实物照片8000余幅、老月份牌近500幅，复原近代旗袍织物的纹样400余幅，对众多民国文献进行了检索、梳理和反复研读。笔者认为，服饰的价值观念、消费方式以及文化形态与宏观、微观的社会变革有着十分密切的关系，它们的变迁机制不但显露着社会变革的端倪、过程及结果，还常常与一些重大历史事件或普遍的大众消费相伴而行，而其中表现得最为突出的无疑是时尚女性和她们创造的旗袍。如何从大量反映历史小变、渐变的细节以及反映大众生活的文献、图像中，参证辨伪地揭示中国传统文化与西方文化的冲突、融合，在旗袍及面料设计上表现出的观念、语境上共性、个性特征；从历史的视野和民众史述话语权的角度，阐述了旗袍及面料发展、演变过程中显现和蕴藏的各种文化现象、消费价值变更等，这成为贯穿本书撰写始终的问题、思考与挑战。从社会文化学、大众消费学、考据学等多角度对近代旗袍及面料设计过程和结果的反思性、探索性研究，不但可以促进和建立较为完善、系统的中国近代旗袍及织物设计史的研究架构，也是对近代服装史、设计史研究的一种补充和推进，对正处于传统文化和西方文化不断冲突、融合中的中国现代服装、织物设计发展，亦能起到“修正”与借鉴作用。

龚建培

2019 年 7 月

南京艺术学院设计学院教授

目录

第一章

概说

旗袍是近代中国女性的第一款时装，是近代女性服饰及面料发展的典型缩影。对近代旗袍及面料设计发展过程和文化转型结果的深入分析、研究，不但能促进较为完善、系统的我国近代旗袍及织物设计史研究体系的建立，还可以从旗袍织物及设计的发展中，窥探其他设计类别乃至整个中国近代设计发展的规律与特点。

第一节

研究的缘起与现状

一、研究的缘起

多年来笔者一直关注和开展着近代纺织、服装艺术史方面的课题研究。在此过程中，直接或间接地接触到大量近代的传世旗袍、相关的月份牌广告、老照片以及民国文献。这些传世旗袍、月份牌、老照片等所承载、显现出的政治、社会、经济、服饰信息，不仅带给笔者视觉、触觉上丰富的服饰文化体验，更为重要的是给笔者带来了对旗袍文化本质特征，旗袍产生、发展与近代生活方式，旗袍与面料互存关系等问题的深层思考。文化作为一个广义概念，是由技术体系和价值体系两大部分组成：技术体系表现为物质的器用层面，它是人类物质生产方式和产品的总和；价值体系表现为文化的观念层面，即人类在社会实践和意识活动中产生的价值取向、审美情趣、思维方式，凝聚为文化的精神内核。服饰文化同样包含“技术”和“价值”双重体系，前者指构成服饰本身的诸多因素，后者则指影响服饰形成和服装的社会、文化观念。因此，旗袍及面料在近代的产生、发展，不仅体现为器用层面上服饰本身的廓型和穿着方式的变化，更表现为近代服饰观念的重大更替。从此角度说，旗袍一方面可视为中西方文化冲突与交融下，近代女性服装的典型代表和中国服装史上第一款女性时装；另一方面又可视为解读近代中国思想观念、政治生态、生活方式、大众文化嬗变的典型“物化形态”。法国年鉴学派大师费尔南·布罗代尔（Fernand Braudel）曾说：“一部服装史所涵盖的问题，包括了原料、工艺、成本、文化性格、流行时尚与社会阶级制度等。如果社会处在稳定停止的状态，那么服饰的变革也不会太大，唯有整个社会秩序急速变动时，穿着才会发生变化。”[1]布罗代尔的观点告诉我们，旗袍作为一种在中国近代最为动荡时期产生的服装，它的发展轨迹不但集中显现了当时服饰时尚思潮和织物艺术

[1] 费尔南·布罗代尔. 15至18世纪的物质文明、经济和资本主义：第一卷[M]. 顾良，施康强，译. 北京：生活·读书·新知三联书店，1992：367。

的状况，我们通过对近代旗袍及相关面料的考察还可以见微知著地了解到近代国人生活方式由传统向近代转变的轨迹和特点，了解旗袍及面料发展中与设计者、生产者、消费者的互动关系，进而也可以引发设计史研究上更为深层的诸多思考。作为主要关注纺织设计艺术史的笔者来说，毫无疑问地会将思考的重点放在与旗袍发展至关重要的面料设计之上。那么，旗袍及面料这些器用层面的物质文化对近代中西文化融合的服饰价值体系建构起到什么样的作用？近代产业经济、消费观念如何参与和影响近代旗袍及面料的发展？旗袍时尚及面料设计所形成的社会化、市场化、大众化趋向在不同消费人群中如何体现？旗袍及面料设计与女性解放的关系？旗袍及面料设计的发展与包括月份牌、报刊、电影等新兴媒介的相互作用和关系？它们是通过怎样的传播途径来促进、影响近代时尚的转型？我们在今天如何从图像学的角度，利用旗袍实物与民国时期文献（报纸、杂志、插图、老照片、月份牌、文学作品、地方志等）的对照解读，以历史的视野，多视域地还原近代旗袍及面料设计发展的脉络？旗袍及面料设计研究中民众史述的话语权如何恰如其分的体现？从整体社会文化背景构成中，如何去解读近代旗袍及面料设计的个案与集体形态的关系？如何恰如其分地评价近代旗袍及面料设计的人文、社会及美学价值？一旦从这些反思性、问题意识的视域来探究近代旗袍及面料设计时，我们面前的传世旗袍、织物面料、月份牌等泛黄的陈年旧物，或许就呈现为一个个显性或隐性文化、技术等信息的载体，展现为隐匿着众多消费意识、审美品位、时尚情结的昨日故事，投射为多姿多彩、弥足珍贵的近代时尚影像的摩登缩影（图 1–1）。

图 1–1　湘绿镶绲长袖旗袍及绸缎广告（20 世纪 30 年代）

二、研究的现状

从上述对近代旗袍及面料多视域思考的角度来看，目前近代旗袍研究应该说是成果颇丰，但仍存有多项缺失。在近代旗袍的历史起源，文化承袭，形制、结构变迁等方面，很多学者做出了专题性探索，取得了不菲的阶段性成果，但从整体上说概述性、图录性研究成果比例较多，很多关键问题还悬而未决或值得商榷。也有一些哲学、历史学界的学者就近代旗袍与社会发展、海派文化、西方文化的关系，提出了很有见地的观点，这些观点很值得我们在研究中学习和借鉴。在近代旗袍款式、裁剪方法与面料设计发展关系的研究，近代旗袍及面料设计的图像学研究，近代旗袍及面料设计与新兴媒体关系的研究，近代旗袍及面料与科技发展、产业经济、消费模式、时尚引领关系的研究，特别是旗袍面料、纹样、色彩的发展与西方科技、文化的影响研究等方面，国内外都未见专门性的研究成果，这些都是本书关注和探讨的重点。

第二节

研究的重要关注点

针对上述的研究现状，本书拟采用门类史与断代史、图像与文献论证、个案研究与综合研究等相结合的路径，通过对传世实物、图像资料（包括民国时期的报纸杂志、老照片、月份牌、插图、漫画等）、历史文献的收集、整理、考证，深入研究和解读近代旗袍在形制、面料等方面的发展线索和阶段性特征，以及它们与生活方式、审美观念、流行时尚、消费群体的互动关系，科学、客观地界定旗袍起源与流行的基本时间段，各阶段旗袍、面料与文化、科技发展的关系等。

以近代生活方式与多元文化语境为切入点，深入研究旗袍本身及面料设计发展中的相关文化现象、技术特点，不但可以从多个侧面了解旗袍及面料的科学、艺术、消费和审美特点，也可以通过近代旗袍及面料探索中国大众生活方式由传统向近代转变的机制和途径，从而让我们充分认识近代以来服饰文化转型的基本特征和不同的个案特点。另外，本书在对近代旗袍图像学、结构学及旗袍面料设计学（风格、品种、设计、使用）等方面多层次个案的研究；以民众生活、大众消费为主要视角，对旗袍、面料发展与商业市场条件、社会性传播渠道、文化性大众审美的关系的研究等，不但可以填补近代服装史、纺织艺术史、近代旗袍史研究中的多项缺失，对构建完整的民国设计史研究体系亦能起到重要的补充作用。

一、社会、时尚变迁与旗袍及面料

旗袍及面料设计是在民国时期政治、经济、科技、文化融贯中西、兼收并举以及刻意求新的大环境下产生和发展起来的，它的产生和发展受到各种社会、时尚因素的支撑及制约。因而对它的研究和考察应该还原到当时的社会历史背景之中，必须结合政治、经济、科技、文化以及时尚变迁中宏观、微观的多种因素一并探讨，方能更为清晰地认识到旗袍及面料发展表象下的本质特征。在思考旗袍及近代土布与洋布之争的时候，笔者不禁想到这样一些似乎无趣但又非常现实的问题：在清末以后如果没有当时高度开放的社会文化环境，没有西方文化以及“洋布”等洋货的输入，没有众多新兴媒体对变革、改良的推动，没有由此而引发的生活方式的改变和国内近代纺织制造业、织物品种的创新与发展，是否会有近代旗袍的产生、发展和鼎盛？是否会引发旗袍结构的革命性变化？是否会有那么多女性痴迷地爱上那妩媚而奢华的旗袍？诸如上述问题在近代旗袍研究中往往被许多学者忽视，实则它们恰恰是近代旗袍及面料设计研究不可或缺的关键所在。

如果说社会时尚决定衣着，那么衣着也在诠释特定时期的社会时尚。从历代服饰的变革上看，服装、服饰款式的重大变革往往会受到政治制度的严格约束，服饰制度从属于服饰等级的需要，织物品种、色彩和装饰纹样同样起到“严内外，辨亲疏”的作用。但从民国初期始，服装发展则在一定程度上打破了这种历史的常规，在1912年5月14日的民国政府关于服制的咨文中，就提出公服、便服制度的制定要“参酌人民习惯，社会情形”来拟定（图1-2），并于1912年10月4日颁布了民国政府的第一部服制条例，这部服制条例体现了人人平等的共和思想，强调了“审择本国材料”的主张，同时也为西式服装的使用提供了法理的依据等。女子的礼服规定为：“套裙”——上衣下裙，周身加绣饰，材质为绸缎。而具体的女服结构为：

（1）套式——女子礼服的上衣，“长与膝齐，对襟，五钮，领高一寸五分，用暗扣，袖与手脉齐，袖广六寸，后下开端”。

（2）裙式——女子礼服的下裙，

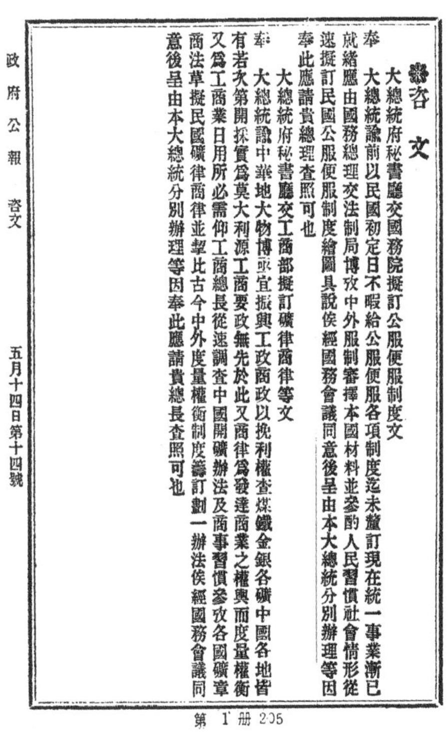
咨文

大總統府秘書廳交國務院擬訂公服便服制度文

奉

大總統諭前以民國初定日不暇給公服便服各項制度迄未釐訂現在統一事業漸已就緒應由國務總理交法制局博攷中外服制審擇本國材料並參酌人民習慣社會情形從速擬訂民國公服便服制度繪圖具說俟經國務會議同意後呈由本大總統分別辦理等因奉此應請貴總理查照可也

大總統府秘書廳交工商部擬訂礦律商律等文

奉

大總統諭中華地大物博亟宜振興工政商政以挽利權查煤鐵金銀各礦中國各地皆有若次第開採實為莫大利源工商要政無先於此又商律為發達商業之權輿而度量權衡又為工商業日用所必需仰工商總長從速調查中國開礦辦法及商事習慣參攷各國礦章商法草擬民國礦律商律並挈比古今中外度量權衡制度籌訂劃一辦法俟經國務會議同意後呈由本大總統分別辦理等因奉此應請貴總長查照可也

政府公報　咨文　五月十四日第十四號

第1冊 205

图1-2　服制案咨文（南京，《政府公报》，1912-5-14，第十四号）

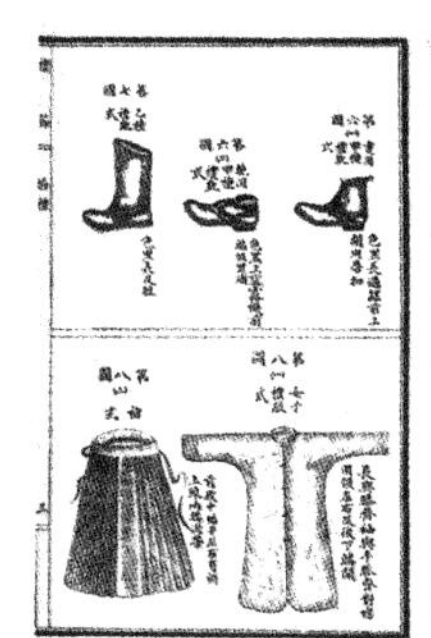
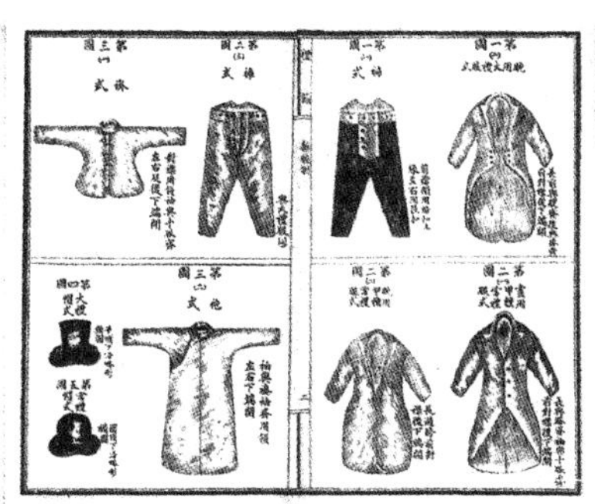
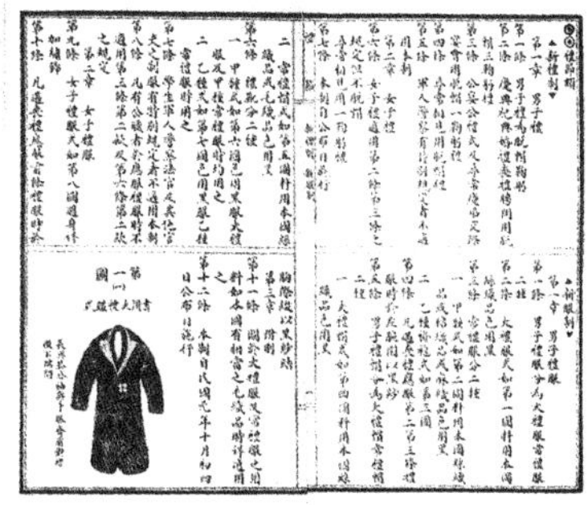

图1-3 1912年颁布的服制条例（南京，《政府公报》，1912-10-14，第一百五十七号）

“前后不开，上端左右开”，“质色绣花与套同”。

（3）便服式——女子便服的上衣，“长与膝齐，襟右扣，用五钮，领高一寸五分，用暗扣，袖与手脉齐”[1]。

但是此条例仅针对礼服、公服（图1-3），对日常服装未提出具体规定。在现实社会生活中此条例对普通消费者的约束性极小，特别是对于女性消费者和女装而言。值得一提的是，20世纪20年代中后期首先在女性活跃者[2]中流行起来的旗袍，则在1929年4月16日颁布的服制条例中，顺应社会时尚潮流之变，成为女子礼服的一种和唯一公务员的制服[3]。因而，近代旗袍的发展成为中国服饰史上具有跨时代意义的特殊案例之一，更从制度、精神、物质的整体层面上体现为近代社会转型的一种典型服饰文化现象（图1-4）。在这个转型过程中，旗袍的发展充分显示了普通民众在社会时尚中的参与性和话语权，从马甲旗袍到倒大袖旗袍再到改良旗袍的演变中，款式、织物、领、袖、腰、摆等的千变万化，各阶层消费者的参与和贡献起到了举足轻重的作用。

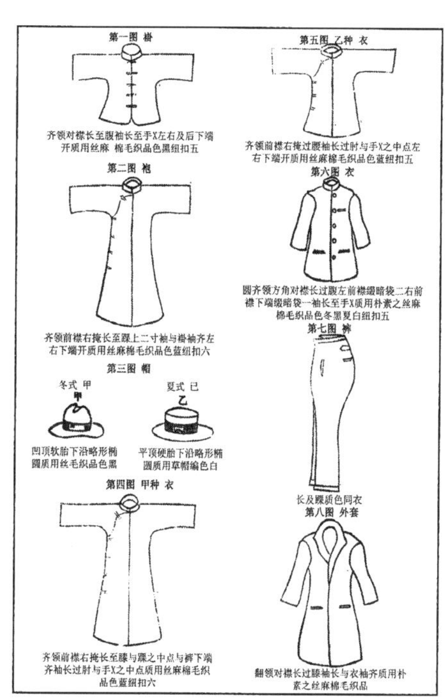

图1-4 1929年服制条例中服装与帽子的样式（卞向阳，《中国近现代海派服装史》，东华大学出版社，2014：134）

[1] 新服制草案图说[N]. 民立报，1921-6-23。

[2] 在此，所谓的“女性活跃者”，主要指在服饰上走在时尚前列的消费者，主要有女学生、女演员等。

[3] 在1929年的“服制条例”中，女子礼服和公务员制服同为两种：一种为袍服，“齐领，前襟右掩，长至膝与踝之中点，与裤下端齐，袖长过肘，与手脉之中点”；另一种为衫袄，“齐领，前襟右掩长过腰，袖长过肘与手脉之中点，左右下端开”。两种皆为“质用丝麻棉毛织品，色蓝”，纽扣前者六，后者五。

二、消费模式与旗袍及面料

服饰及面料的发展研究是设计史的重要组成部分，而且此两者也是密不可分的一个整体，对它们的研究也是历史学、社会学、民俗学研究的一个分支，同时也是研究文化史、艺术史的一个重要角度和切入点。民国时期，随着国外物质文化、生活方式的大量输入和国内纺织业的发展，旗袍及面料不管是在观念、造型、技术、工艺、装饰等方面都受到西方科技、文化输入的巨大冲击，进而出现诸多消费模式上中西文化的冲突与融合。

英国布莱顿大学设计史学科的奠基者乔纳森·伍德汉姆（Jonatha Woodham）教授认为："设计作为物质文化的产物，与生活紧密相关，设计的杰作不是在博物馆而在市场，我们要将设计史的研究转向消费、消费模式和消费者。"[1]因而，本书的研究将以历史文献和存世实物为基础，客观、立体地还原近代旗袍及面料与生活方式、消费模式之间的相互关系。本书的研究还将更多地关注旗袍及面料消费过程中民众史述的话语权问题，关注旗袍及面料设计发展中与生产者、设计师、消费者的关系，探讨民众生活消费如何参与和影响近代旗袍及面料设计的发展轨迹，进而引发生活方式的改变，并形成特定市场化、社会化、大众化的文化转型与变迁的发展脉络。

三、近代科技发展与旗袍及面料

近代中国纺织业及面料的发展与西方纺织科技的输入以及国内纺织技术自身的进步密切关联，没有近代纺织技术的进步或许就没有近代旗袍的辉煌。近代科技进步一方面造就了旗袍产生和发展的社会生态、生活方式等，另一方面更为直接体现在旗袍款式、风格与所使用面料的材质、品种、加工工艺、纹样及色彩等的发展和变化之上。前面已谈到，面料是旗袍发展的重要组成部分和决定性因素之一，也是款式、形态变化的载体。例如：面料幅宽，从1尺左右发展到2尺左右，这一变化决定了旗袍裁剪方法从前后中破缝结构到无破缝结构的产生与发展[2]。不同的面料、工艺对造就不同风格的旗袍也起到了决定性的作用。例如：纱罗旗袍的轻盈飘逸，呢绒旗袍的端庄挺括，蕾丝旗袍的性感摩登等。同样，在存世近代旗袍中，面料使用的材料、制作工艺、纹样、色彩等一方面反映了当时的纺织技术的状

[1] 乔纳森·M. 伍德汉姆. 现代设计语境中的中国与世界[J]. 周博，译. 世界美术，2012（1）：85-89。

[2] 中国传统袍服结构是前后破开裁剪的，原因是在一个有限的布幅中不足以完成袍服的完整结构，只能从中缝破开，这样就可以解决布幅宽度不够和连裁大襟匮缺的综合问题，也节省了面料。

况，另一方面也体现出服饰消费者的审美观念与消费层次的差异。

就科技进步与旗袍面料的关系研究而言，其不但包含了“土布”与“洋布”之争，“土丝”与“厂丝”之争；也包含西方进口面料对我国纺织科技进步的影响，包含了我国新型提花、印花、刺绣等技术发展带来的织物品种的日新月异，以及新型织物对旗袍款式和穿着方式的影响等。同时还涉及旗袍面料以及其他服饰织物的大量消费需求，反过来对当时的纺织业的技术进步、服装制造业以及零售业的发展起到的重要推动作用。

当然，在这方面的研究、分析中，也存在很多困难与局限。例如：在民国时期的旗袍面料中，进口面料占有很大的比例，国内生产面料的地区和企业也很庞杂，在目前存世的旗袍和面料中有明确标示出生产国、生产地域及企业的少之甚少。在研究中我们主要依据织物与生产技术发展的关系，通过有明确记载的文献资料与传世实物进行工艺学样本比较等方法，尽量避免论据、结论在宏观上的偏颇。同样，在某些面料的生产时间上也存在此类问题，这些或是本研究中无法回避的缺憾。

四、旗袍及面料与西方文化、海派文化

民国时期的旗袍面料组织、纹样、色彩设计等除了受到西方服饰文化、艺术思潮的影响外，无疑还有近代海派文化的影响，这点在存世的旗袍实物、老照片和月份牌中都可以得到印证。但旗袍面料的纹样、色彩主要受到那些西方服饰文化、艺术思潮及海派文化的影响，传统纹样的程式在崇洋、趋新之风下如何走向中西合璧，传统色彩的观念获得了什么样的突破等问题，目前还很少有学者进行过深入、系统的研究。本书将通过存世旗袍面料的材料、组织分析，纹样复原，以及月份牌、老照片中旗袍面料纹样的收集、复制、辨析，对旗袍面料的纹样、色彩与西方文化、海派文化以及消费人群的关系进行探讨，初步建立近代旗袍及面料设计的发展脉络构架和图像数据库。此数据库的建立，不但可以为近代旗袍、民国文化、近代历史研究者提供集实物照片、图像资料、实测数据、历史文献为一体的研究资源，对民国文物的抢救、保护和现代服饰面料的创新设计也大有裨益。

五、旗袍及面料研究的整体意义

款式、面料、纹样、色彩是服饰时尚潮流中起着关键作用的四大因素，从另一个角度说，面料这个概念又可将纹样、色彩等涵盖其中，而款式的变化是必须基于某种织物和面料载体之上的。20世纪30年代，许地山先生在他的《近三百年来底中国女装》导言中曾说："乾隆（1735年）以后，西洋品物渐次输入，而服装底形式还没改变，只是所用材料有时也以外货为尚而已。"[1]许地山先生的论述实则从另一角度告诉我们，中国近代服装的变革是以服饰材料的西化为先导的。李寓一先生也曾说：辛亥革命后的中国"妇女衣裙之修饰有三大变更：一种色彩方面，一种形式方面，一种图案方面"[2]。因而近代服装及近代旗袍的研究缺少了相关面料、纹样、色彩的环节一定是不完整的。

就近代旗袍而言，在其改良发展的过程中，除了款式因素外，旗袍所用的面料、装饰纹样和加工工艺等，是其华丽、优雅、性感风格中不可缺少的主要因素。再者，作为民国时期的一般市民与消费者，旗袍款式的自我创造和选择性相对较少，款式模仿是消费行为的主流，但在面料类型、色彩和纹样的运用上，普通消费者的创造和选择则更为自我、自由和随心，面料类型、色彩和纹样也更直接地体现大众对时尚潮流的理解和表达，并对款式、流行发展和消费模式起到重要的推动作用。应该说款式与面料品种、色彩和纹样共同决定了近代旗袍的产生、兴盛与发展，也应该是近代旗袍研究的重要组成部分（图1–5）。

[1] 许地山. 近三百年来底中国女装[N]. 大公报·艺术周刊，1935// 李宽双，等. 人生四事——衣食住行[M]. 长沙：湖南出版社，1995：33。

[2] 李寓一. 二十五年来中国各大都会妆饰谈[C]// 先施公司. 先施公司二十五周（年）纪念册. 香港：香港商务印书馆，1924：280。

图1-5 紫色丝绒一字襟无袖旗袍（20世纪40年代，香港博物馆藏）

橙红色花卉纹提花绸无袖旗袍及面料局部（20世纪40年代，香港博物馆藏）

第二章 近代旗袍及面料的界定与发展线索

虽说近代旗袍的界定、起源问题并非是本书要探讨的重点，但必要的概念界定，发展线索和重要节点的梳理，将有助于本书论述的展开和观点的敷陈。旗袍的起源与发展，与近代其他服饰一样，并没有一个固定的模式和明确的时间节点，它是在动态中不断交叉、变化、完善的。

关于旗袍起源相关问题的论述，本书将暂且放下现代学者有关旗袍起源的众说纷纭，以更接近原点的历史文献作为考据的基本视点，以宏观的视域来考察旗袍与社会及人（特别是女性消费者）的关系，在历史文献的清晰梳理中，找到有关旗袍起源、发展较为准确、有效的线索，呈现影响旗袍发展的种种社会、经济、文化因素和近代女性时尚意识的觉醒以及主动参与的过程。

第一节

近代旗袍及面料的界定与指代

一、关于“旗袍”的文本解读

众所周知：我们现在常说的“旗袍”，一般专指近代或民国以后妇女穿着的长型“袍”服。但不论是在服饰研究、旗袍研究的论著中，还是在日常谈论中，“旗袍”一词总存在着诸多定义、解释与表达的歧义和误读，因而有必要多维度地进行探讨。“旗袍”一词从文本角度来看，“旗”字来源于满族社会中特有的一种社会组织形式——八旗制度。到清末时，凡是被编入八旗，拥有旗籍的人称为“旗人”[1]。而与“旗人”相关的很多概念、文化称谓则常常被冠以“旗”字的前缀，如“旗主”“旗丁”“旗籍”“旗田”“旗装”“旗帕”等。在清代末期《同治大婚红档》中载有“杏黄透缂官样乞行五彩全金旗蟒袍”“果绿江绸细绣五彩全金旗蟒袍”等名录[2]，但未见专属“旗袍”的文字记载。

“袍”是中国古代最主要的服饰形式之一，另两种为“弁服”和“深衣”。弁服的形制为上衣下裳分裁制，取“上为天，下为地”之意，是仅次于冕服的一种礼服。深衣的形制是上衣下裳分裁而合制，是朝服以外次等的服饰。袍在形制上是一种不分衣裳，自肩至跗上下通裁的长衣，男女可通用。袍为夹衣，单袍为禅。西周时期也有在里面铺以绵絮，用新丝绵铺制为襺，用杂絮或麻絮的称袍[3]。关于袍的穿着方式，汉代刘熙《释名·释衣服》记载：“袍，苞也。苞，内衣也。”[4]综合其他史书记载来看，袍是古代贵族的一种私衣、内衬，只做家居生活的便装使用，如外出、见客、服公，必外加弁服，但平民不限。东汉永平二年（公元59年），明帝设衣服之禁，才将袍、深衣和禅衣共为朝服（即礼服）。从中国服饰史上看，妇女的早期礼服均是以长袍为形制，而上衣下裙的服饰一般作为常服。自唐以后，裙服越来越普遍地成为妇女的普通服饰，到明代仅有皇后和命妇的祭服才是上下通裁的袍型长衣。综合上述，袍服乃中

[1]《大清会典》载：“盛京十四城旗人所种之地，及近京圈地征收旗租者，皆曰旗地。又编立满洲、蒙古、汉军各八旗。录籍者号为旗人，俗称旗下人。”

[2] 房宏俊．清代皇后常服考略[J]．故宫博物院院刊，1998（3）：85-89。

[3]《礼记·玉藻》：“纩为茧，缊为袍。”纩，丝绵；缊，碎麻、旧絮。

[4] 缪良云．中国衣经[M]．上海：上海文化出版社，2005：150。

国古来有之，在历代均有不同的变制，并非清代满族所特有。

满族为女真族的后裔，长期居住于东北长白山一带。由于气候寒冷，他们的服装多采用袍服的样式。满族入关后，清政府基本沿袭了其旧有服制，袍和褂亦成为最重要、最常见的礼服形式。大清的冠服制度中后妃、贵妇有“朝褂”“朝袍”，按等级分别使用不同的颜色、纹样和配饰。《清稗类钞·服饰》中载：“褂，外衣也，礼服之加于袍外者，谓之外褂。”“而长袍罩外褂是旗装很郑重的服饰”[1]，可见在旗装中“袍”除特指朝服外，一般指褂之内衣，且男女无别[2]。就内衣而言，它们还包括了便袍、氅衣、衬衣。

在现代旗袍研究中许多学者常常提及“旗女之袍”“旗人之袍”，并简单地将“旗女之袍”“旗人之袍”或满族清末袍服中的一些特征作为旗袍发展之源，很容易造成认知与研究上的误导。笔者认为：“旗女之袍”的概念，所指太过含混而笼统。很明显满族女性袍服中有几类与民国的旗袍演变几乎没有直接的承袭和源流关系，如礼服、吉服、氅衣。而最具承袭关系，在形制上最为接近的应该是旗女便服中的“便袍”（详见本章第二节）。笔者认为厘清此中的概念和关系是旗袍发展史及相关研究的基础和必要条件。

二、“旗袍”指代的变迁

从目前的文献资料来看，在清末以前的清朝文献中尚未见“旗袍”之称谓及明确记载，旗人也未称自己的女性袍服为“旗袍”。如果将“旗袍”视为“旗女之袍”“源于旗人之袍”，或是将旗袍视为旗女袍服的直接演变或延续的话，难免有望文生义之嫌。以笔者的观点来看，近代之“旗袍”一词与旗人的袍服并无称谓上的直接关联，也无直接、明确的传承关系。在汉族的文献中，“旗袍”一词最早见于沈寿口述、张謇笔录整理，1919年（民国八年）南通翰墨林书局刊印的《雪宧绣谱》一书中：“大绷旧用以绣旗袍之边，故谓之边绷。”[3]《雪宧绣谱》成书之时汉族女性穿着旗袍的时尚还未出现，从“旧用以绣旗袍之边”一句来看，应该是指以往为官宦之家的“旗女袍服”做襟、袖、摆的刺绣纹饰加工之用，这里所述之“旗袍”，笔者认为应该是“旗女袍服”的略称[4]，而非指民国后的旗袍。“旗袍”一词何人、何时“创造”，目前暂无从得到明确的考证。“旗袍”一词

[1] 孙彦贞．清代女性服饰文化研究[M]．上海：上海古籍出版社，2008：82。

[2] 蔡东藩．中华野史[M]．济南：泰山出版社，2000：831。

[3] 沈寿．雪宧绣谱（译白）[M]．南通：南通工艺美术研究所，1984：4。

[4] 民国后的旗袍一般无大面积的边、摆刺绣装饰，边、摆的装饰多用各种花边。

比较频繁出现在报端，应该在清朝灭亡9年后的民国初期（1920～1922年），最初所指的服饰类型宽泛而不甚明确，笔者认为主要是指暖袍、女子所穿男式袍服等，并非特指20世纪20年代中叶以后出现的近代旗袍。

1920年“旗袍”出现之初，就有人对“旗”字冠以“袍”前的这一词组提出质疑，“近来海上女界旗袍盛行，闺秀勾栏，各竞其艳。夫人之装饰原无一定，惟旗袍之名，若有宗社党[1]之臭味……故我以为袍可着，惟不可以旗名，无以，其改称为暖袍乎！”[2]此文认为使用“旗”字有“宗社党之臭味”的嫌疑，很明显是要与清朝遗老遗少的保皇派划清界限。可以说“旗袍”一词出现后“暖袍”的概念亦已有人提出，只是未得到广泛的采用。景庶鹏先生在1924年即指出：“至近二年来（约1921～1922年），冬日妇女，多穿旗袍。此种旗袍，并非北地旗妇所着之袍。长亦只过膝三四寸，袖领腰，亦与普通妆同。颜色，中年多用灰色，少年则杂着各色，衣边袖边滚边不滚，俱有御寒之具。”[3]其文明确指出，20世纪20年代出现的这种袍服“并非北地旗妇所着之袍”，并从长度、袖、领、腰、色彩、装饰各方面说明了与旗人袍服的区别，并特别强调了“御寒”的特点。李寓一在《二十五年来中国各大都会妆饰谈》中也曾说：“政变后（辛亥革命以后，笔者注），……外套之形式，有一口钟[4]、旗袍、大衣三种。先专为冬季御寒之用，近则秋季亦用之。相习既久，遂流为妆饰……大衣上无多妆饰。旗袍之纽扣较多于男子，底摆扣合，非若男袍之飘开者，其近底摆与袖口处。时髦者亦加滚花边一道，边色不一，视衣料之色彩而异，与昔日所用之蓝格相同，但较美观。”[5]他还指出：一口钟大多为交际花之类女性所穿，而一般妇女则多穿旗袍和大衣。从其论述中我们可以看到：其一，20世纪初的服装变革起源于辛亥革命，即社会与观念的革命是服装变革的先导和决定因素，旗袍的发展源于民国时期“为冬季御寒之用”的“暖袍”；其二，阐明了这种暖袍与男袍在款式等上的异同之处。此外，在20世纪20年代初文献中，“旗袍”的另一种指向则为“男性长衫”的一种变体。例如：模仿鼓书艺人的“旗袍”[6]（详见本节三）。

“旗袍”称谓见诸报端的20世纪20年代初，正是民国成立后服饰变革的特殊时期，服装的杂乱无序也决定了“旗袍”称谓的莫衷一是，直至1926年前后才逐渐约定俗成为近代旗袍的通俗称谓

[1] 宗社党，指辛亥革命爆发后，清朝皇族中的顽固分子结成的集团，反对清帝退位及与革命政府议和，企图保存清皇朝统治的组织。

[2] 佚名．暖袍[N]．小时报，1920-1-18。

[3] 景庶鹏．二十五年来中国各大都会妆饰谈[C]//先施公司．先施公司二十五周（年）纪念册．香港：香港商务印书馆，1924：301。

[4] 一口钟，指一种无袖不开衩的长外衣，其形如钟覆，故得名。满语叫“呼呼巴”，又称“一裹圆”“斗篷”“莲蓬衣”“大氅”，是多用于冬日避寒的外套。

[5] 李寓一．二十五年来中国各大都会妆饰谈[C]//先施公司．先施公司二十五周（年）纪念册．香港：香港商务印书馆，1924：280-281。

[6] 丹翁．服妖[N]．晶报，1920-1-15。

❶王宇清. 历代妇女袍服考实[M]. 台北：中国旗袍研究会，1975：25。

或特指称谓。上述之论点，我们可以从民国时期报刊文献中得到充分的论据支撑。台湾旗袍研究学者王宇清也认为：民国后，"袍服忽又渐行，世俗不明古礼，乃统称女袍为'旗袍'，盖谓清代旗妇袍服的再起。"❶此观点为"旗袍"为何姓"旗"的推断之一；另一种相似观点认为：在长达近300年清朝统治的潜移默化下，普通人已经形成了"女子穿袍服=旗女袍服"的历史记忆模式，因而在20世纪20年代新兴袍服出现初始，难免会给人"旗女袍服"的联想，在"袍"前冠以"旗"字亦不难理解了。

笔者将已查阅的民国时期报刊文献，以发表时间或文献所指时间为顺序，对涉及"旗袍"的相关文献进行了部分筛选和摘录，并简略标注出笔者理解的袍服类型，供读者判别与参阅（表2-1）。

表2-1　民国文献中与旗袍概念变迁相关的论述摘录

序号	年代	文献表述内容	服饰类型指向	作者	文献出处
1	1911以后	政变后，（辛亥革命以后，笔者注）……外套之形式，有一口钟、旗袍、大衣三种。先专为冬季御寒之用，近则秋季亦用之。相习既久，遂流为妆饰……大衣上无多妆饰。旗袍之纽扣较多于男子，底摆扣合，非若男袍之飘开者，其近底摆与袍口处。时髦者亦加滚花边一道，边色不一，视衣料之色彩而异，与昔日所用之蓝格相同，但较美观	暖袍	李寓一	二十五年来中国各大都会妆饰谈[C]//先施公司二十五周（年）纪念册．香港：香港商务印书馆，1924：280-281
2	1920	近来海上女界旗袍盛行，闺秀勾栏，各竞其艳。夫人之装饰原无一定，惟旗袍之名，若有宗社党之臭味……故我以为袍可着，惟不可以旗名，无以，其改称为暖袍乎	暖袍	佚名	暖袍[N]．小时报，1920-1-18
3	1920	鼓书艺人刘翠仙自来上海登台奏艺后，许多女性因喜爱刘之艺术，爱屋及乌，纷纷流行刘翠仙所穿之旗袍	男式"长衫"	丹翁	服妖[N]．晶报，1920-0-15
4	1920	十年春（1921年），……冬日，女界旗袍，自北而流行于南	暖袍	屈半农	二十五年来中国各大都会妆饰谈[C]//先施公司二十五周（年）纪念册．香港：香港商务印书馆，1924：308
5	1920	海上女子，一时髦旗袍为最新之装饰品	男式"长衫"	丹翁	无题[N]．晶报，1920-4-18
6	1921	今年的小姐们，因为她们的旗袍减短了六寸，看着越格外漂亮了，"六寸"虽不算长，但比起过去扫地长服，已全然不同，这种服装不仅方便，而且卫生，绝不会拖带污尘，并且是那种轻盈，飘渺，流露她丰满的肌肤，再加上布料的色彩和花样的高尚，我们真是不由得不仿做了，因此以致风行了全城，尤为一般学校小姐们所穿着	旗袍马甲	启真	妇女的新装[J]．妇女杂志，1921（5）：17

续表

序号	年代	文献表述内容	服饰类型指向	作者	文献出处
7	1921	满清入关以后，他们妇女的衣服，宽袍大袖，双镶阔滚，只有贵族可穿，民间若要仿造，便犯大罪。“庚子”年联军入京，光绪逃难，宫中宝贵物品，流散在外，细毛皮货，到处拍卖，衣庄店里，才敢收买，现在还有挂在门前的。那时的戏子和妓女，都效仿他们的服饰，以为可以出风头。“辛丑”（应为“辛亥”的笔误）革命，排满很烈，满洲妇人因为性命关系，大都改穿汉服，此种废物，久已无人过问。不料上海妇女，现在大制旗袍，什么用意，实在解释不出。有人说：“她们看游戏场内唱大鼓书的披在身上，既美观，到冬天又可以御寒，故而爱穿。”又有人说：“不是这个道理，爱穿旗袍的妇女，都是满清遗老的眷属。”近日某某二公司减价期内，来来往往的妇女，都穿着五光十色的旗袍。后说若确，我又不懂上海哪来这些遗老眷属呢	男式“长衫”、暖袍	钱病鹤	旗袍的来历和时髦[J]．解放画报，1921（7）：6
8	1921	上海妇女入冬穿旗袍者，居十之二三，以藏青居多	暖袍	小人	世界小记事[J]．礼拜六，1921（10）：23
9	1921	老林黛玉（上海名妓）卷土重来，因无时妆自竟，乃于箱底出旗袍，一时风从，不亦可笑。……清灭明后有男降女不降之制，今民国灭清，而旗袍反盛行，亦男降女不降之识也	旗人袍服	风兮	旗袍——调寄一半儿[N]．礼拜六，1921（101）：34-35
10	1921	至近二年来（约1921~1922年），冬日妇女，多穿旗袍。此种旗袍，并非北地旗妇所着之袍。长亦只过膝三四寸，袖领腰，亦与普通妆同。颜色，中年多用灰色，少年则杂着各色，衣边袖边滚边不滚，俱有御寒之具	暖袍	景庶鹏	二十五年来中国各大都会妆饰谈[C]//先施公司．先施公司二十五周（年）纪念册．香港：香港商务印书馆，1924：301
11	1922	旗袍，宜于女子之防寒，虽不尽美观，然吾不反对之。以上海妇女每不欲多加衣，严冬时因寒致病者不可胜数。自有旗袍造福女界不少	暖袍	何海鸣	求幸福斋装饰谭[J]．家庭，1922（7）：6
12	1922前后	在天气寒冷之际，海上衣旗袍者至多，而实则其款式，与真正之旗袍，实已变化而有不同，盖旗妇之袍，且加马褂背心，正与男子之衣服相同，惟椽边及衣领，均加花锦而已。至今日海上之旗袍，则袖口大而袍身较小，左方已无开衩，亦复不加马褂背心等。若加马褂背心者，则又直名之曰男妆，前此但有一部分之坤伶服之，今亦渐趋淘汰，足征海上服饰。但有改头换面之旗袍，而无真正与男妆相等之旗袍者也，此类服饰，既非经年之常用，又非为一部分人之专服，但列之于别裁，外有特作妖装，以炫世俗者	暖袍	龙厂	二十五年来中国各大都会妆饰谈[C]//先施公司．先施公司二十五周（年）纪念册．香港：香港商务印书馆，1924：297

续表

序号	年代	文献表述内容	服饰类型指向	作者	文献出处
13	1925	从前女子都梳髻，缠足，短装，与男子的服饰完全不同，我们一看便可断他是男女。现在的女子剪发了，足也放了，连衣服也穿长袍了。我们乍一见时，辨不出是男是女……将来的男女装束必不免有同化之一日	男式"长衫"或旗袍	北方马二	男女装束趋势同化[N]．晨报，1925-4-14
14	1925	今年春，余在永安公司观一女郎，衣御玄色京缎旗袍缎裤，时装淡雅，飘飘然遗世独立	旗袍	松盛	南京缎子谈[N]．申报，1925-6-22
15	1925	半臂连裙贴地圆，明星意匠总翩翩。 昔日海上新妆，多创于青楼，浸女闺阁，近来新衣奇饰，皆出电影明星手造，迩日最流行者，惟长半臂，隽逸有致，客有过福州路青莲阁，见雏妓亦有衣长半臂者，预料长半臂不久将为高级社会所唾弃，盖时妆一入青莲区域，是其末日也	旗袍马甲	白云	上海打油诗[J]．上海画报，1925（9）：12
16	1925	上海妇女装饰的创造和变迁，娼妓似乎有一部分绝大的扮力，还有一部分大势力，是操交际之花的手中，历年来如旗袍、斗篷、大脚管垂裆的裤子，长裙、长半臂，各种最时髦的发髻等等，全是两类人提倡在先，于是旁的妇女们都依样画葫芦了	旗袍、旗袍马甲	沧海容	上海新观察[J]．新上海，1925（1）：4
17	1926	旗袍风行沪上较往年为甚，近则花样翻新，层出不穷，此衣制以丝织品，上绣二龙夭骄，生姿华富极矣	旗袍	佚名	无题[N]．图画时报，1926-2-28（290）：4
18	1926	近岁以还，又盛行旗袍马甲，娉婷婀娜，最适宜于闺女派	旗袍马甲	清河	新装杂谈[J]．良友，1926（3）：15
19	1926	女子服装，时有不同，此所谓时髦也。昔者衣短衣，穿短袄，以赤胸露臂为时髦极矣，美观极矣。然而在上者不独不以此为美观，反谓此装夭冶有伤风化，遂令而禁之。会几何时，女子之衣长袍大袖，堂堂表表，伤风败俗者何。竟而……又以此为败伤风化，下令禁穿。然而女子之服装何为适宜，吾不得而知，或将以裸身露体为最时髦乎。若是吾恐在上者再不令而禁之矣	旗袍	佚名	孙传芳禁止女子穿旗袍[J]．良友，1926（2）：7
20	1926	长马甲到十五年把短袄和马甲合并，就成为风行至今的旗袍了	旗袍、旗袍马甲	佚名	旗袍的旋律[N]．良友，1939（150）：57
21	1926	乃近一二年，穿长衫之女界逐渐增多，递至今日在广州通衢大道之中，其穿长衫之女界，触目皆是，长衫女人大有与长衫佬抗衡之势。近日勿论富贵贫贱之家，若系女界之少年，一若非具备一长衫，即不足以壮观瞻，无他，习俗移人，贤者不免	旗袍	抱璞氏	长衫女[N]．民国日报，1926-2-3
22	1927	是日，（唐瑛）女士御玫瑰软缎旗袍，玄缎镂金蛮靴，上青涩长统丝袜，装束绝美	旗袍	周瘦鹃	紫罗兰[J]．1927（2）：19

三、时人对“旗袍”的界定

1927年，镌冰女士在《妇女装饰之变化》一文中指出：“中国女子装饰的发源地，当然要推上海了，因为上海是个通商码头，最容易吸收外来的新潮流，将它融化了变成一种东方的新格局；所以上海的装饰，几乎时时刻刻变，几天便是一个新花样。”[1]镌冰女士所说的“吸收外来的新潮流”和“将它融化了变成一种东方的新格局”的观点，明确道出了多种近代服饰，包括旗袍得以在上海首先出现和发展的深层原因所在。因而，旗袍在上海这样一个东西文化交融的大环境中产生和发展，从初始起就带有西方服饰文化的影子，自然就不难理解了。1937年，昌炎曾撰文说“什么是旗袍，可说是民国纪元后适合新时代中华女子经变演出来的一种新产物。也可以说是，中国女子仿制以前清旗女衣着式样的一件曾经改制的外衣”[2]。由于中国传统文化发展的一元性，在时人眼中，评述当时旗袍的对比参照物更多是纵向的，但昌炎先生还是很明确的用了“经变演出来的一种新产物”“仿制”“曾经改制”三个定义，明确界定了旗袍发展的历史属性——“新产物”。1940年的《良友》画报对“旗袍”的界定为：“旗袍这两个字虽然指的是满清女子的服装，但从北伐革命后开始风行的旗袍，早已脱离了满清服装的桎梏，而逐渐模仿了西洋女装的式样，成为现代中国女子的标准服饰了。”[3]此论述更明确表明笔者认为近代旗袍是“早已脱离了满清服装的桎梏，而逐渐模仿了西洋女装的式样”的发展特质。事实上，在旗袍的产生和流行过程中，清朝袍服的影响甚微，而西方服饰文化的影响则是显而易见的。

四、本书对“旗袍”的界定

本书探讨的“近代旗袍”，泛指民国后流行的，在传统满、汉袍服基础上，吸收西方服饰元素发展而来的近代女子袍服。这种袍服初期在形制上承袭了传统袍服的“连身连袖”“十字形平面结构”的华服裁剪系统和多种服饰元素，而后在廓型上又受西方穿着方式和紧身时尚的影响，由直线侧缝改变为曲线侧缝。其基本特征为上下连属，前后连裁，呈整衣型平面形态，前后身以肩袖线为对称轴，左右身以前后中心线为对称轴，一般具有立领、盘纽、摆侧开衩、右衽或双襟等特点，且包括单、夹、棉、裘等制式。本书的时间界定为

[1] 镌冰女士．妇女装饰之变化[N]．民国日报，1927-1-8。

[2] 昌炎．十五年来妇女旗袍的演变[J]．现代家庭，1937，1（2）：51-53。

[3] 旗袍的旋律[J]．良友，1939（150）：57。

20世纪20年代至40年代末。

20世纪40年代末以前的旗袍，虽然受到了西方服饰的影响，但基本沿袭了传统袍服“连身连袖”“十字形平面结构”的华服裁剪系统。而20世纪50年代以后的旗袍已颠覆性地使用了西式裁剪方法，由原来的不分身、分袖，无明省，转变为分身、分袖，前二后一共三条省，与近代旗袍在裁剪、穿着方法上有了泾渭之差。

笔者认为，近代旗袍的形制来源，是广义的传统袍服，包括了旗女袍服中的便服、汉族男式长袍、文明新装、暖袍、旗袍马甲等，但使其成为近代女性时装的最主要的推动力，却是西方服饰文化的观念影响，并且到其定型阶段以后，西方服饰的元素越来越多，传统袍服的元素却逐渐消退。例如：镶滚越来越少和变窄；盘扣由传统材料、工艺到现代材料的介入，再到由揿纽代替盘扣；织物材料由单一的丝绸、棉逐渐扩展到毛、麻、人造丝等；服用方式也由较为单一的外穿形态，向多元的中西混合着装模式拓展。另从穿着者的角度来看，旗女袍服与近代旗袍在服用功能上的最大区别在于：旗女袍服主要昭示的是等级制度和衣饰本身，而旗袍从雏形阶段开始则主要体现穿衣之人，并且在不断的发展中越来越注重凸显女性身体曲线的魅力。

但民国时期不少的旗袍有着很强的开放性与制作上的创新性、随意性，有些旗袍虽无法用上述的既定特征来衡量，但并未形成这个时期的主流（图2–1）。

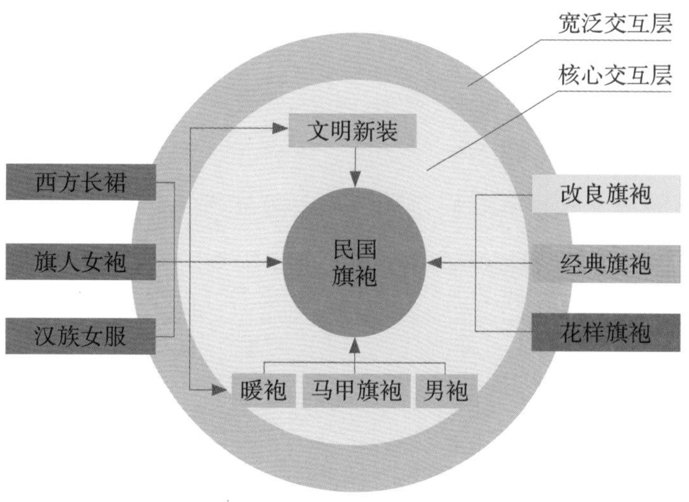

图2–1　影响近代旗袍产生与发展的相关服饰元素示意

五、本书对织物及面料等概念的界定

织物一般是指用纺织纤维织造而成的片状物体，它较柔软，具有一定的力学性质和厚度等特征，即人们通常所说的纺织品。从织造工艺上主要可以分为：机织物、针织物、编织物、非织造物等；从应用领域可分为：衣用织物、装饰织物、产业用织物等；从使用原料上可分为：棉织物、丝织物、毛织物、麻织物、人造纤维织物、混纺织物等。

本书所指的织物主要是衣用织物，包括面料、里料及相关辅料等。而“面料”则主要指用于旗袍外层或表面的织物，相对的则是“里料”，而“辅料”在此主要指衬料、填料和扣紧材料等。对于旗袍风格的形成以及研究来说，面料是重要的因素之一，故而，本书在旗袍织物研究中以面料为主要对象。面料是体现服饰主题特征的重要材料，面料不仅可以诠释服装的风格和特性，而且可以直接左右服装的色彩、视觉造型、触觉和服用效果。本书“旗袍面料”主要为制作旗袍所用的外层织物，含服装主体织物和其装饰用花边等。旗袍面料使用的织物种类主要有绸、纱、缎、绉、锦、罗等丝织物，亦有质朴的棉、麻织物和毛织物等；面料的装饰方法可分为：织、绣、印、编等。它们不仅是旗袍形制、色彩、图案的主要载体，也是旗袍穿着者对时尚之美和个性追求的直接体现，从中亦可窥探到中国近代纺织业和近代服装、面料设计从无到有、从弱渐强的发展历程。

在旗袍发展的前期、中期甚至是后期，旗袍与“文明新装”和“马甲旗袍”有着服用上的重叠期与交叉过程。在这个过程中，款式、工艺和面料都有着不同程度的相互影响，这在民国时期的文献及传世照片中都可以得到印证。在本书旗袍面料及纹样的论述中，个别采用“文明新装”“马甲旗袍”的实物面料以及文献资料加以比较、求证，以弥补传世旗袍和相关资料收集上的不足。

第二节

与旗袍相关服饰之辨析

民国初年，民国政府虽然颁布了新的服制条例，但由于政局的动乱和新旧势力的对抗，在服饰发展上呈现出满、汉，中、外服装并存，相互影响的局面。也使得此时期服饰的发展，表现出非同寻常的复杂性、颠覆性、非同步性、迁移性和变异性等特点。同样这些特点不但存在于旗袍时尚的变化、发展过程中，也存在于“旗袍”这个称谓的由来、运用，旗袍时尚的流行起始时间、地域，以及风靡的人群等尚未厘清的问题中。正是由于这些特点与问题的存在，也给我们今天的旗袍研究带来了很多困惑和必须探讨的问题。

鉴于时文和历史图像资料较强的历史还原性，在这一节中我们首先通过有明确年代标示的文献和传世照片，对相关服饰形制及特征做一些线索性的客观梳理和描述。

值得说明的是，历史的事实是由当时复杂的社会环境共同构成的，不管哪种文献大抵只能是趋于接近事实，不可能完整呈现事实。对于各种历史文献可以通过比较、分析，找出可信度较高的部分，然后进行系统化的重建，在给出合理解释的基础上还原历史的真相。

一、清代的相关服饰

对清代袍服历史演变、主要特征的清晰、深入了解，是研究近代旗袍基础性工作的要点之一。清晰了解清代满族女性袍服的不同种类、款式特征及穿着方法，将有利于在旗袍研究中准确分析旗袍借鉴元素的来源，对旗袍概念的准确界定亦有帮助。

（一）满族女性袍服的形制及特征

在很多著作、工具书以及部分学者的研究中，都认为旗袍是清代“旗女之袍”的嫡属或由其演变而来。如清华大学美术学院袁杰英教授在其《中国旗袍》一书中认为：“旗袍属于满族的民族服饰”[1]；徐冬在《旗袍》中说：“旗袍由清代满族妇女所穿的袍服演变而来”[2]；舒心城等《辞海》中关于旗袍的定义：旗袍原是清满洲旗人妇女所穿的一种服装，辛亥革命后，汉族妇女也普遍采用，经过不断改进，一般式样为：直领，右开大襟，紧腰身，衣长至膝下，两侧开衩，并有长、短袖之分[3]。吴山在《中国历代服装、染织、刺绣辞典》中认为：“旗袍，由满族妇女的长袍演变而来，由于满族被称为‘旗人’，因而这种长袍称为‘旗袍’”[4]。在此类的论述中，对“旗女之袍”“旗袍（装）”一般都未加深入阐述和区分，而很多引用的图片是属于满族袍服中的礼服、吉服或常服，而非与近代旗袍有一定关联的后妃燕居穿用的便服[5]。这些过于笼统和宽泛的表述，常常会引起一些研究、运用上的误解和歧义。

清初，统治者视服饰制度为国家政体的重要部分，非常重视并有严格的等级界定。其女性袍服在总体上承袭了入关前满族袍服的形制，除色泽外几乎无所差异[6]。清初满族女性袍服形制大体为：“圆领、右大襟、窄袖或有马蹄袖端，入关前下摆左右或四面开气与男服无异，以便骑射；入关后女装逐渐变为左右开气或无开气（开裾），整体服饰质料朴素无华”[7]（图2-2）。清入关后，满、汉文化习俗的碰撞与交融是不争的事实。服饰作为一种特殊的文化现象亦不例外，满族与汉族妇女服装一直处于相互借鉴、影响的过程中。满族入关后，骑马的机会相对减少，但仍要求女性穿那种紧身窄袖，袍裾几可曳地的直身式袍服。由于甚感不便，一些满族妇女开始模仿汉族妇女服装的样式，融合了宽衣大袖服饰特点（图2-3）。这一汉化趋势在一般满族妇女中极为流行，以后逐渐向皇宫中蔓延。乾隆二十四年（1759年）针对选秀女的服饰，乾隆帝曾发上谕：“此次阅选秀女，竟有仿汉人妆饰者，实非满洲风俗。在朕前尚尔如此，其在家恣意服饰，更不待言。嗣后但当以纯朴为贵，断不可任意妆饰”[8]，从上文中可见满族女性模仿汉装的趋向和程度。清中叶以后，随着物质财富的积累和对城市生活的适应，宫廷奢华安逸之风迅速形成。窄袖束身的袍服已不能适应城市生活的礼仪、节奏需要以及关内的气候条件，借鉴中原汉民族宽衣博袖的服饰便成为一种时尚。宫廷服装中出现了氅衣、衬衣等燕居休闲服饰，中原汉民族服饰元素中的宽襟博袖、固定式立领以及华美的绦带镶边等被融入其服饰中。慈禧执政后，宽袖

❶袁杰英．中国旗袍[M]．北京：中国纺织出版社，2000：3。

❷徐冬．旗袍[M]．合肥：黄山书社，2016：2。

❸舒心城等．辞海[M]．上海：上海辞书出版社，1979：1552。

❹吴山．中国历代服装、染织、刺绣辞典[M]．南京：江苏美术出版社，2011：61–62。

❺便服属于清代后妃燕居穿用的服装，与正式的礼服、吉服或常服有很大的差异。便服不见于《大清会典》《皇朝礼器图式》等典章制度记载，但见于清代各朝《起居注》《穿戴档》等档案。由于不受清代冠服制度的约束，便服款式多样、花色与纹样繁复、工艺复杂，设计富有变化。

❻徐珂．清稗类钞[M]．北京：中华书局，1984：6152。

❼孙彦贞．清代女性服饰文化研究[M]．上海：上海古籍出版社，2008：79。

❽同❻46。

图2-2　满族早中期箭袖袍服四种（满懿，《“旗”装“奕”服——满族服饰艺术》，人民美术出版社，2013：45）

图2-3 清代汉族女褂四种（私人收藏，笔者拍摄）

瑞袍尤为流行，装饰华美的便服逐渐在宫廷内大行其道。至清末旗装女袍亦已吸收了很多汉族袍服的元素，并已发生了局部的演变。如袖口逐渐变为平直宽阔，以白色挽袖代替了马蹄袖的形式，袍服袖口的称谓也变成了“大袖”（图2-4）。从清代旗人服饰的变迁中，我们可以明显看出旗人袍服吸收中原汉族服装元素的变化之路。

旗人女袍的面料风格也从入关前的简朴渐趋华丽，开始注重色泽和装饰，讲究与冠饰钿子相搭配。清代中后期，旗人的袍服不但讲究绣工，且注重通过袍服的颜色来体现身份、辈分的差异。晚清时期，随着西方文化的侵入，各种时尚的流行，“虽礼服、吉服尚有典章制度不可逾度，宫廷中的后妃便服还是先时尚起来”[1]，特别是

[1] 殷安妮. 清代宫廷便服综述[J]. 艺术设计研究，2012（2）：30。

图2-4　晚清氅衣四种（满懿，《“旗”装“奕”服——满族服饰艺术》，人民美术出版社，2013：73，209）

图2-5　68岁慈禧太后着不同满族袍服，1903年（刘北汜，徐启宪，《故宫珍藏人物照片荟萃》，紫禁城出版社，1994：40，33，36）

后宫的袍服也开始注重面料、色泽和装饰的时尚化。宫廷燕居便服从束身窄袖到宽襟博袖的变化，既是清统治者适应城市的宫廷生活的需要，也是融合汉民族文化风俗的例证（图2-5、图2-6）。

19世纪末，来华的女传道士描述晚清满装女袍时说："那些衣服太美了！柔软异常的丝袍，夏天上面罩极轻薄的绣花纱罗，冬天上罩衬着昂贵皮毛衬里的艳丽缎子，各个时节都有相应的数量和品种。"[1]1898年戊戌变法运动时期，社会上流传一首打油诗："大半旗装改汉装，宫袍截做短衣裳，脚跟形势先融化，说道莲钩六寸长。""满洲妇女，今乃改汉装，后此满汉种族不分，亦犹昔时汉、胡、羌、戎、契丹、女真之不能别敢也"[2]。因而，至清末满汉妇女服

图2-6　绣工华美精致的满族贵族袍服

❶ 何德兰. 慈禧与光绪[M]. 曼方，译. 北京：中华书局，2004：151。

❷ 吴廷燮，等. 北京市志稿（第七册　礼俗志）[M]. 北京：北京燕山出版社，1998：185-186。

饰的融合，特别是满族女服对汉族女服的吸收借鉴，为民国以后各种服装的混穿及旗袍的创新奠定了相应的基础（图2-7、图2-8）。

就清代女子的袍服而言，在正式的礼服和吉服之外（图2-9），穿着最多的是便服类。便服类中包括了多种类型的服饰，我们先来看与袍服关系较为密切的三种主要形制：氅衣、衬衣和便袍。如前所说，满族后妃的便服是在长期的满汉融合与中西文化交汇中发展起来的。清代后妃（特别是晚清后妃）便服其最显著的特点是：形式多样，色彩

图2-7　融化满汉（清末民初漫画）

图2-8　汉、满女性服饰比较四组（左为汉族，右为满族）

红缎地冬装团花鹤纹吉服女袍

水绿绿缎地八团花卉吉服女袍

图2-9 清女吉服两种

❶ 殷安妮．清代宫廷便服综述[J]．艺术设计研究，2012（2）：31。

❷ 殷安妮．六宫锦绣 七彩翊坤——故宫藏清代后妃便服品鉴[J]．收藏家，2012（8）：49-58.

❸ 同❶34。

艳丽，做工考究，具有耀眼夺目的装饰效果。无论它的款式如何，都要在其领口、袖口及衣缘处，镶滚数量不等、与主题相呼应相衬托的缘边。这些精巧细腻的衣服，主要以花卉、鸟虫、山石、喜寿字、八宝、八吉祥等寓意美满、福寿和吉祥的纹样作装饰性花纹。从形制上说，与近代旗袍服饰元素关系最为密切的应该是满族便服中的便袍。

“氅衣是中原地区汉族传统服饰，穿披在最外面。到清代，氅衣改造成为宫廷后妃日常穿在衬衣、便袍外面的便服。也是后妃服饰中花样纹饰最为华丽、工艺最为繁复、做工最为精致、穿用最为频繁的服饰之一。清代氅衣的形制为直身，身长掩足，穿着时只露旗鞋的高底。圆领，大襟右衽，左右开裾至腋下，装饰如意云头。”❶清代氅衣改变了中原传统氅衣原有的对襟博袖元素，成为与满族便袍类似的大襟右衽和圆领，但终究没有改变穿披在最外面的功用。

“衬衣是晚清宫廷后妃服饰中最具代表性的服饰之一，也是清代后妃便服中装饰华贵鲜丽、制作工艺繁复、日常穿用频繁的一款便服”❶。清代衬衣的形式除左右无裾、腋下无镶饰如意云头外，其他如圆领，大襟右衽，双挽平阔袖，直身式等，与氅衣几无区别。而区别表现在穿用之上，由于衬衣的两侧没有开裾，行走时不至于露出腿部，因此衬衣是可以单独穿用的便服。衬衣的外面还可以套穿马褂、坎肩、褂襕、氅衣等短款或开裾较大的便服。

便袍因为常穿着在里层，所以边饰尚简约，款式则沿袭满族传统直身式袍服的圆领，与同是日常服饰的氅衣、衬衣的宽襟博袖有显著区别。“便袍通常是贴身穿的服饰，后妃还可以在便袍外面穿褂、氅衣、马褂、坎肩等。由于便袍是燕居休闲服饰，所以，除在用色、用料、龙纹上仍需遵循《大清会典·舆服制》的有关规定，严禁僭越外，在穿用时各款的搭配、图案均可随心所欲”❷。从有关学者的考证来看，后妃的便袍，多注重面料及其纹饰的华丽，边饰较少，款式则沿袭满族传统直身式袍服，圆领或立领，大襟右衽，平袖端，无接袖，小开裾❸。

从以上三种女性便服的款式、开裾、接袖方式、织物、装饰等的分析中，我们可以看出氅衣、衬衣都有多层装饰的接袖；氅衣左右开裾至腋下，衬衣无开裾。笔者认为如果说近代旗袍对旗女袍服有所传承的话，传承的主体对象应该是旗女便服中的便袍，而不可笼统谓之为“旗女之袍”（图2-10）。

红绸地镶边氅衣

紫绸地大镶边女氅衣

黄色暗花纱团花龙纹衬衣

蓝缎地平针绣蝶恋花女衬衣

宝蓝地菊花纹便袍

宝蓝地暗花缎流水纹便袍

图2-10 氅衣、衬衣、便袍形制及特征的比较

❶殷安妮．清代宫廷便服综述[J]．艺术设计研究，2012（2）：34。

（二）坎肩的形制及特征

在清末女性便服中，坎肩是帝后与后妃皆可穿用的服装，古称裲裆，又称为紧身、背心、马甲。坎肩一般为圆领，晚清也有立领，无袖，左右开裾，身长及胯。坎肩的襟分为对襟、琵琶襟、大襟、一字襟和人字襟等。

坎肩之所以在清末得以流行，不仅受汉族民间时尚的影响，还因其非常方便穿在袍服里面或外面，穿在里面有保暖功能，穿在外面可增加装饰功能，而且穿脱方便，搭配随意，是非常实用的便服。清代旗人一般多穿在袍褂的里面，到清末民初开始像马褂一样穿在长袍的外面。到了20世纪20年代的时候，短坎肩已经非常普遍，妇女穿上衣下裙，袄衫外面穿坎肩。这时坎肩的变化也带有上衣流行演变的痕迹，诸如高耸至脸颊的元宝领逐渐变为低领，甚至无领的也有。早期下摆的四方衣角逐渐变为圆下摆，先前“一字襟”还比较常见，可能是后来女子觉得穿脱比较麻烦，就渐渐流行了大襟的式样。坎肩丰富的开襟方式对20世纪20年代以后旗袍开襟有着明显的影响（图2-11、图2-12）。

（三）褂襕的形制及特征

与旗袍有关的清代服饰，褂襕是不得不说的重要服饰之一。褂襕，又称为大坎肩、长背心、比甲，是坎肩的另一种发展形态。自明代开始在汉装的搭配中十分流行，入关前努尔哈赤和皇太极时代的《满文老档》中尚未提及背心或坎肩一类服饰。据相关专家考证，满族女性将坎肩或背心用于长袍之外，应该是在清初以后，是后妃在春秋时节或早晚穿用的便服。清代的背心称谓很多，如紧身、马甲、坎肩、背褡、半臂等，其形制长短不一，风格各异。由于满族女子均着袍服，因而外罩短款坎肩居多，其衣襟富于变化。主要的形制为：圆领，无袖，衣长可及足面。襟可分为对襟和大襟右衽，左右开裾至腋下，并装饰如意云头。对襟褂襕的前襟也装饰如意云头，在两侧开裾处装饰两条飘带[❶]。褂襕日常穿着在衬衣、便袍外面，装饰性非常强，面料的织造、做工、绣工都非常讲究（图2-13）。

民国初年，部分旗女还保留了清代服饰的基本式样，但是长马甲或长背心在汉族妇女中并不是特别流行，偶尔在流传至今的照片中可见一二。

绿缎镶边琵琶襟坎肩

红地平针打子绣人物故事一字襟坎肩

蓝缎蝶纹镶边对襟坎肩

紫色偏襟素坎肩

图2-11 清末坎肩四种

图2-12　穿着各种款式坎肩的满族女子

藏青缎地平绣凤穿牡丹褂襕，清末

蓝绸镶边褂襕，清末

蝴蝶花绛丝镶边紫地氅衣加褂襕，晚清

缎地三多纹褂襕，清末

图2-13 清代褂襕四种

（四）汉族袄、衫的形制及特征

清朝入主中原后，统治者为了减弱中原汉民族的民族意识，强制推行满族服饰制度。“剃发易服”遭遇汉人的强烈反抗，为缓和这种民族矛盾，清政府接纳了“十从十不从”[1]的建议。在“男从女不从”的诏慰下，汉族普通妇女始终穿着“明式裙衫”而不是“清式袍服”。在形制的发展上，清嘉庆、道光之前，仍沿用明朝形制；乾隆年间，样式比较宽大，长度在膝下，多镶有花边；嘉庆、道光以后，镶有花边的袄、衫趋于窄小，长度也明显缩短；咸丰、同治年间的特点是在衣襟下及袖口镶有多重宽花边为装饰，故有“十八镶”之说；而到了清末装饰趋简，色彩趋雅。

袄、衫作为汉族女性主要的上衣样式，在清代也受到满族服饰的影响，中期走向烦琐，而在清末趋于简洁，并且在南方和北方有着较为明显的差异。李寓一曾描述到：“妇女之衣，其时燕京尚大袖宽边，吴都尚窄袖狭边。袖子大者有尺余，其他腰身各处亦随之俱宽。宽边之式，以云头图案为最盛……其他有茉莉花边、海棠花边、菊花边、荷花边、回纹边、云头边各种。窄袖狭边中，其袖多四寸袖三寸袖。其边有单滚和双滚、叠滚数种，多不用花边而用素色，统名之为韭菜边，至今犹有用之者。此样式盛行于江浙两地。皖省以上则多用宽边，但其宽边与北地不同，北地以红地绿色或金黄色调为上。皖赣两湖等地，则以蓝绿紫青等色为尚，通常称衣边为‘蓝格’（或称栏杆），即此可想见其色之好伤矣。”[2]笔者认为清末到民国初期的女性袄、衫的变迁，为民国时期文明新装的发展奠定了基础，同时在款型、色彩、纹样、制作方法等方面也为旗袍的产生和发展做出了许多开创性的尝试（图2-14～图2-16）。

图2-14　岭南画家眼中的清末民初的贵妇形象

[1] “十从十不从”并非为官方正规法令，历史上版本不一，最常见的版本为：男从女不从；生从死不从；阳从阴不从；官从隶不从；老从少不从；儒从而释道不从；娼从而优伶不从；仕宦从婚姻不从；国号从官号不从；役税从文字语言不从。

[2] 李寓一．二十五年来中国各大都会妆饰谈[C]//先施公司．先施公司二十五周（年）纪念册．香港：香港商务印书馆，1924：274。

穿袄裙的汉族富有女子

穿多重镶边袄裙的汉族女子

汉族妇女外穿长衫、长裙，内穿长裤，装饰变化主要在边饰上

清末浙江地区的缠足妇女

清代官宦女子的宽博上衣，袖广至一尺有余，下着有花边的马面裙

衣袖宽大的汉族袄裙

图2-15　清代女子袄裙（裤）照片六幅

一枝花提花大襟女夹袄（20世纪20年代）

紫地提花大襟女夹袄（20世纪20年代）

图2-16　民国时期江南地区的女褂

二、民国时期的相关服饰

（一）短袄与文明新装的形制及特征

随着社会变革，清末以后人们的思想观念发展了很大的改变，同样带来了具有明显转型特征的新型生活方式，而表现最为显著的无疑是服装的变革。清末义和团后（1900年），女子服装已经进入求变的阶段，一反清朝阔袍大袖之貌，窄瘦风格的时髦已初露端倪，有学者认为此风“或为慕西服而为此者”[1]。1907年开始，女子上衣的廓型显著收窄，且线型比较挺直，衣领开始夸张地高耸。到20世纪初以后，低领斜襟女袄（衫）已不盛行，高领窄袖女袄取而代之。这种高领，领衬很硬，高达四、五寸乃至六、七寸，几乎与鼻尖持平，不仅把脖子裹的严严紧紧的，而且遮住了半边脸颊，正面看上去形似元宝，俗称元宝领。元宝领以适宜的角度，斜斜地切过两腮，不是瓜子脸也变成了瓜子脸，因此很受清末女子的欢迎（图2–17）。

至民国初期，妇女解放的意识更为觉醒，中国女性留学海外者日渐增多，她们所带来的西方服饰时尚也对本国妇女的着装风格产生了不小的影响。再加之西方服饰、织物在中国的大量倾销，使这一时期的妇女服饰流行受到多种服饰文化的影响。“民国成立，一反清之服装，妇女遂多御裤而不御裙。民国四五年，更趋于窄裤脚，窄腰，窄袖，高领而中堕，名曰‘马鞍领’，高掩其耳。袖口等处，则多缝以孑孓边，名曰‘火车路’，衫角略圆”[2]。并且衣身甚长，前垂至膝，后垂至股。其时的上衣中有衫、袄和马甲，“从皮袄以至夹袄，都称袄。倘若是单的纱的，那就不称为袄，而称为衫了”[3]。很快上衣的长度开始缩短，几年后缩短及腰。

清朝女装尚大红、宝蓝等鲜艳色彩，配色喜对比色，再加上满身绣花和滚边，缭乱花哨。清末开始，“颜色则由浓艳而化为雅淡”[4]，色彩渐渐摆脱了绮丽的对比色，趋向蓝、灰（如桃灰、青灰、水灰、黑灰等）或“艳而淡者如粉红、湖色”[5]。而辛亥革命后，“京津、沪汉、闽粤、苏杭之服饰，各以其地而稍异。如京津仍循宽博，沪上独尚窄小，苏杭守中庸，闽与浙类，汉效津妆，粤则独树一帜，衣袖较短，裤管不束，便利于动作也。时人称京式、广式、苏杭式。斯时衣服之裁制，由复杂而转入简单，去阔镶滚，而尚窄镶滚”[6]。

另，清代崇尚的满身镶滚，遍体栏杆（花边）已悄然不再。过去的“三镶

[1] 李家瑞．北平风俗类征[M]．上海：上海文艺出版社，1985：235。

[2] 凌伯元．妇女服装之经过[N]．民国日报，1928–1–4。

[3] 屠诗聘．上海春秋（下）[M]．香港：中国图书编译社，1968：18。

[4] 屈半农．二十五年来中国各大都会妆饰谈[C]//先施公司．先施公司二十五周（年）纪念册．香港：香港商务印书馆，1924：305。

[5] 顾颉刚．顾颉刚读书笔记（第一卷）[M]．台北：联经出版事业公司，1990：230。

[6] 同[4]306。

图2-17　民国初期的各种元宝领窄瘦女袄

五滚”“七镶七滚”，甚至是“十八镶”都被简单的“韭菜边”（扁状）和“线香滚”“灯果边”（圆状）等所替代。

此时的妇女服装，虽仍保持着上衣下裳（裙或裤）之制，但已经开始穿西式长裙和皮鞋了。1912年民国政府临时参议院提议《服制》规定了女子的礼服为上衣下裙的模式，上衣却为对襟式样。女子便服为“长与膝齐，襟右扣，用五纽，领高一寸五分，用暗扣，袖与手脉齐”。但由于社会的动荡，此服制未能得到切实的执行和响应。女子服饰多沿用明制的上衣下裙和清末出现的上衣下裤。

民国初年，受日本女装的影响，城市的青年女子多穿窄而修长的高领衫袄，下穿黑色长裙，即时称的“文明新装”。这种装束在当时青年学生中颇为流行：“当时底衣衫是窄而长，裙也不用绣文，且以黑为尚……这种装束也名为‘文明装’，当时所谓‘文明装’等于现在叫做‘摩登’”[1]。到了1921～1922年间，妇女的上衣也不再以窄为尚，“举凡袖口裤脚，无一不阔，领则矮至四五分，四方其衣角”，后来又有四方领、葫芦领等出现，民国“十四年初，则士女多转而穿上海装，上海装者，则长堕形之斜圆角衫，二分高领，曰荳角领”，这也是民国初年“文明新装”的进一步变化。形制的主要特征为：下摆缩短到了腰际，衣角也变成了圆形，袖短露出半个小臂或露肘，袖口阔至七八寸，也就是后来被称为“倒大袖”者。短袄的面料变得越来越轻软，穿在身上妥帖适体。颜色变得越来越明朗，黑色长裙已经退居一角，各种浅亮的颜色如浅蓝、浅绿、粉红等都纷纷登场，而大花纹的提花面料，像牡丹、海棠、菊、荷、梅、兰等花尤为流行，浅色底子配上浅色的大团花朵，看上去清新自然，淡雅宜人，尤为女学生所青睐。同时，服饰的剪裁也越来越简洁，裙子逐渐变短，后来上升到小腿上部，大大方方地露出白皙健美的小腿和一双天足。又因为这种衣服摈弃了传统的、繁复的装饰，变得简练自由，女学生们穿着这种轻便的装束，可以无拘无束地进行各类时髦活动。而到了这个时候，旗袍的雏形——旗袍马甲已经开始出现，并且明显带有“倒大袖”的特征，下摆也较为宽阔。从形式上看，可以认为它是伴随着所谓“上海装”的产生而产生的。在旗袍最初流行的20世纪20年代中后期及30年代，上衣下裤或上衣下裙的“文明新装”依然是流行的装束之一（图2-18～图2-21）。

[1] 许地山．近三百年来中国底女装（续五）[N]．大公报，1935-6-22（11）。

图2-18　穿着文明新装的女学生传世照片（20世纪20~30年代）

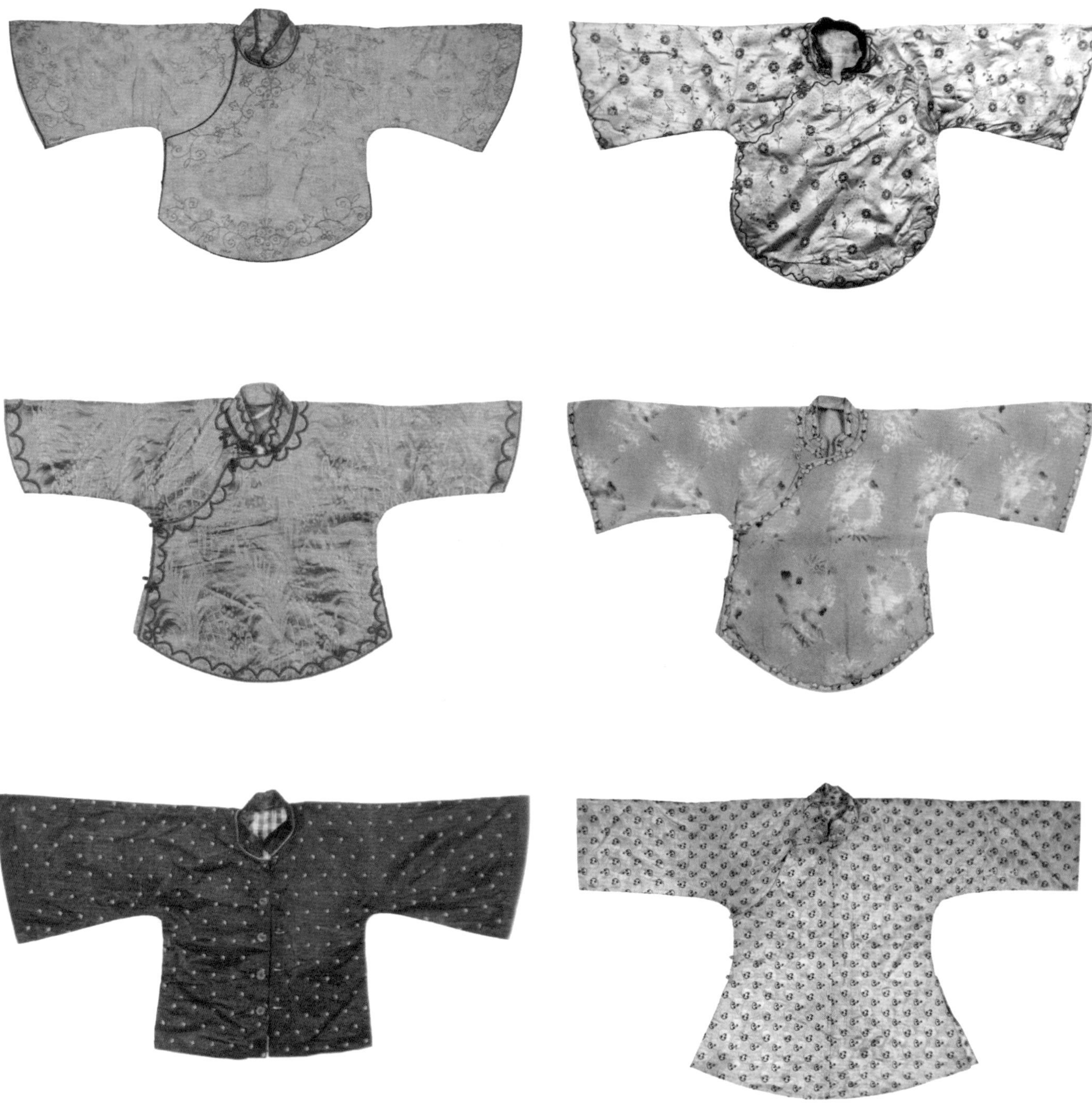

图2-19　民国时期短袄款式六种（私人收藏）

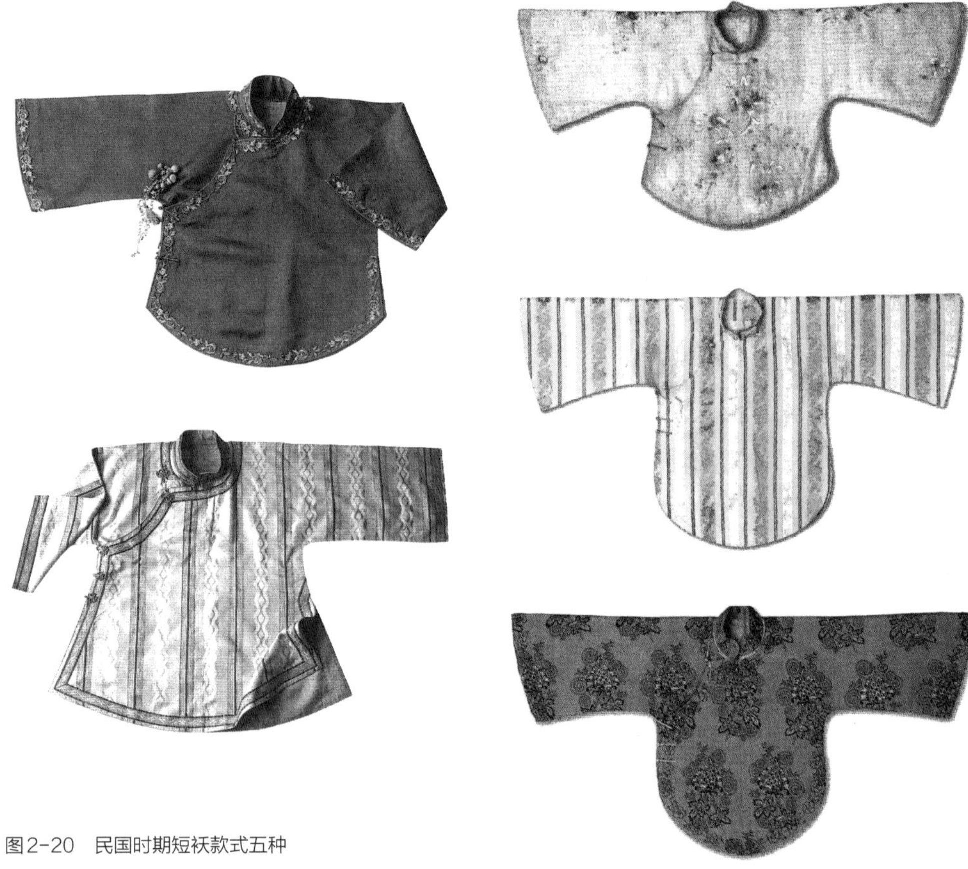

图2-20 民国时期短袄款式五种

图2-21 穿“文明新装”的林徽因

（二）马甲旗袍的形制及特征

前面讲到在清代妇女就有一种穿在袄衫外面的长背心式的服装——褂襕，多为入秋之后添衣之用，然而到了民国初期，这种服饰已不常见。1925年前后，另一种形式的长马甲似乎一夜之间得到流行，而且流行范围之广，流行速度之快，着实令人惊讶，它就是后来被称为“马甲旗袍”的服装（图2-22、图2-23）。

1925年，白云的上海打油诗说：“半臂（马甲）连裙贴地圆，明星意匠总翩翩……近来新衣奇饰，皆出电影明星手

穿格形纹样马甲旗袍的书香女子（传世照片，1924年）

中西女塾蔡萃华［《图画时报》，1926-5-2（209）：4］

民初的马甲旗袍与倒大袖短袄（传世照片，年代不详）

天津电影演员张梅丽及其妹淑兰与马甲旗袍（《北洋画报》，1927-3-9：1）

电影明星黎明晖穿着的马甲旗袍（《北洋画报》，1926-11-24：1）

北京名坤伶章遏云穿着的马甲旗袍（《北洋画报》，1928-2-11：1）

天津李赞侯总长之大女公子与马甲旗袍（《北洋画报》，1927-1-15：1）

图2-22 民国早期的马甲旗袍老照片

翠绿地花卉纹织花绸马甲旗袍
（高建中收藏）

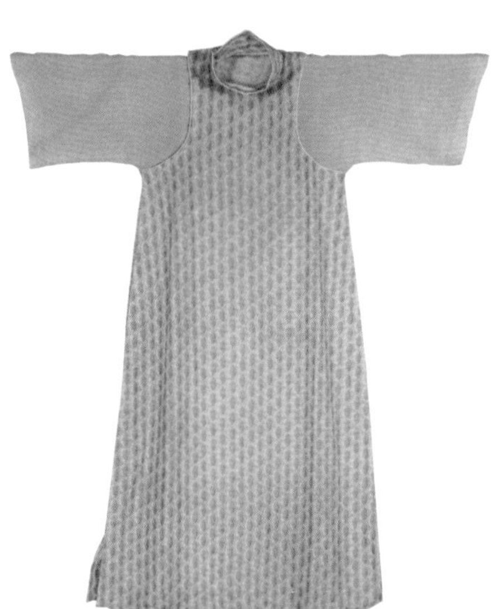
几何纹长马甲旗袍（装袖）
（中国丝绸博物馆藏）

黑色蕾丝马甲旗袍
（中国丝绸博物馆藏）

黑地菱形万字纹提花绸马甲旗袍
（笔者收藏）

黑缎镶红边马甲旗袍
（马元浩收藏）

黑地抽象纹样马甲旗袍
（高建中收藏）

图2-23　传世马甲旗袍实物

造，迩日最流行者，惟长半臂，隽逸有致。”[1]1926年，清河在《新妆杂谈》中说：“近岁以还，又盛行马甲旗袍，娉婷袅娜”[2]。1926年《良友》第4期所刊鲍玉清女士穿马甲旗袍照片上，还题有：“长马甲为现今海上最时髦之衣装”。可见马甲旗袍的广泛流行是在20年代中期的1925～1926年间，而“旗袍”与“马甲”二词并置，用以指称某种固定装束也成为当时的一种创新吧。

❶白云. 上海打油诗[J]. 上海画报，1925（9）：12。

❷清河. 新妆杂谈[J]. 良友，1926（4）：7。

马甲旗袍渐渐取代了旧时裙的功用，长度也比清代褂襕的长度有所加长，几乎到了脚踝上方。廓型也随着流行时尚而变迁，下摆变得比较宽松，清代褂襕上烦琐的镶滚逐渐消失，刺绣等装饰减少或消失，面料也由较为厚重的丝绸锦缎织物，转变为轻薄的提花织物、印花绸、色织布甚至是蕾丝织物。在着装方式上也从里面穿长裤，改为穿丝袜和西式的皮鞋，配以棉、纱等轻薄质料的倒大袖上袄，成为四季皆可穿着的时尚装束之一。随着时尚的演变，开襟的变化也很丰富。我们从图2-23~图2-25所示的民国实物及月份牌、绘画作品的对比中可以清晰地看到这种变化。

马甲旗袍的普遍流行为近代旗袍的诞生提供了基础。长马甲从最初的御寒功能到取代裙的作用，是女性着装观念的一次大胆地改变。首先是传统“两截穿衣”的观念被逐渐摒弃，而原来妇女穿裙必着长裤的风俗也被马甲旗袍配丝袜所代替。丝袜自清末民初“舶来”中国之后，颇为时尚女子之喜爱。然而当时妇女服装中的长裙、长裤，使得丝袜没有施展的余地，贸然穿着者还受到舆论的批评：“近来有一种女子，举止挑达，长袜猩红，胯不掩胫”[1]。马甲旗袍的流行恰好给了时尚女子穿丝袜的“托词”，如此一来，也不难理解为何长

[1] 取缔女学生之服装[J].教育杂志，1913，7（10）：30。

品牌广告
（郑曼陀，20世纪20年代）

永泰和品牌广告
（倪耕野，1928年）

哈德门品牌广告（局部）
（胡伯翔，20世纪20年代）

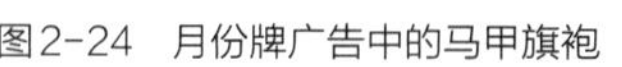
图2-24　月份牌广告中的马甲旗袍

时装（胡亚光,《北洋画报》, 1927-4-30：4）

民国漫画家的马甲旗袍时装画作品（作者、时间不详）

夏日新装（《北洋画报》, 1926-7-7：4）

图2-25 民国报刊时装画中的马甲旗袍

马甲配丝袜得以迅速流行了。废掉了裙子穿上了马甲旗袍，女子的上衣露在外面的也只有两只宽大的袖管了，女短袄变化万千的风头已经完全被马甲旗袍所遮盖。再后来，有些女子感觉藏在马甲里的短袄实在是厚重不堪，特别是到了夏季，既无时尚可言，又觉叠加、闷热，干脆去掉里面的衣身，把短袄的袖管与马甲在肩部缝合，穿起来舒适，看起来与原来短袄加马甲旗袍的美观程度无二，于是旗袍最初的形式就诞生了。

关于长马甲与旗袍的关系在民国时人的论述中提到颇多，如沈贞玲在杂志《家》上发表的文章中指出："到民国十五年（1926年），短袄和长马甲正式合并起来，就成为今日风行的旗袍。"[1]初始的旗袍还是带有当时长马甲与袄衫的影子——大襟右衽，线条依然平直，廓型还是呈A字型，不过衣身已经不像先前那般宽松，下摆也略微收窄，长度在膝盖与脚踝中间的位置，领子高度开始略有上升，在4～5厘米，领口盘纽只有一排。袖长仍然过肘，袖口稍微变窄，但依然保持着倒大袖的样式。马甲旗袍一直流行到1928年后才逐渐消失。

若从"文明新装"、马甲旗袍至旗袍的演变来看，其平直的廓型、立领、过肘的倒大袖，是多种民国服饰的综合

[1] 沈贞玲. 谈旗袍的领口[J]. 家，1948（34）：153。

体，而非旗人某种袍服的直接演变。

（三）"一口钟"与暖袍的形制及特征

"一口钟"指一种无袖不开衩的长外衣，其形如钟覆，故得名。满语叫"呼呼巴"，又称"一裹圆""斗篷""莲蓬衣""大氅"，是用于冬日避寒的外套。有长、短两式，领有抽口领、高领和低领三种，男女都可穿。清代中叶以后妇女穿着很普遍，制作日益精巧，一般用鲜艳的绸缎做面料，上绣纹彩，衬里讲究的用裘皮（图2-26、图2-27）。

"暖袍"一词汉族古来即有之，在明朝开国名将邓愈（1337—1377）的《邓愈传》中即有，例如："朱元璋见到捷报后，降旨嘉奖邓愈，赐红蟒暖袍一件，玉带一围"[1]。但民国初年"暖袍"的概念与明代已相去甚远，1920年，时人著文："近来海上女界旗袍盛行，闺秀勾栏，各竞其艳。夫人之装饰原无一定，惟旗袍之名，若有宗社党之臭味……故我以为袍可着，惟不可以以旗名，无以，其改称为暖袍乎！"[2]综合多种文献来看，此时的"暖袍"是指一种仿旗女袍服或男子袍服的御寒棉袍。在民国早期报刊及文献中，"旗袍""一口钟""暖袍"等经常出现并混用，在此有必要进行阐述和厘清。

权伯华在《二十五年来中国各大都会妆饰谈》中曾记："惟北方苦寒，虽着皮衣，而上衣与裙裤，皆太短，但尚

[1] 张廷玉，等．明史：卷一百二十六（列传第十四 李文忠 邓愈 汤和沐英）[EB/OL]. http：//www.guoxue.com/shibu/24shi/mingshi/ms_126.htm。

[2] 佚名．暖袍[N]. 上海时报，1920-1-18。

图2-26　清代一口钟传世实物示意图及传世实物

穿斗篷（一口钟）的格格（20世纪20年代）

穿斗篷（一口钟）的婉容（20世纪20年代）

图2-27　传世照片中女子长式"一口钟"（刘北汜，徐启宪，《故宫珍藏人物照片荟萃》，紫禁城出版社，1994：183）

肥大，不能取暖；所以民国成立前几年，皆效男子，外着皮氅大衣。近数年间，又改用合衫——又名一口钟——及旗袍，内裹细茸皮毛，外面则用极艳丽之绸缎；此等服装，皆为御寒起见。”[1]从此述可知，在20世纪20年代以前，真正的近代旗袍还未出现前，御寒之用的一口钟也称为“旗袍”。李寓一曾记：“外套与围巾两种，为入时妇女所必具。始行于北地，其后南方渐行之，外套之形式有一口钟、旗袍、大衣三种。先专为冬季御寒之用。近则秋季亦用之。相习既久，遂流为妆饰”[2]。龙厂在《二十五年来中国各大都会妆饰谈》一文中说：“今所标举而为范本者，即为旗袍。在天气寒冷之际，海上衣旗袍者至多，而实则其款式，与真正之旗袍，实已变化而有不同。盖旗妇之袍，且加马褂背心，正与男子之衣服相同，惟襋边及领袖，均加花锦而已。至今日海上之旗袍，则袖口大而袍身较小，左方已无开衩，亦复不加马褂背心等。若加马褂背心者，则又直名之曰男妆。前此但有一部分之坤伶服之，今亦渐趋淘汰，足证海上服饰，但有改头换面之旗袍，而无真正与男妆相等之旗袍者也。此类服饰，既非经年之常用，又非为一部分人之专服，但列之于别裁。”[3]龙厂并未具体注明时间段，根据成书年代推算应该是在1924年之前。其不但明确说明了暖袍的穿着季节，暖袍与“真正旗袍”（指旗人之袍）的差别，也描述了暖袍“袖口大而袍身较小，左方已无开衩”的款式特征，以及与旗女袍服相异的穿着特征。并将此“旗袍”视为另类人之“别裁”服装，并不普及。景庶鹏曾记：“至近二年来（应为1921~1923年），冬日妇女，多穿旗袍。此种旗袍（暖袍），并非北地旗妇所着之袍，长亦只过膝三四寸，袖领腰，亦与普通妆同。颜色，中年多用灰色，少年则杂着各色。衣边袖边滚边不滚，俱有御寒之具。除旗袍外，又盛行美人氅、昭君帔等。美人氅即俗称一口钟。”[4]屈半农也记载：“十年春（1921年）……冬日，女界旗袍，自北而流行于南”[5]。1922年第7期《家庭》也刊登一篇《求幸福齐装饰谈》的文章：“旗袍：宜于女子之防寒，虽不尽美观，然吾不反对之。以上海妇女每不欲多加衣，严冬时因寒致病者不可胜数。自有旗袍造福女界不少”[6]。另《礼拜六》也刊文说：“上海妇女入冬穿旗袍（暖袍）者，居十之二三，以藏青居多。”[7]从上面多种叙述可知，1920年之后，冬日里不少女子穿御寒之用的棉或夹的袍服，但这种

[1] 权伯华. 二十五年来中国各大都会妆饰谈[C]// 先施公司. 先施公司二十五周（年）纪念册. 香港：香港商务印书馆，1924：289。

[2] 李寓一. 二十五年来中国各大都会妆饰谈[C]// 先施公司. 先施公司二十五周（年）纪念册. 香港：香港商务印书馆，1924：280-281。

[3] 龙厂. 二十五年来中国各大都会妆饰谈[C]// 先施公司. 先施公司二十五周（年）纪念册. 香港：香港商务印书馆，1924：297。

[4] 景庶鹏. 二十五年来中国各大都会妆饰谈[C]// 先施公司. 先施公司二十五周（年）纪念册. 香港：香港商务印书馆，1924：302-303。

[5] 屈半农. 二十五年来中国各大都会妆饰谈[C]// 先施公司. 先施公司二十五周（年）纪念册. 香港：香港商务印书馆，1924：308。

[6] 佚名. 求幸福齐装饰谈[J]. 家庭，1922（7）：12。

[7] 小人. 世界小记事[J]. 礼拜六，1921（102）：23。

袍服“并非北地旗妇所着之袍”，“与真正之旗袍，实已变化而有不同”，其长度过膝三四寸，无开衩，多不滚边等特点以及面料色彩多“灰色”“青色”。另两个可以作为佐证的文献为：周瘦鹃在1925年发表的《我不反对旗袍》一文中说：“上海妇女无论老的、小的、幼的差不多十人中有七八人穿旗袍，秋风刚刚起，已有人穿夹旗袍，为美观起见，不妨从夹穿起，而为棉，为衬绒，为驼绒，为毛皮”[1]。1934年，上海《时报》服装特刊发表的《半世纪来中国妇女服装变迁的总检讨》中也记载：“从民国十年（1921年）为始，有一个急剧的转变，就是短衣改为长袍，不过那时候的旗袍，长仅过膝，而袖口仍然保存着短而宽的式样，而且起初的时候，只在冬天，棉旗袍、皮旗袍还是有人穿的，单的夹的，还没有。”[2]因而，我们可以判定1925年前见诸报端中，与“冬日”“入冬”“防寒”内容相关的“旗袍”，从上下文之义和使用功能的角度分析都应属于“暖袍”的范畴。

从上几段时人的叙述来看，笔者认为时人报端所称的“旗袍”与20世纪20年代中后期流行的近代旗袍有几点明显的区别：一是它的起源为“效男子”袍服，从传世照片的款式上看呈宽大的“A”型，男性袍服特征明显；二是功用为御寒，主要为棉、裘、夹，未见有记载女子春、夏穿着；三是“底摆扣合”或“左方已无开衩”，而不是左右开衩。故而，上述之“旗袍”应是仿男子袍服样式改制的女性冬季棉袍服。笔者亦借当时报人之建议，暂称为“暖袍”。就历史文献对“暖袍”款式的大致描述，与传世照片的对照来看基本吻合。传世照片还告诉我们，此种暖袍与近代旗袍在穿着方式上也有着明显的区别，即：暖袍下多穿着裤装，而近代旗袍之下多为穿着丝袜。从图2-28上图左侧明显可以看出暖袍下穿着的裤子；中图“1930年（民国十九年）某女师高二年级师生合影”中可以明显看出，当时学生穿着的服装仍是下着裤装的“暖袍”，而左三之老师的穿着就是下着袜装的“旗袍”。有记载当时“暖袍”被不少学校作为冬季校服使用，从此照片中亦可看出20世纪30年代初作为学生的冬季校服，“暖袍”仍在被沿用。从图2-28下图左侧两女子暖袍之下，也可见裤管的存在，与右侧男性袍服相似度较高，且都有明显的中缝。图2-29所示为《北洋画报》中暖袍的图像。

[1] 周瘦鹃．我不反对旗袍[J]．紫罗兰（旗袍特刊），1925，1（5）：6。

[2] 佚名．半世纪来中国妇女服装变迁的总检讨[N]．时报，1934-2-27．服装特刊：297。

民国初年三个女学生的合影，中间女生穿着短袄与裙，两边女生穿着款式简单、保暖实用的暖袍，这种款式是当年很多学校的统一制式

1930年北方某女子师范学校高二年级师生合影——学生穿着暖袍和长裤

左侧两位女士穿着暖袍，下穿长裤，廓型与男子长袍相似度极高，几乎没有任何装饰（20世纪20年代）

图2-28　传世照片中的“暖袍”

张闾媖女士穿着的暖袍与裤
（《北洋画报》，1927-4-2：1）

清故督张勋氏之长女穿着有明显中缝的暖袍或棉旗袍
（《北洋画报》，1927-5-21：1）

图2-29 《北洋画报》中“暖袍”的图像

（四）男子长袍与女性解放

清代民间男子普遍穿着长袍，有单袍、夹袍和棉袍之分，单袍又俗称“大褂”。长袍满汉皆有，略有不同。长袍的式样是右衽大襟，左右开衩。长袍在其流行的过程中也有较大的演变。清初期的长袍又肥又大，长及地面，主要为圆领，穿时须另加领衣，此种服饰为清代官吏经常使用，四开衩或无衩，后来成为满族平民所穿用的袍服。清晚期，长袍则演变成又短又瘦，并且加上了立领，长袍大襟所遮住的部分称为“掩襟”，有长掩襟也有半掩襟。民间吉服用绀色，素服用青色，后浅色逐渐成为时尚，常见的有月白、湖色、枣红、雪青、灰色等，纹样也逐渐倾向素雅（图2-30）。

从清末起，妇女穿着男袍已成为普遍现象，而这种女子穿着男袍现象的目的可分为两大类：

第一类为女权情结。例如：为革命而奔跑的女活动家秋瑾、张竹君等都扬

蓝地立领大襟皮里长袍

石青地立领大襟团花绸缎长袍

黑色团花大襟丝绸皮里长袍

绛红地立领大襟暗纹丝绸长袍

图2-30 近代男性长袍四种

弃女装而着起男袍，秋瑾曾说："我对男装感兴趣……在中国，通行着男子强女子弱的观念来压迫妇女，我实在想具有男子那样的坚强意志。为此，我想首先把外形扮作男子，然后直到心灵都变成男子。"[1]其言表达了一种在政治权利和社会地位上对男女平等的渴求。同样，女性知识界也为此努力在文化和服装上抹去男女的特征，尝试改穿宽阔的长袍。女子服装向男性看齐，象征新型两性关系的出现，这也是在1920年间被广泛讨论的问题。1920年1月许地山在北京《新社会》上发表《女子底服饰》一文，从历史学和人类学的角度肯定女子服饰应该改变到与男子一样，并引起强烈的社会反响。他在此文

[1] 小野和子.中国女性史1851—1958[M].高大伦，范勇，译.成都：四川大学出版社，1987：63。

中呼吁："在现代的世界里头，男女的服饰是应当一样的……若是女子能够做某种事业，就当和做那种事业的男子底服饰一样，平常底女子也就可以和平常底男子一样。这种益处：一来可以泯灭性的区别；二来可以除掉等级服从底记号；三来可以节省许多无益的费用；四来可以得到许多有用的光阴……总之，女子底服饰是有改换的必要的，要改换非得先和男子一样不可。"[1]1920年上海也开始讨论女子着长衫（袍）的问题。沪江大学的朱荣泉发表《女子着长衫的好处》[2]，列举了便利、卫生、美观、省钱四大优点。此言论引来颇多争议，引发了舆论大战，对女性服装男性化起到了推动的作用。女性改穿男性长衫（袍），也成为当时的一种服饰时尚，并对后来近代旗袍的产生起到铺垫作用。时人亦发文感叹："从前的女子都梳髻，缠足，短装，与男子的服饰完全不同，我们一看便可断男女。现在的女子剪发了，足也放了，连衣服也多穿长袍了。我们乍一见时，辨不出他是男是女……将来的男女装束必不免有同化之一日。"[3]

第二类则实属追求刺激和浪漫。清末各地青楼女子和优伶已引领起着男装的潮流，1904年3月12日中国日报就刊文道："自五年前天津赛月楼，有妓女以男装受罚，而此风为之一戢（收敛、停止），近来星加坡、羊城等，尚不少衰，而上海等处之唱时髦戏者，则更仆难数矣。"[4]当时的报章、杂志也投其所好，时常刊登女伶、名媛的男装照片，在其时皆视为流风余韵。1920年1月15日，丹翁在上海《晶报》发表题为《服妖》的文章说："鼓书艺人刘翠仙自来上海登台奏艺后，许多女性因喜爱刘之艺术，爱屋及乌，纷纷流行刘翠仙所穿之旗袍"。笔者认为，北方的鼓书女艺人常常按鼓书传统穿着长袍服登台表演，而一般女子穿男袍在当时亦是一种时尚，因而此处的"旗袍"应该判断为男式长袍或长衫。可见，从清末起女子改穿男子长袍已不是个别案例（图2-31）。

清末及民国初期，女性不管是出于什么目的喜爱穿着男性长袍，这种着装风尚事实上都影响了近代女装的发展历程。从另一种角度来看，男性长衫的廓型与20世纪20年代中期初始的女性袍服廓型基本并无二致，这也是将男性长衫作为近代旗袍演变来源之说的原因之一。

对"旗袍"的来历、与其他服装的关系及起始缘由等的困惑并非我们时代

[1] 许地山．女子底服饰[J].新社会，1920（8）：7。

[2] 朱荣泉．女子着长衫的好处[N]．民国日报，1920-9-30（14）。

[3] 北方的马二．男女装束势将同化[N]．晨报，1925-4-14：10。

[4] 佚名．妓女男装之当禁[N]．中国日报，1904-3-12：5。

着长衫，戴男式礼帽的女子

民国初年穿长袍、皮鞋，怀抱婴儿的妇女

戴墨镜穿长袍是民国时期中年成功女士的标志

图2-31 穿长衫的民国女性照片

的“专利”，民国时人对“旗袍”的概念也是莫衷一是的。在此节中，笔者关于民国早期服饰以及几种“旗袍”甄别的观点，是在时人著述的基础上所做的客观推论。而1921年钱病鹤的《旗袍的来历和时髦》[1]的“讽刺画”及说明文字，也从另一个角度佐证了笔者的论点（图2-32）。为了有一个更直观、清晰地理解，笔者根据钱病鹤“讽刺画”的插图描述将所述几类服装进行了相应的归类，以便读者更清晰地理解几种服饰之间的关系（图2-33）。

从图2-32的归类和钱病鹤的说明中，我们可以进一步认识到：一是“辛亥”革命后，由于强烈的排满情绪，“满洲妇人因为性命关系，大都改穿汉服”，真正的清朝袍服即旗女袍服已成衣庄店里挂卖的“废物”，“久已无人过问”，只有“戏子和妓女”为“出风头”才偶尔仿效。因而，此时“旗袍”的出现不可能是旗女袍服的再兴和简单的沿用，而只是一种以“炫耀”和“时髦”需求为主的旧衣新用。二是大鼓书艺人及效仿者的袍服皆为在男性长袍的基础上，面料女性化的御寒“暖袍”（从图2-32第⑥幅中可以明显看出此类袍服袍身有

[1] 钱病鹤. 旗袍的来历和时髦[J]. 解放画报，1921（7）：12。

旗袍的來曆和時髦 滿清入關以後，她們婦女的衣服，寬袍大袖，雙鑲闊滾（見圖一），衹有貴族可穿，民間若要倣造，便犯大罪。「庚子」年聯軍入京，光緒逃難，宮中寶貴物品，流散在外，細毛皮貨，到處拍賣，衣莊店裏，纔敢收買，現在還有掛在門前的。（見圖五）那時戲子和妓女，都效他們的服飾，以爲可以出風頭。（見圖三圖四）「辛丑」革命，排滿很烈，滿洲婦人因爲性命關係，大都改穿漢服，此種廢物，久已無人過問。不料上海婦女，現在大製旗袍，什麽用意，實在解釋不出。有人說：「她們看游戲場內唱大鼓書的披在身上，（見圖六）旣美觀，到冬天又可以禦寒，（見圖二）故而愛穿」。又有人說：「不是這個道理，愛穿旗袍的婦女，都是滿清遺老的眷屬」。（見圖七）近日某某二公司減價期內，來來往往的婦女，都穿着五光十色的旗袍，後說若確，我又不懂上海那來這些遺老眷屬呢？ 病鶴畫並註。

满清入关以后，他们妇女的衣服，宽袍大袖，双镶阔滚（见图①），只有贵族可穿，民间若要仿造，便犯大罪。“庚子”年联军入京，光绪逃难，宫中宝贵物品，流散在外，细毛皮货，到处拍卖，衣庄店里，才敢收买，现在还有挂在门前的（见图⑤）。那时戏子和妓女，都效他们的服饰，以为可以出风头（见图③、图④）。“辛丑”（应为“辛亥”的笔误，笔者注）革命，排满很烈，满洲妇人因为性命关系，大都改穿汉服，此种废物，久已无人过问。不料上海妇女，现在大制旗袍，什么用意，实在解释不出。有人说：“她们看游戏场内唱大鼓书的披在身上（见图⑥），既美观，到冬天又可以御寒（见图②），故而爱穿。”又有人说：“不是这个道理，爱穿旗袍的妇女，都是满清遗老的眷属”（见图⑦）。近日某某二公司减价期内，来来往往的妇女，都穿着五光十色的旗袍。后说若确，我又不懂上海哪来这些遗老眷属呢？

病鹤画并注

图2-32 钱病鹤画及注释

中缝，左无开衩、非倒大袖）。三是上海妇女“大制旗袍”曾给当时的人们带来了诸多疑惑和猜测。从作者的文字描述和插图中穿袍服女子为取暖而手插袖笼的姿态来分析，可以推断文中所述之“旗袍”，应该为“暖袍”或冬日御寒所穿的棉质“长袍”，从“既美观，到冬天又可以御寒”以及“唱大鼓书的披在身上”的文字描述上看，其功用主要是御寒和模仿男性。再者，作者在文中也抱着怀疑的态度表明，上海不可能有那么多穿旗人袍服的“满清遗老的眷属”。因而，民初的女性袍服的出现，并非满族女袍的嫡系演化或延续，此时的“大制旗袍”，无非是模仿说书艺人的“暖袍”，或为“炫耀”的复古而已，绝非本书所称的近代旗袍的初始。

从清末和民国时期相关服饰的论述和探讨中我们可以看出，旗袍的产生和发展有着极其复杂的社会、文化背景，并且和当时多种服装、着装方式有着千丝万缕的联系。因而，对旗袍发展以及面料的研究方法应该是横向多元角度的综合分析，而非纵向一元思维下的片面断定。

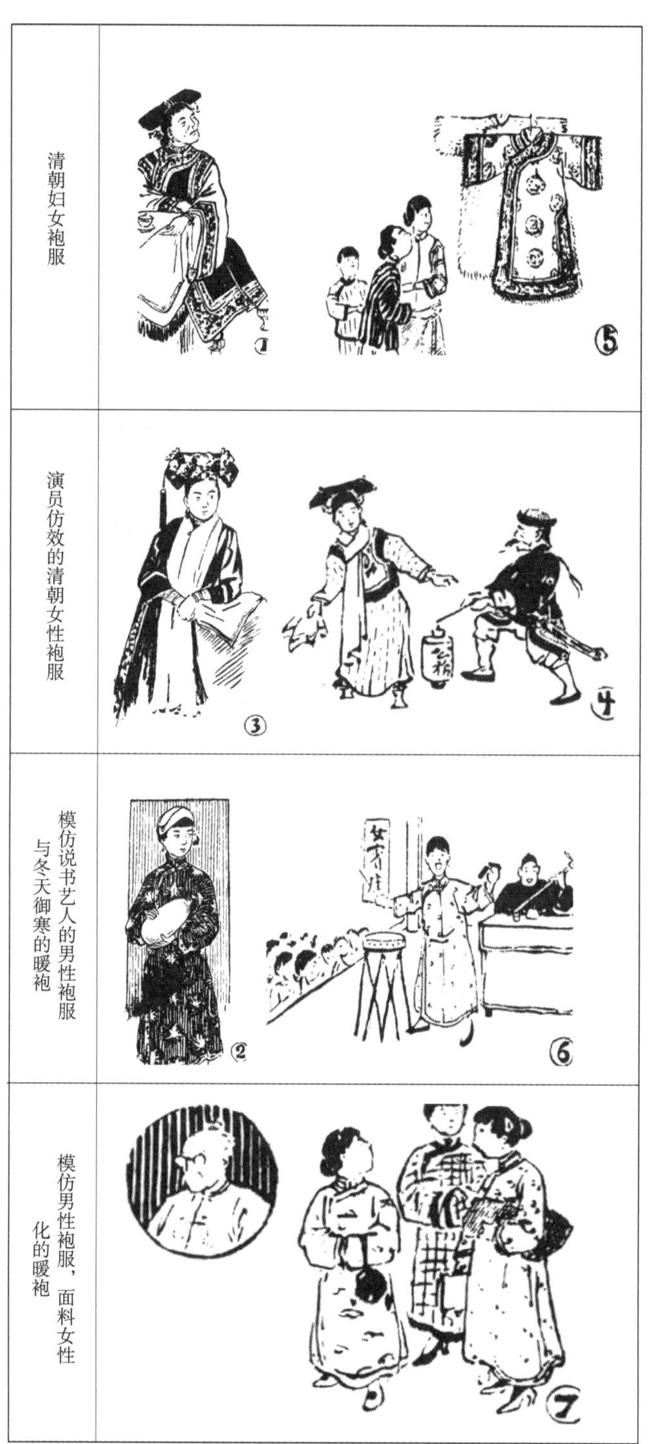

图2-33　根据钱病鹤的插图所做的归类

第三节

旗袍流行起始年代考略

一、众说纷纭的纠结——旗袍的起始年代

在本章第一节中，厘清了20世纪20年代前期历史文献中诸多“旗袍”所指的真正属性，第二节也明确了清末和民国初期各种服装和旗袍的关系，我们再来讨论近代旗袍的起源和流行，似乎就容易了许多。关于旗袍的起始年代，在目前的研究成果中还是众说纷纭。有学者认为旗袍的流行年代为20世纪20年代初[1]，有学者认为是20世纪20年代中期[2]，也有学者认为是20世纪20年代中晚期[3]。出现这种状况除了上述历史文献中对“旗袍”的不同理解外，还有以下几个方面的原因：

（1）旗袍产生的背后掺杂着错综盘结的社会、历史原因，它既不像前代由统治者颁布，也不是由某个人或某个团体设计、创造出来而告示天下。它是在纷乱多变的社会背景下，在不同文化观念的碰撞下，由处于社会中、下层少数女性活跃者的引领，通过各阶层女性们的尝试、创造、模仿、推广，在坊间逐渐演变而来，是属于一种群体性聚合创造，而后引发流行的服饰。民国政府在1929年颁布的《服制条例》[4]，也是顺势而为地将已经得到广大女性认可和已广为流行的旗袍，列为女子礼服的一种和唯一的公务员制服。

就旗袍的创始地而言，虽皆认为非上海莫属，但时人就曾有：上海人说来自广东或香港，而广东、香港则说来自上海。究其“推诿”的真正原因，都是想找到一个能让人觉得更为信服的时尚源头。因而，这些扑朔迷离的因素，皆给当时的人们和现在的学者们判断旗袍的明确流行时间节点及创造者，带来了诸多的迷茫和困扰。

（2）正如前述，在民国文献中“旗袍”一词1919年就有出现，1920 ~ 1922年的民国报刊中，“旗袍”一词曾出现多次。现有的部分研究成果，并未对当时的文献资料做详实、全面的检索和结

❶周汛、高春明认为：“20年代初，旗袍开始普及”（周汛，高春明．中国历代服饰[M]．上海：学林出版社，1984：306）。

❷持此类观点的有周锡保（周锡保．中国古代服饰史[M]．北京：中国戏剧出版社，1984：534）；袁杰英（袁杰英．中国旗袍[M]．北京：中国纺织出版社，2000：52）。

❸黄能馥、陈娟娟认为：20年代中晚期，旗袍逐渐在城市妇女中流行，至30年代，在式样上经过改良的旗袍广为普及（黄能馥，陈娟娟．中国服装史[M]．北京：中国旅游出版社，1995：432）。

❹1929年（民国十八年）八月十六日，民国政府公布实施《服制条例》，规定妇女礼服有甲、乙两式，甲式是袍（旗袍），据规定：“（袍）齐领，前襟右掩，长至膝与踝之中点，与裤下端齐。袖长过肘，与手脉之中点。用丝麻棉毛织物（任便）。色蓝。钮扣六”。民国政府的此条例将旗袍以法定形式确定为国定礼服之一，实乃参照当时社会习俗而定，即所谓“因俗制礼”，也使旗袍的发展更为“名正言顺”。

合上下文的深入分析，只是凭“旗袍”二字在报端出现的时间，或几项未经深入论证的文献资料、图片就给出旗袍产生和流行起始的主观结论，此类推断、结论的偏颇亦在所难免。

（3）民国初期是一个中西莫辨、伦类难分的“乱穿衣”时代，光怪陆离的服装比比皆是。如果将文献中某区域、极短时间内出现的时髦和时狂现象，或一两件与旗袍相似、相像服装的传世照片，就视为旗袍风尚的开端、流行，不管从服装学、设计学、历史学还是考据学角度来看，显然是不科学、片面和难以令人信服的。正确区分和甄别时髦、时狂与时尚流行的特征，在服饰史的研究中尤显重要。

（4）有些研究者，特别是青年学者只是根据当代学者的研究成果来进行排列、推断，其结论更是可想而知。

基于上述的原因，笔者认为同样有必要首先将民国报刊与民国时期学者对服装、旗袍起源和流行趋势的论述予以梳理和分析，在此基础上再去伪存真，找出较为接近历史本源的结论。民国文献中关于服饰的各种论述、时文，大致可梳理为两类：一是报章、杂志中与服装、旗袍等相关的新闻报道和评述，其特点是具有比较强的时效性、敏感度，可以作为我们分析判断某种服装现象出现时间节点和款式特点等的基本依据。其中既有主观的批评，也有对客观社会现象的反映。但又因为面对的是“旗袍”这个陌生而未有约定俗成的新事物，难免会出现作者在所指上的歧义和在某些问题判断上的主观与臆想成分。二是民国年间的学者、文人墨客在当时或若干年后所写的文论、散记等，其中涉及旗袍的相关问题。它们的特点是作者本身具有一定的社会地位、学术影响，其论点具有较强的影响力和自我价值判断，但在具体年代和服饰特点描述的准确性上，与时人的报刊文章比较，可能会存在相应的模糊和欠缺。

下节中按文献发表时间之顺序和论述相关度为重点，对报章、杂志的论述进行了简要筛选和摘录，并简略提出笔者之观点。

二、时尚欢愉的足迹——旗袍的流行发展

徐珂在《清稗类钞》中曾记：“上海繁华甲于全国，一衣一服，莫不矜奇斗巧，日出新裁。”[1]从晚清起，上海已成为全国时尚发展的发源地，在上海妇女中，“有聪明者出，取华洋各种衣

[1] 徐珂. 清稗类钞第四十六册. 舟服车饰（第5版）[M]. 上海：商务印书馆，1928：32。

饰之所长而弃其所短，加以巧思，制成新妆，供献中华女界。后又随社会之好，时时变迁，日新月异，循循不穷。使各大都会喜作时妆之妇女，甫制新妆又称失时，更令其羡慕不置。而全国妇女永以上海妆饰为马首是瞻者，良由此也。”[1]同时，妇女妆饰的改革，多创始于交际花的现象表明，女性服饰时尚的引领者——社会女性活跃者已开始在上海服饰变革中崭露头角。

从清末到辛亥革命之间，“男女服装，光怪陆离”[2]这种现象的出现，表明“政礼既经更张，人民咸存自由解放之思想，装饰之事，乃随着大变旧格，种种不可思议之新妆新饰，相应而出”[3]，也体现了在政权更迭，社会动荡之际，人们对穿什么、怎么穿的迷茫，以及当时服装文化的杂乱现象。这种现象同样也表现在包括“旗袍”等服饰称谓的混杂方面。

在旗袍风尚起始前，有三种服装样式较为流行，其一，文明新装，主要流行时间为1920～1930年，与旗袍的流行在1926～1930年有一段时期的重叠；其二，冬天穿的袍服，即前节所述之“暖袍”，它的主要流行时间为1920～1924年间，但至1926年旗袍流行后的很多年中，仍被不少妇女穿着，特别是远离时尚大都市的北方地区，甚至成为一些学校的校服；其三，即前节所说的旗袍马甲，其流行时间为1921～1928年，与旗袍的流行也有一段时期的重叠。

在各类报章杂志上，1920～1922年“旗袍”二字主要指向是“暖袍”“仿男式长衫”以及“旗袍马甲”。例如：1920年冬，除作为御寒的暖袍“自北而流行于南”[4]外，模仿鼓书艺人的“长衫”[5]也成为当时女性们时兴的袍服之一，以致有人感叹道“海上女子，一时髦旗袍为最新之装饰品”。[6]1921年，《礼拜六》杂志有文章称：“上海妇女入冬穿旗袍（暖袍）者，居十之二三，以藏青居多。”[7]亦告诉我们穿着“旗袍”者的比例和偏于男装的色彩倾向。1921年，启真在《妇女的新装》一文记：“今年的小姐们，因为她们的旗袍减短了六寸，看着越格外漂亮了，‘六寸’虽不算长，但比起过去扫地长服，已全然不同，这种服装不仅方便，而且卫生，决不会拖带污尘，并且是那种轻盈，飘渺，流露她丰满的肌肉，再加上布料的色彩和花样的高尚，我们真是不由得不仿做了，因此以致风行了全城，尤为一般学校小姐们所穿着。”[8]从此文描述的“短袖”“细腰”“阔肩”“制作时在布料上时间上比较经济许多了”来判断应该

[1] 景庶鹏．二十五年来中国各大都会妆饰谈[C]//先施公司．先施公司二十五周（年）纪念册．香港：香港商务印书馆，1924：299。

[2] 屈半农．二十五年来中国各大都会妆饰谈[C]//先施公司．先施公司二十五周（年）纪念册．香港：香港商务印书馆，1924：305。

[3] 李寓一．二十五年来中国各大都会妆饰谈[C]//先施公司．先施公司二十五周（年）纪念册．香港：香港商务印书馆，1924：273。

[4] 同[2]308。

[5] 丹翁．无题[N]．晶报，1920-1-15。

[6] 丹翁．无题[N]．晶报，1920-4-18。

[7] 小人．世界小记事[J]．礼拜六，1921（102）：23。

[8] 启真．妇女的新装[J]．妇女杂志，1921（5）：17。

是旗袍马甲开始流行，更重要的是作者提出了“卫生”的着装新概念。

而在1923～1924年的报刊中则几乎没有出现“旗袍”一词，1925年后又开始零星出现，1926年已基本明确的指向近代旗袍了。如周瘦鹃在《我不反对旗袍》中指出：当时“上海妇女无论老的、小的、幼的差不多十人中有七八人穿旗袍”[1]了。1926年2月3日，抱璞氏在广州《民国日报》发文：“乃近一二年，穿长衫之女界逐渐增多，递至今日在广州通衢大道之中，其穿长衫之女界，触目皆是，长衫女人大有与长衫佬抗衡之势。近日勿论富贵贫贱之家，若系女界之少年，一若非具备一长衫，即不足以壮观瞻，无他，习俗移人，贤者不免”[2]。从此文亦可知，1926年前后穿旗袍女性已开始增多，广州还称“长衫”，但已引起媒体的高度关注。1926年3月间，《晶报》曾经对要不要穿旗袍，要不要打倒旗袍，穿怎样的旗袍进行了为期多日的讨论，其发表的文章有：《我是反对穿旗袍的人》[3]《我是赞成穿旗袍的人》[4]《我是反对穿旗袍的人》[5]《旗袍问题的终结》[6]等。可见，1926年旗袍风尚刚刚形成，故而才有此报端的论战。

在以上选列的报刊文献中，旗袍及相关服饰的发展和流行起始时间已有了比较清晰的线索。1934年上海《时报》刊载的一篇佚名者题为《半世纪来中国妇女服装变迁的总检讨》[7]的文章也可作为另一角度的旁证。

“从民国十年（1921年）为始，有一个急剧的转变，就是短衣改为长袍，不过那时候的旗袍，长仅过膝，而袖口仍然保存着短而宽的式样，而且起初的时候，只在冬天，棉旗袍、皮旗袍还是有人穿的，单的夹的，还没有。”[7]以上论述中的“旗袍”可判断前述为“暖袍”，其主要功能是保暖。

“到了民国十五年（1926年）以后，春夏秋冬，妇女一律旗袍化了，而且袖口改小（有一部分做长袖），身筒也逐渐加长，直到三四年（1927～1928年）前，已长到脚跟了。棉旗袍，棉胎、皮胎的旗袍，已经落伍，最好是十二月里，穿乔其纱，如不怕冻的话。”[7]从上文可以看出从“暖袍”到“旗袍”发展不仅存在着功能、穿着季节的变化，更有款型上与服饰配伍上的变化，这是否意味着质变的起点呢?

为了使以上论据更具有说服力，不妨在此再撷取《上海市大观》一书中屠诗聘《二十余年来妇女旗袍的变迁》（图2-34）一文中对旗袍起始、发展参

❶周瘦鹃．我不反对旗袍[J]．紫罗兰（旗袍特刊），1925，1（5）：6。

❷抱璞氏．长衫女[N]．民国日报，1926-2-3：9。在粤港区域人们多称“旗袍”为长衫，笔者注。

❸反旗．我是反对穿旗袍的人[N]．晶报，1926-3-6：2。

❹王珊女士．我是赞成穿旗袍的人[N]．晶报，1926-3-9：2。

❺微音．我是反对穿旗袍的人[N]．晶报，1926-3-12：3。

❻记者．旗袍问题的终结[N]．晶报，1926-3-15：2。

❼佚名．半世纪来中国妇女服装变迁的总检讨——现代的服装也确有相当的成功，不是直线的而是曲线的循环的[N]．时报（服装特刊），1934-2-27。

婦女時裝種種　—下20—

二十餘年來婦女旗袍的變遷

婦女的服裝，眞是晨行夕變。愛美是女子的天性，尤其住在上海這大都市裏的所謂「摩登女性」，她們對一飾一服，隨時隨地在討論如何增進美觀；如何裁製最新的服裝。因之，上海的時裝公司，爲迎合「摩登女性」的心理，不斷地把服裝加長裁短；或是貼花加邊，以新奇是尚。

但是長了改短，短了加長，老是這一套花樣。十年前你認爲不合時的舊衣服，可能在現代的潮流裏加以改造，可成爲一件最摩登的衣服了。正像二十餘年前老婦女們的短襖褲，現在成爲少女們的時裝了；十餘年前盛行的花邊，現在又走運了。

小姐們！請你把「算」是過時的新旗袍，好好的藏着，過了十年八年，你再把它穿起來，保證又是時行新裝了。

盤桓起伏於女子膝部與足部之間的那根旗袍高度線，不但配成音樂上一條最美的旋律，并且說明了二十餘年來中國女子服裝顯著的變遷，跟了旗袍高度的起伏，袖高、邊飾、領頭、開叉都發生顯著的變化，而頭髮的式樣，面部的化裝，也隨了時代的巨輪變幻不息。

旗袍這兩字雖然指的是滿清女子的服裝，但從北伐革命後開始風行的旗袍，早已脫離了滿清服裝的桎梏，而逐漸模仿了西洋女裝的式樣，成爲現代中國女子的標準服式了。旗袍風行以來，已有好多年，其間變化甚多。我們從這裏也可能看出當時的風尚，而中國女子思想的急進，這裏也有線索可尋。打倒了富於封建色彩的短襖長裙，使中國新女性在服裝上先獲得了解放。牠不但爲二萬萬中國女同胞所採用，并且被許多歐美女子所愛好。像今日中國的女子在國際上已獲有地位一樣，旗袍也是世界女子服裝界上的一支新軍了。

中國舊式女子所穿的短襖長裙，北伐前一年便起了革命，最初是以旗袍馬甲的形式出現的，短襖依舊，長馬甲替代了原有的裙子。

長馬甲到十五年把短襖和馬甲合併，就成爲風行至今的旗袍了。當時守舊的中國女子，還不敢嘗試，因爲老年人不很贊成這種男人裝束的。

十六年國民政府在南京成立，女子的旗袍，跟了政治上的改革而發生大變。當時女子雖想提高旗袍的高度，但是先用蝴蝶褶的衣邊和袖邊來掩飾她們的眞意。

十七年時，革命成功，全國統一，於是旗袍進入了新階段。高度適中，極便行走，袖口還保持舊式短襖時闊大的風度，領口也有特殊設計。

十四年間　十五年間　十六年間　十七年間　十八年間　十九年間　二十年間　二十二年間

婦女時裝種種　—下21—

到十八年，旗袍上昇，幾近膝蓋，袖口也隨之縮小，當時西洋女子正在盛行短裙，中國女子的服裝，這是也受了牠的影響。

短旗袍到十九年，因爲適合女學生的要求，便又提高了一寸。可是袖子却完全仿照西式，這樣可以跑跳自如，象徵了當時正被解放後的新女性。

旗袍高度，到二十年又向下垂，袖高也恢復了適中的階段，皮鞋髮式都有進步，當年名媛許淑珍女士，她所穿的服裝，正可充作代表。

當時頗負時譽的上海交際化薛錦園女士，可以代表盛行於二十一年的旗袍花邊運動，整個旗袍的四周，這一年都加上了花邊。

旗袍到二十二年，不但左襟開叉，連袖口也開起半尺長的大叉來，花邊還繼續盛行，電影明星顧梅君女士，當時穿過這樣一件時髦的旗袍。

旗袍到二十三年又加長，而叉也開得更高了，因爲開叉的關係，裏面又盛行了襯馬甲，當時的旗袍還有一個重大變遷，就是腰身做得極窄，更顯出全身的曲線。

開叉太高了，到二十四年又起反動，陳玉梅和陳綺霞兩姊妹都改穿了低叉旗袍，但是長度又發展到了頂點，簡直連鞋子都看不見。

二十四年旗袍掃地，到了二十五年，因爲對於行路太不方便，大勢所趨，又與袖長一起縮短，但是開的叉却又提高了一寸多。

物極必反，旗袍長度到了二十六年又向上回縮，袖長是回縮的速度，更是驚人，普通在肩下二三寸，並且又盛行套穿，不再在右襟開縫了。

旗袍高度既上升，袖子到二十七年便被全部取銷，這可以說是回到了十四年時旗袍馬甲的舊境，所不同的是光光的玉臂，正象徵了近代女子的健康美。

二十三年間　二十四年間　二十五年間　二十六年間　二十七年間　二十八年間　二十九年間　三十年之後

图2-34　20世纪20~40年代的旗袍变化（屠诗聘，《上海市大观》，中国图书编译馆，1948：20–21）

照价值较高的部分论述[1]，进一步厘清旗袍产生的过程及流行起始等。据笔者查阅，此文曾在《良友》杂志1940年总第150期以《旗袍的旋律》为题刊发过（图2-35）。《二十余年来妇女旗袍的变迁》一文是在其基础上改写而成的，照片也只有数张替换，此文有比较确定的时间描述，而且配有较为系统的图像照片和文字说明，对旗袍起始、发展的描述应该有较高的采信度。但笔者在对照《良友》《玲珑》等杂志刊登的照片和文字记载时，也发现部分值得考辨之处，因篇幅问题此书中暂不详述，读者可以自我辨析。

在这两篇文章中屠诗聘都指出："旗袍这两字虽然指的是满清女子的服装，但从北伐革命后开始风行的旗袍，早已脱离了满清服装的桎梏，而逐渐模仿了

[1] 引用之原文详见本书附录2。

旗袍的旋律

TRANSITION OF THE CHINESE GOWN

Chinese feminine styles do change as quickly and as often as foreign fashions. The pictures above show the changes in the skirtline during the 15 years between 1925 and 1939. For a better idea on the swift changes in the Chinese feminine styles, see the 15 pictures below, each of them representing the "hit" of one year.

图2-35 20世纪20~40年代旗袍发展变化的图文表述［佚名，旗袍的旋律，《良友》，1939（150）：57，58］

西洋女装的式样，成为现代中国女子的标准服式了”。从此段文字中，我们也可以了解到时人对“旗袍”一词的认识，也明确看出，民国的旗袍是“逐渐模仿了西洋女装的式样”而不断改良出来的。现将图注文字摘录如下，以供读者参阅。

图解1：中国旧式女子所穿的短袄长裙，北伐前一年（1925年）便起了革命，最初是以旗袍马甲的形式出现的，短袄依旧，长马甲替代了原有的裙子。

图解2：长马甲到十五年（1926年）把短袄和马甲合并，就成了风行至今的旗袍了。当时守旧的中国女子，还不敢尝试，因为老年人不很赞成这种男人装束的。

❶ 屠诗聘．上海市大观（下册）[M]．上海：中国图书编译馆，1948：20-21。

图解3：十六年（1927年）民国政府在南京成立，女子的旗袍，跟了政治上的改革而发生大变。当时女子虽想提高旗袍的高度，但是先用蝴蝶褶的衣边和袖边来掩饰她们的真意。

图解4：十七年时（1928年），革命成功，全国统一，于是旗袍进入了新阶段。高度适中，极便行走，袖口还是保持旧式的短袄时阔大的风度，领口也有特殊设计。

图解5：到十八年（1929年），旗袍上升，几近膝盖，袖口也随之缩小，当时西洋女子正在盛行短裙，中国女子的服装，这也是受了它的影响。

图解6：短旗袍到十九年（1930年），因为适合女学生的要求，便又提高了一寸。可是袖子却完全仿造西式，这样可以跑跳自如，象征了当时正被解放后的新女性。

图解7：旗袍高度，到二十年（1931年）又向下垂，袖高也恢复了适中的阶段，皮鞋发式都有进步，当年名媛许淑珍女士，她所穿的服装，正可充作代表。

图解8：当时颇负时誉的上海交际花薛锦圆女士，可以代表盛行于二十一年（1932年）的旗袍花边运动，整个旗袍的四周，这一年都加上了花边。

图解9：旗袍到二十二年（1933年），不但左襟开衩，连袖口也开起半尺长的大衩来，花边还继续盛行，电影明星顾梅君女士，当时穿过这样一件时髦的旗袍。

图解10：旗袍到二十三年（1934年）又加长，而衩也开得更高了，因为开衩的关系，里面又盛行了衬马甲，当时的旗袍还有一个重大的变迁，就是腰身做的极窄，更显出身材的曲线。

图解11：开衩太高了，到二十四年（1935年）又起反动，陈玉梅和陈绮霞两姐妹都改穿了低衩旗袍，但是长度又发展到了顶点，简直连鞋子都看不见。

图解12：二十四年旗袍扫地，到了二十五年（1936年），因为行路太不方便，大势所趋，又与袖长一起缩短，但是开得衩却又提高了一寸多。

图解13：物极必反，旗袍长度到了二十六年（1937年）又向上回缩，袖长回缩的速度更是惊人，普通在肩下二三寸，并且又盛行套穿，不再左右开襟了。

图解14：旗袍高度既上升，袖子到二十七年（1938年）便被全部取消，这可以说是回到了十四年时旗袍马甲的旧境，所不同的是，光光的玉臂，正象征了近代女子的健康美❶。

前面已提到旗袍的起源与发展并非像传统服饰制度的颁布有着比较确定的起点，它是在近代女性的不断尝试、变革中，渐渐由少数变为多数，由非主流成为主流，直至成为民国时期女性的大众时装。因此，从理论上说旗袍发明的诞生并不存在明确的起源时间点，而我们可以基本确定的应该是流行的起始时间点为1926年前后。从上述文献的检索和分析判断中，关于旗袍起源的背景、流行的时间点及发展的主要节点已有了清晰而系统的线索，旗袍研究中关于流行起源时间等的纠结或许也应止于此（图2-36、表2-2）。

图2-36　橙黄色绸一字襟无袖旗袍（20世纪30年代，香港博物馆藏）

表2-2　近代旗袍的演变特征

流行起始时期	20世纪20年代初	1925年	1926年	1929年	1930年	1932年	20世纪40年代初
称谓	文明新装	无袖马甲与短袄	倒大袖旗袍	窄袖旗袍	拖地旗袍	花边旗袍	“别裁派”旗袍
特征	大襟衫袄，倒大袖，衣摆多为圆弧形，裙为套穿式，初长及足踝，后渐至小腿中上部	袍身宽松，廓型平直，倒大袖，领、襟、摆等处仍喜做滚边镶饰	呈整衣型平面形态，长度在脚踝和小腿之间，廓型较为宽敞呈倒梯形，基本不显腰节，袖长略过肘部，呈喇叭状的“倒大袖”	开始收腰，长度到膝下，袖口缩小	长度下垂至脚，袖缩至肘上，双宽滚边，低衩	衩高过膝甚至及臀，短袖至无袖，装饰较简约，袍身长趋。领、袖等处采用西式的花边装饰	以自然腰线为界，腰上部多为旗袍元素，腰下的裙摆多为西式。这种旗袍通常为影星和贵妇们的社交礼服
传世照片							
月份牌中的形象	 天津益昌水火保险广告 佚名	 哈德门品牌广告（局部） 胡伯翔	 上海日夜银行广告 郑曼陀	 南洋兄弟公司广告 谢之光	 北满品牌公司广告 杭穉英	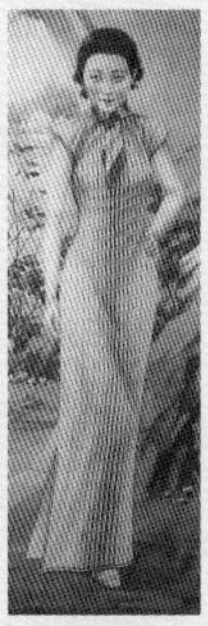 打高尔夫的少妇 吴志厂	 哈德门品牌广告 倪耕野

注　表中所列举的是主要的年代与特征，现实中有的方面表现为重叠和并列。

粉绿地松树纹提花缎贴边长袖旗袍及面料局部（20世纪30年代，香港博物馆藏）

第三章 近代旗袍及面料与政治、文化、经济的发展

近代旗袍作为一类在中国服装史中具有里程碑意义的女性服饰，它不仅是其所处时代政治、经济、文化发展的一个典型缩影，而且通过近代旗袍能真实再现相关面料在技术、材料、设计等方面的状况，亦可窥探到隐秘其后的服饰价值观念、消费方式以及多元化的文化形态。

服饰价值观念、消费方式以及文化形态的变迁不但显露着社会变革的端倪、过程及结果，而且还常与一些重大历史事件相伴而行，而在这个过程中，表现得最为突出的无疑是时尚女性或女性服饰。从文明新装、马甲旗袍、暖袍、旗袍……再到旗袍和西式服装的搭配穿着等，中国女装在近代显现出未曾有过的高调、张扬与纷繁，并显现出迅疾而几无停顿、不囿成规的特点。

第一节

辛亥革命后服饰价值取向的嬗变

1911年，辛亥革命推翻了清朝近300年的统治，中国几千年以来的封建制度由此土崩瓦解。社会的变革、政局的动荡，再加上西方政治、文化、社会思潮和生活方式在中国的广泛传播，使中国传统文化受到前所未有的冲击。新旧事物的对抗、中西文化的交锋造就了一个纷繁复杂的历史时期，并引发了社会生活层面以及服饰价值观念的嬗变，中国服饰史从此也揭开新的一页。

一、“乱穿衣”的尴尬

服饰文化在呈现传承性的同时，更具有鲜明的时代性特征。服饰是时代发展的一面镜子，时代动荡是引发服饰变异的主要原因之一，因而“几乎时代的分界线就是服饰风格的分界线”[1]。新旧交替或动荡时代产生的服饰，从表面到骨子里都会透露出慌张忙乱、不伦不类的迹象，而这些似是而非的服饰常常成了旧时代与新时代的纽带和新时代服饰变革的探索者。

近代服饰变革虽然没有政治变革那样轰轰烈烈，但就其表现出来的蓬勃发展的态势，及改变人们生活面貌的程度和结果而言，是此前任何时代都无法比拟的。从女性解放等角度说，也绝不逊色于任何一次政治变革。清朝的灭亡，使得封建服饰“明等级、辨尊卑”的功用随之消失，象征封建特权的衣冠饰物亦被弃之如敝屣，传统服饰的古板、单调、等级森严的局面被打破，国人的服饰面貌随之变得生动活泼和千姿百态。从样式上说，“西装东装，汉装满装，应有尽有，庞杂至不可名状”[2]。以色彩论，“洋洋洒洒，陆离光怪，如入五都之市，令人目不暇给”[3]，唯以美观新奇相尚，什么衣服都敢拿来穿着。在广东，女子服装“日变古怪”，甚至出现“中国人外国装，外国人中国装。改良男子装饰像女，女子装饰像男。”等服饰现象[4]（图3-1）。这大概也是封建等级制度打破之后必然出现的混乱、躁

[1] 张竞琼，蔡毅. 中外服装史对览[M]. 上海：中国纺织大学出版社，2000：120。

[2] 无妄. 闲评二[N]. 大公报，1912-9-8：2。

[3] 天汉. 改良[N]. 申报，1912-3-20。

[4] 劣僧. 改良[N]. 申报，1912-3-20：8。

图3-1　20世纪初穿着长袍马褂和上袄下裙的几位美国人在上海中式庭院里的照片

动之现象，反映了人在服饰观念上急于变革，但无所适从的局面。

1919年新文化运动之后，人们的“民智”及“人本”主体意识开始觉醒，新道德、个性、民主、自由、科学等观念开始深入人心，浪漫主义和现实主义思潮为新的审美文化与服饰变革奠定了基础。服饰从此不再是“严内外、辨亲疏”的工具，除了特殊职业人士以外，任何人都可以穿上自己喜欢、向往的服饰，服装的审美标准从“循规”转变为“个性”之喜好，着装氛围变得空前的轻松、自由，同时在面料的选择上也展现出百花齐放的局面。这一阶段，中国传统服饰和西方服饰、满族服饰和汉族服饰同时存在，相互补充，既丰富多彩、百花齐放，又带有盲目、混乱的时代特征。这种“乱穿衣”的时代特点表现为三点：其一，代表不同的着装理念、审美原则的各类服饰在街头同时可见，穿西装、长衫的男士，穿洋装的都市女郎和裹着小脚的妇女并行不悖；其二，不同类型的服装同时混穿在一个人身上，有留发穿长衫戴洋帽的，也有秃着头穿洋装的，也有上身着西装，下身则穿着中式裤扎绑腿，怪状尽现；其三，不同阶层甚至不同性别的消费者相互模仿、攀比，出现了男与女、汉与满、中与外服饰互换的现象，这种服饰交流的结果也带来了着装上男装与女装的相互借鉴，不同阶层女性服饰的僭越现象。屠诗聘曾说：“在清末民初，妇女都是穿裙子的，不穿裙子的妇女，要是见了一位宾客，不但有失礼仪，而且是一个大不敬……从前良家女与非良家女的分别，就是在一条裙子上……到后来，良家妇女，也不穿裙子了。”[1]在这些乱象中，女着男装是最为突出和惹社会不满，且大受责难的一类。例如：许多思想开放的女性，穿男装长袍，再加马褂背心，让性别混淆，代表者有革命家秋瑾等。而上海等地的一些青楼女子也酷爱男装，“光、宣间，沪上衏衏中人竞效男装，且有翻穿干尖皮袍者”[2]，“又有戴西式之猎帽，披西式之大衣者，皆泰西男子所服者也”[3]，这种服饰现象在民国时期的女性坤伶以及一般女性中也较为普遍（图3-2、图3-3）。

❶屠诗聘．上海市大观（下）[M]．上海：中国图书编译馆，1948：18。

❷徐珂．清稗类钞．第十三册[M]．北京：中华书局，1986：6172。

❸同❷6166。

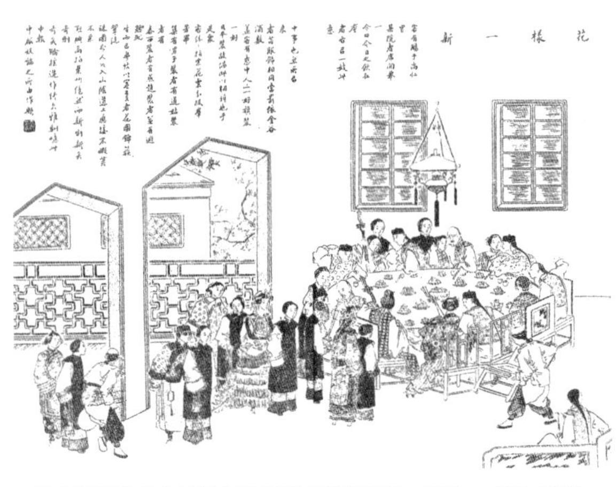

图中晚清青楼女子的打扮不但有传统服饰，西洋、东洋式服装，更有男装、道姑装和燕赵装等［吴友如，周慕桥，何元俊，等，《点石斋画报（寅集）》，安徽人民出版社，2013：62］

20世纪初的青楼女子“十美图”中就有戴西式男帽的女子（上海市历史博物馆，《上海百年掠影（1840s—1940s）》，上海人民美术出版社，1993：205）

晚清上海青楼女子在穿着上模仿女学生样子成为流行（图画日报，《上海社会之现象》，上海环球社，1910：7）

清末北京满族青楼女子（陈涌，王晓中，等，《旧中国掠影》，中国画报出版社，2006：260）

清末北京青楼女子香国痴人（陈涌，王晓中，等，《旧中国掠影》，中国画报出版社，2006：259）

图3-2　清末青楼女子的乱穿衣现象

名坤伶孟小冬女士男装像
（《北洋画报》，1933-10-7：1）

海上名女伶吴继兰男装小影
（《北洋画报》，1929-7-27：1）

津门名坤雪艳琴饰
西装男子摄影
（《北洋画报》，1928-8-4：1）

女扮男装的青年女子
（私人收藏）

民国时期穿西式
服装的女性
（卞向阳，《中国近代海派服装史》，东华大学出版社，2014：158）

图3-3　坤伶与普通女性中的女着男装现象

二、流风遗俗之撇弃

服装款式如此，在服饰面料的纹样、色彩使用上亦如此。在清代以前，纹样、色彩所象征的等级异常细致严格，其包含三个方面：一是统治阶层与社会下层的贵贱之别；二是统治阶层中帝王与百官的尊卑之分；三是百官之间的品级差异。这种“上可以兼下，下不得僭上”的封建礼法制度施行了数千年，延续至清末已开始动摇。“近代中国的传统染织纹样作为地位标志的功能在不断地减弱，晚清时官方对纹样使用的限制大为放松”[1]，但自由选择和使用纹样、色彩的愿望直到民国成立才真正实现。1912年《服制》的颁布废除了封建服制对纹样使用的限制，即使礼服，也只规定了具体的形制，并没有等级区别，这种完全无等级之分的服制在中国历史上是第一次出现，它强调的仅是穿衣的规范，而非人与人地位的高低，体现出民国初期追求民主、平等的进步思想。“西式礼服以呢羽等材料为之，自大总统以至平民其式样一律。中式礼服以丝缎等材料为之，蓝色对襟褂，于彼于此听人自择”[2]。

新政治体制的建立与新服装体制的推出不仅弱化了服装和面料纹样的等级象征和中西方服饰兼顾的体制特征，也为传统纹样、新兴纹样的广泛使用和外来纹样的吸收、风行扫除了政治上的障碍，并给予官方支持，一些前所未有的

[1] 中国近代纺织史编辑委员会．中国近代纺织史[M]．北京：中国纺织出版社，1997：163。

[2] 袁总统饬定民国服制[N]．申报，1912-5-22：2。

服饰现象便应运而生。《上海花界六十年》记载：“光复初，五色旗照耀大地，而上海一隅，妇女之裤，竟有制五色旗以为美观者……其制法大都在裤之上截腿际。以五色旗合陆军旗作交叉形[1]（图3-4），左右各一”[2]。这种现象是封建体制下无法想象的。从此，中国服饰和面料的发展进入了一个异常繁荣、活跃的新时代（图3-5）。

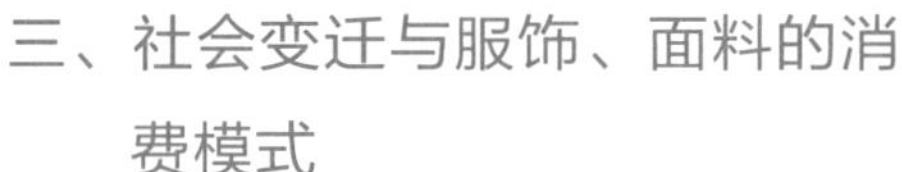

三、社会变迁与服饰、面料的消费模式

在第一章中，笔者就强调了消费模式变革对中国近代旗袍及其他服饰发展的重要性，强调了服装史研究中对消费方式、消费结构关注的必要性。近代的上海是一个与全球资本主义化同步的工商社会，在全国乃至东亚地区也是最西

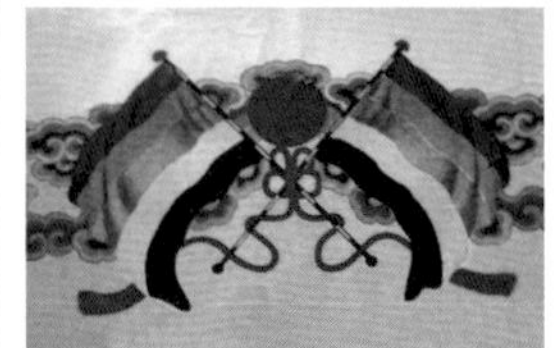

图3-4 五色旗及相关图案的运用

图3-5 民国初年女子的各种新潮装扮

[1] 五色旗，启用于1912年1月10日，是中华民国第一面法定国旗。五色旗又称五族共和旗，是中华民国建国之初北洋政府时期使用的国旗，旗面按顺序为红、黄、蓝、白、黑的五色横条。红、黄、蓝、白、黑分别表示汉、满、蒙、回、藏五族共和，所选用的五色为五个民族传统上所喜爱的颜色。而此五色也是五行学说代表五方的颜色。1928年12月29日国民政府北伐后，完全被青天白日满地红旗取代。

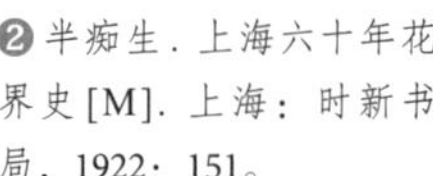

[2] 半痴生. 上海六十年花界史[M]. 上海：时新书局，1922：151。

化、最世俗、最具资本主义特征的大都市之一。20世纪20～30年代，上海市民中开始出现一种消费主义的意识形态，它对上海市民阶层的世俗生活态度、价值观念和人生理想都产生了重大影响，并不同程度地波及全国各地。

社会变迁一般泛指社会现象特别是社会结构的重大变化，包括了经济变迁、社会价值变迁、生活方式变迁以及着装行为的变革。经济变迁对社会变迁有着决定性的影响，它包括了生产量的增长和生产质量的提高，不同形态生产方式的更替，以及经济结构、劳动方式的变化。

社会价值观念的变迁，主要是通过人们的行为规范和思想体系表现出来。“人们的社会行为都不同程度受到价值观的影响，而且社会价值观念的变化，是整个社会变迁的基本方面，并常常体现为社会变迁的先声”[1]。人们总在一定的价值观念支配下进行活动，对于消费行为而言，人们的消费是受到一定的消费观念支配的。如果不了解近代时期的消费观念，则很难准确理解和辨识与旗袍及面料相关的消费行为。李寓一在《二十五年来中国各大都会妆饰谈》中曾记载：辛亥革命前“妇女服装上所用图案，多为粗笨之大花，牡丹、海棠、菊、荷均有。尤其盛行者，为梅兰竹菊相结合之图案，其形色俱不佳。其后俄布入境，则事尚条纹及散点等几何图案。又因久视大花，群尚极复杂之小花，更有不用图案而尚素色者。此风以苏杭妇女为最多。繁杂之极，至于淡素，亦心理上变迁之定则也。”[2]可见，在俄国进口花布的消费过程中，改变的不仅是图案和色彩的使用习惯，亦是消费的价值观。

消费是人类得以生存和发展的必要活动，而生存环境的差异，会导致不同时期形成不同的消费理念。在封闭的封建小农经济体制和落后的生产水平下，人们在消费上形成了“禁欲尚简”的思想，以及“生活必须为度”的节俭消费观念，人们消费欲望受到严格限制，也造成了服装和服用织物消费的单一。近代社会以开放的资本主义工业化市场经济逐渐取代传统的、封闭的自然经济，随着西方消费意识的引进和各种服装消费品的日益丰富，不但社会的上层人士首先开始改变他们的服装消费观念，“享受型”“时尚型”“奢侈型”多样化的服饰消费需求出现；社会中下层的女性活跃者的服装消费观念似乎走得更远，各种“奇装异服”以及旗袍的出现正是近代消费观念改变的结果。

[1] 郑杭生. 社会学概论新编[M]. 北京：中国人民大学出版社，1987：316。

[2] 李寓一. 二十五年来中国各大都会妆饰谈[C]//先施公司. 先施公司二十五周（年）纪念册. 香港：香港商务印书馆，1924：277。

在中国传统小农经济封闭、自给式的消费方式和观念模式下，消费以自产自用为主，即使在市场上获取，也是以本地产品为主，外地产品或“洋货”极少。进入近代后，社会阶层发生变化，出现了一些新兴的群体：律师、医生、教师、公务人员等，他们所从事工作的劳动强度、紧张程度都是传统社会中无法想象的，这也使他们对劳动力再生产所需要的生活条件期于了较高的要求。如舒适的住房条件、方便快捷的交通工具、体面时尚的服饰等。由于教育水平的提高和生活需求的日益丰富，不仅增强了人们日常生活方式的文明、科学程度，也为服装个性的追求提供了社会和物质基础。

在传统社会，消费品的占有与人们的地位身份、权利有重大关系，因此各个阶层的消费生活有着明显的差异性，它依靠社会伦理和封建专制制度来保证和执行，是不可僭越的。近代以后，旧有的消费观念受到极大的冲击，平等消费观念逐渐取代了传统的等级消费观念。“昔日兼有等级标志，不容半点逾越的领域，逐渐淡化为代表消费者情趣，衡量其消费能力的通行尺度”[1]。金钱至上观念的流行，让人们坚信，金钱能够买到自己所需要的一切。在服饰上，人人以奢侈为荣，特别是随着西方“洋绸”“洋布”的大量涌入，许多本是特权阶层才能享用的织物，寻常百姓都能随意拥有。传统消费与地位、权利、身份的关系已被淡化、冲破和颠覆，服饰织物的使用习惯、装饰方式亦随之改变。“如外货之输入，秋冬则哈喇呢，外国缎、德国丝洋缎等。春夏则有印度绸、法国绸等。裙式亦大大改良，多用钮扣而不用带，系更高。质料多用青花外国缎，裙边亦只用同色洋花边滚一道而已。一切玉珮金钱响铃等，均废除而无余……惟裤与衣一色，亦须对花。或于裤脚上，钉水珠边，或滚大花边亦有。”[2]消费引发了多种新的社会人格，带来了新的生活方式，同时也为近代服饰和旗袍时尚的产生奠定了基础。

民国时期生活方式和消费时尚的形成是由多种因素构成的。其一，进步的文化思潮对消费观念的形成起到直接、重要的推动作用，它打破了长期禁锢、束缚民众的旧观念和旧习俗。其二，如果没有相当规模的女学生、职业女性这样的消费群体敢于率先实践和尝试，敢于引领潮流，没有形成消费需求，文明新装、旗袍等新的消费形态亦无法谈起。其三，新的生活方式和消费时尚形成后，已形成产业规模的服装制作、面

[1] 罗苏文．女性与中国近代社会[M]．上海：上海人民出版社，1996：169。

[2] 景庶鹏．二十五年来中国各大都会妆饰谈[C]//先施公司．先施公司二十五周（年）纪念册．香港：香港商务印书馆，1924：301。

料设计生产是否能满足消费者的需求，大型零售商的各大百货公司是否能将产品顺畅销售出去，并刺激生产，也成为构成新消费时尚的关键。20世纪20年代以后，在中国的沿海城市，特别是上海这样的大都市，以上的三种构成因素都基本具备，特别是各大百货公司、各大洋行[1]大量收罗西方世界流行并适合国内消费者的商品，对上海紧跟世界流行步伐，形成上海摩登生活时尚，发挥了重要的作用。

在惠罗公司1930年5月的一则广告中（图3-6），对其销售的服饰织物类商品，包括价格进行了详细的介绍："本公司新到各式印花华尔纱共五百余种，各种花样颜色不同，美丽特别，均系今年之最新欧西出品，且颜色耐洗，质料细结。做各式旗袍或时装均宜，价格又甚便宜，每码自一元至二元七角半。各式丝织华尔纱，种料（类）不多，花样颜色异常美丽，质料轻薄凉爽，做夏季时装最为合宜。时新法国印花绸，花样非常特别鲜艳文雅，颜色齐备，质料耐穿不起皱纹，又可洗涤而不褪色，为今年之最新式软绸，做各式单夹交际衣服十分合宜，每码自一元半至三元半。法国最新印花雪纺丽浓纱，花样颜色鲜美特别，每种花色只足做旗袍或时装二三件"[2]。从这则广告中，我们在了解到惠罗公司当时主要经营织物的特点品种外，还可以窥探到当时进口织物的一些基本状况和消费者的时尚追求。例如：新到最新欧洲出品的"印花华尔纱（英文名称：Voile，一种透明薄纱，笔者注）

[1] 据上海近代百货史记载：在近代以后的上海洋行中，除了原有的怡和、仁记、礼和等外，尚有德商的鲁麟、孔士、美最时、顺金龙、双龙等洋行；英商的泰隆、宝顺、森茂、麦边、祥茂等洋行；美商的科发大药房、茂生等洋行；法商康福、永兴、立兴、笔喇等洋行；日商的三菱、三井、大仓等洋行约三四十家之多。洋行在日用品的经营方面各有主次，如德商礼和洋行以链条牌木纱团、花边等较多；英商洋行则着重高档呢绒、布匹、棉毛织物为主；法商洋行则以巴黎香水、香粉、香皂等化妆品为多（上海社会科学经济研究所，上海工商新郑管理局．上海近代百货史[M]．上海：上海社会科学院出版社，1988：4-5）。

[2] 惠罗公司广告[J]．上海漫画，1930（107）：5。

图3-6　惠罗公司的服饰面料广告［《上海漫画》，1930（107）：5］

共五百余种”，一个百货公司一类织物就有五百余个品种，一般现代服饰面料商也很难做到，由此也可以看到惠罗公司的实力和全球买办能力。

由于“洋货”的价廉物美、样式新颖、结实耐用等优点，受到各阶层人们的喜爱，再加上洋人、买办、商人和上层社会的示范作用，消费崇洋之风得以兴起。西洋制品凭借技术先进、制造精良为物质依托，以西化的促销攻势为引导，以“洋货”的流行为时尚，兴起了由通商口岸到大城市再到偏僻农村，由社会中上层到普通大众买“洋货”、用“洋货”的崇洋之风。并且形成了“凡物之极贵者，皆谓之洋”[1]和因过度消费而造成的争奇斗新、追赶时尚的崇奢消费方式。我们从20世纪上海繁华的南京路、各百货公司以及随处可见的国外广告中即可窥见消费的变迁（图3-7、图3-8）。

民国初年以上海妇女的服装最为时髦，而又以上海女学生的服饰最为奇丽开放。民初上海女学生的衣着打扮、言谈举止在当时领尽风骚，也颇遭非议。社会上攻击女学生的装束争奇斗巧，“非惟不足以矫正社会奢侈之风，且足为社

[1] 陈登原．中国文化史（下册）[M]沈阳：辽宁教育出版社，1998：300。

20世纪20年代的上海南京路

民国时期的上海先施百货公司

图3-7　民国时期的南京路和先施百货公司

民国时期上海的路牌广告

1948年，上海街道旁的外国广告
［好莱坞明星拉娜·特纳
（Lana Turner）代言］

惠罗公司广告
（《申报》，1927-3-31）

图3-8　民国时期上海随处可见的外国产品广告

会奢侈之先导。尤足悲者，布服之不适体无论矣，而对于国产之绸纱罗缎亦以其花样不新，颜色不奇，非购自舶来者不可”[1]。不可否认，民国初年妇女追求服饰的艳丽奢侈，助长了社会上的奢靡风气。有学者将晚清后上海人的消费性格总结为：“挥霍、时髦、风流”[2]，这无疑准确地揭示了近代都市人的消费特征（图3-9）。

舶来的洋货丰富了市场，也引起了社会生活和消费心理的悄然改变，中上层居民的消费生活不再局限于粗茶淡饭和土布麻衣，有着异国风味的精美高档丝绸也走进了他们的生活，消费也趋于多样化，求洋、求新、求变的服饰时尚消费观出现，主要表现在消费内容和消费方式两个方面。

（一）消费内容的变迁

消费品中“洋货”占较大比例，并呈现出不断丰富和更为新颖、时尚的趋势。洋货的进入和渗透，是人们接受西方文明和文化的先奏，也是改变传统生活结构、方式的开始，更重要的是它促使了人们价值观念的改变。19世纪中期以后，洋货大量涌入，并以优良的品质、低廉的价格和多样化的促销手段打开了中国市场，也打破了国内本土世代沿袭的自给自足的生活方式。相关数据显示，在进口洋货中棉布、毛呢及毛制品一直占重要的比重，对原有的本土丝绸、土布等产生了巨大冲击。进口的一般服用面料有绸缎、布匹、纱丝、丝绒、平金绣花织绒等。西式服装面料有羽纱、呢

[1] 飘萍．理想之女学生[J]．妇女杂志，1915（3）：1。

[2] 乐正．近代上海人社会心态（1860—1910）[M]．上海：上海人民出版社，1991：103。

图3-9 1929年间西方服饰文化影响下的上海女性着装［左：《上海漫画》，1929（46）：6；中：《上海漫画》，1929（44）：6；右：《上海漫画》，1929（57）：4］

绒、绸缎、哔叽、蕾丝等。因此类织物均为机器生产，且价廉物美、细密光洁、色彩艳丽，丝织品中的法国乔其纱，日本麻纱、纱丁绸，欧美等国生产的织花锦缎、礼服呢等颇受国人喜爱。洋布令传统丝绸遭到冷遇，花布取代了费工费银的刺绣，呢绒的挺括结实使棉布失去了市场。在西方科技文明的优势主导下，中国的服装业也由传统的个体手工作坊转变成时装商业的机器化生产，并参照西方服饰文化对传统服饰进行革新。革新过程并非简单的除旧纳新，而是有选择性地吸收西方服饰的精华，形成了一些中外结合、古今交融的新范式，中山装和旗袍成为这一时期中西合璧风格的典范。我们从1927～1929年输入我国的外国棉织物、绸缎织物和呢绒织物的品种中也可充分认识到服饰织物消费内容所发生的变化（表3-1~表3-3）。

《上海近代百货史》中的一段描述也能让我们较为清晰地了解当时丝绸织物销售与品种的一些情况，"1920年左右，在南京路抛球场一带早已开设有大伦、老九章、大盛、老九伦、老介福、老九和等绸缎局。他们都属于'绪伦公所'（绸缎同业公会）的会员。这些绸缎局，规模都很大，在进销货方面，很多都直接与厂商挂钩，产销关系密切。在销售对象上也拥有一批上层顾客，并向'公馆帮'送折子，采取'三节'结账的赊销办法。在商品花色、质量的挑选上和业务经营上都有丰富的经验。因

表3-1　1927~1929年各类棉织物输入总额　单位：千关两

棉织物名称	1927年输入量	1928年输入量	1929年输入量	主要原产地
本色市布	13136	15981	13799	英国、日本
本色斜纹	8001	6376	4761	日本
本色洋标	1025	1170	895	日本
本色土布	3991	5158	5026	—
本色绒布	1592	1437	1647	日本、美国
漂布	12732	22132	23285	英国、日本
漂白斜纹	327	367	225	日本
漂洋标	170	177	193	英国
漂洋染纱	2579	3209	2704	—
漂染织花细布	3022	3044	2443	—
花素洋罗	410	495	496	英国
染色市布	1370	1975	1565	日本
洋素绸	1120	1184	1343	日本
染色斜纹	5205	5589	5330	日本
红洋标	2233	2035	1988	英国
绉布	669	1459	951	日本
漂染横贡呢	3000	2176	1342	英国、日本
漂染羽绸	1749	3075	3979	—
泰西宁绸	252	1579	1149	英国
斜羽绸	407	1077	343	英国、日本
漂染棉哔叽呢	3005	6541	10959	日本
漂染棉直贡呢（五线）	16441	17177	19546	—
漂染棉直贡呢（八线）	4615	5633	5185	—
印花棉直贡呢	4202	6027	6015	—
洋板绫	914	1640	1249	英国
漂染罗缎府绸	1456	2154	1938	英国
泰西缎	942	2473	1901	英国
条子绒布	552	679	1005	日本
棉法绒（漂染及单面印花）	4274	5491	8834	日本
棉法绒（双面印花）	604	202	68	—
冲毛呢	21	31	28	意大利
素染尺六绒及尺九绒	1258	1788	1706	日本、英国

续表

棉织物名称	1927年输入量	1928年输入量	1929年输入量	主要原产地
花尺六绒、尺九绒等	468	498	728	—
粗帆布	971	1061	1000	日本、英国
印花洋纱花标	8865	10966	9568	俄国、日本
印花斜纹等	5567	8701	7197	日本
染纱织府绸	1031	1375	1596	—
未列载本色漂染棉布	3498	4466	4377	—
未列载印花棉布	3916	2993	1944	—
未列载染纱织棉布	3641	3463	5251	—
总计	128229	173124	164360	—

资料来源：中国纺织学会，《输入纺织品一瞥》，引自：《纺织年刊》，1930：8–10。

表3–2 1927~1929年绸缎与其他纺织品输入总额 单位：千关两

绸缎与其他织物名称	1927年输入量	1928年输入量	1929年输入量	主要原产地
纯蚕丝织品	507	426	151	日本、法国
蚕丝及棉之交织品	718	695	521	日本
蚕丝及毛之交织品	509	615	332	日本、法国
纯人造丝织品	663	977	1455	日本、英国、法国
人造丝及毛之交织品	403	1571	2852	英国、法国
人造丝及棉之交织品	2551	3116	4079	英国、法国、意大利、日本
丝绒	583	1011	753	英国、德国
棉绣花线、编结线	416	517	566	英国、法国、德国、美国、日本
金银线	34	33	23	德国、日本
花边及衣饰	545	714	304	德国、法国、英国、日本
卫生绒	247	182	191	日本、中国香港
宽紧驼绒	922	845	483	英国
橡皮雨衣布	530	778	449	英国
法西衬	36	93	80	英国

资料来源：中国纺织学会，《输入纺织品一瞥》，引自：《纺织年刊》，1930：13–18。

表3-3　1927~1929年呢绒织物输入总额　单位：千关两

呢绒名称	1927年输入量	1928年输入量	1929年输入量	主要原产地
旗纱布	40	34	48	英国
羽毛	76	57	27	英国
粗哔叽	93	102	79	英国
毛羽绫	19	21	21	英国
羽纱	1797	1188	822	英国
细哔叽	4874	10453	7822	英国、法国、德国、比利时、日本
华达呢	1041	2274	1671	英国
直贡呢	2670	7134	3993	英国
薄花呢	1721	3210	2411	英国、德国
麦尔登印花呢、平厚呢等	2486	2874	1662	英国、德国
外套呢	925	1601	1310	—
毛绒	190	409	360	德国
未列载呢绒	4316	6614	5066	—
总计	20248	35971	25292	—

资料来源：中国纺织学会，《输入纺织品一瞥》，引自：《纺织年刊》，1930：12。

此，上海各大百货公司设立后，在较长一段时间内，绸缎部都较为清淡，难于和老牌绸缎局竞争。后来各大百货公司改进经营策略，扩大进口洋货绸缎的经销，把法国的印花绸、罗丝纱，意大利的毛葛和日本的人造丝织品作为主打商品，才逐渐扩大了销售。此外，还改进了国货绸缎产品的销售方法，即赶在销售季节前销售，如夏令绸缎，在春季就开始销售，到夏天旺销时期，就降低售价与绸缎局争夺客源，到了将近夏季末，就削价推销，出清存货。各大百货公司采用这些灵活的经营方式与墨守成规的绸缎局展开剧烈的竞争，使绸缎局的营业大受影响”[1]。

在《先施公司二十五周（年）纪念册》[2]附录中刊登了一些当时上海和广州先施公司各销售部门的照片，从这些照片中，我们可以领略到先施公司在那个年代的经营规模和设施，以及销售内容、经营理念、经营策略和经营方法。也可以想象在这样的消费环境下，人们的消费方式会产生怎样的变化（图3-10）。

[1] 上海百货公司，上海社会科学经济研究所，上海工商新郑管理局．上海近代百货史[M]．上海：上海社会科学院出版社，1988：146。

[2] 先施公司．先施公司二十五周（年）纪念册[C]．香港：香港商务印书馆，1924：附录。

先施公司沪行中西鞋部旧影

先施公司沪行疋头（布匹）部旧影

先施公司粤行丝绸发行部旧影之一

先施公司粤行丝绸发行部旧影之二

先施公司粤行中西鞋部旧影

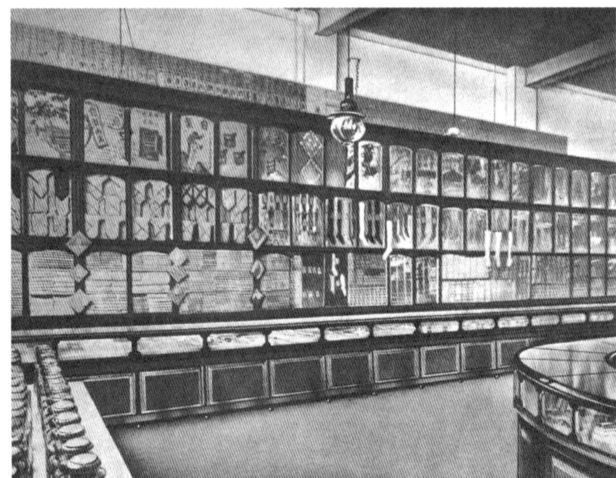
先施公司粤行巾袜部旧影

图3-10 先施公司各销售部门旧影［《先施公司二十五周（年）纪念册》，香港商务印书馆，1924：附录］

（二）消费方式和结构的变化

消费方式是人们为了生存、享受、发展而进行的日常物质文化消费活动的方式。也就是说，人们为了生命的延续，必须要消费衣、食、住、用、行等物质生活资料。除此之外，人们还要进行精神文化上的消费等。

（1）消费方式从自给自足为主转向市场化。

近代洋货进入以后，几乎所有的商品都可以通过市场得到。人们的生活，特别是日常用品的消费与市场紧密相关，封闭的自给自足的消费方式逐渐转向市场化消费。

在与服装、面料消费相关的变革中，各类绸缎布庄在经营特点上的变革也对旗袍的发展起到一定的推动作用。如不少绸缎布庄在销售衣料的同时，也开设时装部代客进行制衣。又如杭州余杭新开宏泰绸缎洋货布庄在其广告中告知："兼带定做时式男女绸缎新衣，价格从廉，约期不误。"[1]庆记大纶绸缎顾绣呢绒布匹的广告也宣称："迎合新时代潮流，发扬新时代服装，新辟时装部。"其优点披露为："技师：具有专门学识，富于艺术思想，设计特别新鲜，手工敏捷而兼优美。式样：合料准确，尺度适体，备有新式图案任客选择，均有审美观念，绝无乡间陋习。质料：新到大批时装各料，质地柔软，色泽艳丽灿烂，九色荟萃一堂，绝合制新式服装。信用：代客设计定制服装，交货非常迅速，规定日期按时交付，绝无丝毫延误。经济：隔天定价非常低廉，合料既为省俭，工洋亦颇便宜，减少手续麻烦，对于经济甚为合算。"[2]在杭州羊坝头大马路高义泰绸缎布庄的广告中亦有类似的做法："本庄采办国货绸缎、顾绣、呢绒、哔叽，各种新颖布匹，上等丝绵棉绸，男女时装大衣雨衣，所有各货均系最新出品，应时选备，以供新时代之需要，花色繁多，不及备载。专雇中西衣公司定制时式服装，约日无误。"[3]

（2）消费结构上，由单一、相同的消费内容转向多样、个性的消费内容。

消费结构是指消费内容的构成。在小农经济的模式下，消费结构中以单一的、相同或相似的消费内容为特征。近代开埠后，各种消费品给人们提供了广阔的选择空间，洋货消费也已成为近代城市的主要消费内容和消费特色。仅以洋布而言，在《大公报》广告中就有各洋行售卖的哈喇大呢、哈喇回锦、回布、哆啰彩呢、哔叽等。到民国初年，

❶宏泰绸缎洋货布庄．广告．浙江商报．1926-6-11：4。

❷庆记大纶．广告．浙江商报，1930-11-9：2。

❸高义泰绸缎布庄．广告．浙江商报，1934-5-21：2。

不仅在城市，就连农村的一些上层人士也会购买一些洋布，作为体面的礼服。而到20世纪30年代末和40年代初，人们的消费方式又有了另一种转变，如在男子袍服面料的选择上，“哔叽华达呢虽然文雅大方，细密耐穿，可是舶来外货，金价高昂，每码较战前飞涨四五成，一袭所费二三十金，国家权力与个人经济打算，均非所宜！（价廉者劣货混杂，贪便宜则上当也！）还是选购国产丝织品（毛葛、锦地绉、杭缎……现在市售绸缎花色众多！只要不夹人造丝，便是上好货）。中下阶层经济力弱和躬行‘布艺主义’者，那么采用新式机织布匹（细呢、华达呢、爱国布、丝光布、斜纹布、阴丹士林布、三友、二一二布等）唯一便宜，体面亦很过得去。着衣唯求整洁；上海社会虽称‘只崇衣裳勿奉人’，可是近年一般人对于俭约之士着大布之衣，也知尊敬，不投白眼啦”[1]。从表3-4所示的上海大新公司商场各部发售的不同档次绸缎和呢绒布匹比例，以及本国和外国所占比例中，亦可对当时服饰织物的消费结构、消费倾向有所了解。

[1] 浦左一少. 上海人春日生活[J]. 上海：上海生活，1939（4）：2。

表3-4　上海大新公司商场各部发售货物品种情况表

部别	货品种类	1936~1940年				
		上档货占比%	中档货占比%	下档货占比%	本国货占比%	外国货占比%
绸缎皮货	蚕丝织品	60	25	15	100	—
	人蚕交织品	75	25	—	100	—
	人蚕毛织品	60	40	—	75	25
	人蚕棉交织品	30	40	30	100	—
	进口丝织品	70	30	—	—	100
	皮货	30	50	20	90	10
呢绒布疋	洋服厚薄绒	30	50	20	25	75
	海虎礼服绒	45	40	15	15	85
	纺斜布	—	80	20	10	90
	进口印尼绸、纱葛	20	60	20	—	100
	土绒布	15	45	40	100	—

资料来源：上海市档案馆，中山市社科联，《近代中国百货业先驱——上海四大百货公司汇编》，上海书店出版社，2010：334。

第二节

近代旗袍及面料与多元文化形态

不管在哪个国度和哪个时代，纺织、服装史都会以其丰富的衣着形态、织物和装饰纹样、色彩，自然而然地呈现出璀璨夺目的时代风采。旗袍作为民国时期最典型的女性时装，在其款式、面料、工艺等变革的设计学研究意义以外，它还承载了比历史上任何时期的任何服饰都更为丰富的人文意蕴，以及社会、经济、时尚发展的多维信息。

首先从形制上说，近代旗袍从传统袍服和袄裙的宽衣大袖逐渐走向适体，从体现地位之尊卑走向了体现人之本身。在制作方法上，依据近代面料幅宽的发展，突破了前后中破缝的传统裁剪方法，最大限度地保持了面料的完整性，体现了对自然之物、人造之物的敬畏和天人合一的哲学观念。旗袍使用的面料、里料、夹料、衬料及辅料，几乎涉及当时进口和国产的所有织物，这点在存世的旗袍实物中可以得到印证。在面料上有传统的棉、麻、丝、毛，也有近代引进西方的人造纤维和各种混纺纤维等。在装饰纹样的加工方法上传统和现代的印、染、织、绣皆有，在纹样的题材上更是具有空前的多元文化意义上的宽泛性。从与旗袍相关面料的设计生产中，我们同样可以窥探到中国近代服装和面料设计、生产从一元到多元的起步和发展，从传承、模仿到初步自主设计的蜕变过程以及特征。

一、服饰文化的复杂性与肤浅性

近代中国文化由于中西方文化的碰撞与交流，在其整体特征上表现得最为突出的是复杂性与多变性；其次，表现为散、浅、乱的肤浅性与粗糙性[1]。这两种特征同样体现在服饰文化和旗袍及面料发展的变迁之中。

（一）复杂性与多变性

近代文化的复杂性远远超过古代，因而复杂性就成了中国近代文化形态最

[1] 龚书铎. 中国近代文化探索[M]. 北京：北京师范大学出版社，1997：12。

图3-11 各种风格的旗袍面料（私人收藏，笔者拍摄）

主要的特点，其突出表现为：中国古代传统文化在近代仍然得到传播与发展，西方文化包括从古希腊到文艺复兴时期的哲学与艺术，以及18世纪以后西方各种文化、艺术流派相继涌入中国；此外还有在中西方文化融合中形成的不中不西、亦中亦西的新文化类型。这种复杂性的另一反映是：近代的思想体系十分复杂，往往古今中外兼容并蓄。例如康有为，其思想体系中既有西方资产阶级思想、中国古代传统思想，也有基督教、佛教学说以及空想社会主义学说。在旗袍面料中，我们不但可以看到传统的中国纹样，不同国家风格的纹样，同样可以看到在西方各种艺术流派影响下，中国设计师设计的形态各异的纹样（图3-11）。

中国近代文化形态的第二个基本特点就是“变”。这种“变”包括国家制度、社会制度、经济制度、军事制度、价值观念、伦理道德准则、社会风尚与习俗等方面的内容，其本质是要求进步和发展。当然，近代文化发展“变”的特点，还表现在其自身的“变”，除顽固守旧派以外，近代各政治派别、文化派别的主张都程度不等地变化着。这种易变性与社会的剧烈变动保持一致，而且直接为当时的社会变革服务。

在服饰上，中国人开始对西式服装产生很大兴趣，其简便灵活的款式很适应现代化生活的需要，穿西装逐渐成为风尚。其次，虽然西式服装受到中国人的欢迎，但其传播并非畅通无阻。长期养成的传统服饰观念，不可能一夜间迅速消失，各种封建的服饰思想仍然存在。民国初年政府颁布第一个服饰法令《服制》，以西方服饰为样板，对男女礼服，常服的样式、颜色、用料做出明确的规定。但由于人们对旧有风俗习惯及观念的依赖，以及对变革需要一个逐渐习惯的过程，服饰规定的西式服饰模式，并不符合中国当时的国情，于是“竟用西式，于习惯上一时尚未易通行……故定新式礼服外，旧式褂袍亦得暂行适用”[1]。最终，这种简单、盲目模仿西式服饰的服制，只能不了了之。民国初年是新旧交替时期，新的事物方兴未艾，旧的东西死而不僵，服饰及织物的多样性，也反映了这个时代特有的风貌。

20世纪20年代以后，国内外通商、交流的机会增多，欧洲的各种织物、流行服饰及服饰概念源源不断涌入国内，改变了人们的着装观念，扩大了国人着装的选择，在不断刺激着人们的购买欲望的同时，也推动了包括旗袍在内的各种服饰的变革和流行。

到了30年代，可用于旗袍的面料更加丰富，纱、绸、缎、棉等面料应有尽有。各种新颖的面料，如塔夫绸、呢绒绸、乔其纱、金丝绒、蕾丝、呢绒等大量输入，并成为都市女性服饰面料的新宠。这些洋布质地柔软，手感挺括，富有弹性，制作出的旗袍合身适体，轻盈飘逸，因此广受青睐。此时阴丹士林色布以布质好，价格便宜，深受女学生、职员和大家闺秀的喜爱。素色和条格面料做成的旗袍主要在知识女性中流行，上层社会的礼服则多用华贵艳丽的面料，包括一些镂空和透明的化纤、丝织品。

景庶鹏在《二十五年来中国各大都会妆饰谈》中就当时的服装变革和发展曾说：“上海为中国通商最早商埠……即妆饰小道（此指服饰之道），亦由中外士女交际之场，而得进化之发轫。盖华洋咸集一场，衣冠各异，五光十色，琳琅满目。引人视线，犹推妇女，有聪明者出，取华洋各种衣饰之所长而弃其所短，加以巧思，制成新妆，贡献中华女界。后又随社会之好，时时变迁，日新月异，循循不穷，使各大都会喜作时妆之妇女，甫制新妆又称失时，更令其羡慕不置。而全国妇女永以上海妆饰为马首是瞻者，良由此也”[2]。屈半农先

[1] 民国政府参议院．服制条例[N]．申报，1912-7-15：2。

[2] 景庶鹏．二十五年来中国各大都会妆饰谈[C]//先施公司．先施公司二十五周（年）纪念册．香港：香港商务印书馆，1924：298。

生亦说：20世纪初至20年代“装饰上亦由阶级制度，而入混沌时代。由混沌时代，而入于党派时代。年来国事蜩螗，争伐靡已，装饰上亦同此现象”[1]。

（二）肤浅性与粗糙性

近代文化发展的肤浅性与粗糙性，主要表现在没有形成完整的体系，甚至自相矛盾。有些人物某一阶段的思想会像夏日的闪电那样，倏忽一现，还没有来得及定型便已成为过去了。

那么，在服饰文化中是否也存在这样的肤浅性与粗糙性呢？答案是肯定的。其一，民国时期的服装变革，是一个从下而上，从个体体验或炫耀到逐渐被大众认可的过程。这个过程本身就是从肤浅、粗糙到不断完善的提升。其二，近代的服装，特别是20世纪30年代以前，女装是处于一种日新月异不断变化过程之中的。也就是说，一种服装样式从它的出现到被另一种样式替代，往往只有很短的时间段。在这样的短暂时间段中，它不可能产生一个较为完整的服装概念系统，拥有一个固定的使用人群，在服装功能、审美体系等方面的构建一定也是比较肤浅和粗糙的。如20世纪20年代曾流行的“暖袍”，在短短的几年内连一个约定俗成的名称还未被公认，亦已走向了消亡。其三，近代、包括民国时期的服装发展，其所谓的“新”，几乎等同于“西”，基本是随西方服饰潮流而动，并没有形成自己独立的服装体系和观念系统。就连相对定型后的旗袍，在领子的高度，下摆、袖子的长短上也一直随西方潮流不断变化，表现为肤浅和粗糙的模仿、跟风。另在很多“别裁派”旗袍的款式设计上，那种肤浅和粗糙的造型、处理也不无存在。

在民国服饰文化及旗袍发展中，这种肤浅和粗糙特性的存在，既是时代所限，也是文化转型期之必然。正如彭德先生所说：“每一次对外来影响的接受，都有从盲目到自觉，从模仿到融合，从无批判的颂扬到有分析的选择这样一个过程”[2]。在现存的旗袍及面料中这种肤浅性与粗糙性也明显存在，从图3-12列举的旗袍面料中不但可以窥探到模仿的明显印记，也可以看到从布局到形象设计中存在的不成熟。

二、服饰消费文化中身份认同与辨识

曾有学者提出这样的观点：民国中后期的旗袍变迁，实质为中产阶层领

[1] 屈半农. 二十五年来中国各大都会妆饰谈[C]// 先施公司. 先施公司二十五周（年）纪念册. 香港：香港商务印书馆，1924：305。

[2] 彭德. 视觉革命[M]. 南京：江苏美术出版社，1986：36。

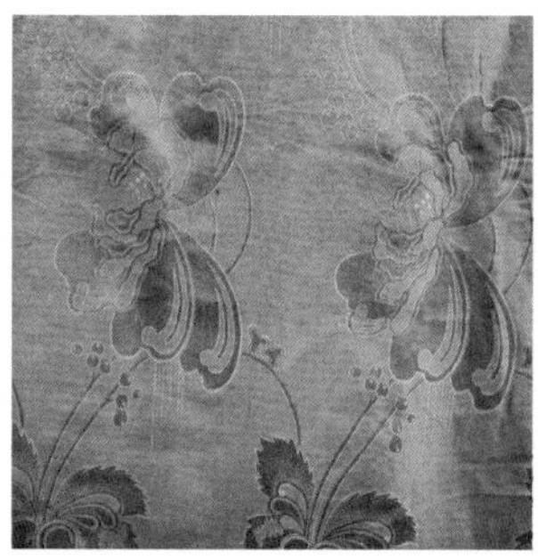
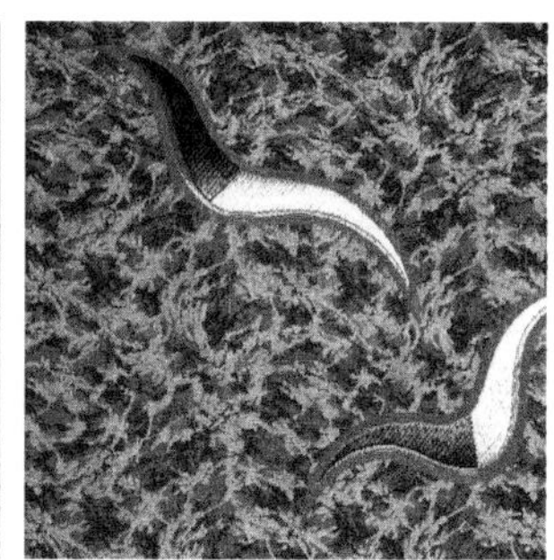
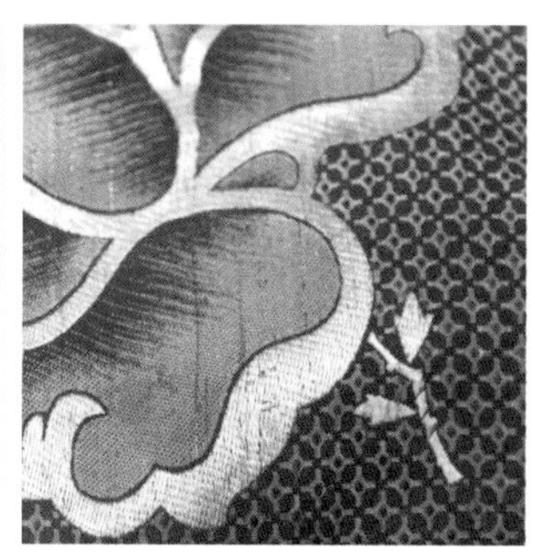

图3-12 民国时期提花面料中存在的肤浅性与粗糙性

导的一场时装秀。20世纪20～40年代，中国社会随着社会分工、职业分化程度的提高，中产阶级[1]开始成为引领社会发展的重要力量。尽管与普通市民相比较，他们在人数上并不占优势，但他们对现代工业文明、现代科学技术的认识和把握，以及他们鲜明的现代生活方式，使其成了推动社会转型、建立现代消费特性的重要基础和中坚力量。从旗袍的产生到发展的过程，特别是民国中后期的旗袍变迁来看，中产阶层领导的这场时装秀，无疑成了近代女性消费文化的一个典型案例。

（一）需求与表达

以西方生活方式为导向的中产阶级消费逻辑，构成了需求与表达的内在行为，并贯穿于他们的日常生活和娱乐消费之中，也体现在旗袍及面料的选择与消费中。

近代以后，随着西方工业文明的强势入侵，西方生活方式及消费时尚逐渐成为中产阶级消费意识形态建构的基础，其核心即是追求现代文明的强烈期盼。这种消费的目的并“不仅仅在于对西方新式产品的享用，更在于对现代都市文明的体验，以及这种体验所传达出的特殊的社会意义：一种具有现代和时尚性的消费实践”[2]。

首先以男性的西装为例：民国后西装渐成为中产阶级的流行服饰，穿着者多为学校的教师、学生，公司、洋行、机关的办事员，并以年轻人居多。据郑逸梅《西装商榷》记载：“海上人士穿西装的，约占十分之四五。”[3]西装作为一种生活身份的名片和必备行头，在“只认衣服不认人”的很多大都市中，具有显示和象征男士社会地位与个人能力的意义。即使在一些中、下层的工人中，穿西装者也一天天地多起来。许多人再穷也要淘上一件二手西服，以提高在陌

[1] 此时中产阶级的特点是：受过良好的教育，以拥有某项专门技能而非体力劳动服务于社会，其收入和社会地位处于社会的中层。

[2] 连连. 20世纪20~40年代上海中产阶级消费特性分析[C]//忻平. 历史记忆与近代城市社会生活. 上海：上海大学出版社，2013：266。

[3] 高福进. “洋娱乐”的流入——近代上海的文化娱乐业[M]. 上海：上海人民出版社，2003：8。

生人眼中的社会地位。作为男装的西服是这样，那作为女性时装的旗袍亦是这样吗？20世纪20年代中期后的旗袍，是在西风东渐后形成的时尚性“新装束”，在“新”之外同样也是体现新时代女性的身份标志。另就定型后旗袍穿着方式而言，与其配套的服饰几乎与西方连衣裙同出一辙，如下身不再穿裤，而是丝袜或裸露小腿，再加上高跟皮鞋；而作为与旗袍配伍的毛线衣、皮大衣，以及手表、提包等大都属于舶来品。这些舶来品与男士的西服一样，不但是穿着的必须，更是一种地位、时尚的需求表达。旗袍之所以在民国时期受到女性的欢迎，在现代性追求外还有以下几种原因：一是经济便利，以前妇女从上到下的整套服装，需要置办衣、裤、裙等相配穿，而旗袍衣裳连属，一件就可替代，并且旗袍结构简单，裁剪方便，省工省料。二是旗袍上下一体，采用了美观适体的曲线腰身，较好地体现了人体的自然美，再配上高跟皮鞋，更能显现女性的秀美身姿，迎合了当时的风尚。三是作为主装，旗袍很容易与西装上衣、毛线衣或大氅等配套，各种季节均可穿着，利用率较高。旗袍的配套性、适应性很强，不加任何修饰，可以使人显得朴素大方，加上绣纹、绦子花边，戴上珠宝，又可显出一种高贵典雅的气派。

大都市中产阶级的消费逻辑既展示了他们的现代性追求，也表明了现代西方文明对成长中的中产阶级具有的特殊意义。如果说西方现代主义消费源于消费者的求新欲望，那中国大都市中产阶级的消费力则更多来自感受西方文明的渴求。这种渴求既满足了中产阶级自我表达的心理需求与社会需求，同时对整个社会价值观念、消费形态及欣赏趣味的形成又具有强烈的示范效应（图3-13）。

（二）身份认同与辨识

一种消费行为所体现的并非是简单的人与物之间的关系，而是人与人之间的社会关系。因而消费文化不仅给我们展示了某一群体固有的行为方式与风格特征，同时也清晰地展示了其在社会分层中的实际位置。服饰的穿着为身体的自我划定了基本框架，它的功能是身份的一种视觉隐喻，是人们意图的可见形式，是别人解读我们以及我们解读别人的符号之一。

民国中期以后，上海的静安寺路（今南京西路）出现了不少专门的高级时装商店，如鸿翔、云裳、华新等，还有供应进口面料的惠罗、永安、新新等百货公司。当然在马路边以及里弄口也会有很多的小型裁缝店、绸布庄。你在哪里购买面料？购买什么样的面料？你在哪里制作你的旗袍？这些看似简单的消费行为，实则包含了被界定的社会行为与关系，并通过实施的过程被物质地建构与具体化。如在惠罗公司或一般的小绸布庄购买旗袍面料；请“鸿翔”给你定制或让路边小裁缝缝制，这些看似简单的消费行为实则成为不同社会身份与社会地位认同、辨识的重要标志之一（图3-14）。

图3-13　民国后期拍摄的六张中产阶层女性的旗袍照片，摄影：沈石蒂（沈石蒂，《瞬间永恒：沈石蒂摄上海华洋人物旧影》，上海书画出版社，2013：222，196，260，187，180，171）

沈石蒂（Sanzetti），俄国犹太人，1921年来到上海，几年后在上海中心地段——南京东路73号拥有一家有11个房间的大型摄影工作室，成为当时小有名气的摄影师，1957年移民到以色列

上海云裳公司旧影

20世纪30年代独步上海滩的“鸿翔”服装店

图3-14　民国时期上海著名的两家时装店旧影

由此可见，消费文化作为一种潜在社会分层活动的显现方式，其特殊的符号意义在于支撑它背后的整个社会次序和社会结构。社会各阶层通过对消费所具有的符号意义的使用，来共享一种特定的生活方式与风格特征，以完成对身份的认同和辨识，并构成其社会地位和社会关系的基础。这种消费文化包含了显性的和隐性的两大类，最为显性的不外乎巨宅、豪车，而最为隐性的则体现在休闲文化的消费之上（图3-15）。

在身份认同和辨识问题上，20世纪20～40年代中国大都市中产阶层女性服饰消费的选择，就是一个很值得探讨的例子。此时中产阶级的特殊性在于其既是农业文明向现代工业文明转型的产物，同时也是西方势力入侵后社会变迁的结果。因此，她们“不仅要面对传统社会与现代社会的新旧文化冲突，而且更要面对中国与西方、民族主义与殖民主义的多重矛盾与冲突。中产阶级既秉持对现代性的追求，渴望享受现代文明成果，同时又带着传统文化的基因，认同本国文化的特殊价值，并警惕这种现代性背后的文化不平等与压迫”[1]。她们的特殊性还在于，一方面以中西兼容作为消费的基本选择，另一方面又以抵抗或抵制的方式来应对民族主义与殖民主义的冲突和挑战。而旗袍款型、织物和服用方式等具有的中西文化兼容的基因，恰恰满足了上述特殊性的要求，在消费文化上也充分展现了中西融合、新旧并存、传统与现代交织的特性。

穿立领旗袍的驾车女子，1933年

编织毛衣的有闲阶层妇女
［刘旭沧，《美术生活》，1937（8）：12］

图3-15　老上海上、中层社会的消费生活

[1] 连连．20世纪20~40年代上海中产阶级消费特性分析[C]//忻平．历史记忆与近代城市社会生活．上海：上海大学出版社，2012：273。

如果我们从上述特殊性上来分析为什么旗袍能够成为近代女性典型时装的话，很多问题似乎就可以迎刃而解了。定型后的旗袍从基本袍型、领型、门襟、盘扣等方面继承了中国传统女装的重要元素，秉承了传统女装的含蓄、端庄、娴静的气质，但又从上至下显露出西方文化所推崇的人体曲线美的审美情趣，并可以与多种西方服饰配合穿着，其开衩和下摆的长短亦可跟随西方服饰潮流的变更。旗袍这一特定时代的特定产物，不管从哪个角度看，都既体现了对现代性的追求，享受到现代文明成果，同时又带着传统文化的基因和认同本国文化的特殊价值。因而，大都市中产阶级以西式生活方式为导向的服饰消费需求，展示了与众不同的文化特质，也塑造了20世纪20～40年代中国都市社会的核心价值观与消费形态。

三、各种文化形态与服饰时尚的前行

20世纪早期，随着女学生的成长，社会上出现了第一批为稻粱谋的职业女性。这些从属于男权制度下解放出来的女子，在追求地位平等的同时，似乎也站到了女性服饰变革的前列。让人意想不到的是，在这场女性服饰的变革中，走在最前列的却是另一种职业女性——青楼女子群体。她们地位低下，受到礼教的束缚较少，往往能够率先对旧规则发起挑战，她们“对社会服饰等级的僭越和混淆早在‘革命’前既已发生，他们的‘奇装异服’对普通女性的衣饰装扮造成了广泛的影响”[1]。晚清的上海青楼女子对于时尚变化的追求，敏感而大胆，进而导致女性的服装翻新时时追随着她们的脚步。跟随在军阀马蹄后的近代女性时装变革，不仅是时代审美的转折，也是社会骚乱、动荡的标志。此外，晚清青楼女子们的标新立异很大程度上还表现在对舶来品的率先使用，这也从另一个角度显现了中国女性从传统向现代的转变，得到了西方现代文明的“怂恿”和影响。

从客观上说，上海是西方物质文明和西方时尚进入的第一站。1854年后，外商、华侨、华人相继开设了多家百货公司，也促使上海的工商业、出版业、电影业等进入了一个空前繁华的时期，至20世纪30年代已成为闻名世界的远东第一大都市。

服装业在时尚产业链中占有很大比重，因服装具有流行速度快、形式多样的特性，处于带动时尚生活流行趋势的

[1] 李字云，等，美镜头——百年中国女性形象[M]. 珠海：珠海出版社，2004：10。

首位，可谓是时尚的主导，且处于时尚产业的核心地位。民国时期随着海禁的开放，使“时装”的概念在国内服装市场流行起来，带动了女装改革的潮流。上海的时尚产业繁荣首先依附的是时装业的繁荣，“上海是新装的发源地，是东方的巴黎，这是谁也不能否认的。为了这个缘故，上海的姐妹们，更加抖起劲儿，争奇斗艳，各创新装，层出不穷……”[1]。然而，服装产业的繁荣以及旗袍时尚、相关织物的发展，也仰仗了商业时装展示、媒体、电影业及电影明星们的推动。

（一）各种时装展示会的举办与推动

20世纪20年代以后，服饰时尚的潮流在上海可谓是日新月异，各大百货公司、服装公司及织物生产厂商盛极一时：上海静安寺路，同孚路一带都开有一流的时装公司，其中以“云裳”“鸿翔”品牌为最[2]。他们不断举办服装展演，推出新款服装招徕生意。

当时的各大百货公司、纺织公司、服装公司等为了扩大自己的影响纷纷举办“时装表演”。1924年，永安股份有限公司为纪念永安纱厂开办，举行了时装表演会，并将时装表演照片汇集成册出版发行。这次时装表演展示了结婚礼服、泳装、西式裤装、披肩等服装样式。

《申报》1926年12月14日发表的《联青社游艺会预志：最出色之一种游艺——时装表演》一文报道了其时装表演。此表演不但达到了主办方“杂糅古今，可以把我国古时历代装束，趁此机会一一表现于世人眼前，让人温故知新，从而达到以复古为革新的效果”，也深受大众好评。在其接下来的第二场时装表演中，已得到触角敏锐商家的资助，“各衣原料均系永安、先施、福利、惠罗及老介福等公司所贡献，皆缝制精良，式样新颖”。同时被视为民国服饰史上“现代服装表演的正宗”[3]。

此后，时装表演，风行一时，成了各种晚会表演的压轴。如1927年8月上海女界慰劳北伐前敌兵士的游艺大会，自然是最时髦的“时装表演”压轴，由海上名媛、云裳公司老板唐瑛领衔出演[4]。

1929年在天津，一家大饭店举行了一次规模盛大的“服装跳舞会”，会上的时装表演精彩纷呈，中、美、英、法、德、日等国各种款式的时装均在此展示，令人眼花缭乱。《北洋画报》曾就时装表演会做过多次报道，如1928年1月天津曾举办“古今妇女服装表演会”[5]，1934年4月汉口市举行国货时

❶ 沈怡祥. 廉美的服饰[J]. 玲珑，1931（8）：255。

❷ 刘百吉. 女性服装史话[M]. 天津：百花文艺出版社，2005：52。

❸ 陈丹燕. 上海的金枝玉叶[M]. 北京：作家出版社，2009：84-86。

❹ 赵英兰. 民国生活掠影[M]. 沈阳：沈阳出版社，2001：46。

❺ 古今妇女服装表演会[N]. 北洋画报，1928-1-21：4。

装表演大会[1]，1936年11月在西湖饭店举办天津市妇女界急赈慈善游艺会时装表演[2]等（图3-16）。

1931年1月，为了庆祝美亚十周年厂庆，上海大华饭店举行了空前盛大的时装表演，观者千余人，男女模特儿穿着各类时装缓步鱼贯而出，种类有男子西服、女子旗袍、晨服、晚服、礼服、婚礼服等九大类，盛极一时[3]。除了时装表演，还有时装展览会。可以看出当时的时髦服饰生活已经在人们的心中占有了相当比重，所展示的旗袍等服装自然又一次成为万众瞩目的焦点。

时装表演在商业的推动下，获得了进一步发展。到1934年，鸿翔公司在大华饭店举行时装表演时，已可投入巨资，邀请当红电影巨星阮玲玉、胡蝶等出席表演了；有些女子服装店则开始模仿巴黎，举行春秋两季新装发布会。1936年创立的“锦霓新装社”，更是把时装表演当作日常促销手段，每天下午在国际饭店三楼举行时装表演，以广招

❶最近汉口市举行国货时装表演大会之表演者[J]. 北洋画报，1934-4-7：4。

❷本月十二日晚在西湖饭店举办天津市妇女界急赈慈善游艺会时装表演[J]. 北洋画报，1936-11-28：4。

❸忻平. 从上海发现历史[M]. 上海：上海人民出版社，1996：68。

古今妇女服装表演会（《北洋画报》，1928-1-21：4）

1936年11月12日晚在西湖饭店举办天津市妇女界急赈慈善游艺会时装表演（《北洋画报》，1936-11-28：4）

最近汉口市举行国货时装表演大会之表演者（《北洋画报》，1934-4-7：4）

图3-16　20世纪初期时装表演照片

徕。1936年11月4日《大公报》也曾为此做报道："锦霓新装社"（静安寺路国际饭店405号）由张静江[1]女公子张菁英[2]女士创设。张菁英以前是中西女校毕业的，以后又到美国去研究时装，为沪上有名之时装设计专家。而她创办锦霓新装社之目的，是"觉得我们服装的样式太呆板，而西洋的服装又太花巧，她想把两者折中一下，使得既不呆板也不太花巧，而在两者之间，又不失美丽和大方"。锦霓新装社的时装表演也展现了中国设计师对近代服装发展的态度和观念。

还有就是旗袍的走出国门，1933年美国芝加哥举办世界博览会时，"女服之王"的鸿翔服装公司准备了6套制作精致的旗袍参展，获得了银质奖，这在海内外都引起了不小的轰动。此时的"鸿翔"更是靠旗袍在国际上名声大噪。

再者就是选美大会，佳丽们身着旗袍，风情万种，不仅迷倒了众多男性，也赢得了不少女性时尚达人的青睐。当年的时装发布会及服装博览会或选美大会已经有了很大规模，为旗袍等服装以及国产织物的普及和发展起到了积极的推动作用。

（二）媒体的关注与助力

旗袍及面料作为近代文化语境下大众文化的流行与发展，还得益于各种社会文化现象的推动。如20世纪初的上海，媒体的活跃程度达到了空前繁荣，在旗袍的发展过程中媒体的推动和传播可谓功不可没。"近代以来报刊杂志渐趋发达，20世纪初仅女子报刊即有40余种，这些报刊在传播服装信息方面无疑起到了重要作用。近代女子服饰的自发流行，开始变成有意识的传播，时装时代悄然来到古老的中国大地"[3]（图3-17、图3-18）。

在这些杂志的传播中，对西方服饰的介绍成为普遍的主流栏目之一，也成为国内消费者了解西方服饰文化的重要窗口。这些栏目介绍的对象，以电影明星为主，服饰类型也包罗万千，对中国近代服装的变革起到了重要的借鉴和推动作用。

提到报章杂志，就不得不提以中产阶层为主要读者的流行时尚推手的代表之一《良友》，"抗战爆发前的十年间，《良友》俨然成为中国最为重要的、最有影响力的画报，天下的风风雨雨、世态万象都在上面留下了生动、形象的影子"[4]。从《良友》杂志中，我们可以

❶张静江（1877—1950），浙江湖州南浔镇人，出身于江南丝商巨贾之家。

❷张菁英，为张静江的前妻姚蕙生的五朵金花之一，五朵金花——蕊英、芷英、芸英、荔英、菁英。

❸吕美颐．中国近代女子服饰的变迁[J]．史学月刊，1994（6）：47-53。

❹马国亮．良友忆旧：一个画报与一个时代[M]．北京：生活·读书·新知三联书店，2002：2。

图3-17 20世纪40年代，上海街道边书报摊兜售的大量美国杂志

图3-18 《玲珑》杂志中介绍的西方电影明星和她们的服饰

窥探到当年杂志报章为旗袍服饰发展所起到的推动作用。

《良友》画报对当时女性的影响是惊人的，它既是摩登的产物，也是摩登的缔造者，其画报最吸引女性读者之处显然在于那些引领时尚生活的图片。每期封面的现代女郎肖像都是当年相当有名的“新型”女性之翘楚，除了有名记者、名票友、女子篮球队长、学生、名人之女、教授等“名媛”外，身着时髦而精致旗袍的电影明星更是群星荟萃。如1927年6月号封面上就是著名影星黄柳霜的照片，这是她送给伍联德（《良友》创办人）的个人礼物，上面还有她的英文签名。这种将公众人物作为封面的做法，既给杂志带来了可观的效益，也让读者在争相领略名人风采的同时，亦可模仿她们的时尚装扮。同时，《良友》也刊登“梦幻”女性照片，年轻、富有魅力的女性被塑造成《良友》的读者。如20世纪30年代《良友》的“妇女界”栏目中，刊登了形形色色摩登女性的照片，并大多数穿着的是时新的旗袍，这样的设计，让《良友》进一步成为女性读者们的“知识伴侣”和“时髦指导”（图3-19）。

此外，民国时期各大报纸、杂志也都辟有服装专栏，介绍各种新式服装，有的还请画家为其设计“时装画”。除了介绍国内的服饰新装，国外的新款

图3-19 《良友》杂志封面上刊登的时尚旗袍女子

也常有刊登。当时流行的妇女图画杂志《玲珑》除了在封面上刊载时尚女性照片外，杂志每周翻新刊出新的时装流行趋势，并刊登大量的好莱坞影星的照片。因而，大量发行的杂志，成为上海时髦女性获得西方流行时尚的一种新兴的媒介。在大众之间，尤其是在时尚女性中间，这些时尚快餐式讯息，为旗袍等流行服装的发展带来广阔的信息资源空间（图3-20、图3-21）。

图3-20 《玲珑》中刊登的穿旗袍的大家闺秀们的图像

图3-21 《玲珑》杂志内页中刊登的穿着旗袍的名媛们的图像

在各种期刊上，除了刊登的服饰专栏和名媛图片外，还有很多其他内容也有相同的传播作用。如影视界的明星服饰图片，政界要人出席各种活动的照片，甚至是关于服饰的评论、介绍等。当时，许多报刊辟有妇女与装饰的栏目，内容往往涉及旗袍，例如：《紫罗兰》，创刊于1925年，半月刊，周瘦鹃编，上海大东书局发行，在1926年曾辟有“旗袍专栏”，一时沪上文人纷纷将视角对准旗袍，谈及旗袍，大多用赞同或欣赏的口吻，周瘦鹃写过《我不反对旗袍》，朱鸳写过《旗袍》，江红蕉写过《云想衣裳记旗袍》，还有冯王蕴嘉的《玫瑰花旗袍》等，当然反对的声音也不少。《东方杂志》1935年第31卷第19号刊登的《关于妇女的装束》一文：“近来有人觉得女人的装束太花色，太奇特了，主张应该加以改革，穿得朴质一点才是。这话当然也有理由的，但是在实际上，并不是所有女人都穿得花花绿绿，有些女人的装束是合适的。”“有些妇女的装束，的确有点不合适，旗袍太长了，几乎拖到地上，行走很不方便。”[1]

除了上面所述，还有相关的广告画、漫画。当文人墨客在专栏里大做文章时，画家们却采用了更直接、更形象的方式来表达自己对时尚的理解。《良友》《玲珑》等都辟有专栏定时刊登叶浅予等画家们设计的流行女装插图、旗袍插图或设计图。精美的设计配浅显易懂或优美隽逸的说明文字，可以看作是现代时装设计的雏形，而漫画人物中的女性基本上无一不着新款旗袍，这一切都潜移默化地加速了旗袍时尚的发展。在笔者查阅民国文献过程中，对《上海漫画》做了比较深入的探究，此画刊是20世纪20年代末到30年代初上海发行量较大的综合画刊之一，主要的漫画作者有张光宇、张正宇、叶浅予以及特约供稿人黄文农、鲁少飞等，从封面到内页插图，刊出一百多幅时装画，不但反映了上海及国内服装、旗袍的发展状况，还对旗袍发展中的各种现象进行了科学、理性的分析，提出作者的看法。如在20世纪20年代末对旗袍衣领的高低和款式，叶浅予、鲁少飞、黄文农等都从生理、卫生、美观等角度以图文并茂的形式表达了各自的观点（图3–22）。

特别是叶浅予先生的时装画、旗袍设计图，更是从款式到面料、图案装饰无不涉及，为旗袍的推广和发展做出了重要贡献（图3–23）。

在普通媒体以外，民国时期大量的印刷类广告也是服装及旗袍时尚发展的重要推手，其中月份牌广告是一个非常特殊而且具有时代特点的种类，本书将在第五章中重点探讨。

（三）电影的兴起与推波助澜

20世纪20～30年代，引领上海服饰风气之先的女性主要为两类：一类是电影明星；另一类则是四马路的交际花和女学生。

到了30年代电影兴起后，美国好莱坞和英法电影大量输入上海，一年放映的西方影片近400部，西方影星的服饰和生活方式深深影响到上海人，上海闺阁女媛的服饰也都像女明星们看齐了。上海各大电影公司受此影响也纷纷弃古装片而改拍都市生活题材的影片，不惜重金雇佣时尚顾问和服装专家，为影片中的女明星、女主角设计别致、新颖的服装。影片播出后，这些女星的服装即

[1] 陈伯海．上海文化通史[M]．上海：上海文艺出版社，2001：76。

黄文农，开领和围领［《上海漫画》，1929（98）：4］

鲁少飞，领之改革［《上海漫画》，1928（8）：4］

叶浅予，最近的旗袍局部
［《上海漫画》，1928（10）：4］

图3-22 《上海漫画》中关于旗袍领子的三幅漫画图像

时装画［《上海漫画》，1929（45）：4］

舞女之装［《上海漫画》，1928（3）：4］

图3-23　叶浅予的时装画两幅

刻成为社会各阶层女士们所效仿的时装。1946年夏季最流行美国新到的玻璃纱，薄如蝉翼，内着白竹布马甲，纤细毕露，仿着者无数，更有大胆时髦的女子仿效西方电影明星穿起了袒胸露背的“太阳服”。

“戏曲明星的穿着成了当时很多女戏迷的模仿目标，而影响力更大的电影明星则成了旗袍的时尚发言人，仿效偶像的穿着打扮成为接近流行的最为便捷有效的方式、搜寻时髦的眼睛很少错过哪怕是惊鸿一瞥的美丽。”《时髦外婆》中一位姓彭的老太太说道：假如一部电影出来，某明星“她在（电影）里面穿的旗袍是长的，那么大家都流行穿长旗袍了，跟现在是一样的呀，我们都学明星的样。怎么说呢，流行么，明星穿什么衣服，大家都跟着她，这就是流行呀”[1]。

20世纪30年代从事电影业的投资者把包装一个明星看成开发一个金库。一旦这个明星走红了，其言行和衣饰的带动力可谓惊人。人们崇拜明星，模仿她们的穿着打扮、风度言语，以此为时髦，对明星的报道也深受大众喜爱，电影本身也成为移动的服饰时尚载体。一个理想的女性形象的诞生，她的一切都可以成为审美的新标尺，特别是服饰。当年的胡蝶还被评为上海的“新标准女性”。可见，电影行业对于上海女性时尚发展的影响。“演技生动自然的阮玲玉、周璇、胡蝶，是当时炙手可热的影星……成为众人模仿的对象。”[2]当时的电影明星每一部新戏的上演，其中的服饰都可以引发一阵时尚潮流，女人们趋之若鹜地奔向裁缝铺，模仿女星的款式定做旗袍。

16岁的阮玲玉正赶上了旗袍兴盛的年代，在1927年的《挂名夫妻》里，她穿的就是那种倒大袖的宽松旗袍，等到《神女》《新女性》时就已经流行扫地旗袍了。有人说她是20世纪上海的第一个“骨感美人”，颇有一种“烟视媚行”的风姿。她总是一袭旗袍加身，不管是镶花边的、高开衩的、格子的、碎花纹样的，还是纯色的阴丹士林布，自有一种清丽哀怨的韵致。阮玲玉可谓是30年代旗袍的形象代言人。

相比之下，影后胡蝶又是另一番风景。在广告中，胡蝶总以旗袍为装，她体态丰腴，身为影后的她穿上旗袍更是雍容华贵，仪态大方。

“以作风大胆引人注意的女明星杨耐梅，无论在银幕上或在现实生活中，她都香艳浪漫，表现大胆，又因个性喜好享受，每每奇装异服，招摇过市，这

[1] 蒋为民. 时髦外婆：追寻老上海的时尚生活[M]. 上海：上海三联书店，2003：37。

[2] 同[1]39。

在民风朴实的当时，难免让人另眼相看。无怪乎被称为中国第一位浪漫派女明星。”[1]

在一个明星不断涌现又不断被遗忘的时代，离开这个世界已近半个世纪的周璇居然一直没有被遗忘，人们无法忘怀她在银幕上无邪而甜美的面孔，还有她天籁般的歌声，以及朴素无华的旗袍装束。20世纪40年代，周璇达到了个人事业的顶峰，但是当时“电影明星如周璇等，她们穿的旗袍也是比较简单的，滚边之类的装饰已不复流行，等到了1945年、1946年的时候，时尚女子所穿的就都是低领子的短旗袍了”[2]。再简单的旗袍穿在周璇的身上也是分外妖娆、亭亭玉立，难怪女人们疯了似的争相模仿（图3–24）。

❶李秀莲. 中国化妆史概说[M]. 北京：中国纺织出版社，2000：86。

❷同❶88。

图3–24　阮玲玉、胡蝶、黎莉莉、周璇穿着旗袍的传世图像

第三节

民国时期服装时尚的传播特点

从宏观上说，影响服饰传播、演变的因素不外乎“纵向”和“横向”两方面。

从“纵向”方面看：中国传统的服饰文化，对民国服装的影响是多方面和潜移默化的。就早期的旗袍而言，不仅有清朝旗女袍服的影响，在整体廓型上更有中国古代袍服平稳、宽松的总体特征影响，显现了传统服饰文化规整、含蓄、端庄的美学精神的延续。从“横向”方面看：中国服装文明是长期相对独立运行，是平行于世界其他服装文明体系的一支。在历史上虽曾有过与其他民族服饰文化的融合，但总的来说还是一元独行的发展。进入近代以后，根深蒂固的民族服饰传统对人们衣着生活的影响依旧存在，本土服饰文化仍然沿着惯性继续前行，但已开始逐渐、被动地融入了世界主流服饰体系之中，或说逐渐被西方服饰体系影响、融合。在西方服饰文化作为时尚输出主体的近代世界环境中，民国时期的中国服装由传统的一元独行，被动地转化为中西融合的二元兼容发展，同时也引发了服饰文化传播主导阶层、传播途径的质变。

一、时尚引领者与时尚中心的嬗变

从民国这一特定时期与前期历朝历代的比较来看，服饰时尚的传播主导阶层、传播途径都被动地发生了巨大变革。

（一）服饰引领者由权贵阶层逆转为社会女性活跃者

在封建社会中，服饰制度的制定者无疑是统治阶层。在阶层之间的影响和传播规律上，显现为由上层至下层的“垂直影响”趋向，即传播的方式为由皇权贵族自上而下传播，服饰时尚必须是在官方服饰制度的约束、主导下产生和传播的。中下层消费者只能按照官方服饰制度、权贵阶层的意愿来穿衣着装，并且不得僭越。至近代特别是民国政府成立之后，封建服饰等级制度的消亡以及社会政治、经济、文化的发展，使得服饰制度的制定、颁布逐渐向“民主化”转变，传统服制的大一统体制被彻底打破。民国时期除官方颁布的礼服、公服外，服饰时尚的制定者、引领者不再是权贵阶层。特别是普通女性服装的引领者，已逆转为社会中下层的女性活跃者——交际花和女学生等。

进入民国后，服饰时尚引领者的逆转，不可避免地引发了时尚传播方式复杂性和颠覆性的凸显。复杂性首先表现为社会时尚的流变由传统的垂直纵向，改变为多元纵横交织扩散，即不同阶段由不同的女性活跃者担当时尚的创造者和引领者；而且这些创造者和引领者的阶层在服饰上又往往表现得含混不清。颠覆性则主要表现在传播、扩散方式的变化上。中国传统的传播和扩散是自上而下的方式，即由社会上层人物制定，强制社会民众执行。而民国时期服饰时尚的传播则较多呈现出自下而上和横向扩散的特点。文明新装、马甲旗袍、旗袍等的创新性扩散则主要显示为自下而上的特点，即由社会的普通阶层的女性活跃者首先发起，然后吸引中上阶层效仿，形成时尚（图3-25）。这种由下而上的服饰时尚影响模式，成为“中国妇女服饰‘民主化’的开始”[1]。事实上，从20世纪起，在服装方面中国大都市的交际花就一直是新潮流的领头羊，女装的许多变化都是从她们那里开始，而良家贵妇、名媛小姐们则紧随其后，亦步亦趋。女性活跃者群体的时尚需求也成了民国服装、旗袍及织物发展的重要原动力之一（图3-26）。

而横向扩散是指由社会的某一阶层或某一群体首先发起，通过群体作用、社会交往和传播媒介，向其他阶层或群

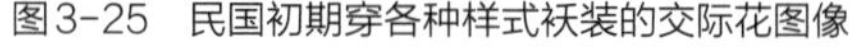

图3-25　民国初期穿各种样式袄装的交际花图像

[1] 吴昊．中国妇女服饰与身体革命（1911—1935）[M]．上海：东方出版中心，2008：44。

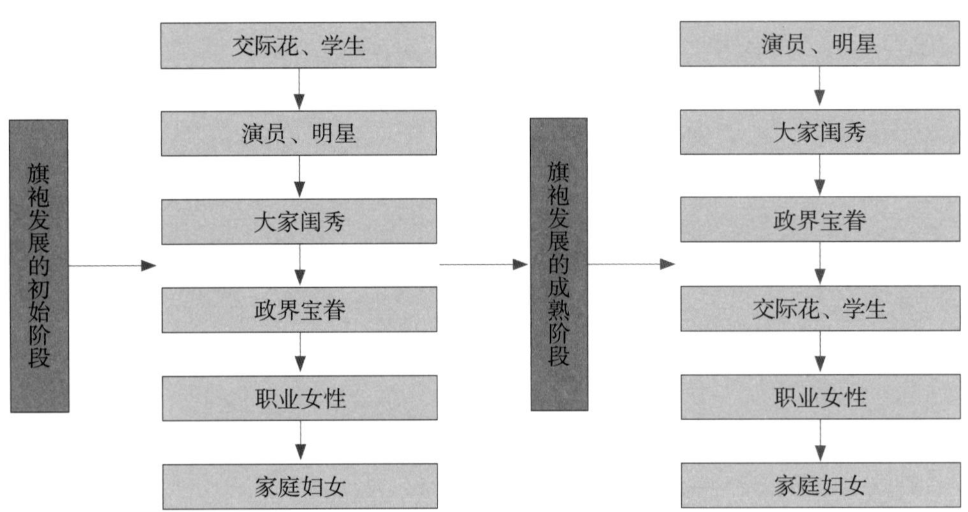

图3-26 旗袍时尚的引导群体变迁示意图

体的蔓延、普及。在民国时期出现这样的横向传播特点，首先不能不归功于近代丰富的社交活动的兴起和女性参与度的提高；其次是近代报纸、刊物、电影等新型传播媒介的出现与繁荣，与女性相关的报纸、刊物的层出不穷，女性演员地位、影响力的提高，也大大促进了服饰时尚横向扩展的范围和力度。另外，民初后随着留学生人数的增加，留学生穿着洋装成为服饰时尚的强势潜流，并迅速向社会各阶层浸染，这种横向的西方服饰的传播对近代和民国服饰的创新，也起到了积极的推动作用。

在上述时尚传播复杂性和颠覆性之外，还存在着由其影响而产生的非同步性、迁移性和变异性等特点。从短暂的相对的满足，到永久的绝对的不满足，这是近代时尚现象变动不居的心理之源。这种从满足到不满足的心理变化过程，与其说是女性消费者求新、求异的本能，不如说是在时尚的领潮者与赶潮者之间展开的互动追逐。首先非同步性即由于女性消费者的地域位置、社会阶层、经济条件、敏感程度和应变能力不同，她们受到的时尚传播影响以及介入和舍弃时尚的时间先后不同而造成。如介入以及舍弃时尚的非同步性，是构成民国服饰及旗袍流行出现增长和衰落曲线的基本原因。其次是时尚演变的迁移性。服装时尚不会一下子在整个社会流行开来，最常见的方式是：首先在某一个地域、阶层兴起或消失，然后再迁移到了另一个地域或阶层。如倒大袖旗袍在上海等经济发达地区已走向舍弃阶段

而流行经典旗袍时，其他偏远中小城镇倒大袖旗袍或刚刚风靡。再次是时尚演变的非同步性和迁移性，还会造成流行过程中的变异性。也就是说，在从上层或城市流向下层或农村的过程中，时尚的具体形态、表现方式、新异程度以及追求者的自我涉入性都会发生这样或那样的变化，这也是造成民国服饰包括旗袍在款式、面料等方面变化多端和区域差异的原因所在。

（二）时尚的发源地由政治中心城市转变为经济中心城市

在近代以前的中国，一般服饰时尚的传播途径是以政治中心城市向非政治中心地区辐射为基本特点。而进入近代以后，这种辐射的常态和特点被颠覆了，改变为由经济发达的沿海大都市，向经济欠发达城市、乡村辐射。具体来说，最早开埠的上海，在清末以后逐渐替代政治中心城市的北京，而成为中国衣冠世界的时尚中心。权伯华曾感叹："从前装饰，都仿效京式；民国以来，无论上中下三等妆饰，莫不效仿海式。"[1]屠诗聘在《上海市大观》中也记载："过去所谓'京装''苏式'，已跟着衰落了。而南方的'粤装''港装'，也可以说是上海的一个分支，近百年来，上海乃是操纵中国妇女装饰的大本营"[2]。经济发达的上海成了中国时尚的中心，而其他城市和地区都被动地接受它的辐射。有时人说："上海服装，最是考究，女人的不必说，就是男子也都争奇斗胜。"[3]罗苏文先生在《女性与近代中国社会》也持此观点："清末上海已成为女子服饰的潮流中心，民初则步入摩登时代。北京步其后尘，而西部的反映则是细波微澜，较之于北京至少落后十年。在上海最先与洋装打个照面，并行不悖时，京城女性的穿着依然严守规范，不越雷池半步。"[4]近代以后的上海无疑成了新潮服饰的发源地，也成为其他城市、地域羡慕和仿效的对象，左右全国的流行趋势，即使南京、苏州、北京等大城市也唯其马首是瞻。因而，研究近代服饰特别是旗袍，海派文化、海派服饰是不可绕过的重要节点。

二、构成旗袍时尚的三个层面和三种消费特征

近代中国在经历了传统精英文化和民间文化的互动以及西方文化的冲击后，在19世纪末到20世纪初，城市大众文化得以兴起和发展。其中唯美主义

❶权伯华．二十五年来中国各大都会妆饰谈[C]//先施公司．先施公司二十五周（年）纪念册．香港：香港商务印书馆，1924：298。

❷屠诗聘．上海市大观（下）[M]．上海：中国图书编译馆，1948：19。

❸佚名．我之上海谈[J]．新上海，1925（7）：12。

❹罗苏文．女性与近代中国社会[M]．上海：上海人民出版社，1996：64。

与颓废主义在近代沿海都市生活中占据一定的位置，并影响了市民的消费观念。唯美主义和颓废主义不仅体现为一种文艺思潮，还作为一种特殊的生活方式和消费方式影响着时尚的发展。一些商人阶层倡导的享乐生活态度和消闲观念开始流行起来，身居其中的都市大众阶层通过耳濡目染，逐渐接纳并形成了重消遣、求享乐、追求奢华的崇奢之风[1]。上海《申报》1890年12月7日载文道："今观于沪上之人……无论其为官为商为士为民，但稍有赢余，即莫不竞以衣服炫耀为务。"这种崇奢趋新之风，在观念、行为和器物三个层面为旗袍时尚的流行提供了必要的条件，并在旗袍形成和消费中形成了时髦、时尚及时狂的三种典型消费特征。

（一）决定旗袍发展和流行的三个基本层面

从社会心理学角度来说，时尚是一种广义的文化现象，它是在特定时段内由某一特定社会群体率先实验、预认，并成为社会大众所崇尚、仿效的一种特殊生活方式。时尚还表现为一个时期内，社会大众对特定观念和行为的认同与追随。这种时尚涉及生活的多个方面，如衣着打扮、饮食、行为、居住，甚至情感表达与思考方式等。时尚的传播、普及和发展主要依靠的手段是流行。时尚相对而言是比较小众化的、是前卫的。流行是大众化的，即一种事物从小众化渐渐变得大众化的趋向。时尚与流行在其发展过程中常体现为不可分割的两个方面。时尚相对于具有稳固性和凝固性的社会习俗来说，呈现为不断变化的形态，在一个周期中会经历缓慢兴起，然后发展到顶峰，再到逐渐衰落的过程。民国时期旗袍及织物的发展历程，恰恰印证了这种由时尚到流行，从小众再到大众的变化过程。

旗袍作为民国时期特定的社会时尚和文化现象，它之所以能够获得广泛的流行是由社会时尚的三个层面共同决定和构成的：其一，观念层面——在广义上包括大众思维方式、感受方式、社会思潮等，也即民国后兴起的民主、共和、平等观念；其二，行为层面——以群体行为方式出现的重消遣、求享乐、追求奢华、趋新慕洋的消费行为等；其三，器物层面——以物质媒介的流行为基础，在此主要体现为西方服饰观念的引入，西方服饰及舶来织物的流行，国内近代纺织、制衣行业的发展（图3-27）。

[1] 李长莉，等. 近代中国社会文化变迁录[M]. 杭州：浙江人民出版社，1998：314。

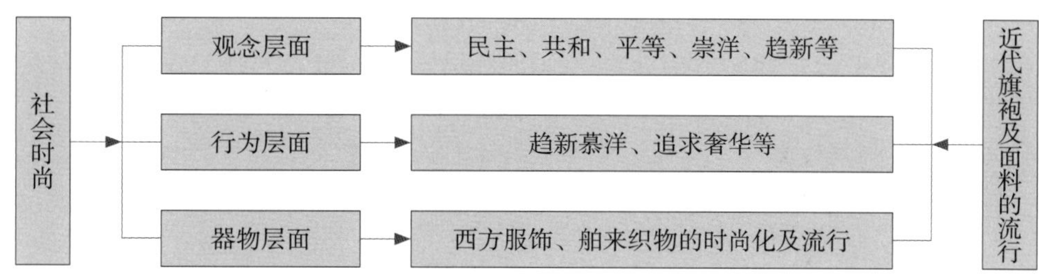

图3-27　决定旗袍及面料流行的社会时尚三个基本层面

（二）旗袍发展和流行中的三种消费特征

社会时尚的流行由于表现形态的多样，在称谓上有风尚、时髦、摩登、新潮、时狂、阵热等。而划分这些概念的标准大致应该包括："流行的范围大小、持续时间的长短、追求者的身心投入程度的高低，以及具体的流行领域。"[1]时髦（也称为"阵热"），作为社会时尚的初始形态，多数情况下为一种在短时间内流行起来，又迅速消失的生活现象或行为模式，也指那种虽持续时间较长却一直未能普及开来的高雅或怪诞的行为。时髦常以新奇怪异的面貌出现，大众情绪唤醒水平较低，流行范围有限，具有明显的消遣性行为的特点。另外由于时髦的浅俗、零散，所以时髦对一般的社会大众总是具有极强的吸引力。在旗袍发展初期，交际花、女学生的对各种奇装异服的追求和尝试，就体现为这种时髦。这种时髦，是器物层面的新服饰形态出现前，在观念与行为层面所做的必要准备和积累。时尚则是一种相对持久且较为成熟的生活现象或行为模式。与时髦相比，其流行范围较广，参与人数较多，且具有中高等程度的情绪唤醒水平。时狂是一种时尚发展的极端形式，是时尚参与者表现出的一种狂热而不理智的状态。或说是一种大众激奋，令人亢奋不已的大众投入状态。

从时髦到时尚再演化出多种时狂的社会时尚特征，在旗袍及织物的发展历程中也表现得极为清晰和典型。民国早期，都市女性消费者的着装时髦现象丰富而多彩，甚至是光怪陆离。例如："在裤的两旁，做着插袋，插袋下面，又有排须璎珞，远远望去，仿佛'老学究'腰间所挂的眼镜袋……更有一盏小电灯，缀在襟扣之上，预储干电池于怀里，启放时光彩四射，顾盼生姿，可谓匪夷所思。"[2]更有现代学者认为："妇女的革

❶赵庆伟．中国社会时尚流变[M]．武汉：湖北教育出版社，1999：2-3。

❷屠诗聘．上海市大观（下）[M]．上海：中国图书编译馆，1948：19。

命，是从服饰开始，而奇装异服只是革命的其中一种手段。”[1]诸如和旗袍相关的“新潮”服饰就有元宝领短袄，女着男袍、暖袍以及其后的马甲旗袍等。诸如种种首先在少数女子身上体现的时髦穿着方式，经过多年尝试、变化后，在1926年前后逐渐形成旗袍的雏形——倒大袖旗袍，到经典旗袍的出现才真正形成民国女子趋之若鹜的旗袍时尚，成为一种有着持久性的中西合璧的女性时尚模式，一种社会大众的生活方式。

在诸多社会时尚流行的形态中，还有一个非常有意思的形态，即前文提及的“时狂”。20世纪30年代后期曾出现“别裁派的旗袍”，这类旗袍从流行的形态上看与“时狂”现象特别吻合。如新式旗袍样式的日日更新、相互角逐、模仿，对旗袍时尚的追求已近乎癫狂的状态，也即发展成时狂。中国古代衣裙下摆的形态多为直线对称造型，近代旗袍亦大都如此。而民国后期的一些旗袍吸收了西式的立体裁剪，融入西式连衣裙的结构元素，从而出现了一种介于中式旗袍和西式连衣裙之间的“旗袍式连衣裙”。也有人将这种参合东西的裙式称为“花样旗袍”或“别裁式”旗袍，其款式特点在于，以自然腰线为界，腰上部分仍是旗袍的造型元素，如中式立领、连肩袖、偏门襟等；腰下的裙摆形态则是西式的喇叭造型或不对称造型。有研究者经过实物及大量历史图片的整理归纳之后，总结出三种主要的分割方式，即水平分割、斜线分割、垂直分割[2]。另从旗袍的袖式看，从最初的倒大袖渐渐缩小，直到无袖，而后还出现了受西方服饰影响的克夫袖、灯笼袖、开衩袖、荷叶袖等。而“别裁式”旗袍领型的西化处理也有荷叶领、西式翻领（驳领、折领）、侧开式立领等不同的变化。这些狂热与甚至不理智的状态还表现在很多女性对旗袍“新”“奇”的狂热追求，一件新旗袍穿几天就认为过时了，个性与趋新的心理促使她们走向了时狂（图3-28）。我们试想，在这样的状况下，什么样的服饰可以有一个恒定的经典样式呢？旗袍的形制、裁剪方法等在民国时期的不断改良和翻新，其原因亦不言自明。这大概也是我们理解时髦、时尚和时狂的一个典型案例。

当我们理解了上述时髦、时尚和时狂的概念层次和消费特征时，也就不难理解民国时期各种服装现象的出现、传播和消失的内在原因，也就不难理解上袄下裙、马甲旗袍与旗袍不断演变以及并行不悖的传播和消费特点（图3-29）。

[1] 吴昊．中国妇女服饰与身体革命（1911—1935）[M]．上海：东方出版社，2008：7。

[2] 万芳．民国时期上海女装西化现象研究[D]．上海：东华大学，2005：21。

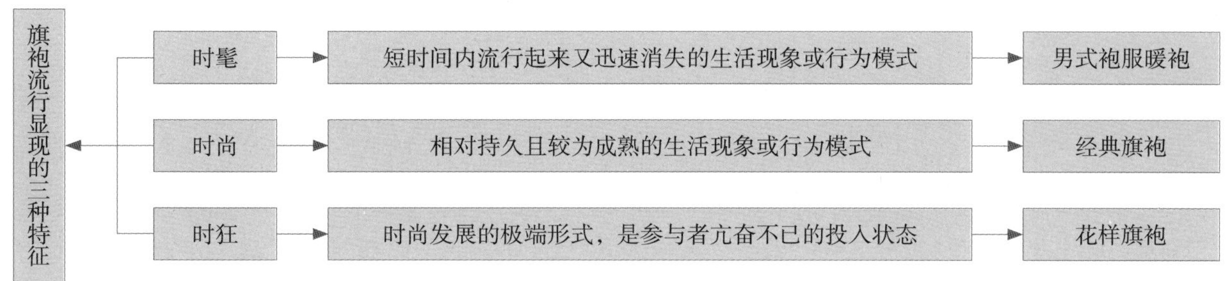

图3-28　旗袍流行显现的三种消费特征

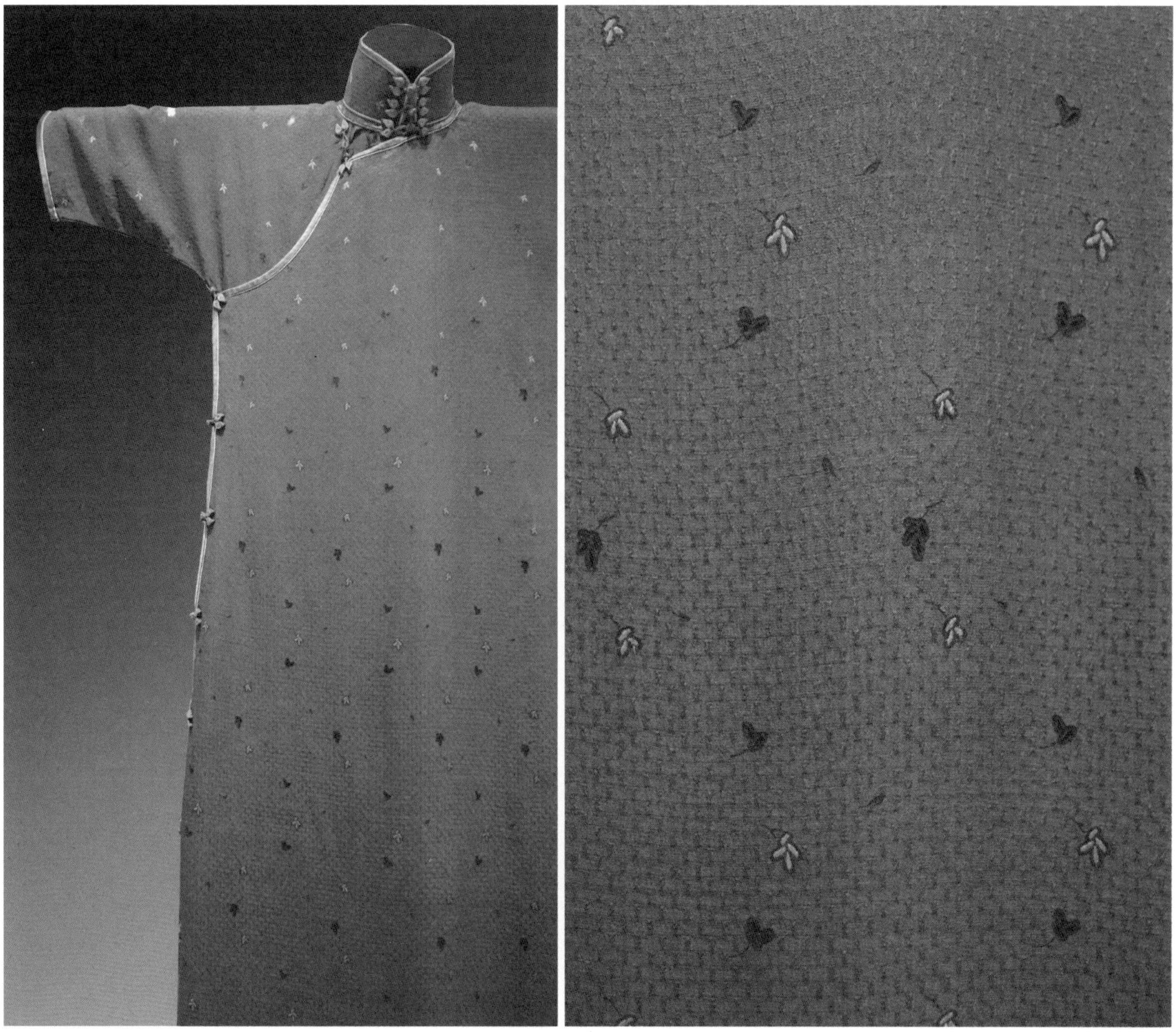

图3-29　紫地装饰花卉纹提花缎短袖旗袍及面料局部（20世纪30年代，香港博物馆藏）

墨绿地花卉纹真丝印花短袖单旗袍局部（20世纪40年代，上海市历史博物馆藏）

第四章

技术、品种的被动变迁与主动突破——收藏品中的近代旗袍及面料

社会变革包括了一切社会现象的发生过程及其变化结果。西方先进工业思想、模式的引进，为近代旗袍及面料的演进，为国内织物业的变革和品种创新提供了观念、技术的新思路、新活力。

尽管我们应该质疑将博物馆中的实物作为设计史研究中心的传统观念，但对实物，特别是一般消费者使用的实物，以生产和消费为重点的考察还应该作为设计史研究的关键之一。实物的研究，往往能揭示照片、图片、文字等文献所不能传达的诸多信息，对深入理解作为物质文化的设计艺术有诸多裨益。就旗袍及面料而言，一件旗袍实物给你的信息是一张照片或图片的信息无法比拟的。如对服饰结构、裁制方法的考察、测绘，对面料织物材料和制作工艺的分析等，只有面对实物才能得到切实的答案。在对实物进行研究时，受到历史学家青睐的分类方法主要为：材料、类型和风格。本书中还试图透过材料、类型和风格本身，更多地探究旗袍及面料与民国时期科技发展、生产销售、地域文化、消费结构及中西文化交流之间的关系等。对于设计学研究来说，获取的研究材料应该具有消费和使用意义上的普遍性和典型性，而非一般收藏意义上的珍稀、昂贵、商业价值等。由于时代变更及近百年来收藏者的固有模式等问题，现存旗袍收藏中，数量最多的应该属中上阶层的旗袍，而最普遍、最大众的一类，是消失得最快、最多，也是收藏量最少的一类。这种与现实生活相悖的旗袍存世状况，无疑是旗袍实物研究和类型学统计、比较上的缺憾之处。鉴于上述原因，本书暂未就收集的传世旗袍实物做整体款式、材料、类型、风格等方面的数据统计、排列与相关分析，以避免简单、粗略推理带来的不完整和“局部性”的结论。

在第一章研究现状中，我们已概括性地论及了旗袍发展中款型、结构以及制作方法等的基本历史轨迹，诸多学者也已在此方面做了比较深入的研究[1]，本书在这些方面不再赘述，而是将研究的重点放在近代旗袍与面料的材质、技术、品种的关系，以及纹样、色彩的设计、发展特征之上。就笔者收藏和研读的数百件近代旗袍实物来看，其涉及的

[1] 刘瑞璞，陈静洁. 中华民族服饰结构图考（汉族编）[M]. 北京：中国纺织出版社，2013：233-269。

原料主要有棉织物、毛织物、丝织物、麻织物、化纤织物以及交织物几大类；面料的加工工艺主要涉及印、染、织、绣、编、贴以及多种方法的综合运用；织物纹样的类型从植物、风景、动物、几何、人物、器物几乎无所不包；从织物生产地域来看除了我国传统的纺织重镇：江、浙两省以外，新兴的上海纺织业，其产品比例亦逐年得到发展，英、法、德、美、俄、日本等国的进口面料也占有很大的比例。前文曾说，旗袍在20世纪30年代以后逐渐发展成为中国近代女性的第一时装，它的适用人群不但涉及社会的各个阶层，也涉及各个年龄段，并且成为四季皆宜的全能型女装。正因为此，从厚重的毛织物到轻薄的纱类织物，从淡雅到艳丽的色彩，从中国传统纹样到先锋的西方纹样，近代旗袍织物几乎都包容其中。从某种角度说，传世的旗袍及面料是近代女性服饰和织物设计发展的典型缩影之一，也是研究近代织物设计、纺织、服装产业、商业销售模式发展和中西方纺织品文化交流的重要资料来源和载体（图4-1）。本章

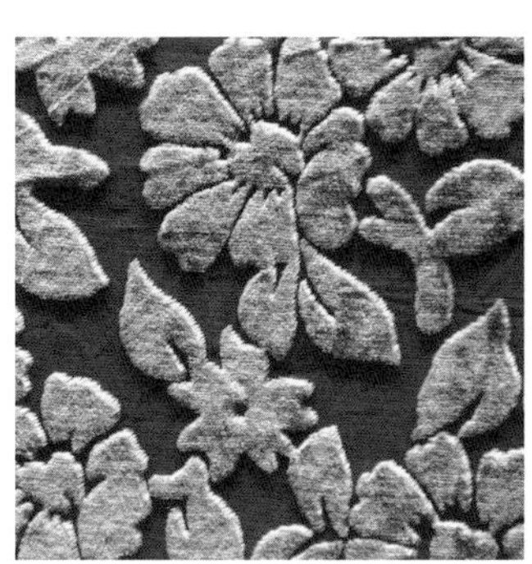
石榴红烂花短袖旗袍面料
（20世纪30年代）

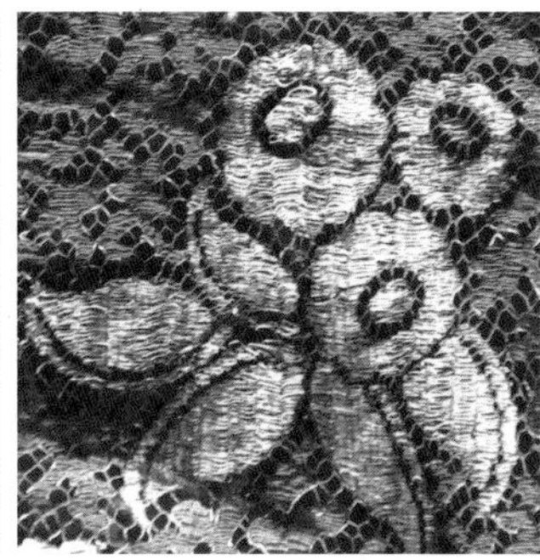
红地花卉纹蕾丝短袖旗袍面料
（20世纪40年代）

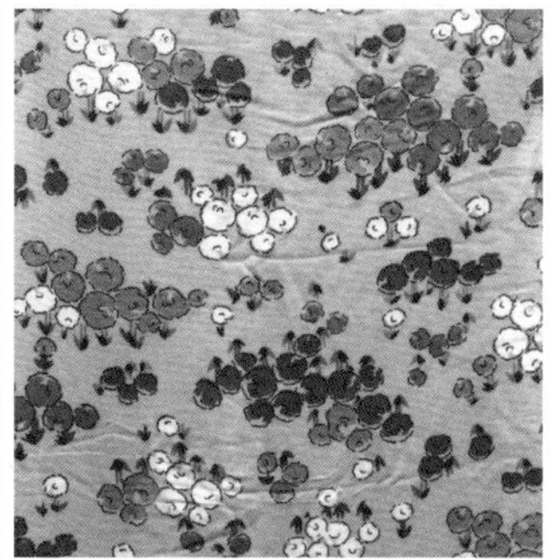
月白地花卉纹印花长袖旗袍面料
（20世纪40年代）

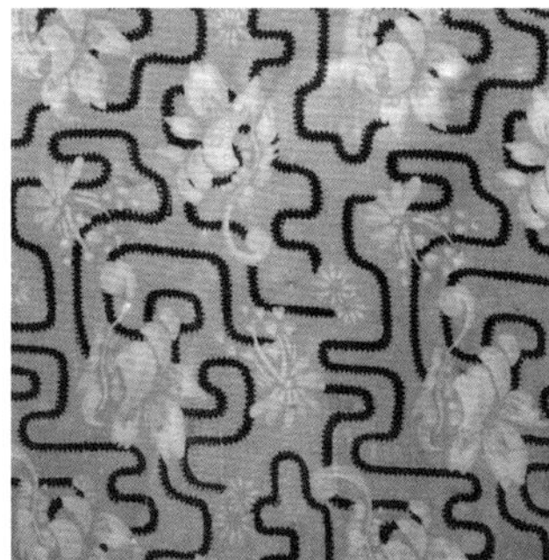
灰地花卉纹印花短袖旗袍面料
（20世纪30年代）

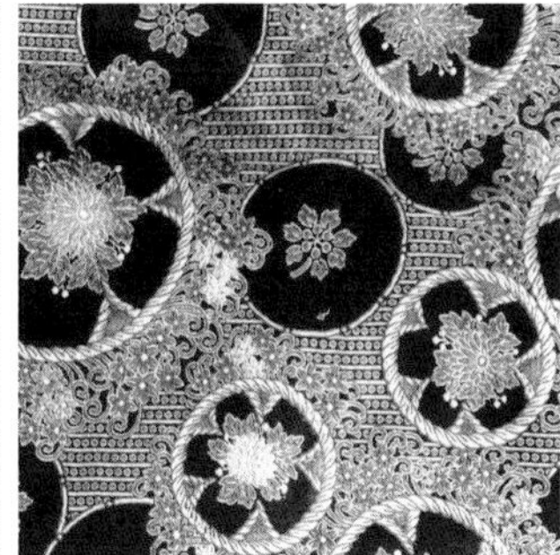
黑地菊花团花纹织锦缎长袖旗袍面料
（20世纪30年代）

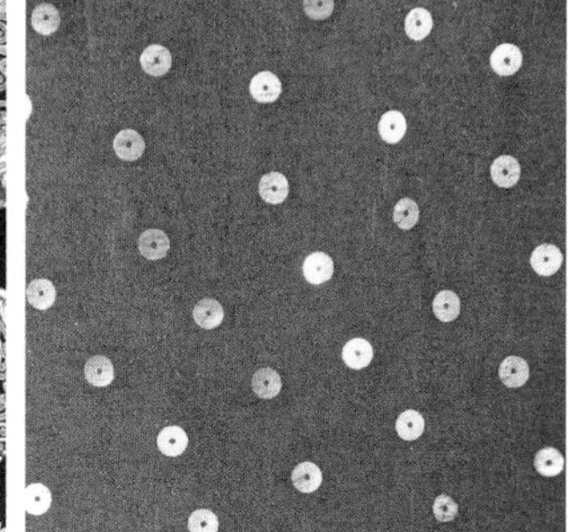
蓝地夹亮片纱质短袖旗袍面料
（20世纪30年代）

图4-1　民国时期的旗袍面料局部（江宁织造博物馆藏）

以传世旗袍的实物面料为基本依据，结合相关的文献资料，主要探讨国内相关旗袍面料的材料、生产、品种发展状况，以及与旗袍发展、流行的关系。

从服装材料学的角度，有学者提出“布幅决定着服装结构经营”[1]之观点，从近代服装发展的历程来看，此观点不无道理。从先秦两汉到宋元，再到明清，无论哪种类型的服装，前后中片破缝是普遍存在的结构现象。这种具有相对稳定性和规范性的结构样式，到了民国初年以后逐渐被前后中片无破缝的袍服结构所打破。这种变革是偶然还是必然，是基于伦理还是物理，如果我们从服装面料幅宽发展的角度来思考这个问题，或许就会得到更为科学和理性的答案。同样，近代服装，包括旗袍的发展、变革与其织物、面料的材质、技术与品种的进步存在着密不可分的关系。

[1] 刘瑞璞，陈静洁．中华民族服饰结构图考（汉族编）[M]. 北京：中国纺织出版社，2013：1。

第一节

传统土布的被动改良与旗袍

一、土布的被动改良

土布，又称为手织布、粗布或手织粗布，作为中国本土的传统棉织品，是自元、明以后，除丝绸之外在大众服饰消费中运用最广的服装面料之一。就江南区域的土布品种而言，大体上有白布、色织布，以及经过染坊加工的各种染色布及印花布等，个别地区还生产交织布（棉麻或棉丝交织）。传统的中国土布，自元、明时期便演化出许多品种，据说有72种之多，且规格不一，大致可以分为三类：较为高级的一类专为统治者服用，也称官布，市场上很少流行，如番布、云布[1]、斜纹等，织造精细，反映了较高的技术水平；其次是一般性商品布，用于市场上贩卖；再次为老百姓自产的自用布。后两者占生产量的绝大部分，名称大致有："标（或称东套）、扣（或称中机）、稀三种。或者分别称为大布、小布、阔布。""幅阔自九寸至一尺二寸不等，长度在一丈五、六尺至二丈之间，超过这些规格的是极少数。个别品种如崇明岛的大布，阔有一尺七八，长有六七丈……这些布大多是本色，如需染色，则由布商收购后委托染坊加工。另外还有棉丝、棉麻的交织品，但在整个商品土布中所占比重甚小。"[2]另外还有紫花布[3]、以色纱交织的各种花式土布等。具体品种和规格我们可以从上海地区的土布品种中窥见一斑，见表4-1。

土布，作为我国最初输出的棉织品，在18世纪60年代后出口量逐年增加，远销英、美、日、法、丹麦、荷兰、瑞典、俄国以及南美和南洋群岛，成为当时各国争购的产品。鸦片战争前夕，当时全国手织布产量约为6亿匹，号称"衣被天下"的松江府，生产的棉布遍销华北、华中、华南。在很长一段时期内，中国农家的手织布不仅是本国民众衣着面料之首选，也是国际市场上的宠儿，备受欧洲贵族阶层的青睐。英国人把中国棉布叫作"南京布"[4]，人

[1] 云布，以丝作经而纬以棉纱。《旧志》谓之丝布，即俗所谓云布也（引自：徐新吾. 江南土布史[M]. 上海：上海社会科学院出版社，1992：84）。

[2] 徐新吾. 江南土布史[M]. 上海：上海社会科学院出版社，1992：82-83。

[3] 紫花布，以沙洲（现张家港）杨舍附近所产带有紫色的天然棉花为原料织成的土布。

[4] 所谓的"南京布"，一种解释为中国出口土布的统称；另一种解释是东印度公司指定订购的棕色土布，大约为江南松江一带所织的一种紫花布。

表4-1　20世纪初上海地区几种土布品名、规格和产销地区简表

品名		规格		产地	销地
正名	又名	长	阔	—	—
东稀	—	17.5~19尺	1.12~1.18尺	东北各乡，光绪后多数系西稀织户改织	本色销东三省，销南洋、两广者均染色
西稀	清水布	16~17.5尺	1.07~1.14尺	—	东三省、直隶、山东等地，间有染色后销售广东
套布	东套 北套	16~18尺	0.93~0.98尺	东南各乡 邻邑所产	东三省、北京、山东、浙西等地
	加套	—	—	邻邑所产	
白生	小标	13~13.5尺	0.95~0.98尺	洋泾、高行、张家桥、东沟等处	东三省、山东等处
龙稀	—	22尺	1.1尺	龙华镇附近	本市门庄
芦纹布	—	19~21.5尺	1.35~1.5尺	塘湾、闵行各乡村	苏、杭、徽州等处
柳条布	分蓝柳、白柳	19~21.5尺	1.35~1.5尺	塘湾、闵行各乡村	苏、杭、徽州等处
格子布	—	19~21.5尺	1.35~1.5尺	塘湾、闵行各乡村	苏、杭、徽州等处
雪青布	—	19~21.5尺	1.35~1.5尺	塘湾、闵行各乡村	苏、杭、徽州等处
高丽布	洋袍	—	0.92~0.98尺	洋泾、金家桥、张家桥等处	辽东及本埠各布店。亦有改作高丽布者
高丽巾	—	—	0.92~0.98尺	洋泾、金家桥、张家桥等处	本埠及闽、粤、山东等地
斗纹布	—	—	0.9~0.95尺	洋泾、金家桥、张家桥等处	本埠及闽、粤等处

资料来源：吴馨，姚文枬，《上海县续志：卷8》，南园志局，1918：28。

人以穿着“南京布”为荣，而且真的南京布还不褪色，似乎没有这种中国棉布裁制的服装，就不配称为绅士，难以登大雅之堂。甚至连改变人类社会历史进程的西方产业革命，都与中国棉布对英国的输出有着深刻的关联。

1840年鸦片战争爆发后，洋纱、洋布大量进口，逐步占领了商品土布的市场，我国的土布市场受到不同程度的排挤，然后再深入到农家的自给领域，使我国广大农村的棉纺织家庭手工业的发展受到抑制和破坏。福州将军敬放曾奏报朝廷说：洋布质美价廉，民间乐于买洋布者，十户里面有九户。由于洋布占领了市场，所以江浙出产的手织布不再畅销，福建出产的土布更是无人问津[1]。当时住在上海的包世臣也记载：松江、太仓一带，“近日洋布大行，价才当梭

[1] 1845年，福州官员奏称：“洋货充积于厦口，洋棉、洋布其质既美，其价复廉，民间之买洋布者，十室而九。”（引自：徐新吾．江南土布史[M]．上海：上海社会科学院出版社，1992：115）。

布三分之一”，以致传统的松、太布市，交易量削减大半。在通商口岸地区，特别是闽、广地区，长期受到外洋风习的影响，人们的消费心理与内地迥然不同，洋布受到人们的欢迎，《番禺县续志》说：“洋纱幼细而匀，所织成之布，自比土布而可爱，而其染色更娇艳夺目，非土布所能望其项背。”[1]到1913年，棉织品的进口值已经占到中国进口总值的三分之一，可见洋布在当时所受欢迎之状况。

据《上海市棉布商业》的资料表明，“1840年以前，英国的棉布也通过广州运销到上海等地。19世纪中叶以后，进口的棉布不断增多，以英国为最，白布、花布均有。白布的品种有6～12磅细斜，12～15磅半市布，也有9～16磅粗斜等。花、色布较零星，但品种多，价格高。花、色布中以漂白（白竹布）、泰西缎、羽绸、各色洋纱、条素花府绸、花布、花素罗缎等为大宗。”[2]洋布输入国内后由于使用习惯等问题，在国内消费者中存在着认识、接受的一个渐进过程。并且不同的消费者有着不同的使用和对待方式。如英国议会出版的资料中就曾载有：中国消费者“偏好土布是正确的。没有比下述事情更清楚地证明中国人对我们市布的轻视……在上述年代里（指《南京条约》后两三年），运往伦敦的中国生丝实际上是用曼彻斯特的上等棉布包装的！这说明那时在华北（实际指上海），英国棉布是可能找到的最无价值的东西，比较寻常的包装材料——杭州粗棉布——还要便宜和无用”。而后，英国棉布也在部分消费者中被使用，英国的文献中记载“上等棉布一部分为沿海城市较富有的人们用来做成家内的便服，以节省他们夏天用的绸缎和绉绢，或者做成棉衣，以节省他们冬天用的皮裘和缎子。商店里的账房先生和站柜台的店员服用洋布也相当普遍。它容易染色，并且比同样质量的土布雅致。但是那些想把穿旧了的衣服还做最大限度利用的人们，虽然他们的职业并不是粗重的体力劳动，仍然不用我们的棉布。比较富有的人们也不是出于喜爱它而是因为偶尔遇到才穿它的，同时也因为洋布比他们自己的土布便宜些，不过这是次要的。”[3]

随着进口洋布的增多和价格的下降，洋标布的销路渐多。尽管洋标布不如土布结实，但在幅面大小（土布的幅宽不及洋标布的一半）和价格方面，都具有优越性。洋标布在加染以后，大量地被买不起绸缎或其他昂贵衣料的人用来做长衫和外衣的材料。到19世纪末和

[1] 王翔．清末民国时期的“土布”和“洋布”之战[J]．民国春秋，1998，2：26-31。

[2] 中国社会科学院经济研究所．上海市棉布商业[M]．北京：中华书局，1979：4。

[3]《额尔金代表团访问中国及日本报告》．第247页。引用1852年3月15日米契尔致港督文翰的报告，英国议会出版［引自：姚贤镐．中国近代对外贸易史资料（1840—1895）：第三册[M]．北京：中华书局，1962：1350］。

20世纪初，由于洋布花样的日新月异，在“通商大埠，及内地市镇城乡，衣大布者十之二三，衣洋布者十之八九”[1]。“之后，进口洋布的品种增多，进口的洋布也逐步开始适合中国市场的销路。随着上海周边省份批发地区的扩展，以及城市居民崇尚洋货的兴起，洋布价格有所降低，门市销售量日趋上升，洋布销路激增。”[2]进口棉布的品种也有增加，“除了常见的细布、市布、粗细斜纹等外，还有漂布、洋红布、织花羽布、泰西宁绸、斜羽绸、直贡呢、横贡呢、条子夕法布、素罗缎、织花罗缎、条与素洋板绫、洋素绸、灯芯布、全线素府绸、条子府绸、丝条府绸、直罗、横罗、格罗、生罗、杂色素洋纱、织花洋纱、木耳纱、软洋布、帆布、式丁、十字布、巴黎缎、花呢、橡皮呢、棉法绒、华尔纱、亚根地、藕丝纱、珠罗纱、皱纹呢、芝麻绒，并以印花花布、花洋纱、花府绸等销量最大。”[3]到了20世纪20年代，西方各国输入我的洋布品种更为丰富，到1928年洋布进口值已达到173124千关两[4]，从1920～1930年间洋布的进口量基本保持在相当高的水平（表4–2），到1936年，国外洋布

❶ 郑观应．盛世危言：卷3（光绪二十年1894）[M]．北京：华夏出版社，2002：35。

❷ 中国社会科学院经济研究所．上海市棉布商业[M]．北京：中华书局，1979：14。

❸ 同❷18。

❹ 中国纺织学会．输入纺织品一瞥[J]．纺织年刊，1930（8）：10。

表4–2　1920~1936年洋布净进口量　　单位：千码

年份	本色	漂白	染色	印花	杂类	合计
1920	464845	185360	194912	54520	17277	916915
1921	377696	100693	159200	28317	22609	688515
1922	417226	162412	206354	45719	17582	831711*
1923	316670	104925	214523	48607	17482	702206
1924	281886	193874	247269	77262	18007	818298
1925	314507	141543	273661	93202	20681	843593
1926	313266	151419	318295	134954	24005	941938
1927	214443	112470	253298	127893	25839	733943
1928	234027	182560	325841	173819	27768	944015
1929	200539	176540	360333	162716	37980	938108
1930	157034	119300	256589	143901	35911	712736
1931	55189	84005	197718	98104	24169	459186
1932	60110	74010	151383	93164	41598	420265
1933	11372	121084	—	70058	17402	219917
1934	9520	57670	—	31972	7979	107140
1935	12122	55328	—	27744	5738	100931
1936	20093	21408	—	3196	3322	48019

资料来源：严中平，《中国棉纺织史稿》，科学出版社，1955：382。
注　*原表格中的此项合计总额，未加杂类的17582，合计应该是849293。

在市场中的占有率已达60%左右[1]。

据相关资料记载："清末民初，西方各国的洋纱、洋布倾销中国市场，不但在沿海省、市，就是在内陆省份的偏远农村，都有洋布出售。"[2]到20世纪，近代交通工具的发展促进了城乡交流，各色洋布陆续下乡，洋布与花色品种单调的手工织品相比较，它低廉的价格、优良的质地、丰富的花色、宽大的幅面成为手织土布的强大的竞争对象。

尽管洋布对我国土布的生产和销售带来了很大的冲击，但土布业为挣扎图存，从19世纪末对传统织布工具进行了改革。我国的传统棉织工具，为一种双手投梭的脚踏木机，各地名称不一，如投梭机、矮机、丢梭机等。这种织机自元初以后，没有重大改革，生产的品种复杂多样，但基本上只限于门幅一尺左右的窄幅土布，匹长二十尺左右（图4-2）。1896年以后，国内出现了手拉机（亦称拉梭机），布幅宽度可达一尺五至二尺，所织的土布称为"改良土布"。1900年前后从日本引进了铁木织机，亦称脚踏铁轮机（图4-3）。这种织布机，织布工序中的开口、投梭、打纬、卷布、放经都能依靠铁轮的旋转自动完成，部分地弥补了投梭机的缺点，生产效率比手拉机提高了50%～100%。

图4-2　清末明信片——宁波乡村妇女在织布（投梭机）

❶徐新吾．江南土布史[M].上海：上海社会科学院出版社，1992：148。其原文为：土布……到1936年还维持着约占39%的残余阵地。

❷王介南．中外文化交流史[M]．太原：书海出版社，2004：439。

图4-3 南通地区的改良织机——铁木织机（《南通纺织史图录》编辑组，《南通纺织史图录》，南京大学出版社，1987：7）

铁木织机的产品，除少数织造改良土布外，大多织造中高档的线呢、哔叽、直贡呢或府绸坯、条绒坯等，大多门幅在二尺以上，匹长约为82~110尺，一般称仿机织布。而后又从日本引进了雅克式手拉提花织机，利用花版按程序自动提综，织成各种预先设计好的花纹图案，这大概可以称得上是使用人力织机中能达到的最完美的结构了。这些工具的改革和新产品的出现，是在洋布压力下的被动之举，但也促进了我国织布业生产规模的扩大和生产方式的变革，促进了我国棉布织品品种的发展。

用手拉机和铁轮机织成的布，被称为“改良土布”或“新土布”“洋线布”，特别是用铁轮机所织的布，幅宽可达2.2尺，和机制布相同，长度则在55~82尺，其质量亦能与机械织机所织织物媲美，也被视为抵制洋布的象征。故而，直到20世纪30年代土布仍能保持一定的市场。进入民国以后，手工工场在各地的广泛出现，成为棉织手工业中一个引人注目的现象。其所织布匹之花纹颜色，不逊于洋货，而坚实耐用，实有过之，也成为旗袍选用的面料之一。

二、改良土布的主要品种与特点

关于传统土布的品种特点，光绪《周庄镇志》曾记载：“棋子布，白棉纱间以青棉纱织作小方块成棋盘纹。雪里青布，以青白棉纱逐一相间织成者。又名芦菲、呛柳条者，皆青白相间成纹。”[1]

江苏的江阴为江南土布的重要生产地区之一，《江南土布史》[2]一书中，列出了其众多的土布品种。我们且以20世

[1] 陶煦．周庄镇志：卷1，物产[M]．光绪八年刊本：33。

[2] 徐新吾．江南土布史[M]．上海：上海社会科学院出版社，1992：480。

纪初至20世纪40年代机制纱染色后织制的部分产品，以看其品种的特点：

（1）色扣：为有色扣布的简称，又名“小格子布”或“花格子布”。门幅仅9~9.5寸，长20尺。

（2）色格布：门幅1.8~2.2尺不等，长约55尺。俗称“棒头布”，在改良土布中产量最大。

（3）斜纹：门幅2.2尺，长约55~82尺不等，为仿机织布中的畅销产品之一。

（4）裙布：以多种彩纱织成，绚丽紧密，薄如轻绡。门幅约29~32尺，可做姑娘们的裙料及旗袍。

（5）灰元条：门幅2尺，长约55尺。

（6）人丝条：掺织人造丝的一种土布，门幅2尺，长约55尺。

上列的六个品种中，从门幅和织物描述来看基本都适合女性服饰并用作旗袍面料。

江苏南通也是近代土布的主要生产地，徐国华、周宏佑在《近代中国手工纺织业的消长》[1]一文中列举了南通土布的演变简表（表4-3），也反映出土布变化的一般趋势。

从上述两地的发展来看，民国以后的土布发展有以下三个方面的发展特征：

（1）土布的用纱从土经、土纬变为洋经、土纬，再变为洋经、洋纬。19世纪90年代以后，机纱土布逐渐转变为近代土布，由于部分或全部采用机纱，使厚度变薄，外观趋于细密匀整。

（2）土布门幅变宽。由于手工织机

[1] 徐国华，周宏佑.近代中国手工纺织业的消长[G]//中国近代纺织史研究资料汇编，第七辑，1990：3。

表4-3　南通土布大类演变简表

类别	起始生产年代	原料	长度	宽度	织机
稀布	明清	土经土纬	1.5丈	0.8尺	投梭机
尺套	清初	土经土纬	2.2丈	1尺	投梭机
土小布	清初	土经土纬	1.8丈	0.8尺	投梭机
土小布	清初	土经土纬	4.8丈	1.2尺	投梭、拉梭机
洋夹布	1884	土经土纬	5丈	1.3尺	投梭、拉梭机
白大布	1894	12s厂纱	5.2丈	1.3尺	投梭、拉梭机
色大布	清末	12s×16s厂纱	5.2丈	1.2尺	投梭、拉梭机
紫色大布	清末	14s厂纱	4.4丈	1.1尺	拉梭机
中机布	1930	20s厂纱	5丈	1.7尺	拉梭机、铁木机
大机布	1930	20s厂纱	6~8丈	2.2尺	铁木机

资料来源：徐国华，周宏佑《近代中国手工纺织业的消长》，引自：《中国近代纺织史研究资料汇编》，第七辑，1990：3。

的改良，从19世纪末到民国中期，土布门幅增加了一倍以上。

（3）土布品种趋于多样化。这个变化始于20世纪20年代，土布中出现了色织、提花及与人造丝交织等新品种，加上在纱线支数、经纬密度、织物组织方面的更多选择，以及采用化学染料，土布一改过去朴素、单调的面貌，其繁多的品种也增加了服用适应性。

根据《江南土布史》一书中对民国时期手工织布的分类方法来看，土布一般分为三类：

（1）投梭机生产的各种品种，归于土布，即小布。

（2）对于手拉机织造的品种，门幅在二尺左右及以上的，包括仿机织布，都归于改良土布；而与手拉机相似的窄幅品种，仍归小布类。

（3）凡铁木织机生产的品种，包括与改良土布相同的品种，均划分为机制布（图4-4）[1]。

三、土布的纹样特点以及在旗袍中的运用

民国时期，面对洋布的冲击，土布在近代旗袍变革和发展中仍扮演着重要角色，也是流行于广大平民百姓阶层旗

图4-4 民国时期用于旗袍等服饰的土布（私人收藏）

[1] 徐新吾．江南土布史[M]. 上海：上海社会科学院出版社，1992：400。

袍面料的主要品种之一。前面谈及，由于土布使用的人群以社会下层女性为主，在一般的杂志和传世照片中很难找到此类的图像资料，保留至今的实物甚少。笔者有幸收集到一些民国时期的土布布样，可以借此让读者对民国土布和土布旗袍有所认识。

民国时期的土布从色彩上说，可分为白坯布和花色土布两大类。白坯布数量最巨，占土布总产量的70%以上。花色土布按染织工艺可分为染色土布和色织土布两大类。染色土布中的大部分通过旧式染坊加工染色，色彩多为毛宝（蓝色）、灰色、元色等。清末以后，西方化学染料的输入，也使土布颜色的色谱得到拓展。

在一般的漂染土布之外，色织土布是旗袍中运用较多的一类。色织土布数量虽少，却是土布工艺的精华，是土布工艺中最复杂、最精美的一类。色织土布的工艺过程是先按需要漂染纱线，如靛蓝所染蓝纱，就有月白、淡青、天青、大蓝、毛蓝、藏青等之分。染好的纱线再通过8蹑8综、12蹑12综的多蹑多综提花技术织造成布。色织土布通过纹样的重复、平行、连续、间隔、对比等变化，形成具有独特节奏和韵律变化的纹样，呈现出丰富的蓝灰变化，也俗称“蓝货”。根据题材的不同及织造工艺的差异，色织土布的纹样可概括为六大类型：方格纹、柳条纹、竹节纹、桂花纹、芦菲花纹、吉祥纹。按组织构成方式的基本特征，可以分为点、条、格三类，用其制作的服饰和旗袍也应用较为广泛。

（一）点式纹样

在点式纹样中以蚂蚁纹、芦菲花纹和桂花米点纹最为典型。这类图案单元细密，很适合作为服装面料使用。

蚂蚁纹：该纹样因有排列成行的深浅花纹，形似蚂蚁排阵，故而得名。其织造方式以淡蓝纱为经，深蓝纱为纬，平纹交织成花纹。“常用配色方式为：蓝经、白纬，或浅蓝为经、深蓝为纬，交织出丰富的灰色效果，少数为黑经、白纬。蚂蚁纹样通常以重复、连续的形式通幅在织物中出现，用色虽简单，但靠纱线色彩的深浅对比，产生有节奏的韵律美，给人以素净朴实之感。”[1]1926年（民国十五年）后，改用打梭织机织造的改良大机布即效此织法，又名“改良蚂蚁布”，后开发的还有深浅蓝交织、黑白交织、蓝黑交织、斜纹交织等蚂蚁布新品种。

[1] 张茹．民国时期江南土布流行纹样研究[J]．南京：江苏地方志，2012（12）：10–13。

桂花纹：因纹样形似开放的桂花而得名。桂花纹用色简洁，花纹造型稳重灵动，同样呈现出强烈的节奏和韵律感。桂花纹通常以两种色纱排列交织，以简单的平纹组织重复、连续的形式通幅排列。常见的颜色为：蓝与白、黑与白、红与白。这种桂花纹除了单独连续使用外，也与其他纹样组合成一种新的纹样单元，常点缀在条格纹中，给人以含蓄之美（图4–5）。

（二）条式纹样

条式纹样主要是在经纱排列中夹用色纱，通过纱线粗细差异、不同色纱的排列和间距大小，织造出变化丰富的条纹。由于条纹的粗细和排列组织都可以使用不同颜色的纱线来调节，所以条格纹样丰富多彩，有很强的节奏与韵律美。传统的条式纹样有柳条纹、金银丝等，皆由平纹组织简单织造而成。

柳条纹：又称“雨条纹”，取意水边飘逸的柳枝，典雅质朴，水乡气息浓郁。柳条细者，如雨丝密匝，颇有烟雨江南的韵致；其疏朗者，有柳岸晓风轻拂之感。柳条纹的经线一般为二蓝二白相间，纬线配色一般春夏季用白色地彩色条，秋冬季为蓝地（少数黑地）彩色条。彩条用色一般为：红、绿、黑、黄，是20世纪30年代备受消费者喜爱的裙衫用料。

金丝条：经用五蓝一白相间，纬用白纱。织成之布蓝强白弱，丝呈灰暗色。

银丝条：经用四蓝二白相间，纬用白纱织成，白纹细如银丝，故而得名。

竹节纹：取意水乡常见竹类植物的分节。在织造工艺上突破制约，采用了重经组织，有两组经线，织造时经纬交织和提花技术交替使用，节纹往往穿插在有规律的条纹中交替呈现，有很强的节奏感和装饰效果，是在传统的金银丝和后来各种彩条仿洋布的基础上发展而来的一种新式提花组织纹样（图4–6）。

彩条纹：经用色纱有序排列，纬用单色纱织成。民国时期，彩条纹的纱线一般为化学染料染成，色泽鲜亮，是民国时期最常见的大机改良土布常用花色，适用范围广。在多家博物馆中珍藏20世纪30~40年代的土布旗袍实物中，花色彩条纹旗袍居多（图4–7）。

（三）格式纹样

格式纹样也是20世纪30年代最常见的色织品种之一，其经纱和纬纱皆为蓝白相间，织造时纬纱必须根据经纱的

图4-5　桂花纹样土布（私人收藏）

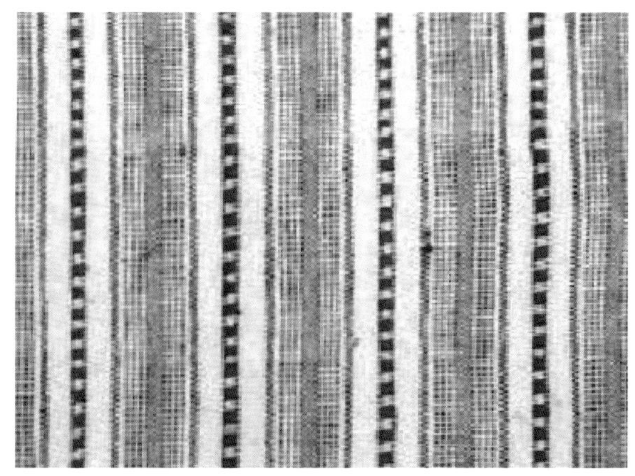

图4-6　民国竹节纹样土布（私人收藏）

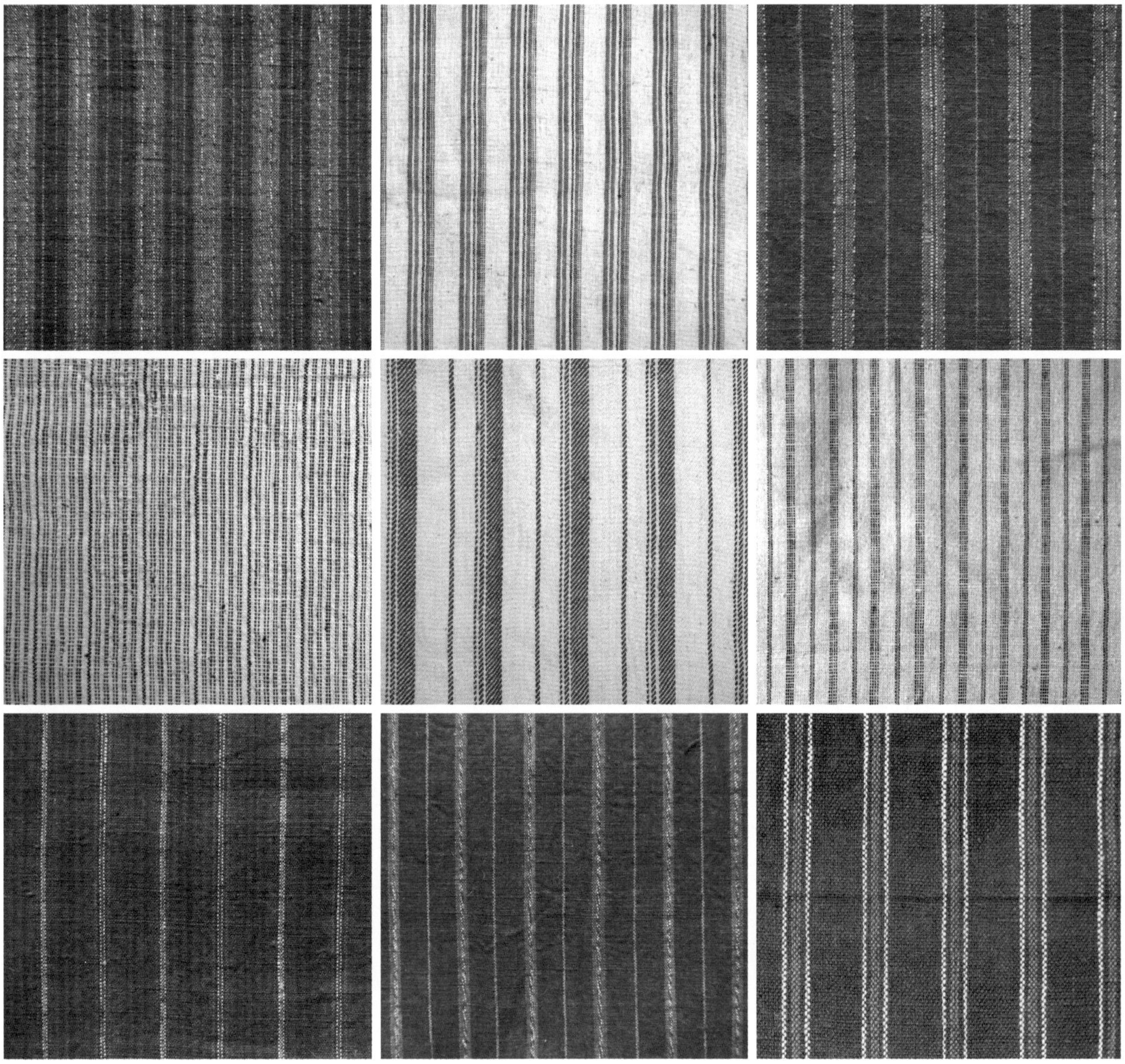

图4-7　民国彩条纹样土布（笔者收藏）

根数换梭，使布面形成方形的格纹。小格式土布中复杂的格纹常以多种典型基本纹样组合而成，组合方式一般有以下两种方式：一是条、格纹相互穿插：如金银丝格、鱼鳞格、自由格、豆腐格等；二是不同基本纹样的组合：如窗格子芦菲、芦菲双打格、芦菲桂花格等。

芦扉花纹："芦扉花"是色织土布格式纹样中最具典型性、代表性、使用最灵活的一种纹样。其组织结构取自农家芦苇编结物——芦席，因江南和南通地区农民称芦席为芦菲，故称此纹样为芦扉花纹。主要特征表现为经纬之间不同的穿插编织效果，不同颜色的经纱和纬纱通过特殊的穿综嵌扣工艺形成上下左右交替，具有很强的几何变化拓展应用。芦扉花纹主要有三根头、四根头之分，以3根白纱间在4根蓝纱之间，以三横三纵方式向四面展开连续的格纹，称"三根头芦菲格"；以4根白纱间在5根蓝纱之间，形成四横四纵的连续纹样，称"四根头芦菲格"。

传统芦扉花纹品种较少，以简单的平纹组织及变化平纹组织单纯排列变化或与方格组合。后来不断改进创造出一系列新式芦扉花纹品种，在有规律的芦纹韵律中穿插十字形、口字形、井字形等大几何提花骨架，俗称大芦菲花；还有在中间填入寿字纹、如意花纹、缠万字、桂花纹等一系列象形图案。芦扉花纹的花色丰富多彩，仅南通地区该图案系列的纹样就有八十多种，主要花型有：井字芦菲花、十字芦菲花、田字芦菲花、缠字芦菲、水纹芦菲、称心芦菲、星星芦菲、窗格子芦菲、寿字芦菲、月牙芦菲、喜字芦菲、狗牙芦菲、水纹芦菲、木梳背芦菲、一字等芦菲和芦菲花格、芦菲双打格、缠万字、满天星、单银条、步步高、门杠子、竹节、苍蝇脚等变化，不胜枚举，其中"紫芦菲花布"最有地方特色[1]。"芦扉花"常见的配色为：蓝与白、黑与白、红与白或蓝白色中加入红、绿色作为点缀。芦扉花纹的构成可以说是格律中尽显变化，淳朴中蕴涵丰富（图4-8、图4-9）。

20世纪30年代上海《申报》里有着这样一段描述：国人"竞以服用土布为时兴，如所谓芦席花布者，竟成为摩登少女之时装。"[2]可见土布在十里洋场受欢迎的盛况。汤笔花在《电影明星群穿土布旗袍》一文中也记述了与土布旗袍相关的故事：20年代末，上海"蓬莱市场"落成。场主匡仲谋委托我邀请电影界人士在开幕时剪彩，藉造声势，以资号召。我与电影界朋友韩兰根谈起，他建议我到时不妨邀请女明星穿土布旗

[1] 敏洁，任魏．南通土布图案艺术分析[J]．现代装饰（理论），2012（11）：213。

[2] 张茹．民国时期江南土布流行纹样研究[J]．南京：江苏地方志，2012（12）：10-13。

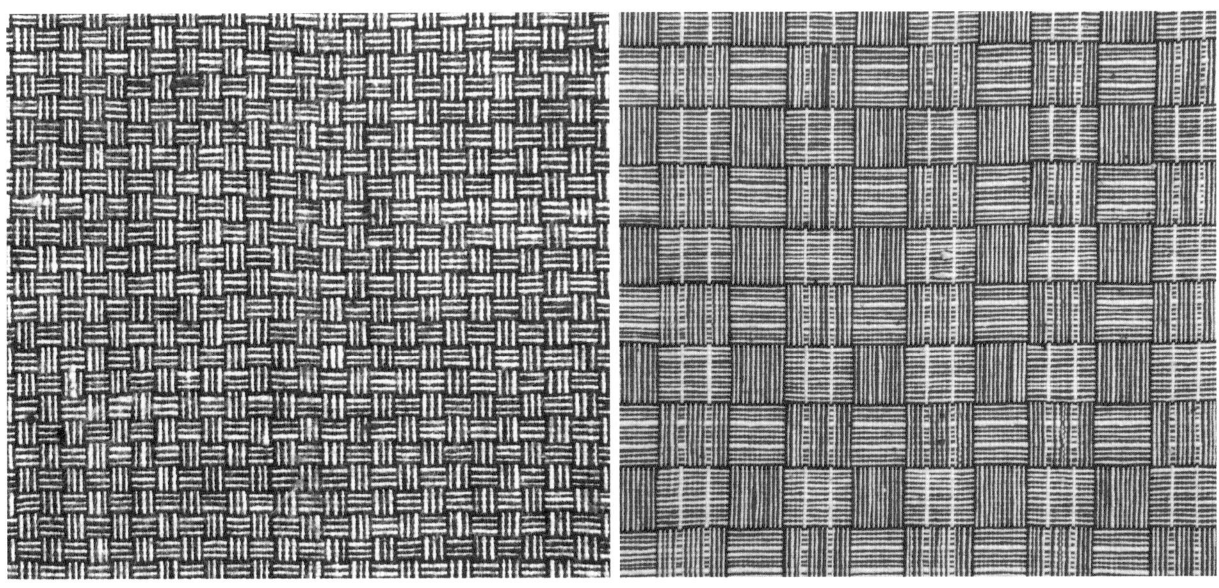

图4-8　典型的民国芦扉花纹样土布（笔者收藏）

图4-9　民国格式纹样土布（私人收藏）

袍以示提倡爱用国货，抵制洋货。这一建议得到很多人赞同，蓬莱市场内一布店经理还表示愿免费送出布匹，给到场的电影女明星每人一件旗袍布料，一裁缝店老板免费缝制旗袍。于是改剪彩为发起劝用国货的土布运动。蓬莱市场落成典礼也被称为国货典礼。我在中华电影学校与胡蝶为同学，便邀了胡蝶、夏佩珍、陈玉梅等都穿土布旗袍。在博览书局门口站立着摄影留念，这一举动引人注目，后来江浙两省，群起效尤，掀起一场穿土布的热潮[1]（图4-10~图4-12）。

在土布中，还有一个品种不得不说，那就是蓝印花布，也称“灰缬”“药斑布”“浇花布”，是利用织成土布经过刮印防染浆料，再用靛蓝染色的一种印花土布品种。蓝印花布自元明以来一直是普通妇女服饰常用面料之一。在民国时期，穿着土布旗袍也是一种时髦，我

图4-10 紫地绿白条纹样土布旗袍（20世纪40年代，江宁织造博物馆藏）

图4-11 电影《小朋友》中穿着格纹土布旗袍演员（1925年）

[1] 汤笔花. 电影明星群穿土布旗袍[M]//华道一. 海上春秋. 上海：上海书店出版社，1992：187。

穿土布旗袍的女子
（伍联德，等，《中国大观·图画年鉴》，上海良友图书印刷公司，1930：193）

穿土布旗袍的周修一女士［《上海漫画》，1928（2）：7］

穿格式土布马甲旗袍的女子（左一，传世照片）

图4-12 生活中穿土布旗袍及马甲旗袍的女子

们不但在服装画中可以看到蓝印花土布的旗袍，在传世照片和实物中也能看到（图4-13、图4-14）。在民国经典小说《亭子间嫂嫂》中，周天籁先生曾有蓝印花土布旗袍的描写："我无端受了人家的东西，也正像她同王客人说的但求我自己心之所安。我便出去吃午饭的时候，上布店剪了两件布的旗袍料送给她。我说：'你的衣料，穿出衣服的颜色，可说应有尽有，我已无从再物色你心爱的料子了，我这里剪了二件印花土布，人家说就是蓝印白花的土布，过去乡下人家做被面的，也只有乡下女人穿的，上海女人从来没见穿过，如果把这种国粹土布，制以最时髦的旗袍，一定得到人

图4-13 穿蓝印花布旗袍的周蓉娟女士［《玲珑》，1934（157）：2066］

家同情，不但同情，而且摩登，因为这蓝底白花，富有图案美术，色调文雅，穿在身上朴素大方，你不要以为是土布，你如果听我话，肯穿上身，一定显得别出心裁，人人赞美'。"[1]从这段描述中，我们不但可以了解当时大众对蓝印花布旗袍的认识，也可以窥探到大都市女性在服饰面料使用中的一种猎奇心态。

[1] 周天籁．亭子间嫂嫂[M]．上海：学林出版社，1997：285。

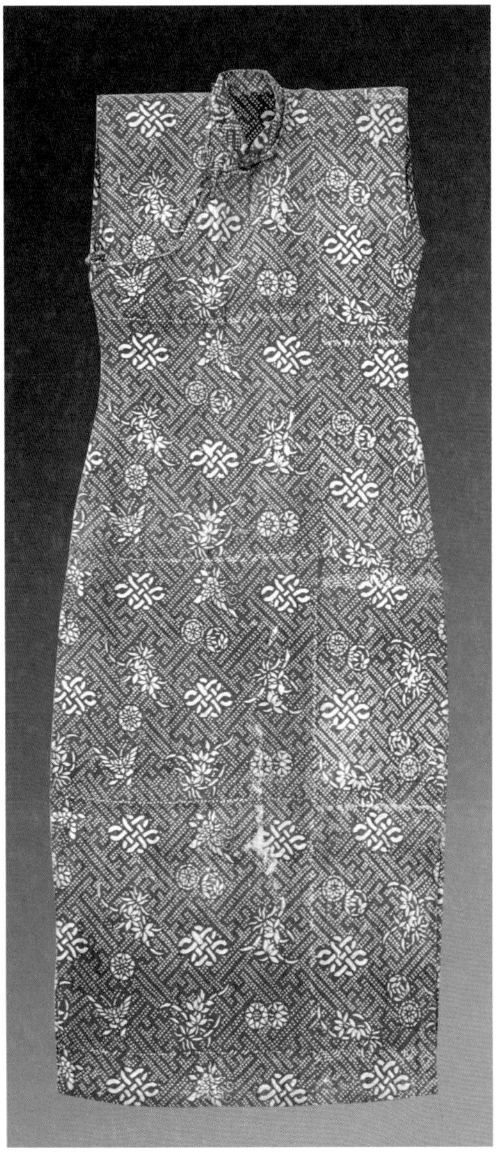

图4-14 盘长兰花蝴蝶纹蓝印花布无袖旗袍及纹样局部（民国，高建中收藏）

第二节

丝绸品种的日新月异

中国是丝绸的发源地，丝绸织造工具在汉代已从踞织机发展到斜织机，后经不断改进，织绸机与提花设备都发展到相当水平，到明代丝绸生产技术达到了鼎盛，拥有丰富多彩的产品。中国的丝绸产品不但给国人提供了华美的服饰面料，而且从汉代起通过丝绸之路远销世界各国，享有很高声誉。

18~19世纪间，西方资本主义国家的丝织业已由手工工场向织绸工厂过渡。19世纪中叶开始出现织绸动力机[1]，当时法国里昂已成为世界丝织中心，机织高档丝绸行销欧美。而中国丝织业在清乾隆、嘉庆以后开始走向衰落，不但内销萎缩甚巨，外销更是发生呆滞。清末，国外洋绸开始大量倾销国内市场，此外呢绒、毛织品、人造丝织品以及棉织品也侵夺了部分传统丝织品的市场份额，致使我国丝织业遭受严重打击而走向萎缩。辛亥革命之后，为顺应市场的需求以及与“洋绸”的抗衡，丝织业一方面继承了传统产品的优秀特征，另一方面不断吸收、引进外来科学技术，在纤维材料、织物组织、手感风格、纹样色彩等方面也进行了不断的改良和创新，获得了不菲的进步，为民国时期服装及旗袍的发展提供了大量国产丝绸面料。

一、从土丝到人造丝的锐意变革

19世纪末20世纪初，随着西方资本主义国家丝绸科技的突破及发展，其产品不仅在国际市场上加强了与中国丝织品的竞争，而且这种竞争也延伸到国内市场，“洋绸”开始在中国市场行销。此类洋绸，“半为本棉，半为蚕丝制成……为从来进口货之所无，实堪惊骇！”[2]洋绸甚至源源深入到中国传统丝织生产中心区域，在众多洋绸产品中，尤以产自日本的“东洋缎”最为畅销，成为盛极一时的舶来品。例如：浙江嘉兴濮院镇出产的“濮绸”，形如湖绉而轻便过之，原本价廉物美，行销南北，但在日

❶ 徐新吾．近代江南丝绸工业史[M]．上海：上海人民出版社，1991：6。

❷ 王翔，李英杰．近代浙江企业的广告行为——以《浙江商报》的杭州绸缎布庄业广告为中心[M]//浙江省民国浙江史研究中心．民国史论丛（第二辑）．北京：中国社会科学出版社，2011：289。

本丝织品的入侵后销路日渐萎缩[1]。

中国传统丝织所用原料，基本上为人工缫制的农家土丝。19世纪末20世纪初世界丝绸原料发生了划时代的变化，人造丝得以发明，并在许多产品上得以推广。在民国工商部资料中曾记有："查人造丝制造，在欧西始于一八九一年之法国硝化法人造丝工场"，随后传播到欧美各国乃至东亚的日本，"嗣是工场继起，除供给该国消费者外，并输入我国，邻厚我薄，取则代柯"[2]。从"1914年至1931年国外丝织品进口数量统计表"和"1932年至1937年国外丝绸品进口数量统计表"中标注的国外蚕丝、丝棉、人造丝交织品输入情况可见一斑（表4-4、表4-5）。

❶朱新予．浙江丝绸史[M]．杭州：浙江人民出版社，1985：160。

❷工商部等办理江浙绸业机织联合会请筹设立国立人造丝厂的有关文件·工业司刘荫茀等签呈（1930年7月28日）[G]//中国第二历史档案馆．中华民国史档案资料汇编（第五辑第一编）．南京：江苏古籍出版社，1992：198。

表4-4　1914~1931年国外丝织品进口数量统计表　　单位：元

年份	蚕丝绸缎	丝绵缎	蚕丝与人丝交织丝绒等	未列名丝织品	蚕丝毛交织品	人造丝织品及人造丝交织品	合计
1914	2464426	1343219	359406	151157	—	442168	4760376
1915	1596430	973724	82633	82548	—	328319	3063649*
1916	1276376	1211156	71866	306695	—	273853	3139946
1917	1387366	1727609	130227	429758	—	522502	4197462
1918	1645901	1651156	265575	199997	—	757065	4519694
1919	2433940	1689554	181202	344457	—	285751	4934904
1920	1366603	1575040	112394	621436	—	301820	3977293
1921	2055831	2887102	165667	634697	—	315341	6058638
1922	1666331	2339678	198380	1183200	—	525624	5913213
1923	1253338	2273159	247207	4422132	—	1269137	9474973
1924	1558608	2374462	186695	5303959	—	2489843	11913567
1925	1396407	1328041	270154	1014683	—	2945145	6954430
1926	1675205	1405275	577956	933211	811053	5400541	10803241
1927	790606	1118552	491910	425563	792753	5635719	9255103
1928	664323	1082182	821264	3386710	958678	8823456	15736613
1929	234878	811998	605651	242267	516680	13066449	15477923
1930	239018	619567	382389	2227995	243098	9179153	12891220
1931	424940	240696	568390	1513289	130193	4884860	7762368

资料来源：徐新吾，《近代江南丝织工业史》，上海人民出版社，1991：188。
注　*此数据合计应该是3063654，笔者注。

❶ 徐新吾. 近代江南丝织工业史[M]. 上海：上海人民出版社，1991：177。

❷ 王庄穆. 民国丝绸史[M]. 北京：中国纺织出版社，1995：124。

表4-5　1932~1937年国外丝绸品进口数量统计表　单位：元

年份	真丝及其他纤维交织	蚕丝绸缎	丝棉缎	蚕丝及交织丝绒	未列名丝织品	蚕丝毛交织品	人造丝织品及人造丝交织品	合计
1932	52528	948464	97255	215196	222944	23427	1184175	2743989
1933	28805	82084	6130	209269	217507	9358	502292	1055445
1934	16660	43461	9986	138710	327438	10464	264062	810781
1935	14492	35713	6691	77025	253483	2107	301750	691261
1936	31932	42298	5085	128130	362988	1374	1030927	1602734
1937	41429	36940	5541	80574	255599	397	3109281	3529761

资料来源：徐新吾，《近代江南丝织工业史》，上海人民出版社，1991：189。

（一）从土丝到厂丝的改良

由于我国传统丝织品种原料单一、织机简陋，其品种发展受到很多局限，到20世纪初，“很多产区仍只有缎、绸、绫、绢、罗、纱等少数大类品种”[1]，对民国初期丝织品种、服装用织物的变化来说，影响最大的莫过于新原料的介入，而所谓新原料则以厂丝的运用为先导。

“民间用手工缫丝车生产的丝，概称土丝或白丝、白经丝，对用机械生产的丝叫厂丝或白厂丝”，但是“土丝由于来自千家万户，品质各异，不很适应机械织机的要求，而日衰”[2]，1861年机械缫丝业的出现给机械织机带来了更适宜织造的厂丝，我们通过1912～1937年全国丝厂数及规模一表可以看出，厂丝的生产在民国时期呈现出不断发展的趋势（表4-6）。1929年，西湖博览

表4-6　1912~1937年全国丝厂数及规模

地区	1912年		1937年	
	丝厂数（家）	缫丝车（台）	丝厂数（家）	缫丝车（台）
江苏省	8	2102	42	126526
浙江省	4	900	33	8770
四川省	9	1362	6	1980
湖北省	1	208	—	—
山东省	2	310	—	—
广东省	162	65000	57	30243
上海市	48	13392	44	10086
合计	234	83274	182	177605

资料来源：徐新吾，《近代江南丝织工业史》，上海人民出版社，1991：156。

会主办方曾就本国原料业和制造业发展不平衡发出这样的感慨："吾国出口各货，多属原料品，而输入各货，则多为制造品；此足见吾国工业穷陋，虽有原料，不能自制，而须仰给于外国。"[1]可见，当时各丝织厂使用厂丝顺应了丝织产业发展的需求，也得到各同业工会的支持。

日本人曾经对我国的辑里经丝和沪产厂丝的质量做了物理性能的测试比较，其测试的结果是厂丝纤度比土丝细1～2倍，而且粗细较为均匀，偏差较小，故织成后的织物表面更平整细滑，服用效果更佳。在机械丝织业中，厂丝逐渐取代了土丝，成为重要的原材料。厂丝的使用给民国丝织品带来了更为细腻、滑糯、精致的质感，同时也为民国时期丝织品注入了新的品质特征。全部用厂丝织造出来的新品种有：高花缎、双梭绒地绢、素乔其、电力纺等。

进入民国后，丝绸业者顺应时代发展要求，在原料上从以土丝为主逐步过渡到厂丝、绢丝与人造丝的纯织或交织，涌现出一批适合时代要求的花色品种，如乔其纱、双绉、电力纺、斜纹绸及人丝交织提花绸等，为当时旗袍等女性服饰提供了更为丰富的织物品种，到今日仍为丝绸行业的当家品种（图4–15）。而一些传统的过时品种，如旧式宁绸、线绉、春罗、库纱及库缎等，除了在男式长袍中被少量使用外，逐渐被淘汰。

（二）人造丝的引进与品种创新

近代丝织业的另一种新原料——人造丝，在中国丝织业中的使用过程似乎就显得比较曲折。资料显示，上海从1909年就开始进口人造丝，但江南丝织行业直到1924年才开始有较多工厂掺用人造丝，并且赞成者和反对者争论强烈。"其反对理由：1.各产绸地区，若一旦开放，其伪足以乱真；2.为维持天然丝之用度，江浙两省，蚕丝是财源，一旦人造丝织物盛行，则天然丝势必危殆；3.破坏行规。赞成掺用的理由：1.外国洋人造丝织品日多，因其价廉而合销，渐侵夺本国原有绸缎之地位，故与其见其侵入，不如采用而可抵抗；2.因国人购买力弱，需要廉价之制品，假使中国不采用人造丝作原料，用以代替洋货之地位，纯丝织品未必有巨量增加，反之，中国采用人造丝作原料，用以替代洋货之地位，与纯丝织品不发生影响；3.衡诸世界各国，无论其国是否生产天然丝，但对于人造丝，决无禁用之

[1] 西湖博览会．西湖博览会总报告书，1931：总序。

灰蓝镶滚短袖旗袍
（20世纪30年代）

粉色丝绸短袖旗袍
（20世纪30年代）

丝绸短袖旗袍两款
（20世纪30年代）

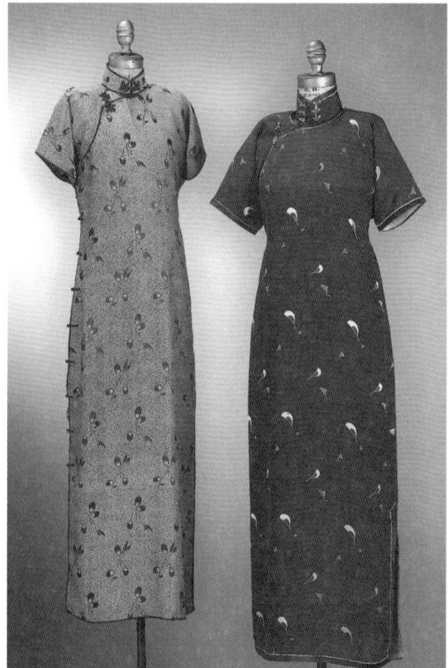
丝绸短袖旗袍两款（20世纪30年代）

织锦缎为面料的长袖旗袍（20世纪40年代）

图4-15　民国时期的丝绸旗袍（Jackson B, *Shanghai Girl Gets All Dressed Up*，Ten Speed Press, 2005：64, 76, 79, 94）

例，盖人造丝乃时代科学产物，非闭关政策所能抑制也”[1]。两相争论，各执己见，但目的却可以统一到一点上，就是为了保护本国天然丝产品，发展丝绸新品种。

1924年后，人造丝准许用作丝织原料，上海在仿制和创制新颖品种方面也较各地成效更为显著，产品品种骤增。1924年至1928年，上海丝织物品种迅速增加，到1931年丝织物品种已有数百种。当时生产的丝织品主要有四大类：全蚕丝织品、蚕丝与人造丝交织品、人造丝与棉纱交织品、全人造丝织品等。由此可见，经过十几年的发展，人造丝织品已经取代了传统的纯蚕丝制品，占据了丝织品生产的首要地位。

人造丝的引入给民国时期丝织业的发展带来了新的品种，也带来新的织物服用特征。第一，从光泽上来说，人造丝各种纤度皆备，有光、半光、无光皆有，原料选择的范围较大。有光人造丝比蚕丝明亮，但不甚柔和，所以加入人造丝的织品会呈现出一种与真丝织品不同的风格特征。第二，人造丝作为再生纤维素纤维，与属动物蛋白纤维的蚕丝在染色性能、吸色性能上都是不同的。民国时期利用两者吸色性能不同的特点，先交织成坯布再染色，使织物产生双色或多色效果。人造丝因为以上物理、化学性能的特点，为民国时期丝织品增添了新的艺术特点，在20世纪20年代以后的旗袍中，此类面料也成为深受消费者青睐的品种之一（表4–7）。

“从1924年开始，人造丝兴起之初，丝绸业开始仿制一些国外进口面料如巴黎缎、克利缎、罗马锦、克罗米。而后采取厂丝与人造丝交织的方法进行品种创新……当时，一批以厂丝为经线与人造丝交织的新产品纷纷问世，如花香缎、双面缎、锦地绉等，产品畅销全国

[1] 徐新吾. 近代江南丝织工业史[M]. 上海：上海人民出版社，1991：181。

表4–7 人造丝织制的丝绸新品种

原料	新增织物品种
蚕丝与人造丝交织品	巴黎缎、留香绉、大克利缎、小克利缎、双面缎、花丝纶、雁翎绉、芬芳绉、善想绉、碧雀绉、鹦鹉绉、美丽绉、鸳鸯绉、幸福绉、明华葛、格子碧绉、素碧绉、和合绉、华绒葛、标准绒、拷花绒、双幅绒、烂花绒、鱼尾绒、金丝绒、梅妃锦、艳云锦……
人造丝与棉纱交织品	羽纱、线绨、文裳葛……
全人造丝织品	明华葛、无光纺、雪克司丁、黑白绉……
人造丝与毛线交织品	毛葛

资料来源：徐新吾，《近代江南丝织工业史》，上海人民出版社，1991：181；王庄穆，《民国丝绸史》，中国纺织出版社，1995：214–215。

各地。1926年人造丝浆经法发明之后，又一批以人造丝为经线的新产品问世，如真毛葛、明华葛、麻葛、线绨等。人造丝的大量应用使提花织机进一步改进，而机械的发展又促进了品种的创新。20世纪30年代至40年代，代表近代提花织物最高水平的厂丝与人造丝交织产品如织锦缎、天香缎和古香缎终于诞生了"[1]（图4-16、图4-17）。

人造丝的使用在某种程度上也扩大了丝织品的消费使用范围。1929～1931年期间，上海在杨树浦、虹口等地区发展起来了很多小型电机丝织厂，这些厂家机械设备相对来说比较简陋，织制的一般也是"低档品"。所谓"低档品"就是"绨"（人造丝与棉纱交织）和"明华葛"（全人造丝织造），这些产品在江南一带非常受欢迎，"成本低、售价廉、行销广、面向大众"[2]由于人造丝的"价格比蚕丝低两倍"[3]，吸引了更多中低端消费人群，使丝织织物更广泛地进入到广大民众的生活之中，这是

[1] 袁宣萍．近代服装变革与丝绸品种创新[J]．丝绸，2001（8）：39-41。

[2] 赵丰．中国丝绸通史[M]．苏州：苏州大学出版社，2005：170。

[3] 王庄穆．民国丝绸史[M]．北京：中国纺织出版社，1995：211。

织锦缎中的菊花纹样（民国，台湾创价学会藏）

民国时期的古香缎（清华大学美术学院藏）

图4-16　民国时期的织锦缎和古香缎（赵丰，《中国丝绸通史》，苏州大学出版社，2017：658，635）

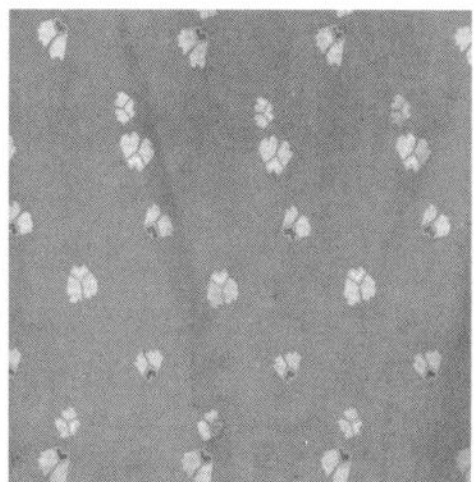

图4-17　蚕丝与人造丝混织的近代旗袍面料（私人收藏）

人造丝对民国时期丝织品种发展和旗袍走向大众所作的又一贡献。

由于丝织企业的锐意变革，人造丝的大量输入和使用，也使得杭州、苏州等传统丝织生产地的丝绸花色品种创新获得日新月异的发展。1924年后，国外的人造丝进入浙江市场，各厂开始试用厂丝和人造丝交织，并逐渐为杭州丝织业所接受。以杭州为例，1924年至1931年，人造丝输入的增长高达600多倍。许多企业利用真丝和人造丝染色性能的差异，进行先织后染，产生了双色或三色的新品种。1924年，纬成公司首创人造丝与厂丝交织，在仿织国外的巴黎缎（又称玻璃缎，有花素两种，花的今称花软缎）成功后，相继开发出克利缎、罗马锦、克罗米等品种。后又设计出花香缎、双面缎、锦地绉等具有民族风格的新品种，畅销全国各地（表4–8）。

1924年以后的品种中，人造丝多被用作纬线，以避免其强度较低的缺点。1926年，人造丝浆经法试制成功，以

表4–8　1924年以后杭州以人造丝为原料，用电力织机织造的丝绸主要品种

品种	原料	组织	花样	颜色	用途	备注
巴黎缎	22/20厂丝经、120号人丝纬	八枚缎地绒花	大、中、小花	白坯加染	女用衣料	纬成生产
花香缎	白厂丝经、人丝绒纬	平布、人丝绒花、真丝缎花	大、中、小花	白坯染双色	女用衣料	天章生产
绮	左右捻线经、120号人丝双衬子	平布、八枚浮背八枚人丝花	中花	白坯染色	女用衣料	纬成生产
绨	120号人丝、绢丝或纱纬	平布、起八枚缎花	大、中地花	练白、染色	男女衣料	纬成等厂生产
绢	缩捻线经、纬75号人丝	平布、人丝花	大、中花	练白、染色	女衣料	纬成等厂生产
素软缎	22/20厂丝经、120号人丝纬	八枚缎地	素	练白、染色	绣花、印花	华盛厂生产
棉地绉	白厂丝经、120号人丝绉线纬	隔梭平布起缎花	中花回纹团花	练白、染色	男女衣料	纬成生产
罗马锦	白厂丝经、人丝纬	平布、缎花、二色绒花	回纹地花	染双色	女衣料	袁霞和厂生产
电力纺	白厂丝纬3~4根	平布	素	生坯、练白	夏衣料	各厂、坊生产
真丝碧绉	白厂丝经、绉线纬	平布	素	生坯、练白	夏衣料	天章生产
双绉	白厂丝经、纬	平布	素	生坯、练白	夏衣料	各厂、坊生产
素乔其	13/15厂丝经、纬	平布双梭箱阔机	素	练白	印花	各大厂商

资料来源：朱新予，《浙江丝绸史》，浙江人民出版社，1985：190–191。

人造丝为经线的经面织物新产品纷纷问世，例如：真毛葛、明华葛、麻葛、线绨等，也有被称为芬芳绉、花香绫、花春绫、华春司、孔雀绸等名称。在人造丝得到广泛运用的同时，丝织提花机也得到不断改进，如棒刀的使用，将单面梭箱改装成双面四梭箱织机，同时在翻丝、并丝、捻丝、摇纡等准备工序上也进行了设备上的革新，这些举措再次促进了新品种的开发与创新，织锦缎（厂丝经、人丝纬）、天香缎、古香缎等代表当时最高水平的品种相继试制成功，并一直成为杭州丝织业的畅销产品。

当时，还有两大类品种在杭州十分流行，即绉和绒。这两类产品的流行既得益于丝质原料和机具的改进，也得益于练染业的进步。例如：留香绉、双绉、碧绉、善香绉、缎背绉等，都是通过厂丝的加捻及练染过程中的脱胶收缩而使织物起皱。还有一些如雁翎绉、美明绉、鸳鸯绉、黑白绉、幸福绉等，则是利用一些特殊的袋状组织或呢地组织去模仿相关的起皱效果，这些新品种的大量开发和生产，为旗袍的发展提供了大量深受近代女性钟爱的面料，也为旗袍个性化的发展提供了必不可缺的织物基础（图4-18、图4-19）。此时传统的品种也根据旗袍的特点开发出一些新的花样，1926年《申报》有这样的记载：“昨日我走过南京路老九纶绸缎局去访问吕葆元君。吕君经营绸缎事业有很长久的历史了，我们见了面，寒暄了一会，我便开口问，今年冬天女衣料怎样，他说现在穿旗袍穿大衣的姑娘太太们到处皆是，穿短袄长裙的格外少了，我们这儿现在最时兴的要算旗袍一枝花的整料。我当时很奇怪，便问他什么是

图4-18 近代旗袍面料中的绉类产品（笔者收藏）

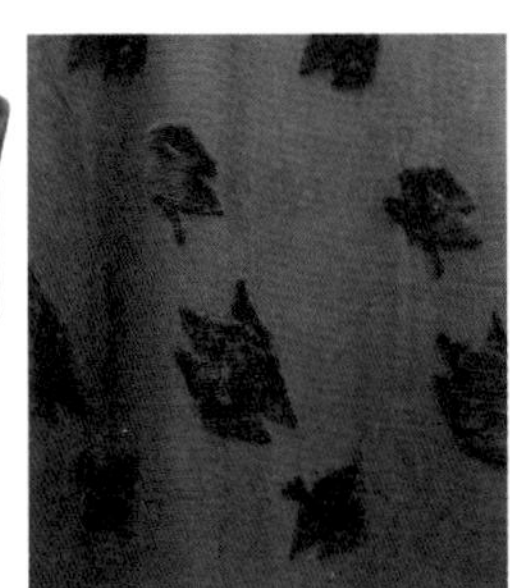
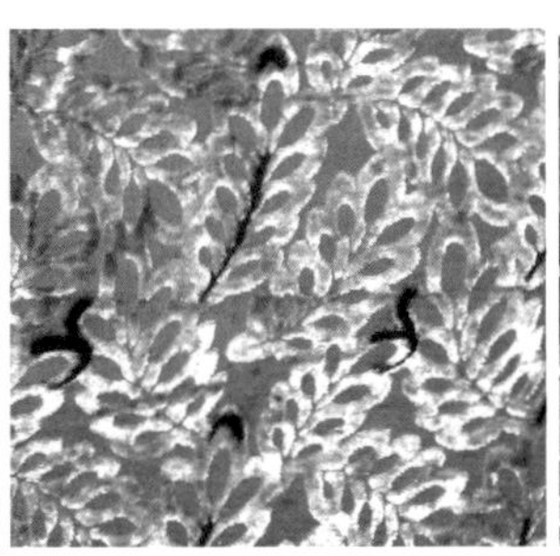

图4-19 民国时期旗袍面料中的绒类产品（左一、左二：苏州丝绸博物馆；左三、左四：私人收藏；笔者拍摄）

一枝花。他答道，现在随便什么绸缎，花样无论怎样美丽，但是一经裁剪，所有花和叶便零碎不全了，今年新发明的这一枝花就是一件旗袍的料，上面织成一支整花，非常光艳悦目。这一种是我们最新的衣料，并且要织什么花，只要绘成图案，都可以定织，至于讲到颜色，任何颜色都有……”[1]。这种“一枝花”的提花面料实则清末就有织造（图4-20），而此时或许是在前人的基础上，根据旗袍款型和面料的需要进行了某些功能和视觉效果的改进和尝试，在市场上深受欢迎。

1936年，随着世界经济的复苏，丝绸内外销路全面好转，杭州这一时期的主要品种有：克利缎、花丝纶、双面缎、留香缎、雁翎缎、芬芳缎、善想缎、碧雀绉、美明绉、鸳鸯绉、黑白绉、活乐绉、缎背绉、幸福绉、和合哔叽、格子哔绉、经柳纺、华贵司、大伟呢、华绒葛、明华葛、拷花绒、烂花绒、金丝绒、梅妃锦、艳无锦、真毛葛、双面缎、孔雀绸、羽纱等。从表4-8中，我们也可以看出人造丝在品种创新中的作用。

丝织品种也随着消费结构、社会需求、流行文化的变化有了重大的改变。一方面，许多传统品种被迅速淘汰，例如：线春、熟罗、官纱、米通等。而电力织机使用后，适应市场和消费趋向的新品种已占其时产品的半数以上，例如：单绉、双绉、乔其纱等。另一方面，一些传统品种的用途和而后的销路也发生了重大改变，如素缎原广泛应用于衣帽服饰，而民国初以后市场不断萎缩，其用途逐渐集中于用作刺绣的底料等。再者，由于近代服装包括旗袍，对精纺和粗纺呢绒的大量需求，苏州丝织业也开发出仿毛类的大伟呢、博士呢、雪花呢等。苏州丝绸业为了了解流行趋势对产品的影响，还对国外各丝绸行销较盛区域的流行时尚、丝绸品质、纹样

[1] N.C. 美丽衣服的发源地[N]. 申报，1926-12-16。

图4-20　一枝花提花大襟女夹袢，1920年（Jackson. B，*Shanghai.Girl.Gets.All.Dressed.Up*，Ten.Speed.Press，2005：62）

和色彩喜好等进行了详细考察，以便按照行销区域，人们好尚，锐意改良，务使制品易于推销。

民国时期纺织面料的多元化涉及许多新品种和舶来品。一部分新品种是在对外来面料品种的模仿或学习中得来的，如毛葛等品种，这在传统纺织面料中是罕见的。又如上海、苏杭等地率先掌握国外纺织品动向，进行研究后开发了一系列新产品，如呢、塔夫绸等，其均是在国外丝织品的影响下发展起来的。另一部分新品种直接依靠进口，如新风格的印花棉布等。在新品种层出不穷的同时，如南京漳绒等一些传统面料却渐渐地退出了历史舞台。面料品种的发展在趋向多样化的同时，由于受到舶来品种的影响加之本土品种的衰败，在一定程度上相应地减弱了我国传统纺织文化的辨识度（图4-21~图4-23）。

二、新型设备的引进与旗袍面料品种的创新

我国丝织业历史悠久，到13世纪末丝织机已经基本定型。至清末前，长期停滞在木机[1]阶段，清代对木机的唯

[1] 木机，指手抛梭木机，传统木制织机的简称。

图4-21　橙黄地大洋花纹提花缎长袖旗袍及面料局部（20世纪30年代，笔者收藏）

图4-22　蓝色提花绸长袖旗袍及面料局部（20世纪30年代，苏州丝绸博物馆藏）

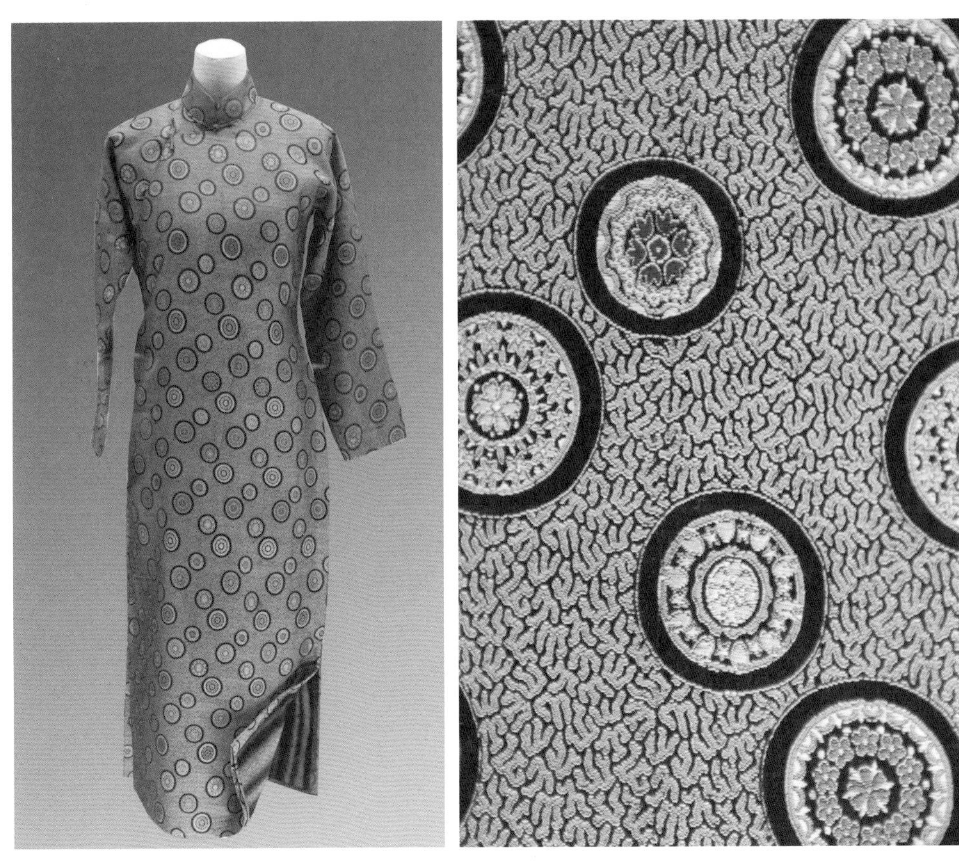

图4-23 紫红色几何纹地皮球花织锦缎长袖旗袍及面料局部（20世纪40年代，中国丝绸博物馆藏）

一改进就是在竹筘上加装一木框，使打纬时能加力而已。而提花绸缎的织造则一直沿用“花机”，即：明宋应星《天工开物》中描绘的花楼束综提花机（图4-24）。织机形制、生产技术的长期僵化和缺乏改进，必然对丝织品种的改进、创新形成一定的限制。

到清代末年，丝织业已呈现出停滞和衰落之象。此现象的出现，除了西方国家对我国实行的“引丝扼绸”政策，清朝政府的苛捐杂税、封建生产关系束缚等因素外，还与绸业公会、大部分绸商只重牟取厚利、无视技术的革新直接有关[1]。在法、日等国丝织工业迅速发展、生产效率和产品质量大幅提高的状况下，历来居于优势地位的我国丝织业开始遭遇前所未有的竞争和挑战。

民国丝织业以及丝织品种的快速发展，与近代纺织科技的引进、消化运用，以及新型缫丝、丝织、染整等产

[1] 在泰西缎、东洋缎等洋绸的大量侵入，国内绸业日显萧条的状况下，杭州清政府的一些官吏，“曾一度通过‘劝业所’提倡采用日本制造的提花龙头和手拉机，可是杭州观成堂绸业会馆的董事们却不重视和响应”（引自：朱新予.浙江丝绸史[M].杭州：浙江人民出版社，1985：16）。

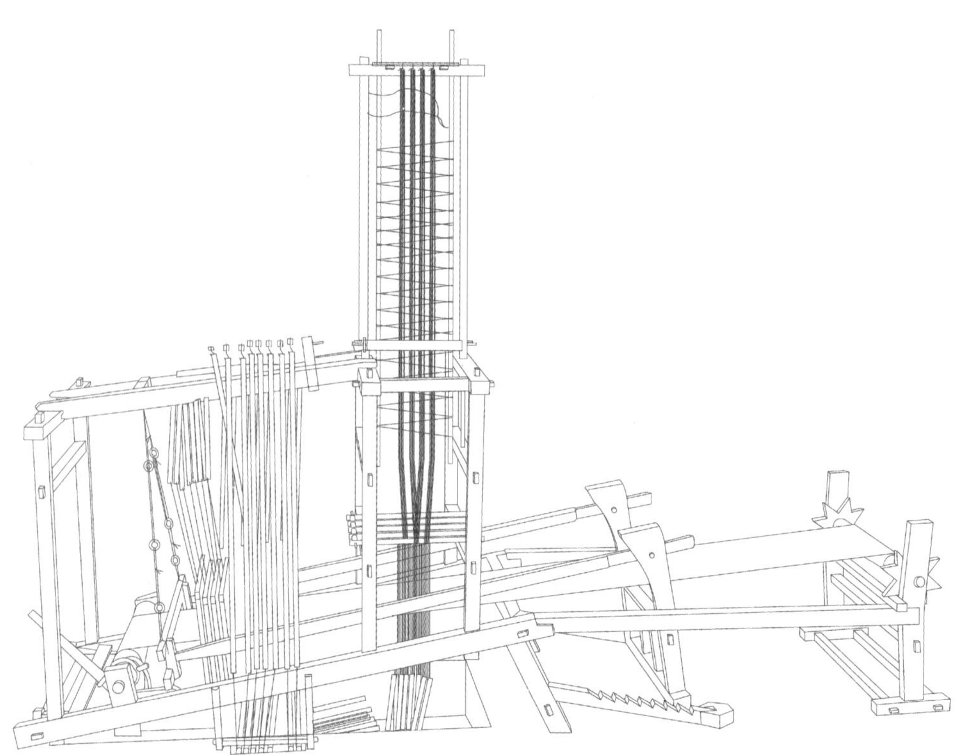

图4-24　宋锦小花楼织机

图4-25　手拉织机

业的近代化演进都有着直接的因果关系，它们是丝织品种大发展的主要依托条件。而其中新型织机的引进和广泛运用，生产关系、生产原料和消费结构的变化都是其中的关键。进入民国之后，我国丝织业开始了一场“产业革命”，不管是丝织企业的数量和现代设备的运用都得到长足发展，从1904～1919年中国丝织业一览表中，可以明显看出1918年创立的丝织企业11家，超过前5年总数之和（表4-9）。19世纪初，法国人发明的手拉机[1]问世（图4-25），并传入

[1] 手拉织机（Hand loom），又称为“手拉机”“拉机”，从国外引进的亦称“洋机”，又有因其有铁制零件，称为“铁机”或“铁木机”，本文统一使用“手拉机”。

表4-9　1904~1919年中国丝织业一览表

成立年代	名称	所在地	创办人或企业人
1904	阜生织绸厂	南通	—
1906	杨华织绸厂	杭州	吴恩之
1911	振新合资公司	杭州	金容熙、王恩俨
1912	纬成丝呢股份有限公司	杭州	朱光焘
1912	振新绸厂	杭州	金溶仲
1912	省立第一工厂	南京	—
1912	省立丝线模范厂	苏州	—
1913	袁振和绸厂	苏州	袁南安
1914	天章绸厂	杭州	周湘林
1914	虎林公司	杭州	蔡谅友
1915	肇新公司	上海	沈华卿、陆益藩
1915	时新芝记绸厂	上海	—
1916	物华丝厂	上海	孙吉孚、黄季纯
1917	义成绸厂	湖州	—
1917	振业绸厂	湖州	陶霞城等
1917	锦云丝织厂	上海	张澹如
1917	同昌丝织股份有限公司	遵义	章分藻
1918	锦云绸厂	上海	—
1918	天纶丝织厂	上海	—
1918	文记绸厂	上海	—
1918	光华丝织厂	镇江	—
1918	丽生绸厂	湖州	—
1918	兴华绸厂	镇江	蔡协记绸庄
1918	仁章绸厂	镇江	陆小波
1918	云霞丝织厂	丹阳	—
1918	勤业绸厂	湖州	钱尧臣
1918	新兴劝工厂股份有限公司	山西忻城	—
1918~1919	义安公司	遵义	赵学文
1919	永日益绸厂	湖州	—

资料来源：杜恂诚，《民族资本主义与旧中国政府（1840—1937）》，上海社会科学院出版社，1991：309-310。

中国。杭州纬成公司率先引进了法国式手拉机，所生产的“纬成缎”等产品不但平挺匀净，质量优于木机，而且生产效率也提高了一倍多。在短短的15年完成了由传统木机到手拉机，再由手拉机到电力织机的更新换代。

国内机械缫丝业的兴起，也引发产生了一批绸缎新品种。如浙江的“绒纤缎，用厂丝作经，单绒丝作纬。其他类似产品还有高花缎、双梭绒地绢、单梭绢、绒地绢、三闪绒地绢、单梭线地和绒纡八地纱等，用作男女袍袄面料。1916年，日商到湖州倾销日货野鸡葛等绸缎，湖产绉纱销路遭到打击。湖州成章永绸庄马上购置提花机2台，试织新品种华丝葛成功，销路大增，并由此派生出用土丝或厂丝与土丝交织的一批葛类产品，如平素葛、绮华葛、美丽葛、柳条葛、萝兰葛、爱华葛、地子毛葛等，特别是华丝葛流传很广，省内外都有大量生产。”[1]其他丝绸产区在不断进行技术改造的同时，新品种也不断涌现。

（一）苏州地区

1912年9月，江苏省立第二丝织工场创设于苏州，以“传习贫民，提倡工业”为宗旨。1913年苏州纱缎业公推永兴泰文记纱缎庄老板谢守祥[2]，在上海购进两台日制武田式手拉机，以及配套的200针提花装置（其时俗称木龙头），次年投入使用。1914年谢守祥在苏州齐门路率先创办了苏经丝厂[3]，拥有手拉机100台。1917年，陆季皋等在仓街开办振亚织物公司[4]，购进日本手拉机20台，1923年增至180台。1918年，延陵绸厂创办，购置手拉机40台，两年内又增加了20台。至1921年，苏州又相继创办了东吴、甡记、程裕源、广丰、洽大、天孙、经成、耀华等14家绸厂，拥有手拉织机1000台以上（图4-26）。

到20世纪20年代初，苏州10余家绸厂大都使用手拉机，并与由日本输入的提花装置及纹制技术相配合，可以织造较为复杂的提花织物，在某种程度上亦促进了轻薄型和生货类品种的增加。而后，国人对日本的提花龙头加以仿制改进，针子从数百增加到1000余或2000余，更适用于较为复杂的提花织造。棒刀装置和多梭箱装置的运用，也促进织锦缎、古香缎等新品种的产生。1923年，苏经纺织厂以引擎发电，首先将手拉织机改装成电力织机。到1934年，苏州有绸厂50家，电力织机近2000台，占据了江苏省电力织机的近90%。另练染设备的引进和精练技术的提高，使绮、

[1] 袁宣萍．近代服装变革与丝绸品种创新[J]．丝绸，2001（8）：39–41。

[2] 谢守祥（1878—1957），字瑞山，原籍浙江绍兴南池乡，14岁到苏州在古市巷永兴泰纱缎庄账房做学徒。曾任苏州总商会第二任会董，是苏州近代丝织业创始人之一。

[3] 苏经丝厂，是最早由放料雇织的“账房”，改变为工厂化生产的第一家绸厂。

[4] 振亚织物公司，由开设于清光绪三十二年的华伦福绸缎庄改组发展而来。

苏经丝厂大门（该厂是江苏省第一家使用机械动力的机器缫丝工厂）

苏经丝厂坐缫车间（该厂开办时使用意大利式坐缫车）

图4-26 苏经丝厂旧照

绨、素软缎、各种花素绉织物的外观手感较之传统产品有了很大提高。

笔者将1912年至1942年30年间的苏州丝绸品种的开发概括为：弃旧与改良、人有我精、大变化与大起落的三个阶段。在第一阶段中，湖州厂家率先仿织日本生产的“野鸡葛”，并改名为“华丝葛”后，苏州苏经丝织厂和振亚丝织厂也随之仿织，使两者在市场上形成抗衡，并引发了华绒葛、明华葛、印花葛、巴黎葛等一批新型葛类丝织物的推出。在1919年间，各绸厂及纱缎庄的主要产品为：“花累缎、素累缎、纯经缎、贡缎、丝枪缎、织金缎、摹本缎、彩花被面、符纱、电光纱、西纱、局纱、丝呢、线哔叽等”[1]。1919年2月5日，汤一鹗[2]曾在《关于苏州丝绸原料生产、销售和出口等情况的调查报告》中对苏州丝织业的情况有这样的描述：“能造新奇货品者，工价以大，又能常年织造，因新奇货品，售速而无存。各庄常年织造，尚虞供不敷求。但必须意匠新奇艺术优美者，始可胜任愉快，此辈衣食赡家，均有余裕……其次，则虽不能有新奇之艺术，而对于素造之普通纱缎，尚能勤工织造，成货优美者，所造货品，亦可流通推销……”[3]从以上描述可以看出，此时的苏州丝织业对品种改良和“新”“奇”丝织品创新的重视，以及市场对“新奇货品”的认可。

在第二阶段中，苏州丝织业正式采用人造丝作原料，与桑蚕丝交织，生产软缎、线绨等产品，品种逐步更新。振亚织物公司仿效杭州丝绸界的经验，利用真丝和人造丝染色性能的差异，采用先织纹、后染色显花的新工艺，生产出

❶ 徐新吾．近代江南丝织工业史[M]．上海：上海人民出版社，1991：134。

❷ 汤一鹗：预备立宪公会是清末立宪派的政治团体。以“奉戴上谕立宪，开发地方绅民政治知识”为宗旨，进行改良主义的政治活动，每年开常会一次。1906年（光绪三十二年）12月16日成立于上海，会长郑孝胥，副会长张謇、汤寿潜。会员主要为江苏、浙江、福建的官绅和上层资产阶级分子，约270人。汤一鹗为该公会编辑员，翻译有《选举法要论》《财政渊鉴》等书籍。

❸ 苏州市档案馆．苏州丝绸档案汇编（下）[M]．南京：江苏古籍出版社，1995：1385-1386。

苏州第一只人造丝与生厂丝交织的产品巴黎缎。织锦缎、古香缎等传统品种采用新工艺后，更加五彩缤纷，被国内外称作“苏州缎”。1922～1927年间，苏州丝织业的主要绸缎品种有：织金织银实地纱、素纱、电光纱、月华西藏服、灯草缎、福儿锦缎、挖花缎、乔其绒、彩条塔夫绸、美术丝织肖像、丝织立轴等。

1929年后，各种花色绸缎都开始在电力机上织造，产生了织锦缎、古香缎、花素塔夫绸、窗帘纱、挖花绢等复杂产品。笔者选择了1929年间部分苏州绸厂和绸缎庄的丝织品种，可使我们了解当时苏州丝织业的主要丝织品类和品种特点（表4–10）。

1931年前后，苏州又盛行厂丝和人丝交织的锦地绉等新产品。1936年，苏州的93家绸厂、77户纱缎庄的主要品种有：塔夫绸、古香缎、织锦缎、乔其丝绒、毛葛、双管绡、博士呢、碧绉、锦地绉、软缎、中华缎等一百余种。

第三阶段的前期，由于战争和沦陷，苏州丝织业停工长达9个月之久。

表4–10　1929年苏州代表性丝绸产品

出产厂商	产品名称
开源绸厂	开源绣、锦地绣、开源绚
东吴绸厂	东吴纱、芝地纱、东华绫、锦地绉
天孙绸厂	翠云葛、影珠葛、和合缇、闪地绉、锦地绉、意珊绢、长乐绫、电机绉
振亚织物公司	振亚锦、振亚纱、素璧绉、西贡绉、奇异缎、振亚绚、振亚绉、振亚绒、真丝毛葛、巴黎缎、彩克缎、春辉绸
裕昌顺纱缎庄	团花纱
华菊芬纱缎庄	纯素缎
德昌祥纱缎庄	素贡缎
永昌祥纱缎庄	仿古宋锦
李永泰纱缎庄	纯素缎
永昌隆纱缎庄	实地纱
顺泰昌记纱缎庄	纯经缎
施和记绸庄	尖角缎、柳条缎、中山绸
鸿兴庆纱缎庄	织金缎、软缎
光华绸厂	人丝绸
程裕源绸缎庄	素缎

资料来源：江苏省地方志编纂委员会，《江苏省志：第20卷　蚕桑丝绸志》，江苏古籍出版社，2000：354–355。

1939年前后部分厂家陆续开工，吴县丝织厂同业公会的调查表显示，“当时苏州丝织业的主要品种有：软缎、双面缎、古香缎、领带缎、中善缎、哈呋缎、中华缎；哈呋呢、八字呢、大伟呢、博士呢；毛葛、线绨、锦地绉等。各厂家比较集中的品种为：软缎、锦地绉、线绨、博士呢、大伟呢等”[1]。

1942年同类调查显示，“该年各绸厂及纱缎庄的品种较1939年有了很大的变化，出现了很多新的品种和品名，例如：太湖绉、惟馨绉、冷香绉、霓虹绉、徐来绉、厂绉、天河绉、真丝师蚁绉、光明绉、九霞缎、美化锦、鸿喜葛、缎经呢、素博士呢、交织彩霞呢、雪云呢、天丰呢、鸿福呢以及轻纺、电力纺、曼华伦、素派力斯等”[2]（表4–11）。

表4–11 1939~1942年苏州部分厂家主要产品对比

厂名	1939年主要产品	1942年主要产品
泰来	毛葛、哈呋缎、博士呢	大伟呢、轻纺
天成	软缎、古香缎、锦地绉	云锦缎、中华缎
久昌馀	锦地绉、软缎、双面缎	大伟呢、厂绉
恒丰	线绨、中华缎	副号软缎
华国记	软缎	软缎
三泰	软缎、哈呋呢、锦地绉	大伟呢等
大中	软缎、双面缎、锦地绉	曼华伦、缎经呢、博士呢
华成	古香缎、锦地绉	古香缎、大伟呢
振亚	古香缎、领带缎、软缎、大伟呢	古香缎、惟馨绉、冷香绉、徐来绉
大生	软缎、中华缎	软缎、中华缎
鑫达	软缎	软缎、中华缎
同孚	软缎、哈呋缎、锦地绉	维新绉、映光绉、万象呢
福泰洽	锦地绉	真丝博士呢、交织双中缎
鲍云记	锦地绉	软缎
徐同泰	软缎、博士呢、锦地绉	软缎、真丝系列
苏州织绸	软缎	鸿喜葛、太湖绉、美化锦等

[1] 苏州市档案馆．苏州丝绸档案汇编（下）[M]．南京：江苏古籍出版社，1995：1412–1415。

[2] 同[1]1418–1421。

续表

厂名	1939年主要产品	1942年主要产品
延陵	软缎、大伟呢	全丝品、交织品
大有	线绨	线绨、软缎
永华	中善缎	中华缎、软缎
经纶	软缎、锦地绉	软缎、锦地绉
张玉记	锦地绉	锦地绉
东吴	软缎、古香缎、锦地绉	软缎、大伟呢、古香缎
惠丰	软缎、博士呢、锦地绉	大伟呢、博士呢
程永兴	线绨	大伟呢、织锦缎
芮兴隆	中善缎	软缎
大丰	软缎、锦地绉	软缎、大伟呢
益大	博士呢、锦地绉	真丝大伟呢、交织彩霞呢

资料来源：此表为笔者根据吴县丝织厂同业公会1939年调查表和农商部工厂1942年调查表整理［引自：苏州市档案馆，《苏州丝绸档案汇编（下）》，江苏古籍出版社，1995：1412–1415，1418–1421］。表中粗斜体的产品名为1939~1942年间未变更的产品。

1945年初，苏州丝织业97家绸厂、25户纱缎庄的主要产品有：大伟呢、格子碧绉、金玉缎、九霞缎、大富贵织锦被面、花素累缎、陀罗经被等。克利缎、金玉缎都始产于苏州[1]，为厂丝和人造丝交织的熟织提花织物，采用八枚缎纹提花组织，主要用于旗袍面料及男外衣面料。

此阶段的苏州地区在老品种补新花和新品种创新上获得了很多荣誉，特别是苏州振亚织物公司（图4–27、图4–28）设计的花襄绸、文华绸等九种提花熟织花色品种，在1925年美国费城举办的万国博览会上获得最优等奖。

在丝织纹样的风格上也出现了两种明显差异的派路。一种是以传统纹样为主流，另一种是受到西方文化影响的创新派路。在创新派路中，纹样多采用自然生态形象的花朵、枝叶，也有装饰性很强的元素与自然花卉的结合，在色彩上也吸收了西方的配色理念，常采用湖绿、芽红、洋红等妩媚娇艳的色彩。当时我国著名的画家陈之佛、陆抑非等都参与过这类纹样的设计，对我国丝绸纹样的创新起到了引领性的作用[2]（图4–29~图4–37）。

❶ 王敏毅．吴地丝绸文化[M]．出版者不详，2005：108。

❷ 苏州市文化广电新闻出版局，苏州丝绸博物馆．苏州百年丝绸纹样[M]．济南：山东画报出版社，2010：4。

苏州振亚织物公司人力手拉织机车间

苏州振亚织物公司准备车间（捻丝+牵经）

图4-27　民国时期苏州振亚织物公司的车间和设备

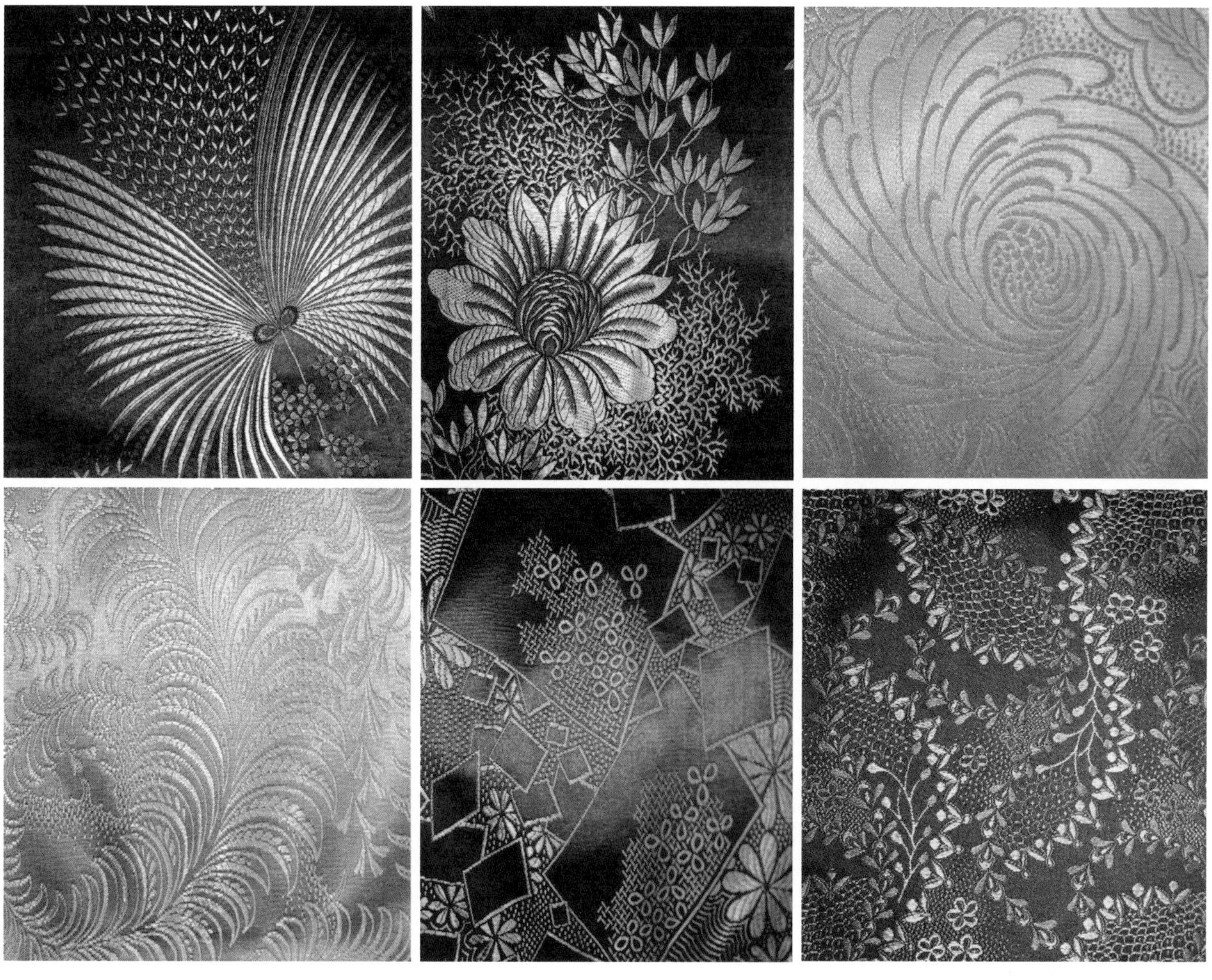

图4-28　苏州振亚丝织厂的精美闪光巴黎缎（20世纪40年代，苏州丝绸博物馆藏，引自：苏州丝绸博物馆，《苏州百年丝绸纹样》，山东画报出版社，2010：47-64）

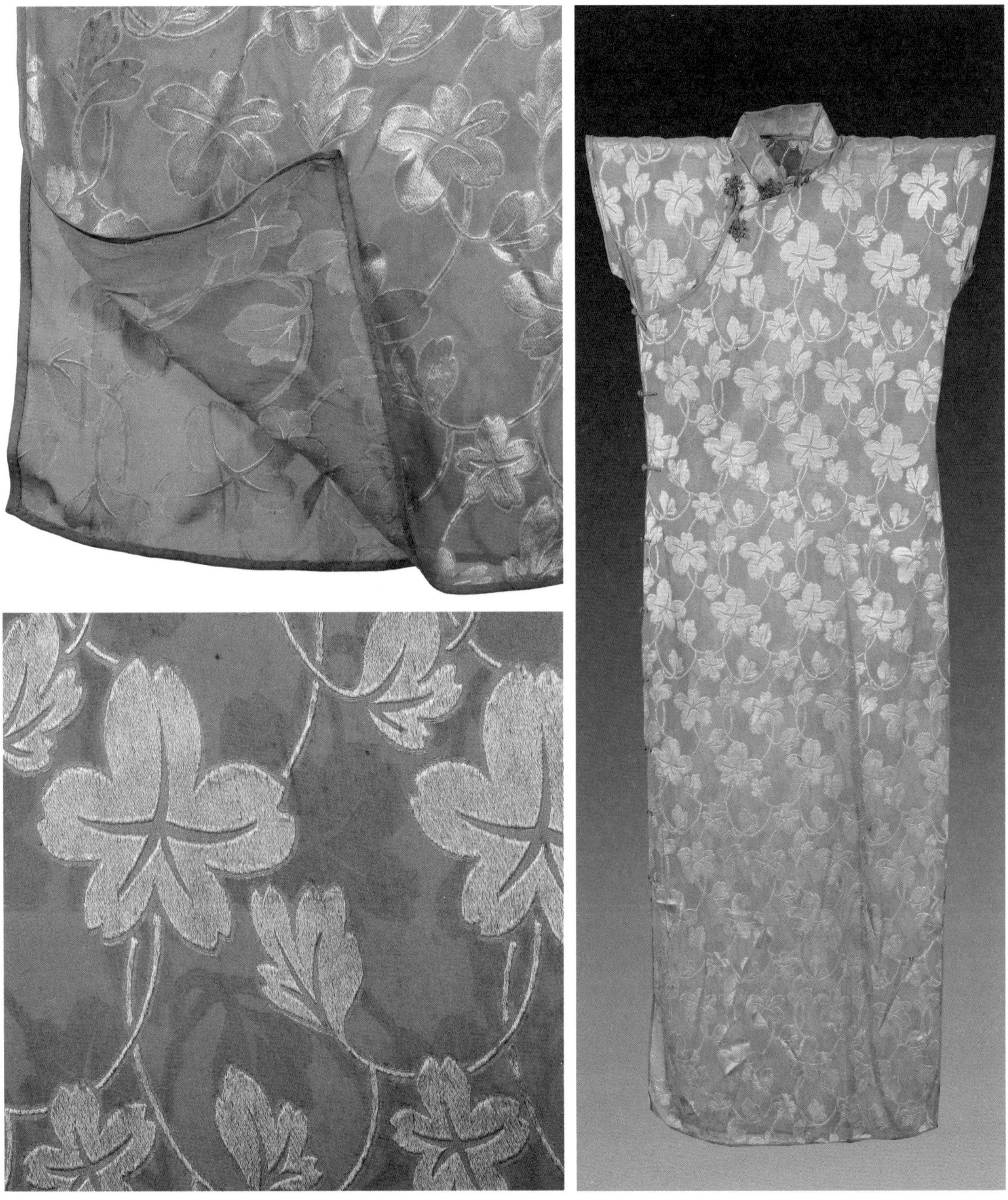

图4-29　紫灰地提花纱无袖旗袍及面料局部（20世纪30年代，深圳中华旗袍馆藏）

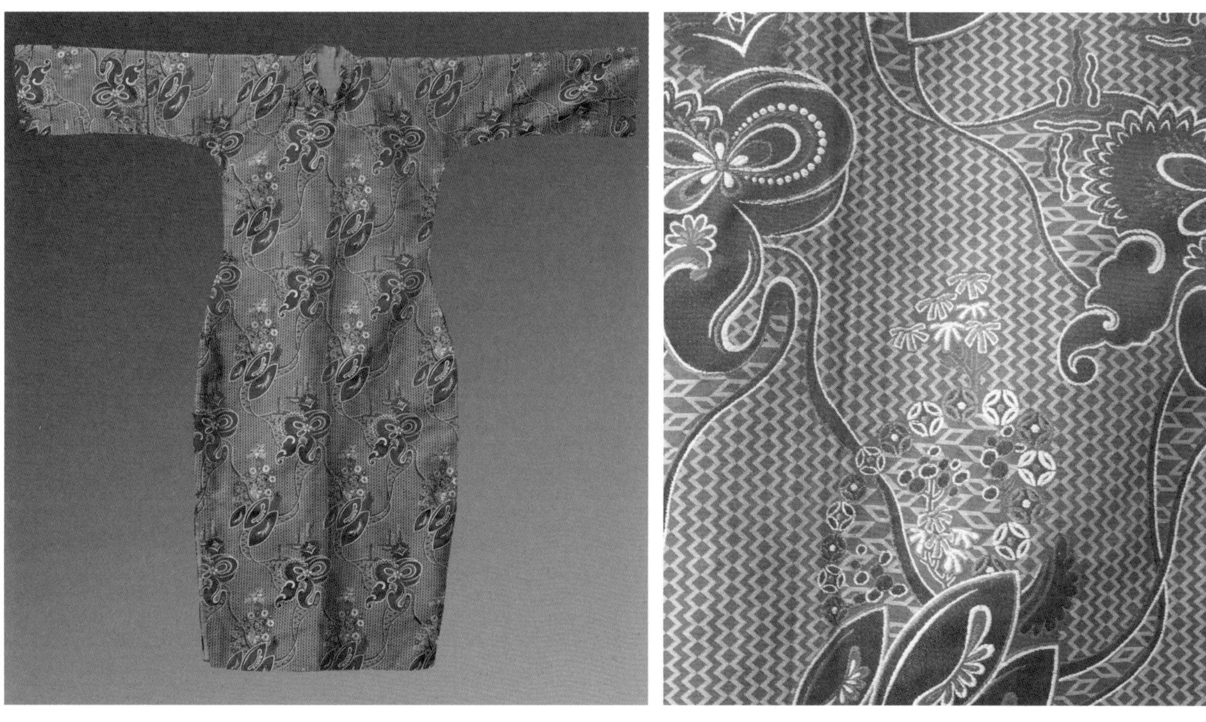

图4-30 紫红色几何纹地变形花卉纹提花绸倒大袖旗袍及面料局部（20世纪20年代，笔者收藏）

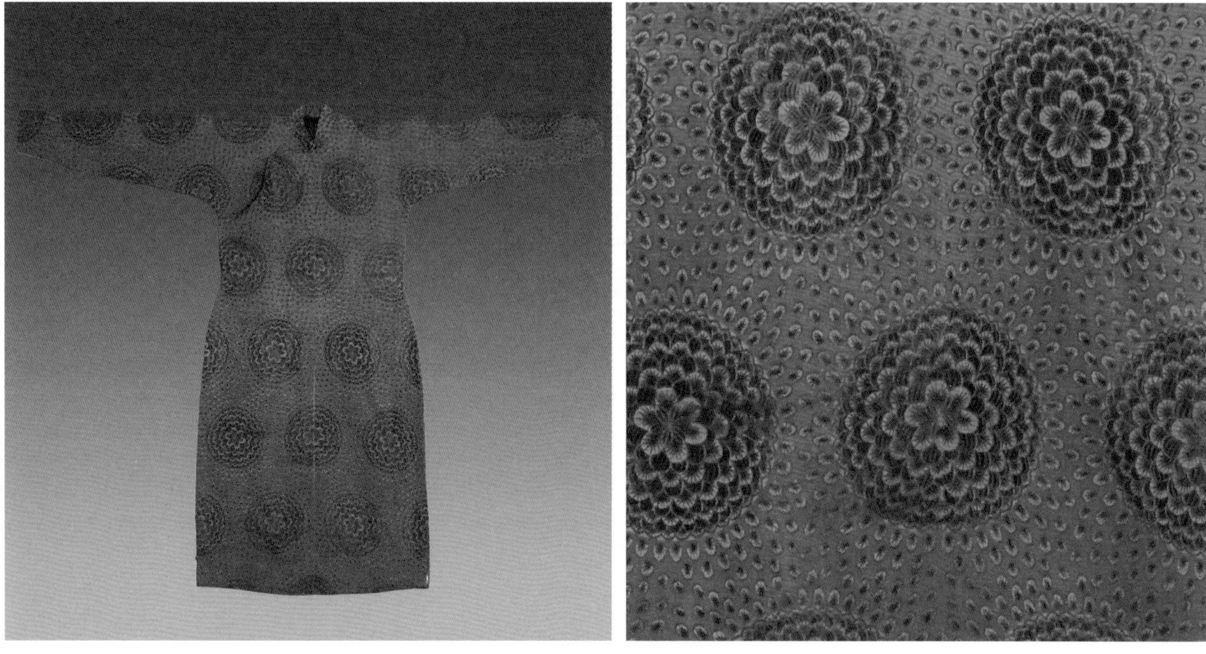

图4-31 紫红散叶地黑色重瓣团花纹样提花长袖旗袍及面料局部（20世纪40年代，笔者收藏）

图4-32　蓝色缎地提花倒大袖旗袍（民国，苏州丝绸博物馆藏）

图4-33　淡绿地花叶纹提花绸无领中袖旗袍及面料局部（20世纪30年代，苏州博物馆藏）

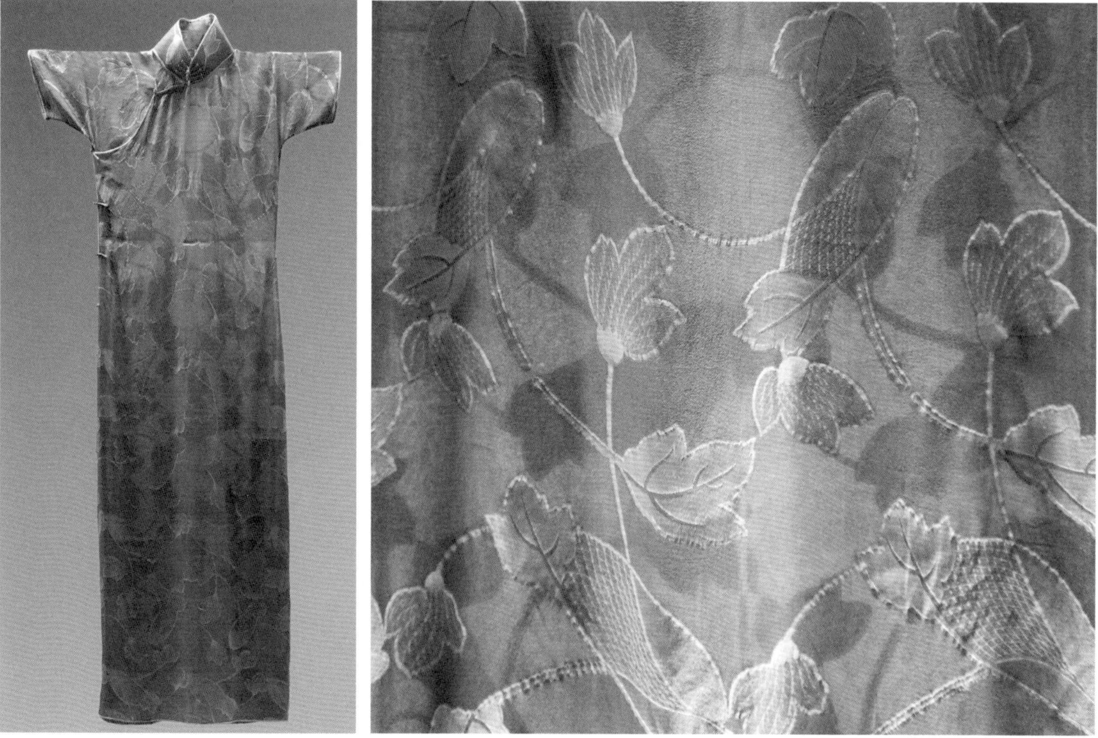

图4-34　浅蓝地花卉纹双管绡短袖旗袍及面料局部（20世纪30年代，苏州博物馆藏）

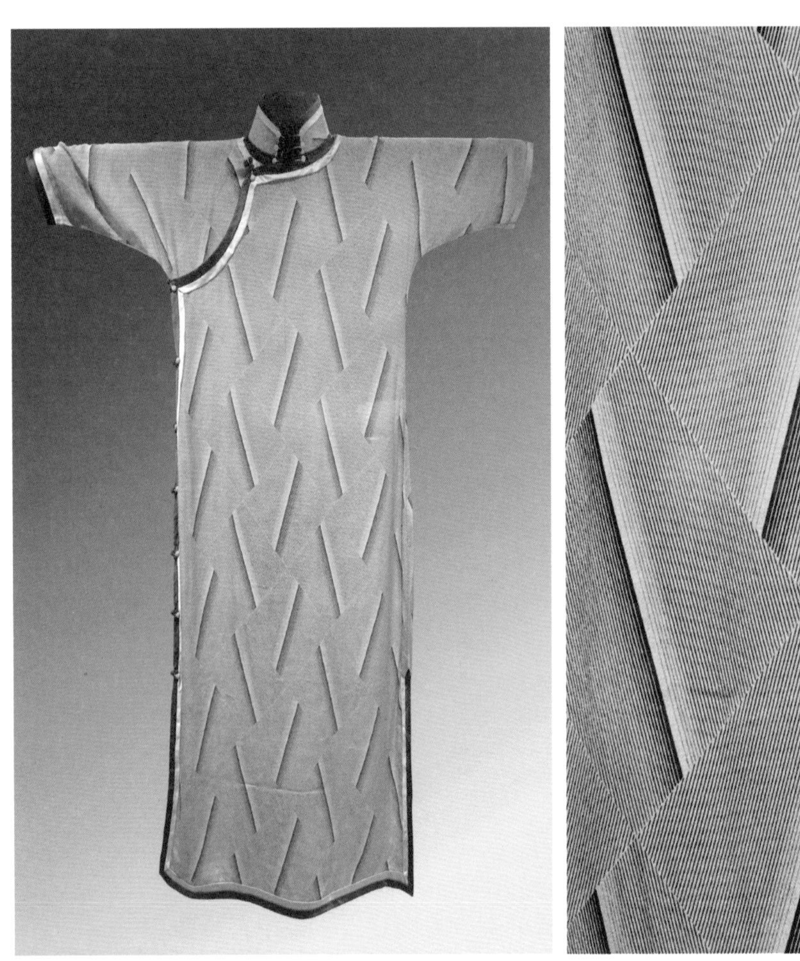

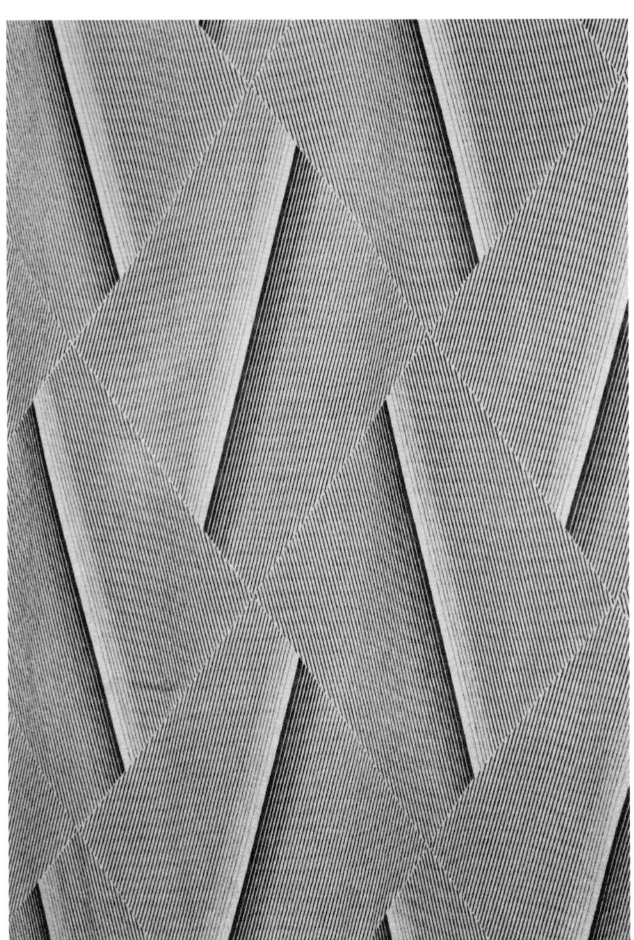

图4-35　几何纹提花缎黑白镶边短袖旗袍及面料局部（20世纪30年代，香港博物馆藏）

图4-36　橙红地叶纹提花缎长袖旗袍及面料局部（20世纪20年代，私人收藏）

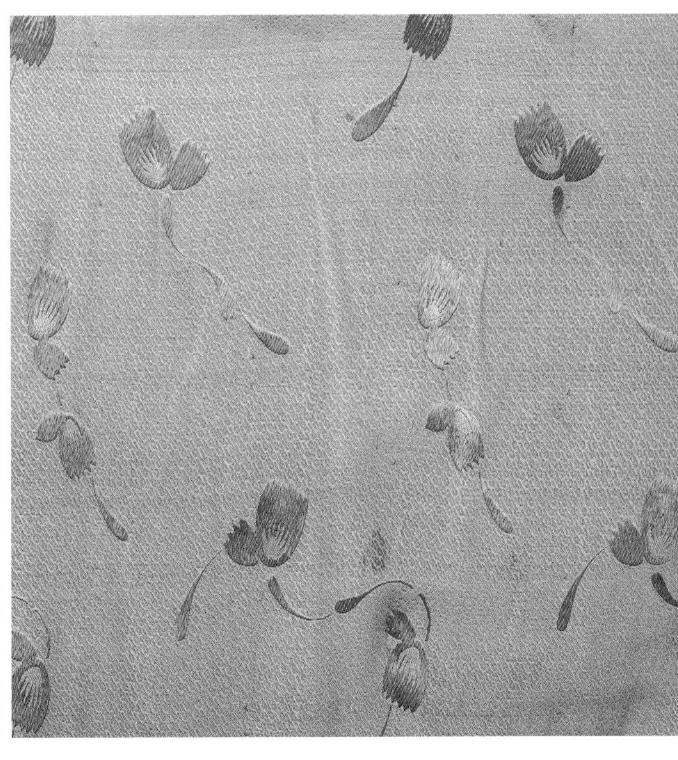

图4-37　藕灰地郁金香纹提花长袖夹绒旗袍及面料局部（20世纪30年代，深圳中华旗袍馆藏）

（二）浙江地区

浙江自古以来就是中国丝绸业最发达的地区之一，在近代以后，丝绸生产在浙江社会经济中的地位越发重要。1912年后，机械丝织业在中国崛然兴起，在杭州的发展势头也甚为迅速，很快完成了由传统木机到手拉机，再由手拉机到电力织机的更新换代。在短短的15年就走完了欧美丝织业近百年，日本丝织业30年才得以实现的近代化历程。并引发了丝织业以厂丝取代土丝的原料革命，以及生产方式上由传统家庭分散劳作向近代集中工厂生产的转化，带来了丝织品种发展的近代巨变。民国初年，杭州传统丝织手工业成功实现转型，丝绸生产和销售仍然不改昔日的繁盛，绸缎布庄业成为杭州商业中最为人称道的一行。当时绸布庄大多集中在中山路一带，"其中历史悠久、规模宏大、备货齐全的有清河坊的恒丰绸庄、羊坝头的万源绸庄和咸章绸庄等"1920年后，"更有绸布庄陆续开业，九纶、五纶、美纶、九新等就是其中声名较著者"[1]。

杭州丝织业的机械化进程中，1911年，杭州振新绸厂首开使用手拉机（铁木织机）之先河，成了杭州近代丝织工厂的开端。当年使用手拉机试织成功绒纬绮霞缎，畅销一时，引起同行竞相仿制[2]。1915年，该厂又首先采用电力织机织造出大绸、湖绉、素纺等品种。随

[1] 王翔，李英杰．近代浙江企业的广告行为——以《浙江商报》的杭州绸缎布庄业广告为中心[C]//浙江省民国浙江史研究中心．民国史论丛：第二辑经济．北京：中国社会科学出版社，2011：269。

[2]《浙江省丝绸志》编纂委员会．浙江省丝绸志[M]．北京：方志出版社，1999：184。

之，各厂也相继购置电力织机，杭州丝织业也由此开始了由半机械化向电机化生产的过渡。

1912年杭州纬成公司创办，其依靠浙江工业学校及附设机织传习所的技术力量，首先试织成功斜纹宁绸与纬成丝呢，成了仿毛织物的最早产品，为随后开发的大伟呢、博士呢、雪花呢等提供了经验。在扩充机台后，先采用200针、400针、600针乃至900针的手拉机，后改良为1300～2200针，织造了单色、两色、双闪的提花绒织物，均称为"纬成缎"。这些仿呢成品既补充了我国毛呢成品的不足，也为秋冬季旗袍提供了多样的面料选择。纬成公司后以熟丝为经纬，在纬丝中夹入棉纱，又开发出缎类织物——三角缎与水浪缎，深受市场欢迎，确立了纬成公司在民国丝织业中的突出地位。1914年，虎林公司由浙江工业学校机织科副主任蔡谅友投资创立，在逐渐增置织机的同时，也不断研发出为上海各地绸商争购的新品种，如花缎、虎林三闪缎、实地纱等。缎类织物和双闪类提花绒织物也成为旗袍面料的新宠。1924年，纬成公司首创人造丝与厂丝交织，在仿织国外的巴黎缎（又称玻璃缎，有花素两种，花的今称花软缎）成功后，相继开发出克利缎、罗马锦、克罗米等品种。后又设计出花香缎、双面缎、锦地绉等具有民族风格的新品种，畅销全国各地。

震旦丝织厂于1926年成立，该公司采用并、捻机将厂丝加工成多捻度规格的线型，使织物表面有明显的绉效应，首创花乔其绡和素乔其绡。这一线型后来被广泛应用于花、素绉缎和花、素双绉上。1932年，又陆续添置了新式大提花机、通绒机等，生产出古香缎、织锦缎、天鹅绒等名牌产品。

袁震和丝织厂在民国初年成功试织出丝织风景，它是用纯经丝（真丝）织成，颇为细致精美。1915年2月，在美国西海岸旧金山市举办"巴拿马太平洋万国博览会"上，所织的"西湖十景"展出并获得金奖[1]。次年，在上海设立振大丝厂，牌号"平湖秋月"，并织成平湖秋月和雷峰塔作为丝织广告。

云裳丝织厂建于1928年，最初属中小型规模的工厂。其开发的第一只产品是鹦鹉绉，系女用服饰提花真丝绸。主要销售给上海永安、先施、新新、大新四大百货公司以及信大祥、宝大祥、协大祥"三大祥"绸布店。由于此产品设计新颖，生产技术水平较高，花型突出，又有绉纹感，夏季穿着凉爽舒适，深受消费者欢迎，当时售价每尺高达

[1] 袁震和丝织厂的"西湖十景"在巴拿马太平洋万国博览会上夺得金奖后，十景中的9幅在战乱动荡中遗失了。唯一现存的织锦"平湖秋月"，2005年5月10日由袁南安孙女袁慰庭专程从加拿大带回，捐给了西湖博物馆。此织锦织有"平湖秋月——西湖最美的景色之一""中国浙江杭州袁震和丝织厂制造"（英文）的文字。

2.50元左右，仍然畅销，并使云裳丝织厂在市场上站住了脚跟。数年后，云裳丝织厂最早采用2400针大型提花机，生产大型花型提花绸缎，打破了一般的机器只能生产中心花型6厘米的对心花的限制，而2400针大型提花机则可生产出自由中心为10厘米左右的大花型或大团花的新型产品。

民国时期的丝织从业者已逐渐意识到流行趋势对产品发展的影响。1931年，苏州丝绸业和全国同业一起，对国外各丝绸行销较盛之地的时尚、产品品质、纹样及色泽等方面进行了详细考察，以便“按照销行区域，人们好尚，锐意改良，务使制品易于推销”[1]。20世纪30年代是浙江丝织产品百花齐放的时代，其中绉和绒两类产品特别流行，绉有留香绉、双绉、碧绉、善想绉、缎背绉、雁翎绉、美明绉、鸳鸯绉、黑白绉、幸福绉等，绒有烂花绒和拷花绒等，具体品种参见表4-12。从这些美丽的名称中，不难想象民国时期身穿旗袍的年轻女子通过这些丝绸产品所传达出来的万种风情（图4-38~图4-46）。

[1] 江苏全省商会联合会为发展丝绸出口致苏州总商会函（1931年4月20日）．苏州丝绸档案汇编（下）[M]. 南京：江苏古籍出版社，1995：891。

表4-12 1927~1936年杭州丝绸的主要品种

品名	原料	组织	花样	颜色	用途	备注
克利缎	细丝纺经、人丝纬	八枚缎地绒花	中、小花	元、蓝、红、纯色、单闪、三闪	男女外衣料	厂、坊生产
花丝纶	厂丝纺经、双色人丝纬	12枚缎地	大、中花	月华经条、双色人丝	女用衣料	庆成生产
双面缎	厂丝经、120号人丝纬	正反缎地	中花	练白、染色	女用衣料	纬成生产
留香绉	75号人丝、22/20厂丝双衬子	真丝平布地、人丝、真丝花	中、小花	练染、双色	女用衣料	震旦生产
雁翎绉	75号人丝、22/20厂丝双衬子	平布地袋组织起凸花	中、小花	练染、双色	女用衣料	烈春生产
芬芳绉	75号人丝、22/20厂丝双衬子	甲、乙经缎花	中、小花	练染、双色	女用衣料	云裳生产
善想绉	白厂丝经、60号有光人丝缩面	甲乙平布	满地小花	练染、双色	女用衣料	天丰生产
碧雀绉	厂丝经、75号人丝梭线纬	甲乙人丝缎花两色地子	大、中花	三色	女用衣料	烈丰生产
美明绉	厂丝经、120人丝纬	呢地嵌绒拉色边	中、小花	双色	女用衣料	各机坊生产
鸳鸯绉	厂丝经、75号人丝绫线纬	袋组织两色平布花	满地中、小花	双色	女用衣料	华赉生产

续表

品名	原料	组织	花样	颜色	用途	备注
黑白绉	75人丝、60无光人丝	袋组织两色平布花	满地中、小花	练熟、双色	女用衣料	大成生产
活乐绉	厂丝或干经、120无光丝纬	平布三枚斜纹花	小把子	练熟、双色	袖子、寿子、轴帐	机坊生产
缎背绉	厂丝经、左右捻紧成纬	反五枚6左6右	罗纹地	练后染	男女衣料	天春生产
幸福绉	白厂丝经、75人丝纬	平布人丝细呢地	细呢地嵌中花	染练双色	女用衣料	各厂
和合碧绉	厂丝经、75人丝绉线纬	平布	素	练白	外销印花男女夏衣料	各厂
格子碧绉	白厂丝经、龙抱柱线纬	平布	素格子	生练不染	男女夏衣料	各厂
经柳纺	厂丝经、平绒纬	平布细柳条	素柳条	白坯	男女夏衣料	华赉生产
华赉司	无光人丝3根嵌金线交织	起铰综亮地角式纱眼	素柳条	元色嵌条	男女夏衣料	华赉生产
大纬呢	厂丝平经、缩面线纬	—	素	深色	男女夏衣料	俞泉记生产
华绒葛	厂丝经、120/人丝打绒纬	平地起中、小缎花	清地中、小花	生坯练白	南洋一带男女衣料	—
明华葛	120/丝经纬	平布缎花	中、小花	各色	轴、幛、里子	机户、机坊生产
拷花绒	白厂丝经、120/丝平绒纬	平布底板12枚绒	人工烫花	练后染	女用衣料	机户、机坊生产
烂花绒	120人丝经、真丝缩捻线纬	平布切绒	通断	白坯染色	女用衣料	华赉生产
金丝绒	厂丝或干经经、厂丝纬	平布、底板人丝绒	素	白坯染色	鞋帽衣料	机坊生产
梅妃锦	厂丝、干经经、120人丝纬	不褪色人丝四棱箱嵌色	地子中花	练后染	女用衣料	大成生产
艳光锦	厂丝或干经经、120无光人丝纬	平布起、人丝呢地、缎花	地子嵌花	练后染	女用衣料	机坊生产
真毛葛	60人丝经、3根平丝纬	平纹罗背	素	无色素色	男女袍料	天丰生产
双面缎	厂丝经、120人丝无光纬	八枚正反	中、小花	双色	女用衣料	九豫生产
真丝被面	厂丝经、绫绒纬	平布地、八枚缎花	大花	各色	被面用	各厂
孔雀绸	厂丝或75人丝经、人丝线纬	平布，背后人丝剪去	大、中、小花	双色	女用衣料	震旦生产
羽纱	120人丝经、棉纱纬	缎面斜纹	素	白坯加染	里子用	各机坊

资料来源：此表为笔者根据吴县丝织厂同业公会民国1939年调查表和农商部工厂1942年调查表整理［引自：苏州市档案馆，《苏州丝绸档案汇编（下）》，江苏古籍出版社，1995：1412-1415，1418-1421］。

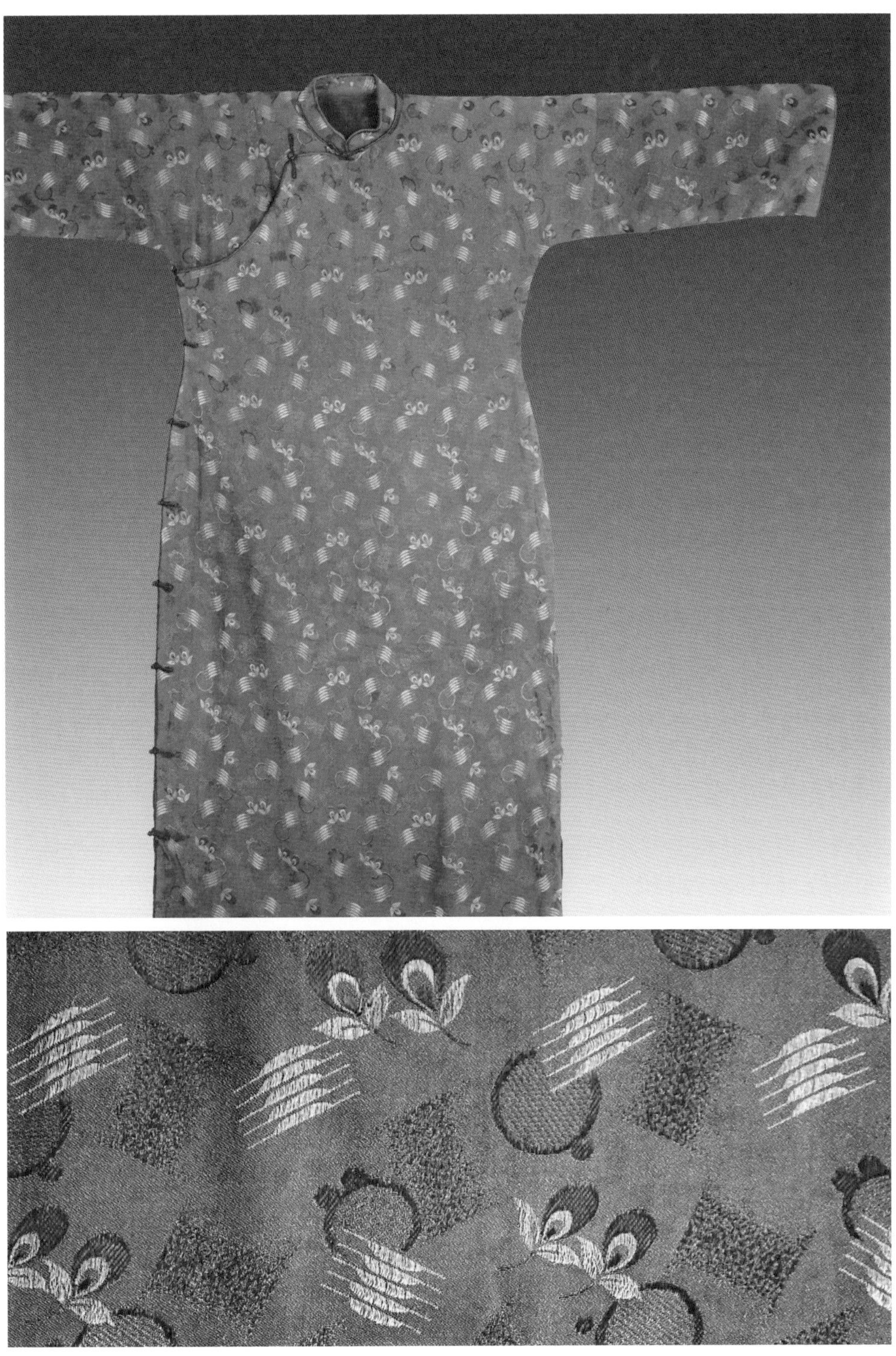

图4-38　钴蓝地装饰花卉几何纹织锦缎长袖旗袍及面料局部（20世纪30年代，笔者收藏）

图4-39　宝蓝地花叶纹提花缎长袖旗袍及面料局部（20世纪20年代，笔者收藏）

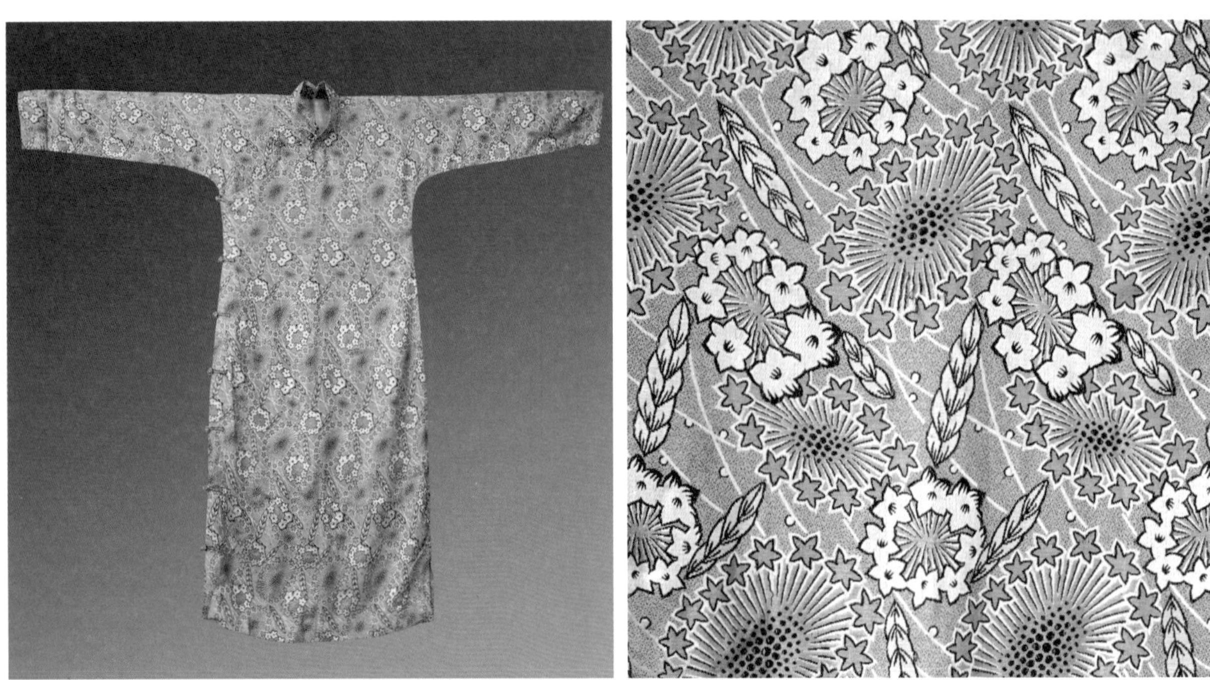

图4-40　橙黄地花卉麦穗纹提花长袖旗袍及面料局部（20世纪30年代，笔者收藏）

图4-41　豆沙色地水波纹长袖旗袍及面料局部（20世纪30年代，笔者收藏）

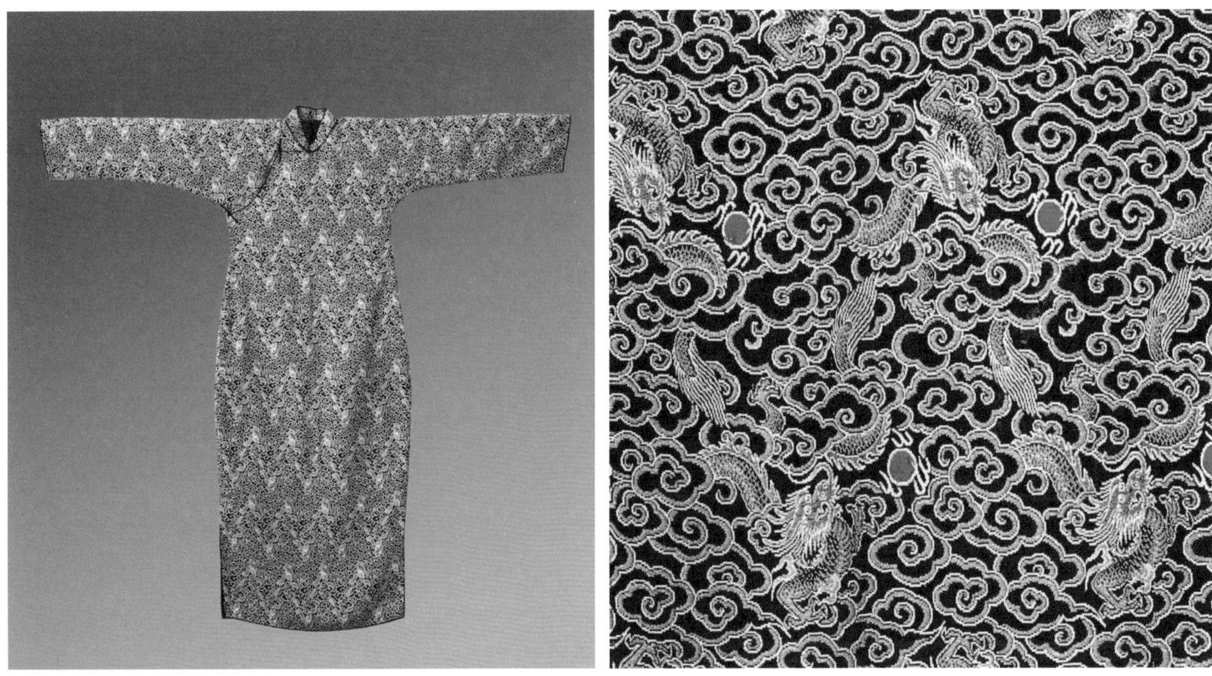

图4-42 黑地云龙纹提花缎长袖夹旗袍及面料局部（20世纪30年代，笔者收藏）

图4-43 黑地紫红花提花缎长袖旗袍及面料局部（20世纪30年代，笔者收藏）

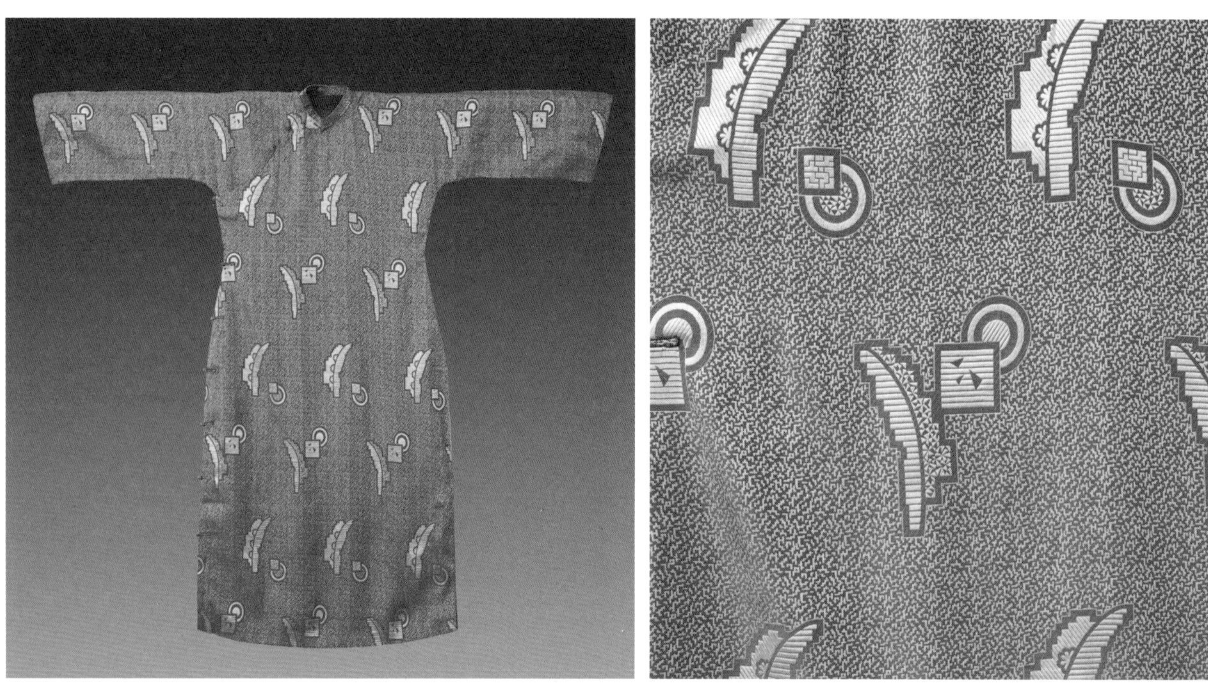

图4-44 红白地叶形与几何纹样提花缎倒大袖旗袍及面料局部（20世纪20年代，笔者收藏）

图4-45 蓝绿地抽象花卉纹提花绸长袖旗袍及面料局部（20世纪30年代，笔者收藏）

图4-46 水绿地玫瑰纹提花缎长袖旗袍正、背面（20世纪40年代，私人收藏，引自：上海艺术研究所，周天，《上海裁缝》，上海锦绣文章出版社，2016：68-69）

（三）上海地区

近代上海丝织品种发展快速，其原因除了有一定的手工织绸的基础，充沛的电力供应，丝织原料的取给方便，销售渠道的便捷和商品信息的丰富以外，'海派文化'中敢于破除陈规旧俗、勇于创新和喜欢标新立异、敏锐的商业意识等的特质，应该是造成上海丝织业和丝绸品种大发展的重要原因。民国时期上海丝绸品种的发展，以多种形式、多层面吸纳了西方和国内其他地区的长处，并能灵活为其所用，开创了丝绸史上品种大发展、大变化的新时期，首先实现了丝织业由手工工场向现代工厂化的迈进，建构了当时国内设计管理的新模式，促进了品种的快速开发。而以大众为消费主体的商业化经营策略，使上海丝织品种的开发更贴近市场和大众消费的时尚需求。品牌宣传上近代时尚媒介和手段的引入，在赢得市场的同时，也赢得了其他地区丝织业和其他行业的效仿、追随。在近代丝织的发展中，上海特殊的经济、地理位置，多元化的文化发展模式，为上海丝织业的快速发展提供了较为优越的基础条件。特别是在电力织机的使用和生产规模上，远远领先于杭州和苏州，成为国内电机织绸工业的重要基地。

1915年，春记正绸庄投资开设的肇新绸厂，通过购进9台瑞士造电力织机及辅助机械，成为全国首家以电为动力的近代丝织厂，实现了由手工工场向现代工厂化的迈进。上海最早开发的机械丝织物是1916年物华绸厂生产的物华葛（即华丝葛），而后在日本技师的帮助下，物华绸厂专织物华葛、天宝葛两个品种，并获得盛销。

20世纪20年代，杭州震旦丝织厂首先生产出织物表面有明显绉效应的花乔其绡和素乔其绡。而美亚织绸厂在其基础上，研制成先用粗丝加捻再抱合细丝反向加捻的绉线，开发试制出提花六号葛，后又将此技术推广到素碧绉和格子绉上。并采用电力丝织机生产出花香缎、素软缎、锦地缎、罗马锦、电力纺、双绉、素乔其等一批丝绸新品种。

兼容并蓄的设计、发展理念使上海机织品种发展在1924~1928年间进入兴盛时期，1931年其品种已达数百种之多，主要品种有：纺绸、府绸、单绉、双绉、乔其绉、平缎、绉缎、毛葛、锦、绨、华丝葛、花缎、燕翎绉等14种品类，所用原料以真丝为多。1947年3~7月间，上海丝织产销联营公司生产的产品品种有：绉缎、花绉缎、素软缎、双面段、绉缎、新华葛、采芝绫、花巴缎、特绉缎、洋纺、条子缎、格子缎、古香缎、六号葛、双绉、留香缎等[1]。其他品种还有：巴黎缎、留香绉、大小克利缎、双面缎、花丝纶、雁翎绉、芬芳绉、善想绉、碧雀绉、鹦鹉绉、美丽绉、幸福绉、和合绉、烂花绒、鱼尾绒、金丝绒、梅妃锦、艳云锦、文裳葛、黑白绉、无

[1] 王庄穆．民国丝绸史[M]．北京：中国纺织出版社，1995：356，442。

光纺、绨被面等。从1930年上海丝织企业参加西湖博览会展览的53个品种中，我们可以清晰地看出上海丝织品种的丰富多彩，其中美亚织绸厂的单绉获西湖博览会金奖（表4–13）。

在探讨上海丝织业兼容并蓄、多元共生的发展和品种开发时，美亚织绸厂就是一个不得不关注的特殊案例。笔者

表4–13 1929年上海丝织企业参加西湖博览会品种表

厂名	展出品名	原料	厂名	展出品名	原料
美亚	美亚葛	蚕丝	振业	雀翎绉	人造丝
美亚	文华葛	蚕丝	振业	海兰绉	人造丝
美亚	爱华葛	蚕丝	振业	缎条	人造丝
美亚	锦新葛	蚕丝	振业	雪花绉	蚕丝人丝
美亚	单绉	蚕丝	锦云	晚露绉	蚕丝人丝
美亚	华绒葛	蚕丝	锦云	花香绉	蚕丝人丝
美亚	华影葛	蚕丝	锦云	平缎	蚕丝人丝
美亚	彩条绉	蚕丝	锦云	双面缎	蚕丝
美亚	华纺	蚕丝	锦云	素绉	蚕丝
美亚	爱华纺	蚕丝	锦华	锦星绉	蚕丝
美亚	彩条纺	蚕丝	锦华	素绉	蚕丝
美亚	双绉	蚕丝	锦华	花条洋纺	蚕丝人丝
美亚	双条绉	蚕丝	锦华	彩条绉	蚕丝人丝
美亚	绉缎	蚕丝	振亚	香妃绉	蚕丝人丝
美亚	华丝缎	蚕丝	美文	格锦绢	蚕丝
美亚	美亚缎	蚕丝	美文	鸳鸯绉	蚕丝人丝
美亚	华丝罗	蚕丝	天成	绒毛葛	蚕丝毛线
美亚	双丝纺	蚕丝	天成	罗纹绉	蚕丝
美亚	彩条双绢绉	蚕丝	祥昌	巴丝葛	蚕丝
美亚	绢纺	蚕丝	祥昌	香妃绸	人造丝
美亚	电机湖绉	蚕丝	闵行	双锦	人造丝
美亚	芙蓉绉	蚕、人丝	闵行	香云绸	蚕丝
美亚	南新绉	蚕、人丝	震华	软缎	蚕丝人丝
美亚	光亚绨	人丝棉纱	震华	花条缎	蚕丝人丝
美亚	新华葛	人丝棉纱	震华	中华葛	蚕丝
振业	玉影绉	蚕丝人丝	物华	一枝花袍料	人造丝

资料来源：1929年《西湖博览会纪念刊》。

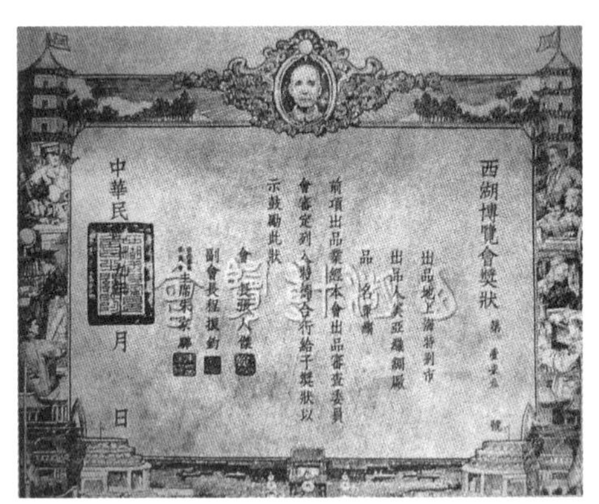

图4-47　1930年上海美亚织绸厂产品获西湖博览会金奖

图4-48　美亚织绸厂秋装广告（广告文字：用美亚织绸厂各种绸缎制为新装最为富丽）

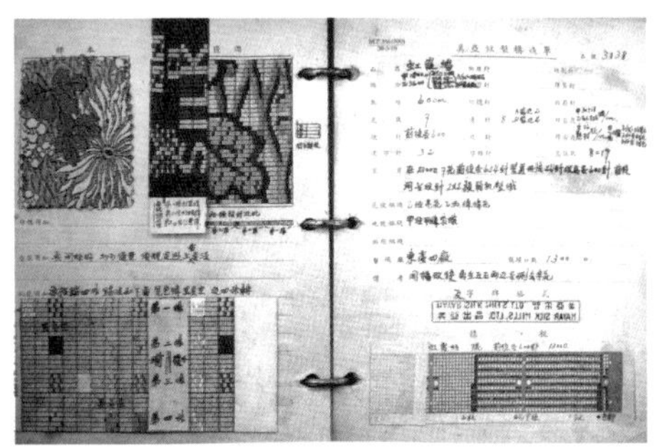

图4-49　美亚织绸厂纹制构造单

在对美亚织绸厂的研究中，除了收集到一些研究者的文献外，还得到时任美亚织绸厂总经理蔡声白先生外孙女杨敏德女士[1]提供的相关资料。

创立于1920年（民国九年）的美亚织绸厂[2]，是中国近代丝织史上规模最大的企业之一，其在丝织品种的开发设计、品牌的推广、设计管理等方面都独树一帜，成了近代丝织企业的典范（图4-47~图4-49）。

1920年5月，莫觞清独资在马浪路（现马当路）开设一家小型织绸厂，购置日本电力织机12台，并聘请熟练技工协助，以“美亚”命名。1921年4月蔡声白受聘正式担任美亚织绸厂总经理职务，开启了美亚织绸厂不断创新的起点。1921年下半年，蔡声白在增加13台织机的基础上，又添置了美制“阿脱屋特”（Atwood）式络丝机、并丝机、捻丝机等丝织准备机械，以及“克老姆登”（Crompton）式全铁电力织机，以及日本提花机。这些先进设备的引进，美亚织绸厂不但能独立生产许多丝绸新品种，而且使国内同行一时难以仿制，为美亚丝织产品占领国内市场奠定了基础。不久该厂推出的“美亚葛”“文华葛”“爱华葛”“华绒葛”等提花织物，以及单绉、双绉、乔其纱等素织物成了

[1] 蔡声白先生的外孙女杨敏德女士，现为香港溢达集团董事长，在笔者的研究中获惠赠《蔡声白》纪念文集一册，为研究提供了不可多得的珍贵资料。

[2] 美亚织绸厂，建于1917年，初为丝商莫觞清、汪辅卿与美国商人兰乐壁合伙创办。1920年，莫觞清以独资兴建绸厂于白莱尼蒙马浪路（现马当路），仍沿用“美亚”厂名，并聘请从美国留学归国的女婿蔡声白为经理。到20世纪30年代，美亚已成为丝织全能和产销联营的企业集团，经营规模名列全国同行业之首。

市场的畅销品种。而美亚织绸厂在此基础上，研制成先用粗丝加捻再抱合细丝反向加捻的绉线，开发出提花六号葛，后又推广到素碧绉和格子绉上。

根据遗留的资料统计，“美亚”先后开发有1246个品号的产品。包括绉类、缎类、纱类、葛类、纺类、绒类、呢类、绫类、锦类、绸类、幛类、绡类、绨类、罗类、绢类等。产品以文华葛、爱华葛、锦星葛、富华葛、华绒葛、华纺、单绉、双绉、彩条绉、绉缎、华丝缎、华丝罗、斜纹纺、闪星纺、南华缎、闪光葛等为大宗。另有沿用我国丝绸传统名词命名的：纹、纨、绯、缯、纶、绮、缦、绨、缇、纳等13类32个品种；又有采用时新名词的，例如：第一春、艳阳春、亚来红、新艳红等；还有套用外来语命名的，例如：克来斯、派立斯、却尔斯、罗维斯、玳维斯、罗乔斯、安尼斯、派克斯、唐纳斯、沙尔坚、克罗丁、沙笼等品种50余个。“在美亚1246个品号中，经过筛选，有个性的产品，就不下700余个。例如：美亚生产过绒类54个品种，其中组织和制造方法不同的，就有乔其双层绒、天鹅绒、漳绒、提花丝绒、修花丝绒、织花双层阴阳绒、横（纬向）枪绒、直（经向）枪绒（灯芯绒的原始产品）、拷花绒、炼花绒等，10多个类型都有其特殊工艺和各别风格的丝绒产品”[1]。

美亚织绸厂的产品除了在1929年曾获国民政府工商部奖状外，还获得国内外多种奖励。社会名流也纷纷给美亚产品题词留言，当时的电影明星中，周璇、胡蝶、阮玲玉等都以溢美之词称赞美亚的产品（图4-50、图4-51）。

國民政府工商部獎憑
品名 各種
出品人 美亞織綢廠
出品地 上海
茲據上海五國貨團體春季國貨展覽會呈報該會審查委員會主席趙錫恩潘公展虞和德暨委員張群葉增銘聞蘭亭徐佩璜陳翊[illegible]陳德徵王延松等審定前項出品應列最優等合行給予獎憑以示鼓勵此憑
工商部長孔祥熙
次長鄭洪年
穆湘玥
中華民國[illegible]日發給

图4-50　1929年美亚织绸厂的产品获国民政府工商部奖状

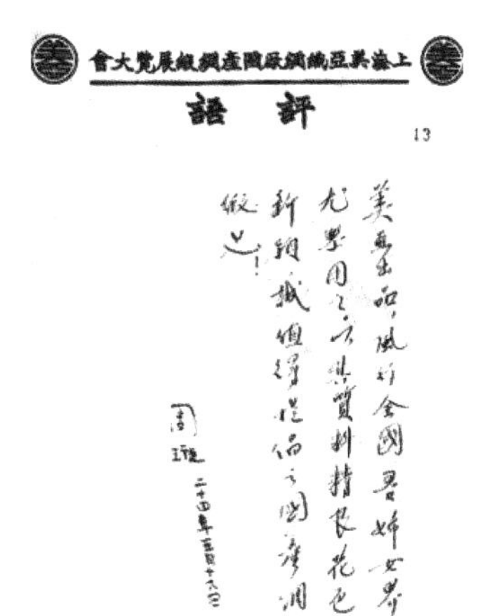

图4-51　周璇对美亚织绸厂产品所写的评语：“美亚出品风行全国，吾妇女界尤乐用之，其质料精良，花色新颖，诚值得提倡之国产绸缎也！”

[1] 林焕文．美亚丝织厂的每周新产品[J]. 中国纺织大学学报，1994（3）：134-136。

除了开发大量新产品之外，美亚织绸厂在产品的研发和销售方式上也获得了开创性的成就。例如："为保证技术上的优势与有利于品种创新的开展，1928年美亚设立了美艺染练厂承担织品后期练染加工整理。1929年成立设计纹样、版式的美章纹制合作社，集中纹制技术人员，促进丝织花样的革新。1930年设立美亚织物试验所，编译丝织技术书籍，研究织造技术，指导各厂技术改良。对花样设计，由原来各厂分散设计改为由各厂将踏花机、纸版和纹工设计人员集中一起，进行联合设计、开发，以便提高设计技艺和减少花样供需矛盾。印花方面，美亚专门设立印花社。并在1936年设立'纱印工场'，最先引进当时先进的'丝网印花'工艺。上述专门化与科学化的管理策略都显示出美亚织绸厂比国内同行更胜一筹的优势和对品种创新的助益"[1]。1930年以后，为了引导丝绸消费的时尚，满足顾客趋时求新的心态，美亚织绸厂公布了一项'史无前例'的产品开发策略，即公开在各大报刊上宣布，定期于每星期一发布一个具有标新、时髦、畅销的新产品，当时这一举动轰动国内丝绸市场。

美亚织绸厂的品牌宣传和产品销售，在当时无疑是独树一帜的，蔡声白深知必须要选择最能被广大消费者乐于接受的载体和技术手段，而在当年最新潮的时尚媒介无疑是电影了。蔡声白聘请神州影片公司导演汪煦昌帮助美亚公司拍摄了宣传美亚丝绸的短片。此片使用美亚公司"手提式电影机数年来自摄，内容述吾种桑、养蚕、缫丝、织绸及服装表演之场景，片长7000余尺"[2]。

20世纪20年代后期，美亚织绸厂在上海鸿翔时装公司首创的时装模特儿表演的模式基础上，正式成立了美亚自己的时装表演队。1927年12月，美亚以公司表演队为主体，邀请黎莉莉、陈燕燕等电影演员加盟，在先施公司时装厅举行了丝绸时装专场表演，在大上海引起轰动。美亚将这次丝绸时装表演所拍摄的纪录片，与前面拍摄的产品宣传部分合成名为《中华丝绸》的一部宣传影片。

蔡声白先生还精心谋划了产品宣传展览和市场开拓兼顾的电影、时装表演大巡展三次。1928年5月，蔡声白亲自带领美亚国货丝绸南洋展览团前往南洋的暹罗（今泰国）、安南（今越南）、马来西亚和新加坡等国。国货丝绸时装的富丽、高雅、轻柔等，不但赢得赞美声、掌声和轰动，也获得了当地绸商数万匹之多的大量订货。1932年5月至9月间，美亚丝绸展览团还进行了以广

[1] 冯筱才. 技术、人脉与时势：美亚织绸厂的兴起与发展（1920—1950）[J]. 复旦学报（社会科学版），2010（1）：130-140。

[2] 美亚华南展览团报告书（节选）[N]. 新民晚报，2008-10-15：B20。

州、香港、汕头、厦门、福州、温州、宁波七大华南沿海大中城市为主的展览活动——华南之旅。此行除了"时装表演为显示丝绸之华贵起见，特邀请闺秀数人随团，作各种时装之表演"，还印刷了数万张"影星、上海闺秀穿用本厂出品所制服装之照片"[1]的宣传品，附印有她们给美亚的题词。1934年8月至11月，还举行了美亚国货丝绸第三次展览活动——长江流域各省的宣传。在展览团的报告书中明确写有"展览会容易得到人们深刻之印象，是为有效之宣传良法"。在长江各地展览之前，"初议仅展览而不售货，一如华南成法"，但考虑到"观者见其货而不能购用，每以引为憾事"，故而决定在展览期间"同时发售出品，将原匹开成衣料，分别标价，发各地经售店家代售"[2]。长江展览沿途销售额达11万余元，其中汉口、南昌、重庆三地都售货2万余元。

1931年，蔡声白认为美亚丝绸品图案设计过于传统，便在《申报》上登载了《悬赏征求织物图案启事》，并登门邀请刘海粟、江小鹣、张聿光、李秋君、陆小曼五位名画家为评判委员，对征集的作品给予评选，评出女画家杨雪玖的作品"连环形之圆圈与齿轮"为一等奖。美亚将获奖作品分别用于公司的"民国21年式（1932年）夏季式样紈缦绉时装"绸料图案，紈缦绉是美亚新创的一种轻薄绸料，它仿照棉织品"泡泡纱"，面料上有成规则的凹凸状，作为夏季面料更好地体现了青年女性的优雅与时尚。刘海粟亦为此新品种题词："紈缦绉是现代最新式的衣料"。1932年，"美亚和先施公司在先施六楼绸品部联合举办了一次规模更大的丝绸时装表演会，黎莉莉、陈燕燕、林楚楚、胡笳等演员，以及有'美人鱼'之称的杨秀琼都应邀参加。胡蝶、阮玲玉、周璇等当红明星也来现场客串演出，表演还邀请了一流的江南丝竹乐队配奏音乐，展现了中国丝绸的文化内涵和东方神韵"[3]。

从上述民国时期上海丝织品种的发展特征来看，上海丝绸品种的发展模式与传统丝织产区及其他地区有着明显区别，显现出更现代、更科学、更商业化和标新立异的属性。民国时期上海丝绸品种的发展从多种形式、层面上吸纳了西方和国内其他地区的长处，开创了丝绸史上品种大发展、大变化的新时期。上海丝织业首先实现了丝织业由手工工场向现代工厂化的迈进，并以大众为消费主体的商业化经营策略，在赢得市场的同时，也赢得了其他地区丝织业和其他行业的效仿、追随（图4-52~图4-58）。

[1] 美亚华南展览团报告书（节选）[N]. 新民晚报，2008-10-15：B20。

[2] 黎霞. 美亚织绸公司赴长江各埠展览团报告书[J]. 上海档案工作，1991（2）：61。

[3] 早期的广告创意与电影[N]. 新民晚报，2008-10-15：B20。

图4-52　青黑地杉树纹提花绸短袖旗袍及面料局部（20世纪30年代，笔者收藏）

图4-53　深褐色地抽象花卉纹提花绸短袖旗袍及面料局部（20世纪30年代，笔者收藏）

图4-54　水青地菊花纹提花缎长袖棉旗袍及面料局部（20世纪30年代，笔者收藏）

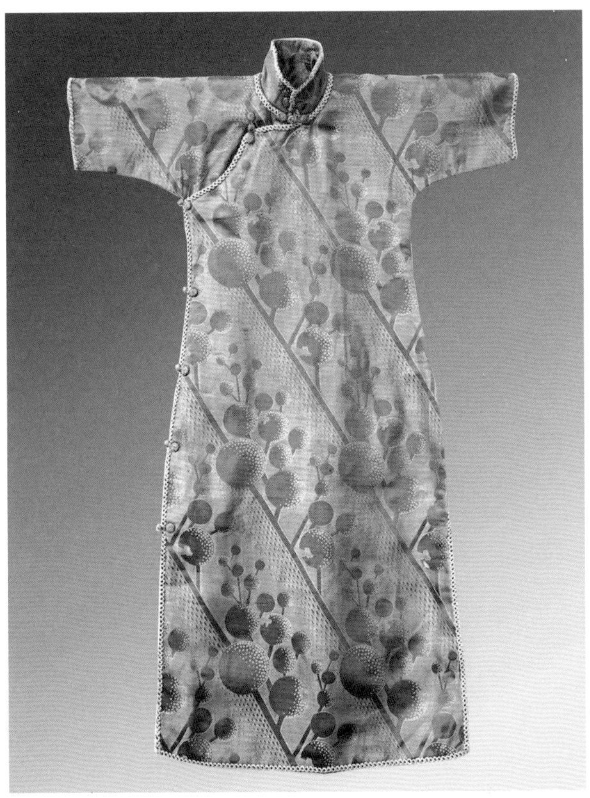

图4-55　土黄地酒红树形纹提花缎短袖旗袍及面料局部（20世纪30年代，笔者收藏）

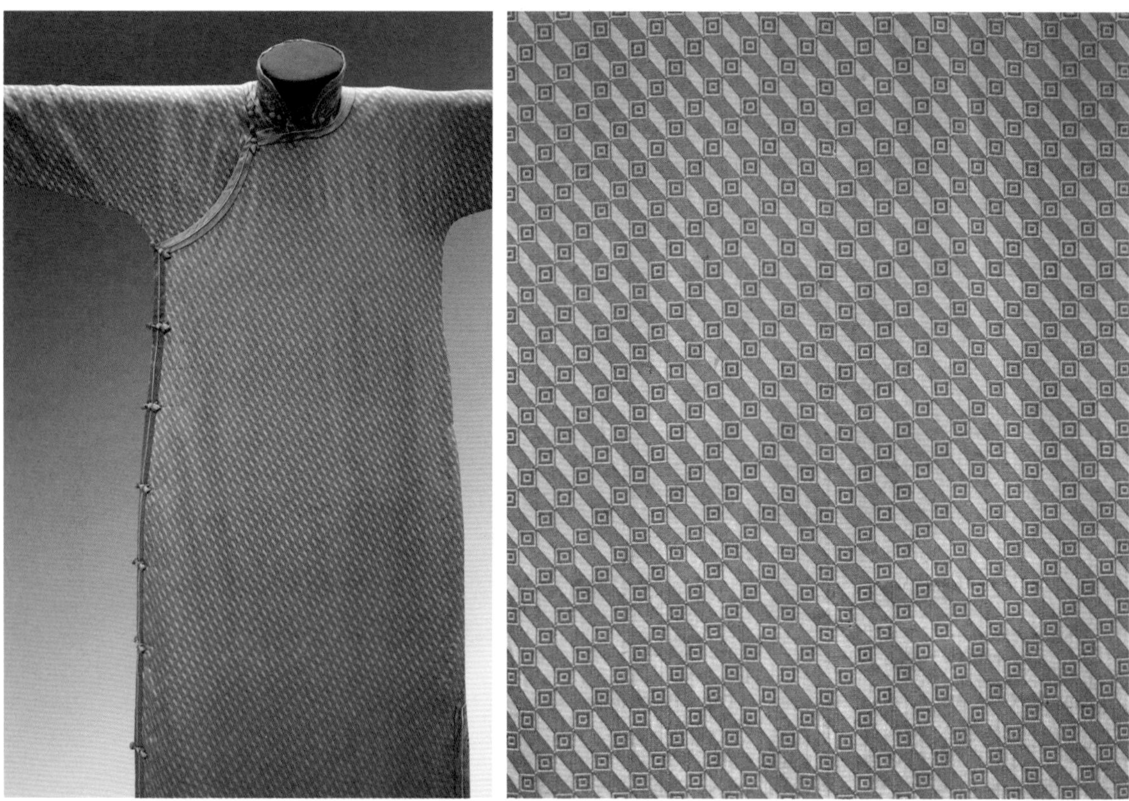

图4-56　淡褐地几何纹提花缎长袖旗袍及面料局部（20世纪30年代，香港博物馆藏）

图4-57　橘黄地大洋花纹提花缎短袖旗袍及面料局部（20世纪30年代，香港博物馆藏）

图4-58　藕地几何纹提花缎中袖单旗袍（20世纪30年代，上海市历史博物馆藏）

第三节

印染工艺的新旧并存

我国是最早发明织物染色和印花技术的国家之一，在清代以前传统染色和印花技术在世界上享有盛誉。但一般的传统旧式染坊往往只有专染青蓝色的发酵靛缸。19世纪初，不论国产棉布还是进口的洋布，在国内都是使用国产植物染料进行染色，其中尤以靛蓝染色最多。到了清光绪年间，随着国外合成靛蓝染料等的引入，遂又创设了红坊、丝经坊、线坊、绸布染坊和印花坊。“至德国合成靛蓝输入后，中国由染料出口国变成了输入国，且输入量逐年增加。光绪二十八年（1902年）合成靛蓝输入仅3625担，至民国元年（1912年）竟达到211881担，十年的时间激增了数十倍，以后仍逐年增长”[1]。至清末以后，我国纺织印染业才逐渐采用现代印染机器进行生产。

进入近代以后，相对西方合成染料、染色、印花技术的迅猛发展，我国传统的优势已不复存在。因技术水平和设备条件不一，不少地方出现了新式染坊与旧式染坊之分。其中新式染坊主要设备有汽炉及砑光机，且大多采用电为动力。旧式染坊用锅炉、染缸和元宝石等。由于染坊逐渐采用进口染料，并通过与开设在各地的洋行或其经营商店联系，从中也逐渐掌握了一些新的印染技术。“中国近代动力机器染整业，首先产生于外国人在华创办企业。1897年开工的英商怡和纱厂，率先使用动力染色、整理机器，生产棉法兰绒（即斜纹绒）及花色洋布。”[2]由于机器染整工艺复杂，设备昂贵，资金的积累和技术人员的培养都需要有一个过程，国内机器染整至20世纪20年代前后才得以普遍发展。

随着西方印染产品和技术的大量输入，中国近代印染产业和印染产品在学习、借鉴中逐渐得到发展。在近代旗袍织物中，进口与国产印染产品也成了主要的面料品种之一（图4–59）。

[1] 陈真. 中国近代工业史资料：第四辑[M]. 北京：生活·读书·新知三联书店，1964：332–333。

[2] 汪敬虞. 中国近代工业史资料：第二辑 上册[M]. 北京：科学出版社，1957：332。

天津市白星女子乒乓球队合影
（《北洋画报》，1934-3-17：2）

北平崇慈女子中学毕业礼校友返校合影
（《北洋画报》，1937-7-3：2）

天津市中国女子图画刺绣研究社第七届毕业典礼师生合影
（《北洋画报》，1936-6-18：2）

北平崇慈女子中学青年会职员合影
（《北洋画报》，1937-6-29：2）

图4-59 穿着染色面料旗袍的都市青年女子

一、染色织物面料与旗袍的大众时尚

染色织物主要指经过染浴处理，而获得某种色泽的织物。染色织物一般可用来做服装的面料或里料，是服装面料销售、使用中比例最大的一类。而在旗袍面料中，一般阶层消费者所用的面料几乎是单纯的染色布，特别是夏季的单旗袍。在中上阶层中，一般染色布也频见使用，但常常会加有花边、刺绣等装饰。在目前的旗袍及织物的收藏、研究中，普通染色类品种的旗袍是收藏最少，也是最受到忽视的一类。

传统的中国民间旧式染坊一般使用靛蓝染色最多。其他还有染灰黑布的灰坊等。到了清光绪年以后，随着西方染料的引入，可以染成各种深浅蓝色，有京庄、月白、深考、靠白等名称。另有红、绿、鹅黄、秋香、灰、妃等各种颜色（图4-60、图4-61）。

图4-60　传世照片中一般消费者穿着染色面料旗袍的旧照

图4-61　普通消费者穿着染色布旗袍旧照

❶实业部国际贸易局．中国实业志（江苏卷）：第四册[M]．上海：实业部国际贸易局，1933：701-711。

（一）机器染色织物的发展

上海在道光二十八年（1848年）就“开设老永兴染坊，同治五年（1866年）又开设老正和染坊。在20世纪30年代初，尚有青蓝坊、洋色坊、印坊和漂白坊四类，其中规模较大的染坊如下：青蓝坊：如元泰染坊、老万顺染坊、万茂染坊、协大染坊、裕祥染坊、诚丰新染坊、大同染坊、万丰泰染坊和永泰染坊等。洋色坊：如瑞祥染坊、元昌染坊、华利染坊和永德染坊等。印坊：如老仁和染印坊、升和印坊、裕昌印坊、义泰和印坊和成兴印染坊等。漂坊：如恒昌漂坊、广大漂坊、恒泰漂坊、恒升漂坊、洪昌漂坊和顺新漂坊等”❶。

第一次世界大战前，我国印染厂使用的合成靛蓝几乎由德国进口，战后，法国、美国、瑞士的靛蓝染料开始与德国竞争，并占有一定的比例（图4-62~图4-65）。1930年以后，我国天津、青岛、潍县已建立染料厂10余家，规模较大的有华德染料厂和中国染料厂。1932年，上海也创办了中孚、大中、华安、华美等染料厂，开始生产硫化元及膏子青等染料，但产量较少。

从目前收藏界收藏的染料包装盒和广告文献来看，德国的狮马牌大德染料在我国占有很大市场，图4-66广告的下端有一段说明文字可说是对这种状况的很好注解：“各种染色衣服中，用靛

图4-62　民国时期法国西门西染料厂广告及产品包装

图4-63　民国时期德国大德颜料厂狮马牌染料包装（高建中收藏）

图4-64　民国时期德国大德颜料厂铁皮包装盒两种（私人收藏）

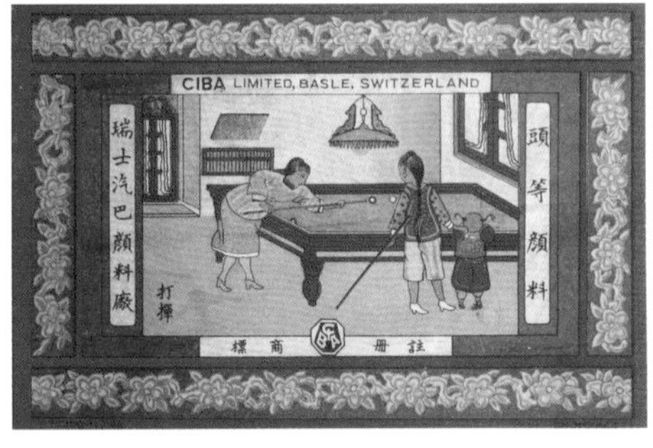

图4-65　民国时期瑞士汽巴颜料厂广告

青染成的，要算最最好看！颜色也经久不退。中国每一村庄中，都可用靛青染布，非常方便。大家起来，来维持本地工业，在你们当地的靛青染坊中，染你们的蓝布！”

而国产染料厂家则在广告中更注重实用的表达，玉兴颜料厂提灯牌头等元青颜料包装盒上的文字亦可成其代表。“本厂精制颜料畅销已久，全球驰名，今又新制鲜明头等青粉，专染绸布棉纱。其染法务将颜料落水滚透再放染物在内，炖足半个时辰，将所染之物取出，用冷水洗净，则鲜明极佳。黑皂如漆，实乃染物无上之妙品也。倘蒙赐顾，请认明提灯会牌为记，庶不致误。”从此广告不难看出，其产品不但可供专业厂家使用，普通消费者亦可在家染新旧衣物（图4-66）。在笔者收集到的民国时期染料厂的商标中还有长盛裕颜料、中国颜料公司（青岛）的“七巧牌”商标等，这些都是我们了解当时国产染料发展的重要资料（图4-67~图4-69）。

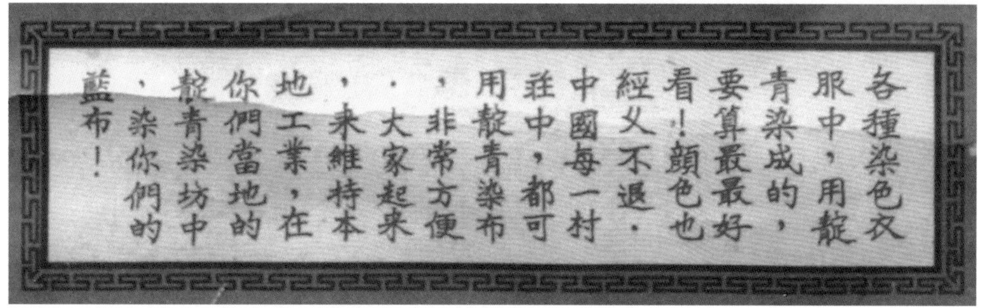

图4-66　民国时期荣字快快靛大德颜料厂广告（高建中收藏）

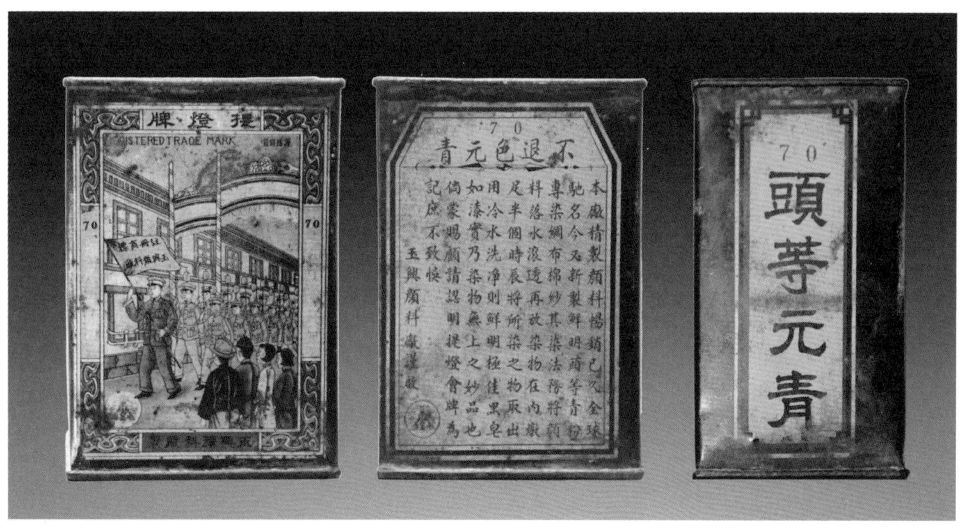

图4-67　民国时期玉兴颜料厂提灯牌头等元青染料包装盒（高建中收藏）

图4-68　民国时期国产长盛裕颜料广告

图4-69　民国时期中国颜料公司（青岛）“七巧牌”商标

从民国时期的染厂色卡中，同样可以了解到当时染厂和染色织物的发展水平，图4-70和图4-71中的色卡显示了当时各类颜色已经有多种染色色标可供生产企业和消费者选择，如绿色就已经有果绿、新绿、大绿等。笔者从月份牌广告的旗袍中，选择了部分有代表性的染色布色彩样本，根据冷暖两个系列做出了相应的色标（图4-72、图4-73），从另一个角度可以窥探到民国时期旗袍染色面料的大致信息。

我国最早采用机器漂染棉布的企

图4-70　民国时期上海老恒昌和记染厂色卡样本（私人收藏）

业，为济南锦缠街的东元盛漂染厂。“该厂于光绪末年（1908年）开办，至民国7年（1918年）改用机器染色。”[1]上海达丰染织厂在机器染纱线的基础上，于1919年开始发展棉布染色业务，1921年，改名为达丰染织股份有限公司，延聘英国染色技师汤姆逊负责工务，开始棉布染色，“是我国民族资本中第一家自纺自染整的工厂，日产色布400匹”[2]。随后，上海另有鸿章纺织厂、仁丰机器染织厂、光华染织厂、光中染织厂等相继创立。基于染色布比色织布有更好的竞销力和经济效益，棉布机器印染一问世就受到染织界的重视，并在染织业中产生了重大影响。1925年五卅运动发生，大众抵制外货，国产染色布

❶实业部国际贸易局．中国实业志（山东卷）：第六册[M]．上海：实业部国际贸易局，1933：509-589。

❷达丰集团史料初稿（油印本）．1959（5）：59。

图4-71　公和协记染厂、大新合记染厂联合样本

图4-72　暖色系列染色布——以月份牌旗袍面料色彩为例

图4-73 冷色系列染色布——以月份牌旗袍面料色彩为例

市场需求激增，华商竞相开办印染厂。除上海外，无锡、常州、杭州、汉口、长沙、济南、天津、青岛等地也相继建立了以动力机器进行棉布染色的工厂或车间，这段时期是我国棉布染色生产走上动力机器的萌芽阶段。至1936年，全国各地印染厂已有百余家，如表4-14所示。我们还可以从当时较为著名的印染厂的商标中，对它们的销售理念和针对的消费人群有所了解（图4-74）。

当时，以上各厂生产的主要染色品种有：阴丹士林蓝布、海昌蓝布、硫化蓝布、品蓝布、红标布、元青布和漂白布、哔叽、府绸、直贡呢等[1]。这些也是普通消费者运用最广的服装和旗袍面料品种。

在全国其他各地生产染色织物的企业中，不乏具有知名度的产品（图4-75），其中代表性的有以下地区。

无锡：1920年，丽新机器染织厂购买了一套英国法默诺顿（Fama Norton）公司的染整设备，可日产色布3吨。后又不断添置设备，抗日战争前其生产能力已达日产8000匹。

[1] 达薛乃镛．中国纺织染概况（增订本）[M]．上海：中华书局，1946：18。

上海鸿章纺织染厂有限公司
“宝彝”商标

上海鸿章纺织染厂
“三羊图”商标

上海震丰染织厂
“上寿图”商标

上海达丰染织厂
“三星高照”商标

上海震丰染织厂
“赏荷图”商标

大公纺织印染机器制造公司
“航空救国”商标

上海达丰染织厂
“一品图”商标

大中华记染织厂
“时代花”商标

上海衡盛元染织厂
“双美”商标

图4-74

上海大新振漂印染织布厂
“美月”牌蓝染布类产品注册商标

上海天一机织印染厂
“天雁翎”牌蓝染布类产品注册商标

上海申祥印染厂“丽美玉”
牌蓝染布类产品注册商标

上海华丰染织厂“月美”商标

中国实业染织厂“自强图”商标

上海申祥印染厂
“蝶绸”牌蓝染布类
产品注册商标

大公纺织印染厂“大公”牌蓝染布类产品注册商标

图4-74　上海部分印染厂的染色布商标

宁波恒丰印染织厂
“仙乐”商标

天津敦义机器染织厂
“大明湖”商标

青岛茂丰染织厂
“松美人”商标

河北高阳瑞成亨记染织厂
“双美人”商标

图4-75 部分染织厂的商标

表4-14 全国印染厂统计（1936年）

地区	工厂数	工厂名
上海	40～50	达丰、光中、上海印染、仁丰、仁大、鸿章、光华、大华（即永安）、华阳、天明、丽明、勤丰、新丰、协丰、华丰、申丰、美丰、震丰、利民、景安、国华、华新、环球、五丰、天一、茂雄、大公、大陆、永新、华安、衡盛、裕大福、申祥福、中华实业等。外资计有：日商内外棉第一、第二加工场，中华染织厂，美华印染厂及英商纶昌印染厂
无锡	5	丽新、庆丰、美恒、振新、三新
常州	2	大成、恒丰
杭州	1	不详
宁波	1	恒丰
汉口	20	福兴、东华、隆昌等
长沙	2	福星等
济南	5	东元盛、仁丰等
唐山	1	不详
青岛	5	日商瑞丰染厂、阳平、华新、同甡、振鲁
潍坊	3	大华、元聚、信丰
河北	2	在高阳其中一家与达丰同时开设
天津	20	华纶、福元、北大、博明、同顺和、义同泰、生记、正丰印染厂、万新、通利、敦义、久兴、永茂等

资料来源：杨栋梁，《我国近代印染业发展简史（二）》，引自：《印染》，2008（13）：46，笔者根据其他资料做了部分添加。

常州：1918年恒丰布厂增设染部，以简单设备从事漂染生产。1920年开始少量生产机器染色布，日产50～60匹。大成纺织股份有限公司于1932年扩建染部，后从英国和日本购进相关设备，至1936年该厂染色布日产量达2500匹左右。产品主要有：“大成蓝布、深浅士林蓝布、杂色提花布、精元斜纹和羽纱、电光直贡、漂布和府绸”[1]。

济南：东元盛漂染厂，1935年从日本引进了印染设备，日产20000米色布，有“名驹”牌硫化青布和“双鱼”牌士林蓝等。其中“名驹”牌硫化青布，在国内享有很高的知名度。济南德和永庆记染厂的主要设备为日本和歌山生产，年产色布量为720万米，产品商标有“醉翁亭”“独占鳌头”“莫干山”和“蓬莱阁”等。利民机器染厂1935年春季日产染色布1200匹，“产品除平纹织物外，还有卡其、哔叽、华达呢、直贡呢、人字呢等。绝大部分产品经烧毛、煮练、丝光后染色，花色达20多种。经注册的产品商标有‘舜耕历山’‘松鹤仙子’‘趵突泉’‘历下亭’‘美丽无双’和‘珍珠旗’等”[1]。

山东潍县（后称潍坊）：1930年，张千巨（早年留学日本攻读化工印染专业）创办大华染厂，其染色布有“晴雨”“越人夫”和“三顾茅庐”等商标的产品；元聚染厂的产品有“骏马”“吉羊”“游园”“采茶”等商标的产品。此两企业皆为从集市上收购棉布，染色加工后出售。

青岛：青岛的机器印染业始于20世纪20年代，双盛潍染厂、德华机器染厂、北洋织染厂，翰成、民生、顺和染厂等相继创立，但规模较小。阳本染织厂（青岛第三印染厂前身）从日本引进整套染整设备，月产印染布800匹。“产品有印花哔叽、大花标布、浅花布、各色士林布、纳夫妥布、精元布和爱国蓝布。商标为‘家庭’‘兄妹’‘耕种’和‘哪吒’”等。

天津：天津先后开设有华纶（益记）染厂、同顺和（合记）、北大福元、瑞和、震通、敦义、万新、博明和德元成等10家。“生产的主要产品是漂布、阴丹士林和纳夫妥色布，以及海昌蓝布和硫化蓝布，日产量约8600匹”[2]。

广州：泰盛染布生产的阴丹士林布，加乌斜布、硫化青套面（市场上称为“落水娇”），深受消费者欢迎[3]。广州采用机器染布的厂家还有万昌隆、宝兴隆等。

湖北：福兴漂染厂1925年创办，为湖北机器棉布印染的开端。至20世纪30年代，湖北有小型机器染厂6家，每月生产染色布7万米左右。

湖南：当时湖南的棉布机器染色所占比例甚小，棉布印染加工主要还是以

[1] 杨栋梁．我国近代印染业发展简史（二）[J]．印染，2008（13）：46-48。

[2] 天津纺织工业局．天津纺织史（草稿）“印染”：6。

[3] 广东省地方志编纂委员会．广东省纺织工业志[M]．广东：广东人民出版社，2002：187。

❶杨栋梁. 我国近代印染业发展简史（三）[J]. 印染，2008（13）：48-51。

❷黄立. 代染厂制品单纯化之进言[G]. 中国染化工程学会成立纪念刊，1936：56.

❸同❶49-51。

手工染坊为主。

到抗日战争前，在我国机器印染业中，"以声望和经验而论，首推达丰厂（上海）；以发展速度和力求精良而言，当以丽新和大成（常州）两厂为代表；就印染设备的新颖性和先进性，以及资本的雄厚程度来说，则以庆丰和永安系统的大华两厂（上海）为翘楚"[1]。据相关学者的资料估计，当时全国机器印染厂的日产量为11～12万匹，而按当时全国人口以及每人每年1丈棉布的最低需求量来看，每天要生产28万匹才能满足国内消费者的需求，因此国产染色布的产量还远远不能满足消费之需求[2]。

1937年后，由于日军的占领、破坏、掠夺，很多印染厂被迫内迁、停产或被兼并。从1939年起天津和上海的一些工厂开始复工和迁入租界内复业，日资也在我国开设了多家印染企业。

1945年抗战胜利后，我国成立了由官僚资本掌握，接受日资企业为基础的纺织集团——中国纺织建设公司（简称中纺公司）。1946年1月在工务处内建立了印染室，并制定了印染厂经营标准，开创了我国印染行业科学管理的先河。此公司在上海成立了七家印染厂以及上海第一针织厂印染部。中纺公司下属各厂，"1946年生产漂布41万余匹，染色布205万多匹，印花布45万多匹，共计291万余匹；1947年生产漂布78.6万余匹，染色布676.8万匹，印花布88万余匹，共计843.4万余匹。1948年生产漂布72万匹，染色布726.4万匹，印花布101.4万匹，共计899.8万匹"[3]。主要产品有：哔叽、直贡呢、精元布、海昌蓝、士林蓝、硫化元、硫化蓝、纳夫妥及草黄细布和各种染色布等。这些印染产品不但一定程度满足了国内消费者的需求，还出口至香港、马尼拉、新加坡、曼谷、巴塞拉和亚丁等地。在上海以外，中纺公司还在青岛、天津等地接受、建立了数家印染厂，但生产能力都逊于上海。

在普通染色棉布之外，在笔者拍摄的旗袍实物中，染色毛织物、麻织物、灯芯绒也占有一定的比例（图4-76）。

（二）"阴丹士林"与旗袍面料

在染色面料中最为人们熟知的无疑是时称"阴丹士林"的染色棉布产品，即采用阴丹士林染料（还原染料，德文Indanthren的音译）染色而成的服装和旗袍面料，主要包括各色丝光细布和府绸。它成为学生、一般职员以及平民阶层女性旗袍面料的首选，在当时的棉质

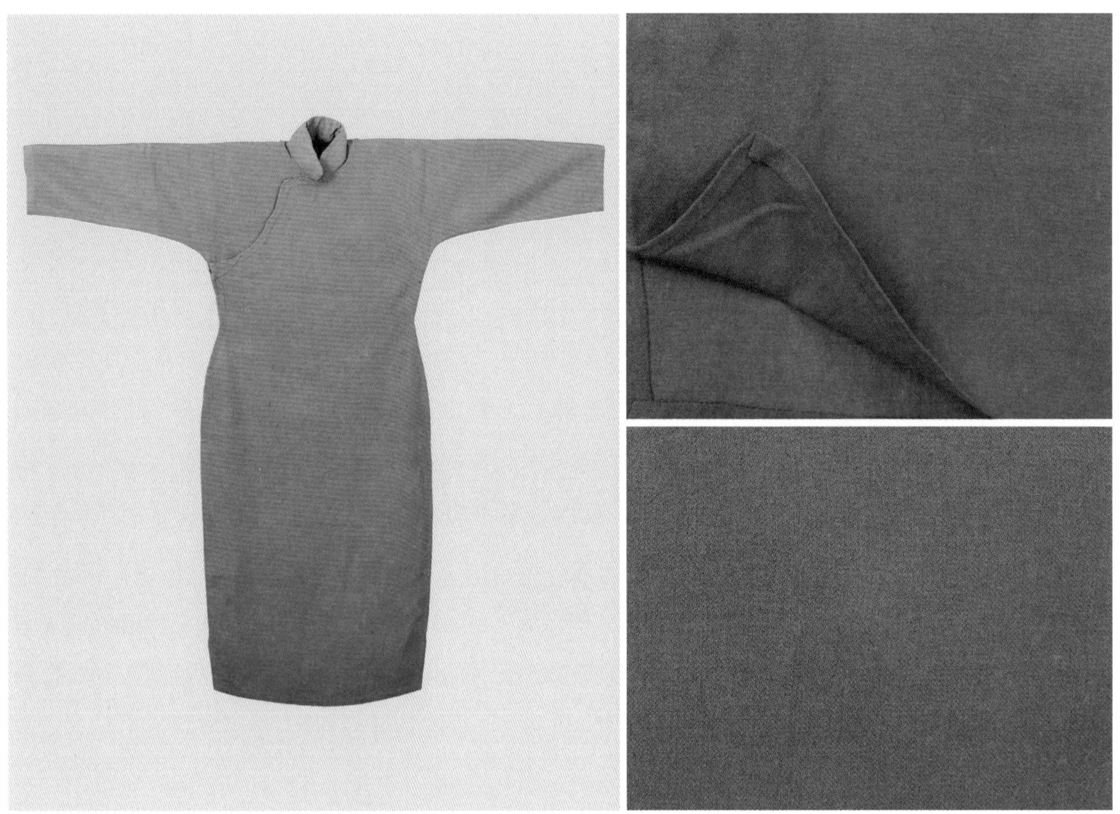

湖绿色长袖旗袍（20世纪40年代，深圳中华旗袍馆藏）

墨绿坡肩长袖旗袍（20世纪40年代，江宁织造府博物馆藏）

图4-76　染色毛织物长袖旗袍

旗袍中占有很大的比例。与中国传统染料的染色产品相比较，“阴丹士林”的各种色彩更加单纯、鲜嫩、素雅，色牢度好，价格也便宜。

从具体产品上看，1928年，上海仁丰染织厂开始生产本光190士林蓝布，因其采用德国德孚洋行阴丹士林染料色卡上的190色号染料而命名。至20世纪20年代末，仁丰染织厂兰亭图士林布，光华机器染织厂海昌蓝布，以及达丰染织厂双童精元羽绸、哔叽和四喜元贡等都是畅销市场、家喻户晓的产品。

1931年，光华机器染织厂用丝光白布生产“阴丹士林”，并按德孚洋行规定以阴丹士林190蓝布和晴雨标贴为标记。因此产品的鲜艳度、光泽度均优于本光190，再配以广告宣传，产品一经问世，便销量激增。1945年，上海约有15家厂生产丝光190，月产近70万匹。

从现存的晴雨牌阴丹士林染色布的各种广告来看，它不但有着深受消费者喜爱的各种颜色，如常见的第一九零号、第二四零号、第七一零号、第七三五号、第九百号、第六三零号、第八百号、第三五号等。在图4-77中，左图于其显著位置还标有“此类颜色之阴丹士林色布虽娇嫩，仍能抵御烈日曝晒、皂洗及汗湿而不褪色，故最合夏季服用”的广告语；中图和右图的上端都标有“上海风行之各色‘阴丹士林’布”的广告语。在晴雨牌阴丹士林标签中（图4-78）就色彩和色牢度等方面给予消费者的承诺为：“独一无二”“鲜艳如蝴蝶之色”“永不褪色布”。其图的背面文字借用蝴蝶之语气，道出“阴丹士林”色布受欢迎的程度：“蝴蝶之谈

图4-77　晴雨牌阴丹士林染色布广告三幅（在广告的边缘还标有染色布的色号）

图4-78 晴雨牌阴丹士林色布标签

话：余已飞行中国全部，并见有许多仕女穿着阴丹士林色布，伊等装束极其美观，且用钱购买阴丹士林色布足见聪明非凡……”。

在系列晴雨牌阴丹士林布的广告中，不但聘请当时的月份牌名画家谢之光、杭穉英、石青等为其设计旗袍佳丽的形象，凸显了阴丹士林色布与旗袍佳丽的关系，以及阴丹士林色布色彩之美。此系列广告的背面还用极其生动的插图漫画，从日晒不退、雨淋不退、皂洗不退等方面，将阴丹士林色布与一般色布日晒褪色、雨淋褪色、皂洗褪色进行了对比，用图中人物的口吻道出了：阴丹士林“新衣处处使余满意”“真是无上好衣料”“鲜明之蓝色永存”的赞美。可见，在产品之外阴丹士林销售策略上的良苦用心（图4-79）。

在另一系列阴丹士林色布广告上，更是针对阴丹士林色布的主要使用群体之一——女学生，用“文雅而节俭的女学生选用阴丹士林色布”的广告语来进行推销（图4-80），并告知最“合宜”的色号。在图4-80中，左图推荐色号：一三零号、九一零号和七零号；中图推荐色号：一三零号、一九零号、九一零

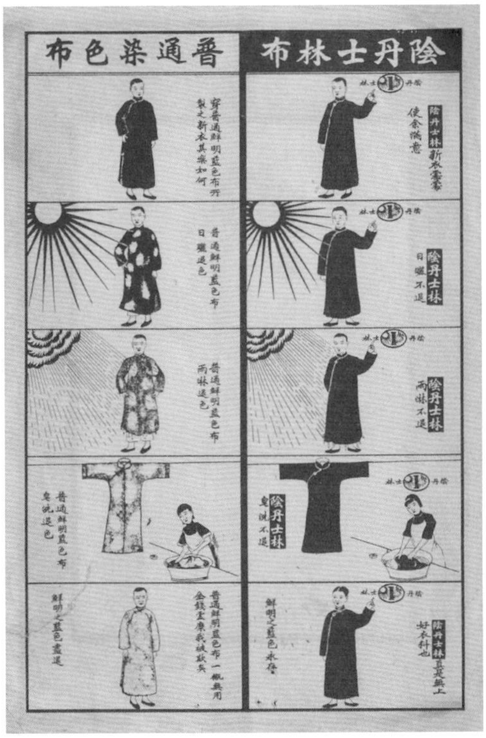

图4-79　晴雨商标阴丹士林色布系列广告（右边九图为此系列广告的正面，左图为背面）

号。我们从标号和广告中的色彩对比来看，都是适合女青年比较清爽雅致的色布系列。

阴丹士林色布广告还通过各种设计来进行现身说法和场景式的推销，如图4-81所示，一位身着时尚款式、勾勒出优雅曲线的旗袍女子，用她的右手正在示意她穿着的就是每码布边有金印晴雨商标印记的“阴丹士林”色布，并且以身说法：“我这件衣裳已经洗过极多次数，仍然日日如新”（见身后红色文字）。而图4-82中穿着粉色花边旗袍的

图4-80　针对女学生的阴丹士林色布广告

图4-81　阴丹士林色布广告之一

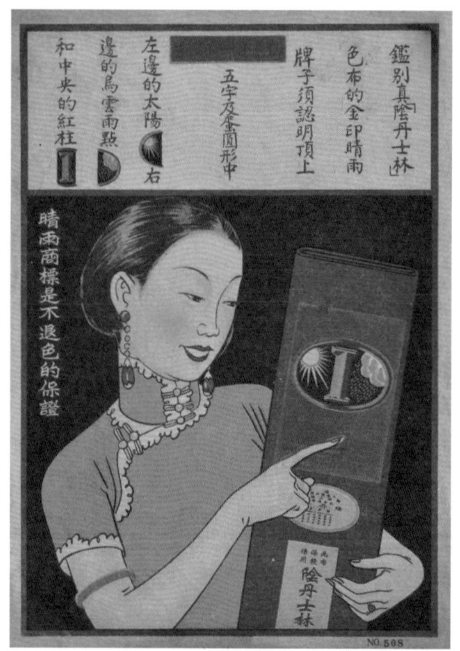

图4-82　阴丹士林色布广告之二

女子，用手中的晴雨牌布匹告诉消费者“晴雨商标是不褪色的保证”，还通过广告上方文字“顶上‘阴丹士林布’五字及蛋圆形中左边是太阳、右边是云雨点和中央是红柱”，告知消费者如何识别“晴雨牌”商标之方法。图4-83中的两位身着旗袍的少妇正在挑选阴丹士林色布，后面的文字说明：此女郎教导其女

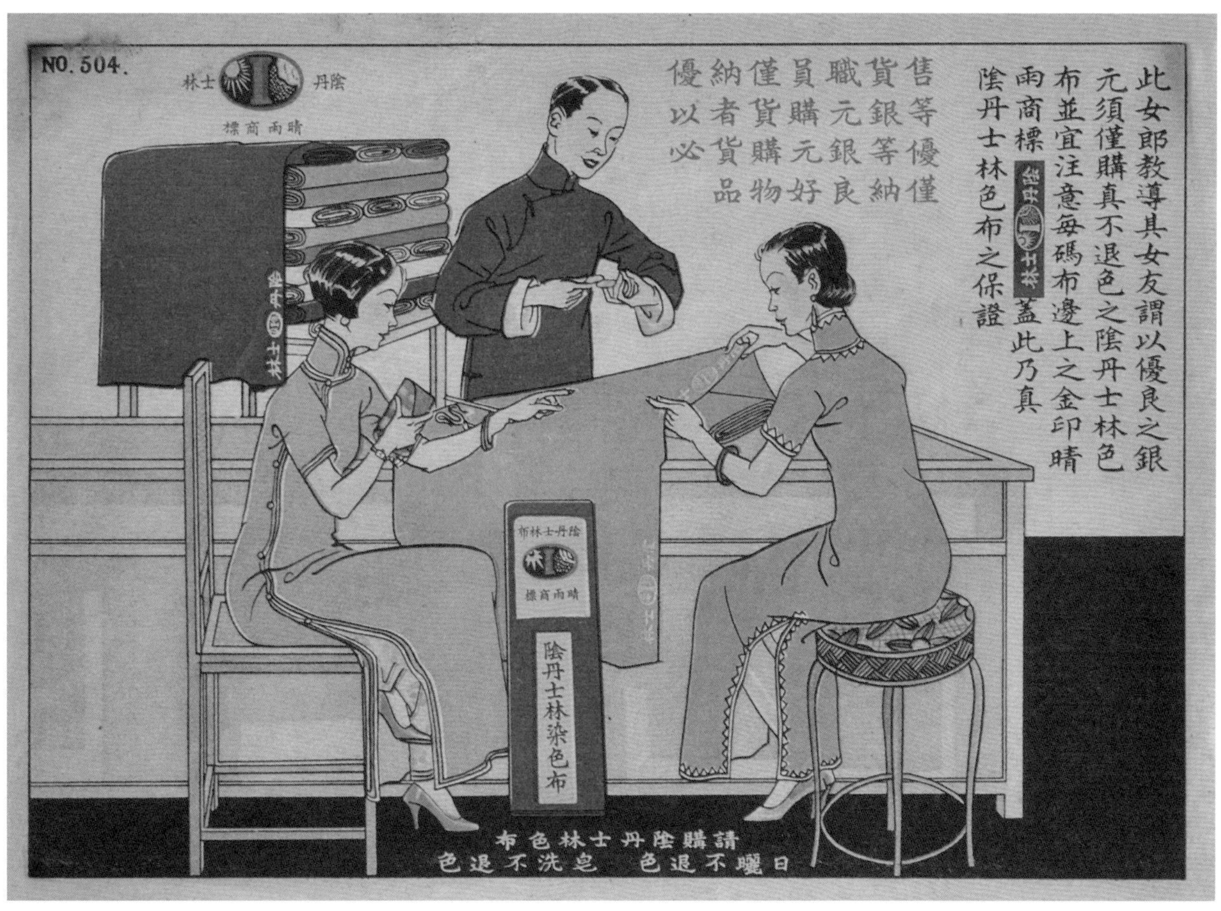

图4-83　阴丹士林色布广告之三

友要“谨购真不褪色之阴丹士林色布，并宜注意每码布边上之金印晴雨商标”，柜台里面整齐叠放的阴丹士林色布显示出多种颜色；图4-84是青岛德华机器染厂的广告，其注册商标为“飞雁”，广告上方的文字称：其“所染之‘阴丹士林’各色细布均系最上等者惠顾，诸君务希注意每码布边上之金印晴雨商标印记，及每匹四十码上之金印晴雨商标牌子”。此广告通过路边马车和独轮车销售的场景，展示了时髦女士们对阴丹士林色布的喜爱，还向我们展示了除普通店家销售外，另一种流动销售阴丹士林色布的方式。在图4-85中，利用一个温馨家庭游戏的场景，父母和孩子们穿着不同色彩的阴丹士林服装，告诉消费者：“请购各色‘阴丹士林’色布为令郎令嫒制衣”，图为“阴丹士林”色布

“因游戏而受污后，无论若何洗，仍能日日如新”。而图4-86，则从两个儿童的角度来叙述对“阴丹士林”色布的喜爱，广告文写道“二童鼓掌雀跃，欢道其母之智慧无比，盖其母以优质银元又为二童选购‘阴丹士林’什色布添置新衣……”。图4-87同样是从儿童的角度来宣传“晴雨牌”阴丹士林色布，其广告文字为：“虽三尺孩童亦皆知晴雨商标及晴雨商标布边印记为真正阴丹士林色布之唯一保证”。图4-88为其他类型的晴雨商标阴丹士林色布的小广告。从

图4-84 阴丹士林色布广告之四

图4-85 阴丹士林色布广告之五

图4-86 阴丹士林色布广告之六

图4-87 阴丹士林色布广告之七

上述系列广告中，我们不仅可以清晰地了解“阴丹士林”面料的产品状况，也可以窥探到其各种销售渠道、销售策略以及与各阶层消费者之间的关系。

阴丹士林色布作为当时最受欢迎的服装和旗袍面料之一，不但受到一般阶层消费者的青睐，同时也受到电影、歌唱明星们的关注和推广，在笔者收集到的资料中就有电影明星陈云裳、梁赛珠、李丽华专门签名为阴丹士林色布所做的广告（图4–89）。

在阴丹士林色布的广告中，有一则

图4–88　其他类型的晴雨商标阴丹士林色布小广告

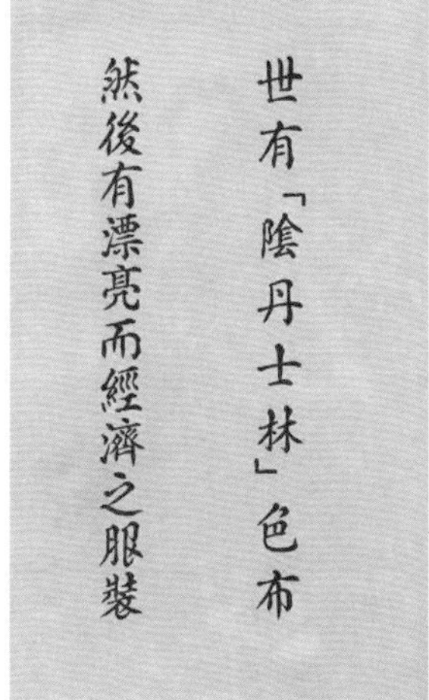

阴丹士林广告　（附梁赛珠签名）　阴丹士林广告　（附李丽华签名）　广告背面的文字

图4–89　明星们为阴丹士林色布所签名的广告

特别为人熟悉和称道的广告，即《快乐小姐》(图4–90)。这则广告是以影星陈云裳为模特绘制的，身着靛蓝色无袖旗袍，透露出青春、健康、阳光之美。在广告两侧的文字："她何以充满了愉快，因为她所穿的‘阴丹士林’色布是颜色最为鲜艳，炎日曝晒不褪色，经久皂洗不褪色，颜色永不消减不致枉费金钱"。与《快乐小姐》有异曲同工之妙的另一则阴丹士林色布广告如图4–91所示，其广告词为："我很快乐因为我所穿的衣服完全是用永不褪色的各色‘阴丹士林’色布所做……"。

笔者根据所收集的晴雨牌阴丹士林染色布广告中标有色号的常用色彩汇总如图4–92所示，以供研究者和读者参考。

除阴丹士林色布广告外，我们还可以看到其他印染企业在产品宣传上也采取了类似或别具一格的销售方法和广告宣传。如天津正丰印染厂"999三不怕"

图4–90 快乐小姐

图4–91 阴丹士林色布广告

第一百九零号	第一三零号	第二四零号	第三五号	第六零三号	第七零号	第八百号	第九一零号	第九百号
第三十九号	第四八零号	第七零号	第六四零号	第八一零号	第四五零号	第七二七号	第二八零号	第三七五号

图4–92 晴雨牌阴丹士林色布广告中的色布色彩与色号的比较（其中可能存在印刷等因素的色彩偏差）

❶ 中国社会科学院经济研究所．上海市棉布商业[M]．北京：中华书局，1979：92。

商标产品、上海立丰染织厂“电星色布”商标产品等（图4-93）。

当时上海、青岛等大中城市，尽管早有外来的洋货以及国内一些外资厂生产的染色布占领了大量的市场。但随着我国民族纺织印染工业的发展，我国印染产品在品种、质量和价格上，亦可与国内的外资企业产品相抗衡。

另外，新兴的民族小型色织厂，规模虽小，而家数众多，其产品以棉纱先染后织的色织布为主，花色品种较多，适合市场需要。总计国产染色布约占批发商总额的百分之五到百分之十，约占零售销售总额的百分之十至百分之二十[❶]。

国内印染厂开设之初，上海的色布产品由零匹拆货字号中的日新盛、日新增、协祥等兼营。由于经营花色布的利润高，不久就产生了一批专做印染色布

天津正丰印染厂“999三不怕”商标

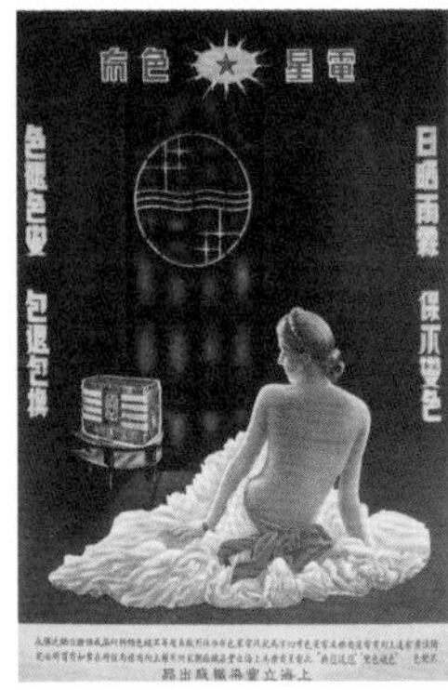

上海立丰染织厂“电星色布”商标

安安色布布牌子（即广告）之一

无敌色布广告

图4-93　其他印染企业的蓝色布广告

的批发字号，如申祥、永丰、新华等。他们均为向日企购进白坯布，交由印染厂加工后出售给各大客帮及本市零售店。“一般印染字号出售的商品，均贴有自己的商标，如日新盛的明珠牌、日新增的东方大港、协祥的大保国等。同一规格的棉布贴上各自的商标，就可不受一般售价的限制，另定较高价格出售，借取厚利。”[1]这些印染字号在染色织物的生产与销售中都起到了积极的推动作用。

阴丹士林色布，特别是蓝色系列阴丹士林色布，成为20世纪20～40年代我国一般消费者服饰面料的主要选择之一，在旗袍面料中同样如此（图4-94~图4-97）。

[1] 中国社会科学院经济研究所．上海市棉部商业[M]. 北京：中华书局，1979：131。

图4-94 蓝色阴丹士林棉布长袖旗袍（20世纪40年代，江南大学民间服饰传习馆藏）

图4-95 蓝色阴丹士林棉布长袖旗袍（20世纪30年代，江南大学民间服饰传习馆藏）

图4-96 阴丹士林短袖旗袍（20世纪40年代，引自：杨源，《中国服饰百年时尚》，远方出版社，2003：121）

图4-97 淡蓝色阴丹士林棉布长袖旗袍（20世纪40年代，江南大学民间服饰传习馆藏）

二、印花织物面料与旗袍的浪漫缤纷

印花织物，即使用凹纹铜辊或型版、网版等加工方法，使染料或颜料在织物上产生纹样的织物。根据织物材料分，有棉布印花、丝绸印花等。按生产工艺分，有直接印花、防染印花和拔染印花等。印花织物在近代服装中除了用于衬衣外，主要用于外衣的面料，在旗袍面料中棉布印花、丝绸印花也是占有主要比例的品种。

（一）棉布印花面料

在鸦片战争之前，中国传统印花在整个服用面料中所占比例相对较少，而且印花品种也不多，在中原地区用于服装的印花工艺主要为蓝印花布和少量彩印花布。五口通商后，国外印花布开始输入我国，当时俗称“洋布”。在这些“洋布”中，主要有俄国的“罗宋”花布、英国的“花羽绸”“太妃缎”，还有美国的印花绒布和日本的低档印花产品。当时“洋印花布”的销售对象主要是城市，尤其是大城市。市场上流行的国外印花棉布，时价每码售三至四角；而后国内一些民族工业资本家纷纷设法购置印花机器，生产辊筒印花棉布，使我国棉布机器印花业开始了从无到有的发展，大大丰富了消费者旗袍面料使用上的选择。

1925年，租给英商信昌洋行经营的纶昌纺织漂染印花公司所属的纶昌印花厂（即原上海第三印染厂前身），由震寰纺织公司投资，开始生产各种印花棉布，这是英国曼彻斯特的C.P.A.（中文译意：印花布厂联合会）在我国生产棉布机器印花的第一家外资工厂。初始，只有一台印花机和八十余名工人，生产来样加工的印花布。1927年增资扩建，聘用丁墨农[1]设计印花图案。招聘英籍技术人员和高校化学系的毕业生，工人也增加至五百余人，除接受来样印花加工外，开始拓展订货业务。“1931年重金聘用法国设计师爱伦夫人为印染图案设计室主任。先后在该厂设计室担任图案设计工作的有张至煜、徐仲山、徐仲康、陈克白、邵悦夫、郑春帆、李叔希、胡沛泉、杨善坤等人。他们也成了中国机器印花图案设计的拓荒者，中国早期的印染设计师。上海也就成为中国机印花布图案设计的发祥地。”[2]纶昌印花厂日产花色布7500匹。部分内销产品，贴有洗衣图保单，凡4个月内发现颜色褪落者，都可以调换。外销产品有和服面料、大块面印花布等，主要销

[1] 丁墨农，民国时期最早的图案设计师之一，海上停云书画社成员。

[2] 上海地方志办公室. 上海美术志·纺织图案设计[EB/OL]. 上海市地方志办公室. http: //www.shtong.gov.cn/Newsite/node2/node2245/node73148/node73151/node73201/node73233/userobject1ai87027.html。

往日本，其次是东南亚国家和地区。出口产品商标为七玫瑰牌。纶昌花布的主要品种有印花麻布、印花府绸、印花平布等，其花型纹样受欧洲花布写实纹样的影响，纹样精细、雅致，色调清新明朗，以散点的小碎花或穿枝插叶的写实类小簇花为主。一般采用水彩或水粉的多套色表现方法，层次丰富，疏密有致，深受城市消费者喜爱。纶昌印花厂辊筒印花的主打品种中，还包括以满地几何条格或满地朵花纹样为主的直接印花，套色以单套色为主，亦有二、三套色。这种印花品种的特点是纹样精细，层次分明，色调文静大方，常用的配色是黑、深蓝、中蓝、驼色、酱色等。

我国自主的棉布机器印花（即辊筒印花），由于技术和资金等方面的原因，直到1927年由达丰染织厂从日本引进一台四色印花机及其附属设备，开创了我国自主棉布机器印花的新纪元，成为我国民族资本家创办的第一家机器印染厂，当时花型和印花套色较少。达丰染织厂成为机器染色和印花的全能工厂，月产量达12万5千匹（疋）。产品主要有士林蓝布、纳夫妥红布、黄卡其、元贡、元哔叽、印花布等，注册“孔雀图”“一品图”“四喜图”“五子高升”“名利图”等商标（图4-98）。

1928年又有熟悉棉布行情的上海“日升盛”棉布号老板、浙江湖州商人章荣初投资巨额创办了上海印染厂，从日本引进两台较先进的印花机，招收工人五百余，聘用丁墨农负责印染图案设计。从而打破了“纶昌花布”一统天下的局面。在此期间由民族资本家先后创办的印染厂还有：光中、天一、新丰、同丰、恒丰、庆丰、国光、永安、光新、丽新、鼎新、信孚等。不久，上海

图4-98　上海达丰染织厂全景

印染公司、新中华印染公司等企业也都成立了印花部，生产印花面料。

其后，1930年1月，日本内外棉株式会社，在上海先后开设了第一加工场，主要生产精元布。1932年9月第二加工场建立（即原上海第一印染厂前身），凡棉布漂、染、印、整加工设备齐全，可生产各种漂色布和印花布，规模宏大，号称远东第一大印染厂，实际日产量达7000匹左右。注册商标为：四君子、水月。其印染图案设计室技术保密，从不雇佣中国员工。其产品主要为深色防拔染印花布、精元哔叽、直贡呢等。

1933年，华商永安纺织公司开办大华印染厂。1934年，日商美华印染厂，创建于现河间路595号，主要设备有印花机1台、蒸化机1台、卷布车1台、煮缸1只。1937年7月，在河间路640号增设第二工场。产品有印花布、23×21支细布、直贡呢、卡其等，商标为“四君子”和“荷花女”。

1945年8月，抗日战争胜利，我国纺织业成立了一个由官僚资本掌握的，以接收日商企业为基础的纺织集团——中国纺织建设公司（简称中纺公司）。它将印染业与棉纺织、毛纺织、绢纺织和针织等列入一个行业，这无疑是对纺织工业的行业结构进行了一次调整，客观上对印染业的发展产生了较大的推动作用。

在棉布印花的产品风格与销售市场上：适销城市的产品与花型以纶昌花布为代表。纶昌花布主要采用写实的方法，融自然美与装饰美于一体，为城市消费者所喜爱。纶昌印花厂生产的钢芯花布是纶昌花布中的另一特殊品种，它是用不同图案的钢芯模子，把图案花纹轧压在印花辊筒上再印制而成。

而以内外棉第二加工场为代表生产的防拔染印花哔叽、花直贡、深色小朵花、深色小碎几何、几何条格、浅色朵花、浅色几何等印花布，主要销售对象为农村市场。内外棉第二加工场生产的带有日本风味的“空心花”“条花”“麦穗花”“朵朵花”花样，具有东方风格，深受农村市场欢迎。

在此两大花型派路的基础上，民族印染工业的经营者积极捕捉市场信息，在模仿的同时也不断创造新的花样。如新丰厂的“白猫”花布，白地雪白，花色清新，轮廓清晰；信孚厂的“福利多”黛绸，在浅色或大红色地上，印上深色调处理的纹样，光彩夺目而柔和，具有丝绸感，为当时中年妇女的理想服装面料。1939年以后有少量花布开始远销国外（图4-99）。

图4-99　上海新丰纺织印染厂“白猫”牌印染布类系列商标（左旭初，《近代纺织品商标图典》，东华大学出版社，2007：285）

此外，无锡丽新机器染织整理股份有限公司，1934年，添置2台英国印花机及其附属设备，当时产品行销全国各大城市及南洋群岛，在上海、汉口、南京、镇江等地都设有发行所或分销处。

1936年，常州大成纺织染股份有限公司从日本购进一批二手设备，计有2台印花机和弯辊丝光机、电光机、热拉机等，各种印花布也占有一定的比例。

1934年，恒丰盛染织厂（即后来的常州第四印染厂），添置了2台日本旧印花机和几台起绒机，扩建成一个车间，生产印花水浪绒布，畅销一时。

青岛华新纱厂系北洋实业家周学熙创办的企业之一，由其子周志俊主持厂务。“1935年增添印花机，次年花布投产，日产量达2000匹”[1]。

印花布是普通消费者在阴丹士林以外作为旗袍面料的主要选择之一，但正是由于多用于普通消费者和产品本身易褪色等问题，在目前的存世实物中存量较少（图4-100~图4-108）。

（二）丝绸印花

中国传统丝绸印花在秦汉时期已兴起且迅速发展，其印花工艺包括了凸版印花、型版印花、扎染、蜡染、夹染、碱剂印花，以及清代发展起来的木版研光印花、弹墨印花等，品种极其丰富，使用范围广泛。印花所用的染料包括了矿物染料和植物染料两大类。进入近代后，由于上述印染工艺制作过程复杂及两类染料的色牢度较差的缺陷，渐渐被国外输入的丝绸印花产品和近代化学染料印花产品所替代。

[1] 曾繁铭. 青岛纺织企业简志汇编[G]. 青岛：青岛市纺织工业总公司，1989：55–61。

图4-100　花卉纹样印花大襟倒大袖旗袍（20世纪20年代，私人收藏，引自：上海艺术研究所，周天，《上海裁缝》，上海锦绣文章出版社，2016：67）

图4-101　紫红地折枝花卉纹印花长袖旗袍及面料局部（20世纪40年代，江南大学民间服饰传习馆藏）

图4-102　蓝地酱草花纹印花短袖旗袍及面料局部（20世纪40年代，高建中收藏）

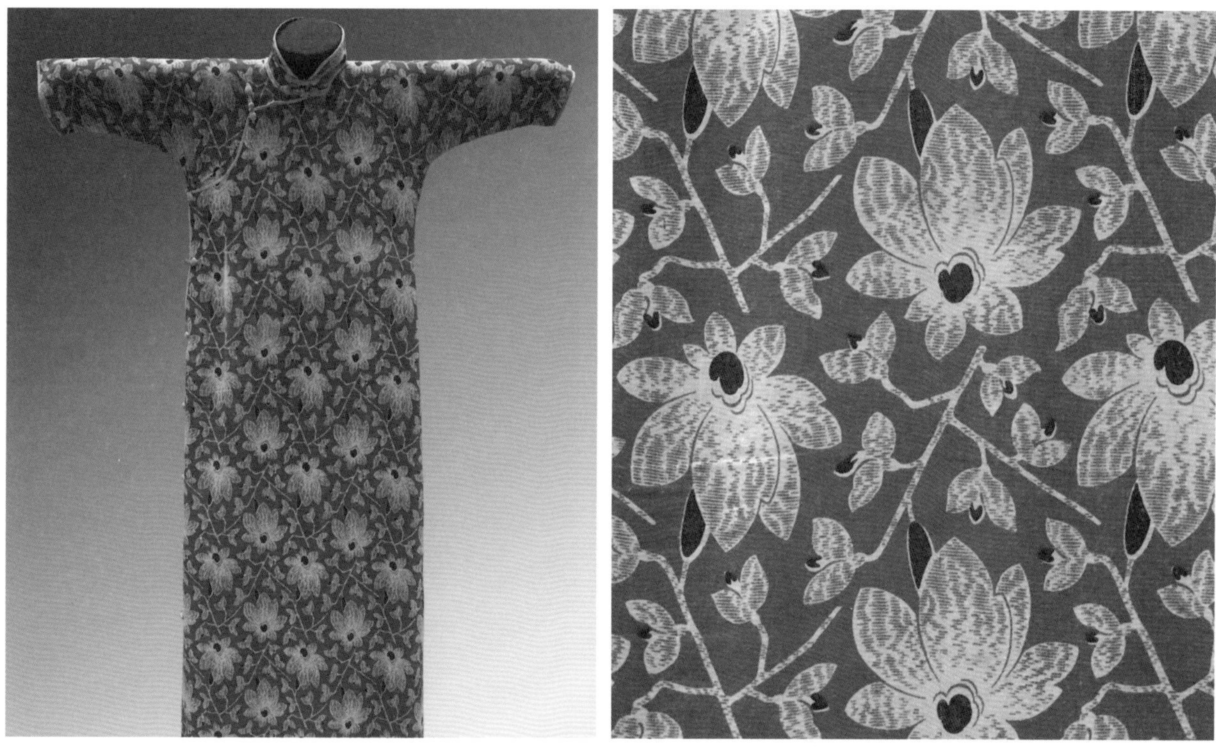

图4-103　橘红地花卉纹印花长袖儿童旗袍及面料局部（20世纪40年代，香港博物馆藏）

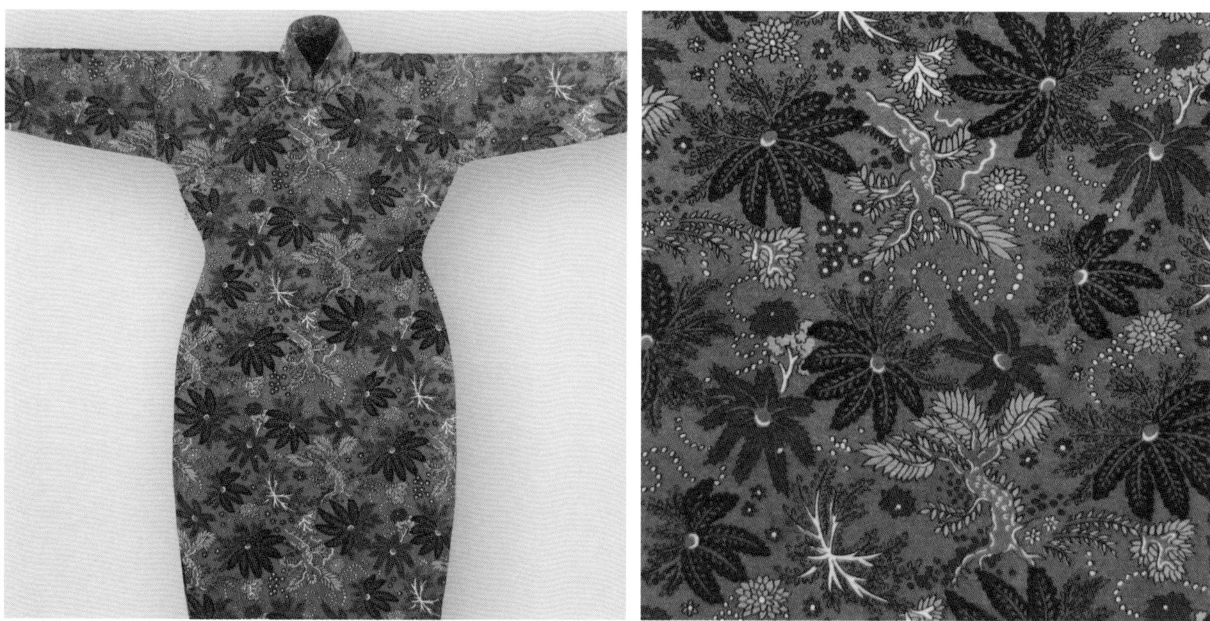

图4-104　绿灰地花卉纹印花长袖旗袍（20世纪40年代，孙旭光，《沉香——旗袍文化展》，团结出版社，2014：104）

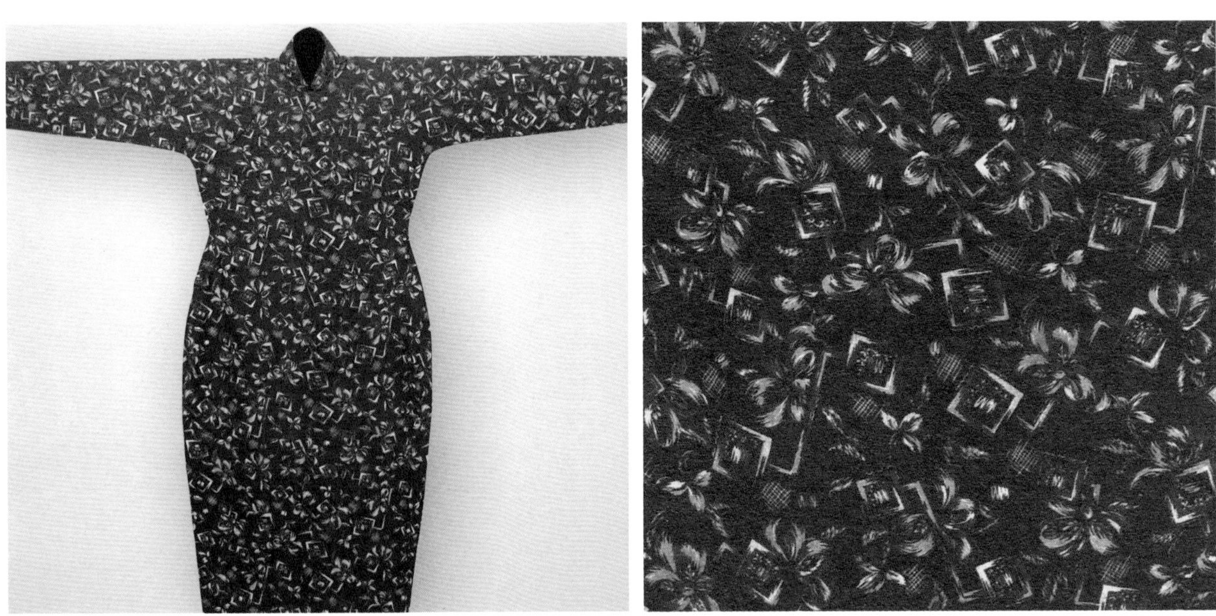

图4-105 蓝紫地几何花卉纹印花长袖旗袍（20世纪40年代，孙旭光，《沉香——旗袍文化展》，团结出版社，2014：55）

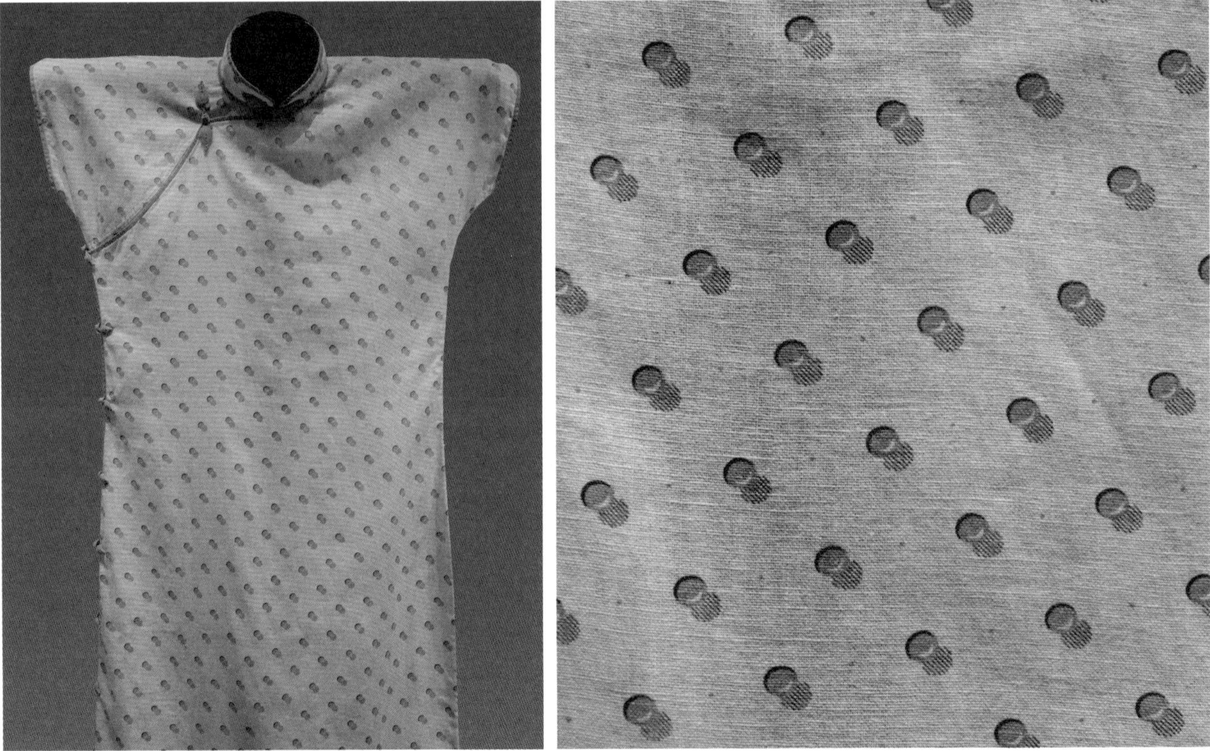

图4-106 淡黄灰地圆点几何印花长袖旗袍及面料局部（20世纪30年代，香港博物馆藏）

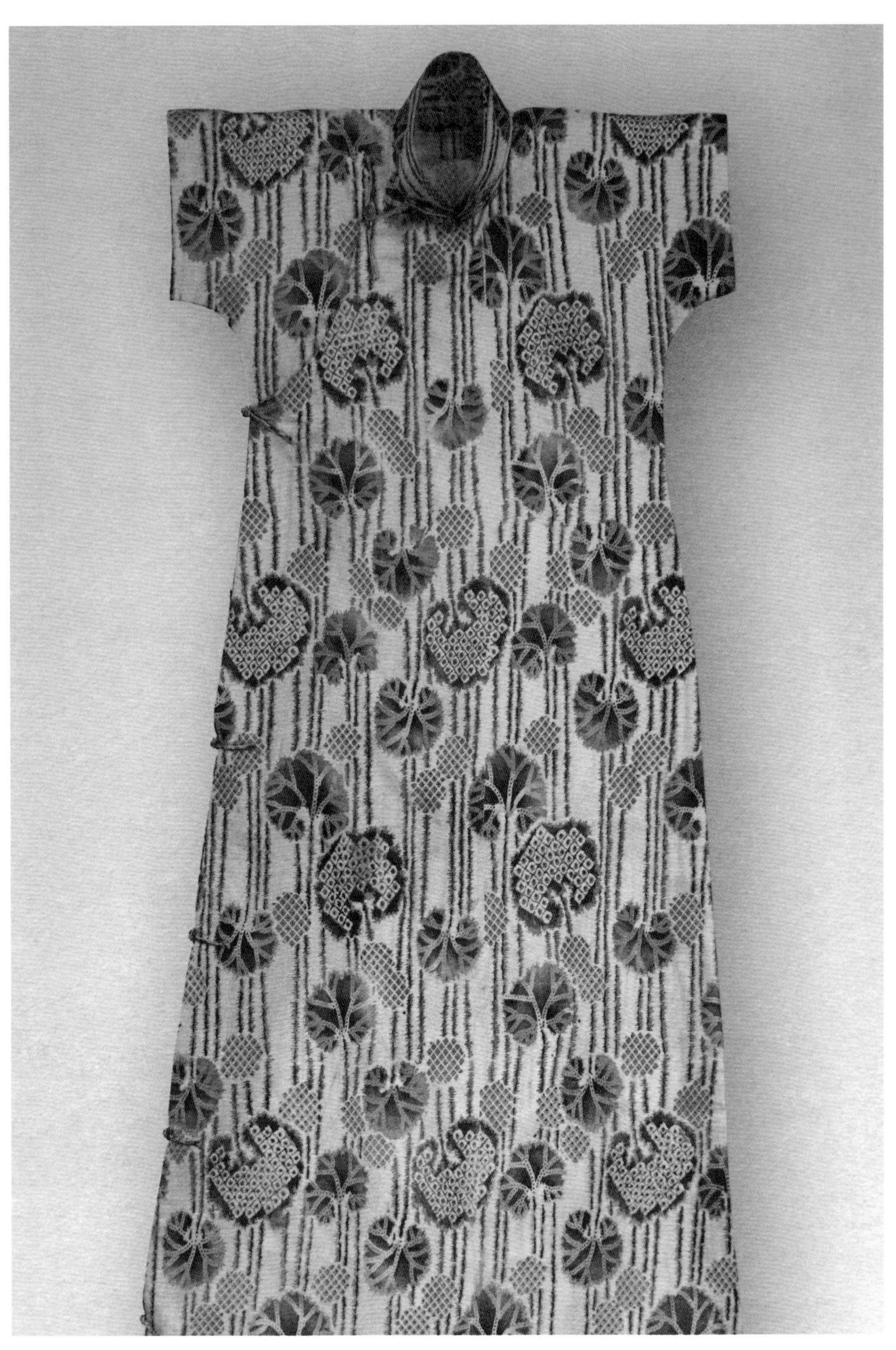

图4-107　白地花卉纹印花短袖旗袍（孙旭光，《沉香——旗袍文化展》，团结出版社，2014：27）

图4-108 印花旗袍面料小样（20世纪30~40年代）

我国丝绸印染业自从引进了国外染化原料和人造丝纤维，以及普遍采用织造生货的电力织机以后，发生了巨大变化，练染和印花相分离，兴起了一批独立的新式精练工厂和印花工厂。人造丝与真丝交织的生织绸缎匹染后可以获得双色效果，既灵活多样又节省财力，因而大量织造熟织的厂家纷纷改织生织。生织也称生货，是指经纬丝不经练染先织造成织物，称为即坯绸，然后再将坯绸练染成成品。这种生产方式成本低、过程短，是丝织生产中运用的主要方式。熟织也称熟货，是指经纬丝在织造前先染色，织成后的坯绸不需再经练染即成成品。这种方式多用于高级丝织物的生产，如织锦缎、塔夫绸等。“除了杭州生产的线春、罗纺等仍在杭州土练外，各地生货绝大部分集中到上海精练”[1]。由于传统丝织熟货不宜印花，生货又多染色少印花，传统丝绸产品中印花类相对较少，而近代的丝绸印花技术主要由国外输入，并且是从印制手帕逐渐发展至印制整匹绸货的。早在民国初年日商松冈洋行就首先输入绸缎浆印工艺，设厂于上海虹口区。《民国丝绸史》记载：“1912年以后，上海逐渐发展成为全国丝绸印染业最发达的地区”[2]，“20世纪30年代上海丝绸印染业已发展成为一个独立的行业”[3]。丝绸印花的发展大大丰富了丝绸产品的花色品种，艳丽多彩的丝绸印花纹样也给近代旗袍增添了前所未有的魅力。

上海近代丝绸印花的演变过程是先水印后浆印。

1. 水印

水印，主要指以液态染料，通过型版直接刷印的一种印花工艺。水印作坊大多为家庭式工场。水印设备、工艺均较简单，能较快地更换花样以适应市场风尚的变化。水印工艺应该是清末彩印花布的一种延续和发展，与传统印花的最大区别则是在使用的染料（传统印花为植物和矿物染料，水印为人工合成染料）和固色工艺之上。水印的印花工艺过程为：先将丝绸织物绷紧并用钉子将其固定在印花台板上，接着以镂刻好的纸版放置在丝绸织物的适当位置，用草制圆刷（后改用羊毫制成的圆刷）蘸取各种溶解好的染液在织物上进行多种套色的刷印。由于刷印过程中可轻可重，可以于同一版孔中刷出从深到浅或从一种色相到另一种色相的色泽变化，因而花色效果丰富而随性。印好纹样的绸匹晾干后，需放入密封蒸箱蒸化，以便进行固色处理。

水印的特点是可以根据花纹大小来灵活制版，对丝绸匹布的门幅阔狭也没有特殊的限制，可以按丝绸门幅的阔狭或设计需要来设计大小不等的独幅纹样或连续散点纹样。还可以按提花坯绸织花的纹样镂刻相应的印花型版，加以套色，使纹样更为精细、生动自如，为当时其他印花工艺所不及（图4-109）。在20世纪30年代，也有发展为用气泵和喷壶在型版上进行喷印的。这种印花方法设备简陋，花型相对粗糙，纹样以小块面为主。印制时根据纹样需要套色，但一个花型最多4～5套色，也可以根据需要刷印出色彩的过渡和光影变化。水印工艺由于染料的饱和度弱，

❶徐新吾. 江南丝织工业史[M]. 上海：上海人民出版社，1991：263。

❷王庄穆. 民国丝绸史[M]. 北京：中国纺织出版社，1995：222。

❸同❷228。

图4-109 根据提花坯绸织花的纹样镂刻相应的印花纸版进行刷印花的旗袍面料两例（20世纪30年代，笔者收藏）

存在纹样的色彩不够鲜艳、色牢度欠缺、易褪色等缺陷。并且织物的地色一般只能用白色、浅妃、蜜黄、浅蓝、浅肉色等浅色，深色为地的产品比较少见（图4-110）。

水印产品一般以服装的件料为主，每件产品之间会存在色度的差异，且产量小，无法适应市场大批量的需求，最终为浆印所取代[1]。我们从北京服装学院民族服饰博物馆收藏的粉色乔其纱沿白色缎边抹袖旗袍（20世纪30年代）和其他实物中，可以明显看到这种印花方法在色牢度上的不足（图4-111）。

另有一些印染厂规模虽小，但印染工艺各有特点。“五丰印花绸厂创制了蛋白浆料（即涂料），使其产品独树一

[1] 王耿雄. 中国丝绸印花发展史概述[G]. 中国近代纺织史研究资料汇编：第四辑，1989（4）：35-36。

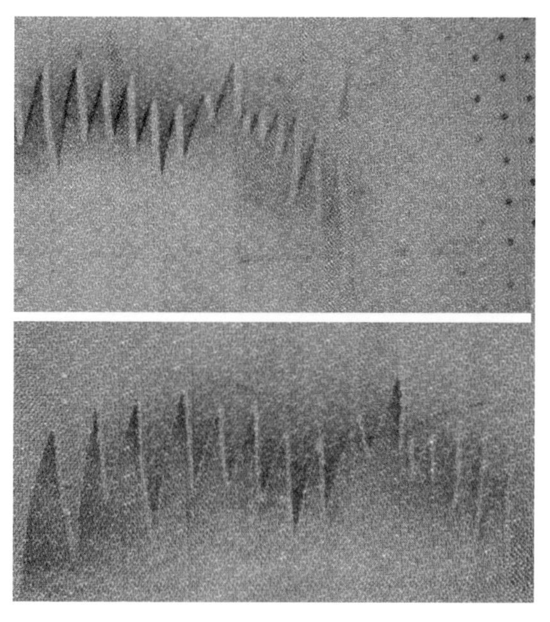

图4-110　抽象山水纹印花绉旗袍面料局部（20世纪40年代，高建中收藏）

图4-111　粉色乔其纱沿白色缎边抹袖旗袍面料局部（20世纪30年代，北京服装学院民族服饰博物馆藏）

帜。五丰印花绸厂还生产银缎提花加印花，图案是根据提花专门设计，售价很高。”[1]上述记载虽记载了“提花加印花”的工艺，但未有详细的论述。从笔者收集的近代旗袍实物来看，提花加印花的品种，在民国时期的旗袍面料中曾有不少运用。大致可分为两类：第一类如上文水印工艺所述，是根据提花纹样专门设计的印花稿，大都是在素色提花织物的纹样上，用印花做一些色彩比较鲜艳的点缀，以提高产品的吸引力和附加值；第二类是在提花染色的深色织物上，先进行拔色再印花（图4-112~图4-114）。

2. 浆印

在现存的近代旗袍中，还可以看到一种与上述“水印”类似的印花工艺——浆印。所谓浆印，即指用染料与糯米、糠粉调和成各种颜色的浆料，再使用型版来印花的一种工艺方法。其印花型版是使用纸质或胶皮材料镂刻而成，印制过程中一般是采用糯米粉浆糊将白色坯绸固定平贴于木台板上，再将较丝绸幅宽稍阔的镂花型版放在坯绸上面，根据纹样和工艺的需求，以不同颜色的色浆用刮板分套色刮印在坯绸上。纹样印制完成后，再满匹“全部刮印上约0.5厘米厚的地色浆”。浆印的一副脚

[1] 王耿雄．中国丝绸印花发展史概述[G]．中国近代纺织史研究资料汇编：第四辑，1989（6）：35-36。

图4-112 玫红地花卉纹印花绸长袖旗袍及面料纹样复制图（20世纪30年代，江南大学民间服饰传习馆藏）

图4-113 咖啡波纹地酢浆草纹型版喷印长袖旗袍面料局部（20世纪30年代，私人收藏）

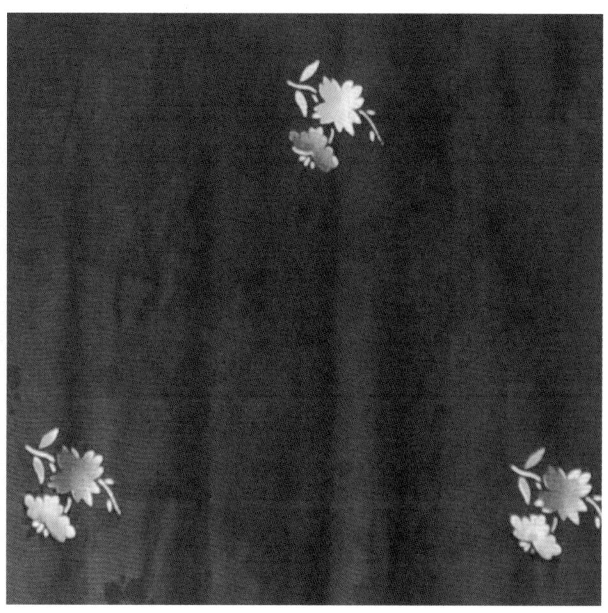

图4-114　紫红色印花绸短长袖旗袍及面料局部（20世纪30年代，江南大学民间服饰传习馆藏）

凳为5~6块台板，板长7米，宽度有1.4米和1.25米两种，厚度3厘米左右。工人分上、下手两人操作，台板可活动，可翻身两面印制。每套色印制完需搬移至搁架上晾干，5块台板依次轮流印制。然后进行蒸化固色，水洗去浆，再脱水、晾干、整理。

浆印工艺的特点是以清地朵花为主，轮廓清晰、立体感强、色泽鲜艳、色牢度亦佳、水洗不褪；但印制工艺较烦琐，除染料外，须用糯米粉、糠粉调浆，消耗粮食既多，工艺又烦琐，稍一疏忽，易成疵品。另外，由于浆印的设备笨重，劳动强度高，而且产量有限，价格不菲，获利不易，当时很难得到推广。

上海的丝绸浆印起始于1912年，由于印花坯绸可以就地取材，故日商松冈洋行首先输入此新法浆印技术，设厂于上海虹口区，规模极小，一家工场只有一二副凳脚。用廉价雇佣不识字的童工，以防止技艺外泄。后来印花产品销售日增，日商又开设有丸雄、福田、田中等丝绸印花厂。纹样以折枝花、清地为主。至1919年，钦英斋于成都路开设中国机器印花厂，为国人效法日本采用绸缎新法印花之始。以后，在抵制日货运动中，日商印花厂停歇。20世纪20年代末至30年代初，上海已拥有十四五家浆印印花厂。其中以辛丰印花绸厂规模最大，雇工有五六百人之多，发行所职员也有五六十人。其产品不但畅销国内，而且远销南洋群岛、新加坡、印度加尔各答等地。在上海三大公司布置橱窗，独家陈列辛丰厂印花丝绸产品，并发行“特刊”，宣传该厂的规模和产品特点。

其他规模较大的有中国印花厂、新德印花厂、新国民印花厂等，拥有浆印凳脚近百副，职工五六十人至百余人不等，不仅制版、调浆、印花、蒸化、水洗、整理等工艺齐全，且置有蒸汽锅炉、蒸汽整理机、电动脱水机、压缩空气机（用于喷印）设备。与此同时，美亚织绸厂也先后添设了练染机及印花机。尤其是在抗战前夕，美亚曾设立一个纱印工场于八字桥的关栈厂内，实为我国引进“丝网印花”之先驱，可惜的是，未及正式投产，即全毁于日军炮火。宏祥印绸厂，1923年建厂，员工12人，印花设备为3副凳脚、12只木制台板等，月产量仅有1500米。1945年抗战胜利后，工厂有了较大发展，木制台板扩大到80余块，生产方式兼有水印和浆印，加工绵绸与旗袍料，月产量为建厂初期的10倍，已达到1.5万米（图4-115~图4-119）。

20世纪20年代末到30年代初期的丝绸印花，由于受浆印条件的制约，处理手法大都以粗撇丝和块面来表现，色

图4-115　宝蓝地折枝菊花纹提花绸长袖旗袍及面料局部（20世纪40年代，江南大学民间服饰传习馆藏）

图4-116 浅蓝绿地簇花飞鸟纹印花绸长袖旗袍及面料局部（20世纪40年代，江南大学民间服饰传习馆藏）

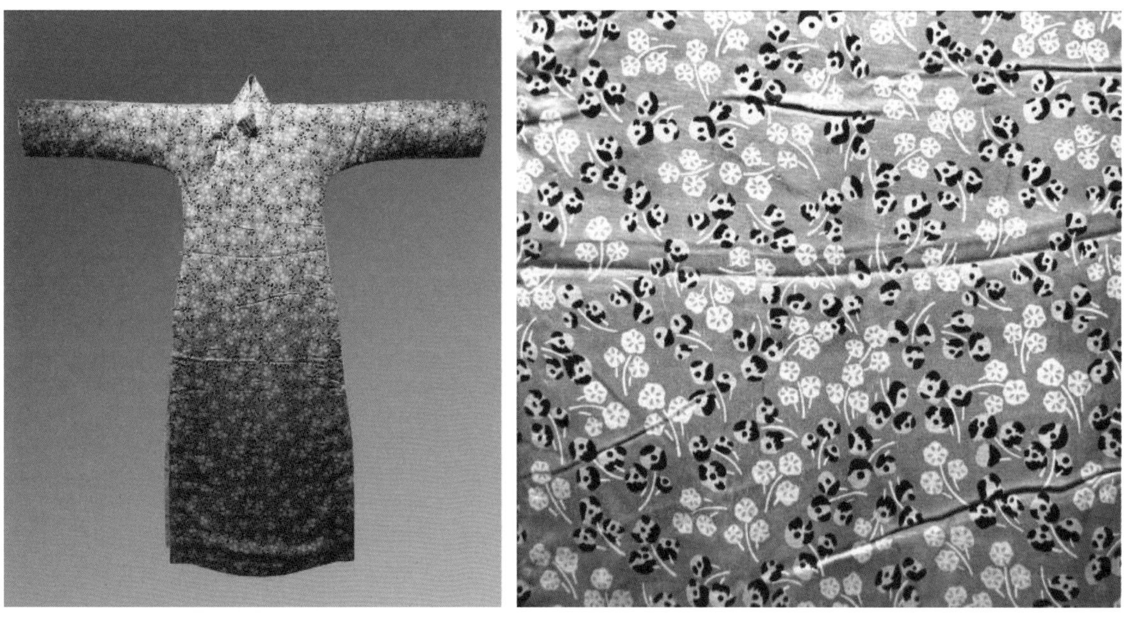

图4-117 深藕色地花卉纹印花长袖旗袍及面料局部（20世纪20年代，私人收藏）

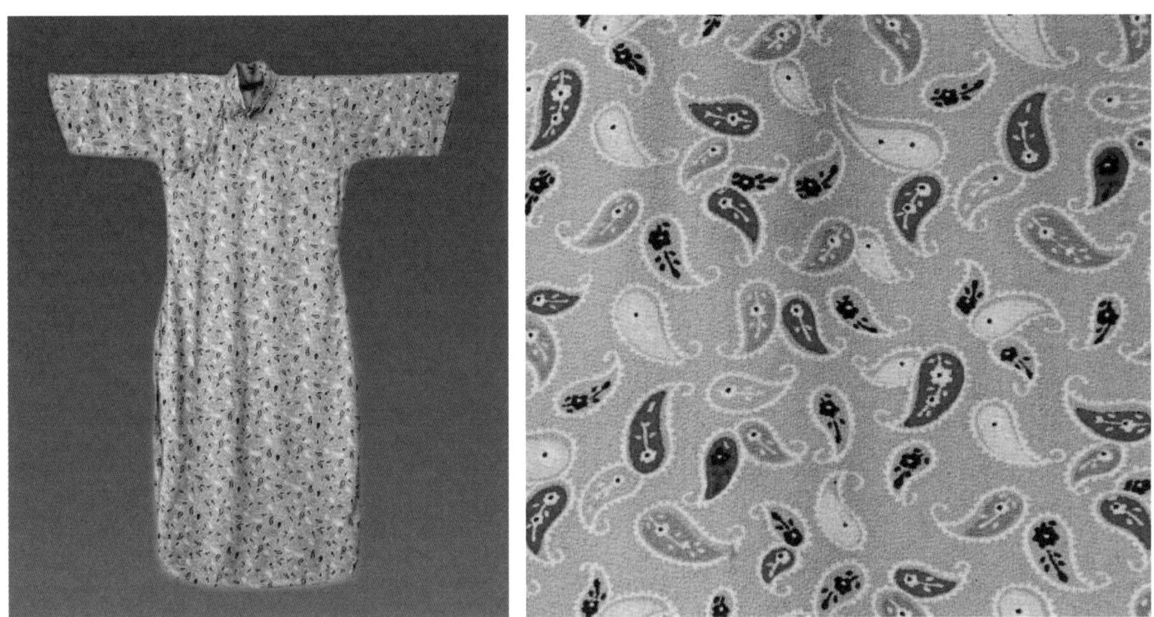

图4-118 土黄地佩兹利纹印花双绉中袖旗袍及面料局部（20世纪20年代，笔者收藏）

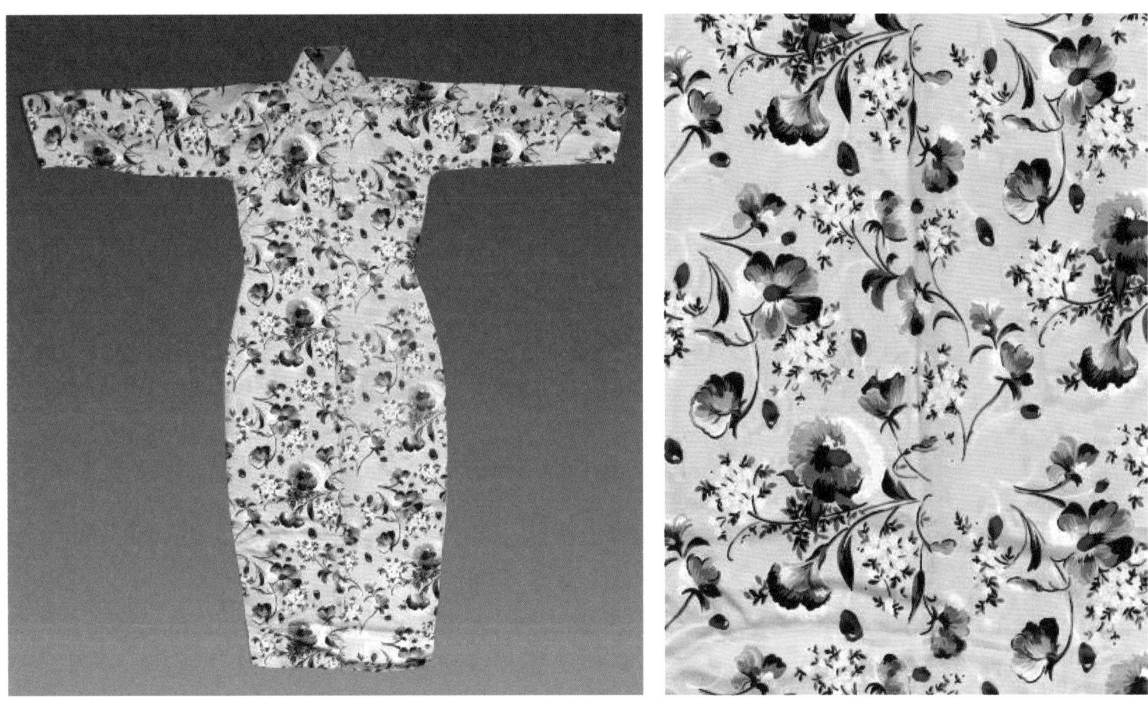

图4-119 粉色地草花纹印花绸钉纽大襟长袖旗袍及面料局部（20世纪30年代，私人收藏）

彩以同种色或同类色深中浅为多，有素雅清淡之感。丝绸印花在当时市场上很是时髦，各阶层妇女竞相争购穿着，印花丝绸的销售数量很大。1926年仅杭州一市，五、六两月每天平均售出印花绸缎即达3500余匹。辛丰印花绸厂每天投产300多匹，每月约1万匹。如加上其他各厂的产量，月产量达2万匹左右。

其销售数量之多，促使丝绸印花工业在短短的几年中得到蓬勃发展。

当时西欧国家，特别是法国、瑞士等国的丝绸印花世界闻名。他们虽然也是手工印花，但已经从一般的型版浆印发展到筛网印，印制工艺高超。花卉图案造型生动，形象逼真。表现方法也多种多样，有水彩、油画的效果，波斯纹样更具有独特风格，其工整细腻，套版准确。我国的丝绸印花厂亦无不竞相模仿国外来样以争取销路。由于丝绸印花同行的激烈竞争，促使国内印花厂的刻版日趋进步。为防止刮印时型版破损，于是在型版上以丝网用生漆绷牢，使花位平挺，不论是小块面、细撇丝、绒条等密集相连之处都不会翘起、破损，操作时刮印方便，提高了生产效率，这实际上是在浆印基础上的一次改革。

从目前传世的旗袍及面料的分析来看，进口丝绸面料应该占有较大的比例，印花技术一般也高于国内的印花厂（图4–120~图4–127）。

图4–120　褐地花卉纹印花双绉短袖旗袍及面料局部（20世纪30年代，苏州丝绸博物馆藏）

图4-121 元色地折枝花卉纹印花绉无袖旗袍及面料局部（20世纪30年代，苏州丝绸博物馆藏）

图4-122　淡蓝地牡丹纹印花中袖旗袍及面料局部（20世纪30年代，苏州丝绸档案馆藏）

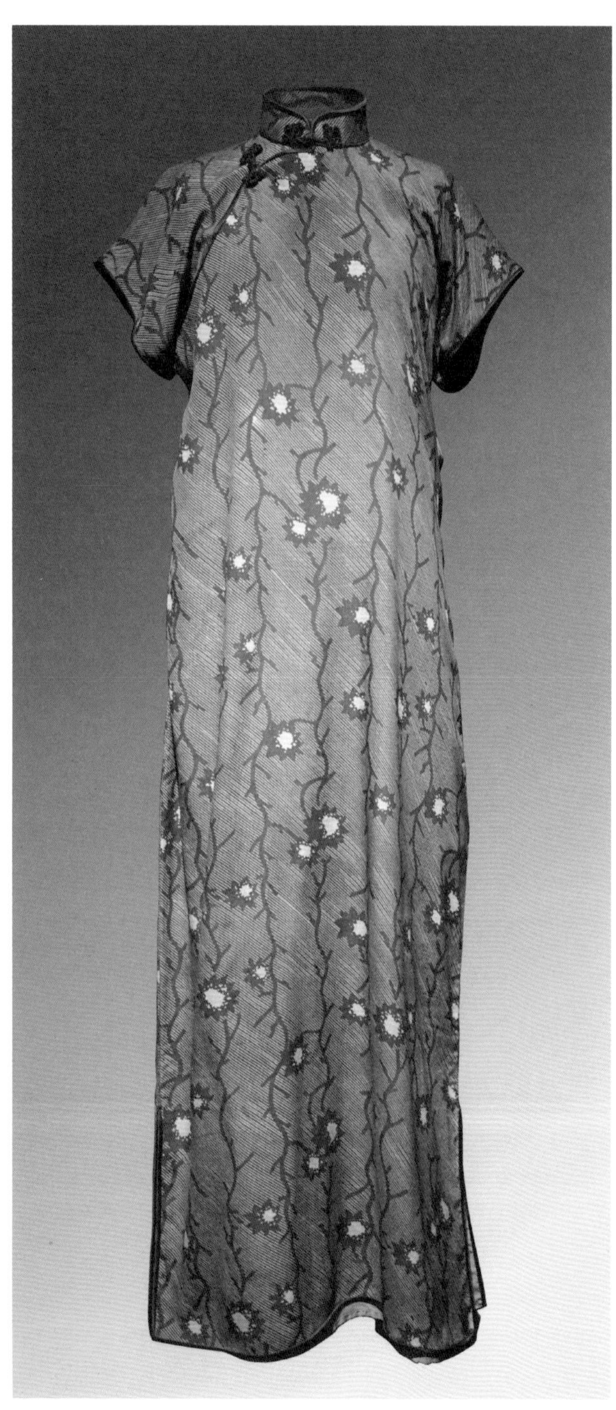

图4-123 灰地花卉纹真丝印花短袖单旗袍（20世纪40年代，上海市历史博物馆藏）

图4-124 粉红地郁金香纹短袖印花旗袍（20世纪40年代，私人收藏，引自：上海艺术研究所，周天，《上海裁缝》，上海锦绣文章出版社，2016：75）

图4-125　绿地印花绸长袖旗袍及面料局部（20世纪40年代，中国丝绸博物馆藏）

图4-126　黑地印花双绉衬绒棉旗袍及面料局部（20世纪30年代，苏州丝绸博物馆藏）

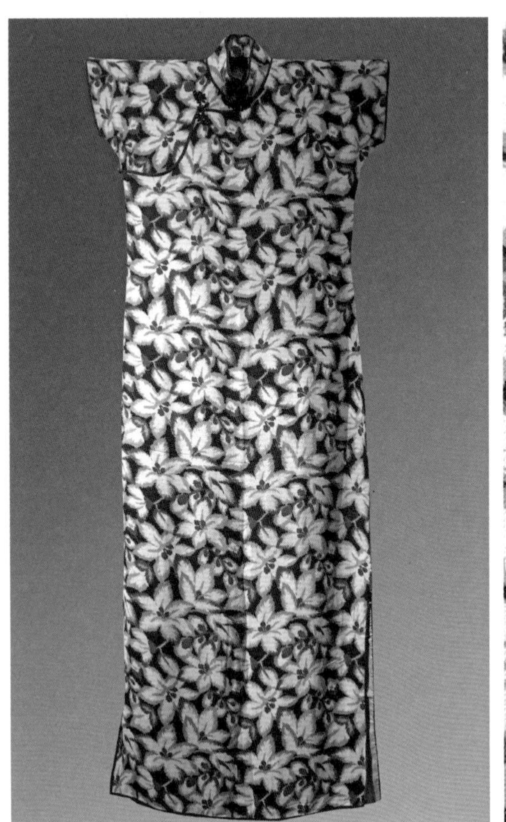

图4-127 黑地花卉纹印花短袖旗袍及面料局部（20世纪30年代，私人收藏）

图4-128、图4-129是两件在真丝和人造丝交织的提花面料上，采用大面积多色印花的旗袍。其利用真丝和人造丝不同的吸色率，使织物产生富丽、梦幻的视觉和色彩效果。此类的印花方法在民国时期的旗袍织物中并不多见。

在民国的技术状况下，直接印花占主导地位，在存世的实物中拔染印花和防染印花的实物也并不少见，据东华大学纺织服饰博物馆对所藏旗袍的研究统计，丝绸类印花织物拔染印花占37.5%，防染印花占4.3%。"采用直接印花的数量远多于拔染和防染，又以防染最为少见。这是因为在当时的条件下三类印花方法各有优劣：直接印花工艺流程简单，产量高，故而应用最多。拔染印花的地色色泽丰满艳亮，花纹细致，轮廓清晰，花色与地色之间没有第二色，效果比较好。但在印花时较难发现疵病，工艺也较复杂，印花成本较高，而且适宜拔染的地色不多，所以应用有一定局限性。与拔染印花相比，防染印花工艺较短，使用的地色染料较多，但是花纹一般不及拔染印花精密、细致。如果工艺和操作控制不当，花纹轮廓易于渗化走样而不光洁，或发生罩色造成白花不白、花色变萎等不良效果。"[1]笔者从存世旗袍和面料局部的分析、研究中，基本认可上文所述当时拔染印花和防染印花的技术特点，但根据其博物馆

[1] 卞向阳，周炳振．民国旗袍实物的面料研究[J]. 丝绸，2008（2）：63。

图4-128　黑色织金锦印花短袖旗袍及面料局部（20世纪30年代，中国丝绸博物馆藏）

图4-129　紫地织银彩印花卉缎无袖旗袍及面料局部（20世纪40年代，苏州丝绸博物馆藏）

收藏品做出的各种印花方法的统计比例，与实际销售或消费者使用的比例而言，或只能是局部数据（图4-130~图4-133）。

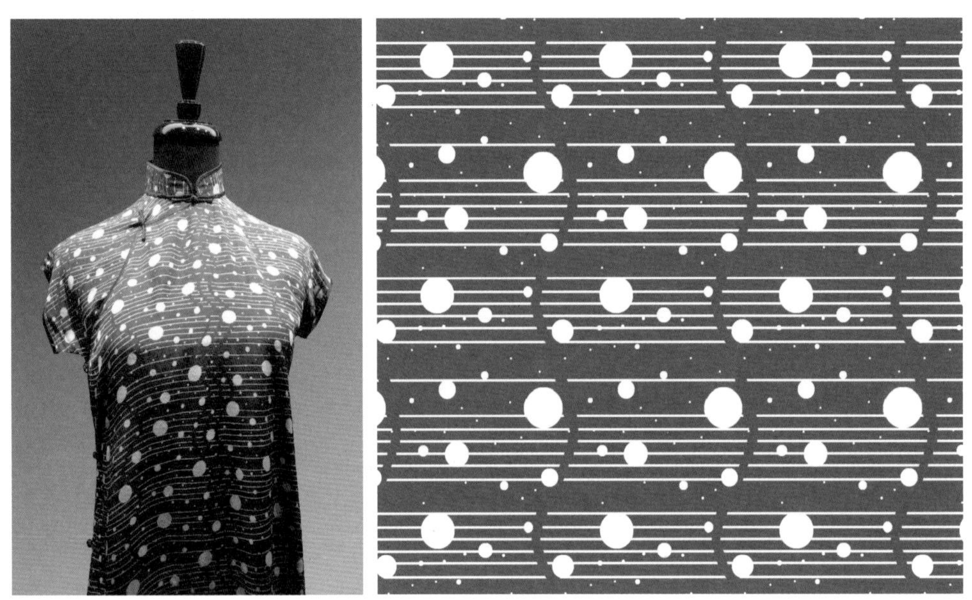

图4-130　蓝地圆点水波纹丝绸印花绉短袖旗袍及面料纹样复原（20世纪30年代，江宁织造博物馆藏）

图4-131　青地折枝花卉纹长袖旗袍及面料局部（20世纪40年代，江南大学民间服饰传习馆藏）

图4-132　青蓝地花卉条纹印花绸短袖旗袍及面料局部（20世纪30年代，香港博物馆藏）

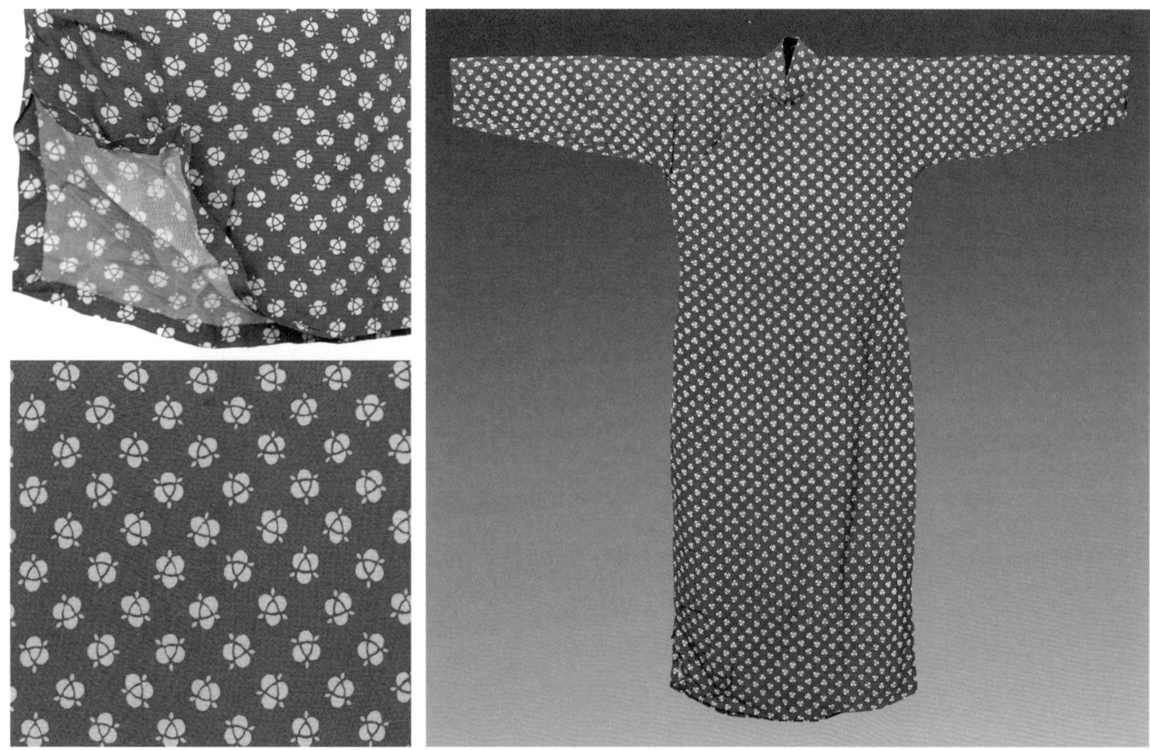

图4-133　紫地印花绸长袖旗袍及面料局部（20世纪40年代，深圳中华旗袍馆藏）

3. 丝绒烂花和丝绒拷花

值得一提的是，在当时旗袍面料中较为流行丝绒烂花和丝绒拷花织物品种。丝绒烂花属烂花印花工艺，亦称腐蚀印花。它的印花原理是在两种或两种以上纤维组成的织物表面印上腐蚀性化学药品（如硫酸），经高温烘干、处理使某一纤维组分受破坏而形成特殊的镂空、透雕风格的纹样。20世纪30年代的烂花印花，主要为烂花绒，是利用桑蚕丝耐酸不耐碱，而人造丝耐碱不耐酸的不同特性，开发出的品种。这种织物以桑蚕丝作为地经，人造丝作为绒经，采用双经轴织机织造。织造好的织物根据花型需要，用型版印花的形式将硫酸调在浆料里刮印在纹样以外的织物上，经炭化作用烂去部分人造丝，再经漂洗、染色整理后就形成了烂花绒。烂花印花主要用于真丝及其交织物（黏胶人造丝），如烂花绸、烂花乔其绒、烂花丝绒、烂花绡等。烂花印花织物具有轻、薄、透的特点，与当时女性服装及旗袍“薄、漏、透”的审美趋势极为吻合，故而深受消费者欢迎。在笔者收藏和拍摄的旗袍藏品中，烂花印花类旗袍多达20余件。

在存世烂花印花的旗袍织物中，我们可以看到其在工艺制作上主要分为三大类：第一类是面料织造的过程中无提花，依靠染色和烂花来显现花型（图4-134~图4-137）；第二类是先提花后烂花（图4-138）；第三类是在织造好的面料上先印花，然后再烂花（图4-139、图4-140）。三者风格不一，后两者视觉效果较为特殊。

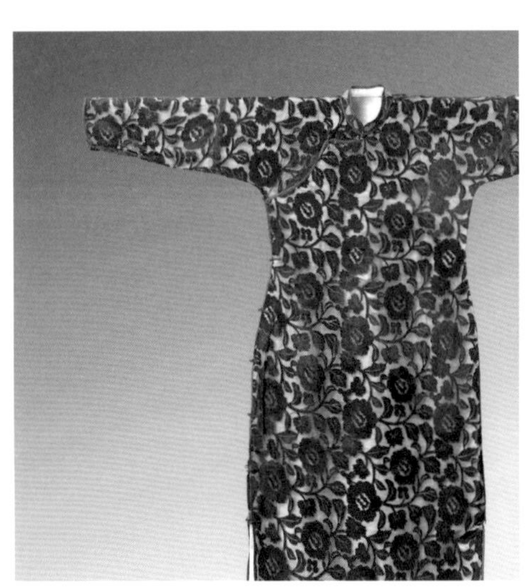

图4-134　白地蓝色茶花纹丝绒烂花长袖旗袍及面料局部（20世纪30年代，笔者收藏）

图4-135 红地折枝茶花纹丝绒烂花短袖旗袍及面料局部（20世纪30年代，江宁织造博物馆藏）

图4-136 墨绿地烂花乔其绒无袖旗袍及面料局部（20世纪30年代，苏州丝绸博物馆藏）

图4-137 紫红地花卉纹烂花绒长袖旗袍及面料纹样复原（同盛沅公司商标，20世纪30年代，江宁织造博物馆藏）

图4-138 咖啡地烂花绒无袖单旗袍及面料局部（20世纪40年代，上海市历史博物馆藏）

图4-139　橙黄地几何纹印花加烂花短袖镶边旗袍及面料局部（20世纪30年代，上海市历史博物馆藏）

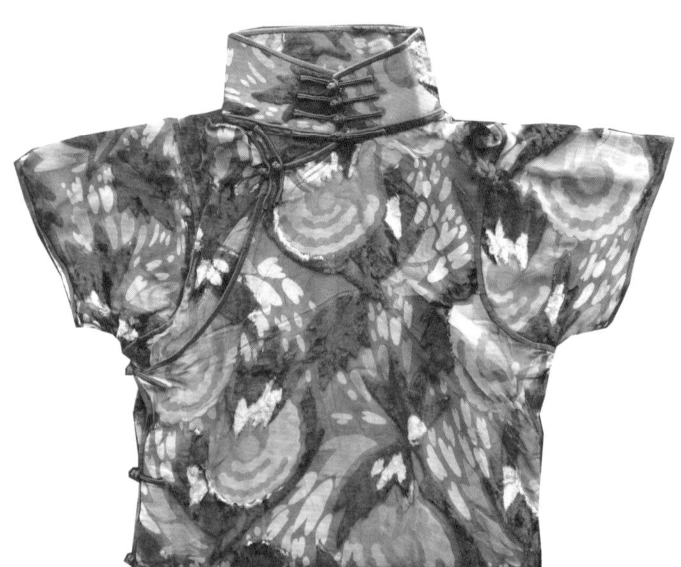

图4-140 蓝地抽象花卉纹烂花加印花短袖旗袍及面料局部（20世纪40年代，私人收藏）

在烂花丝绒以外，近代旗袍面料中还出现了一种较为常见的烂花面料品种，它们就是烂花绡。在笔者收集和拍摄的烂花绡品种中，同样分为两大类：一类为单纯的染色烂花（图4-141）；还有一类为先印花再烂花（图4-142）。这两类品种都是近代旗袍面料设计中的佼佼者。

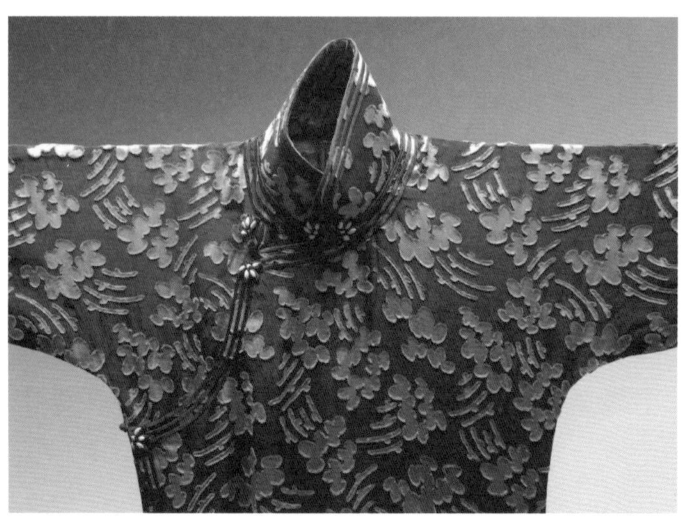
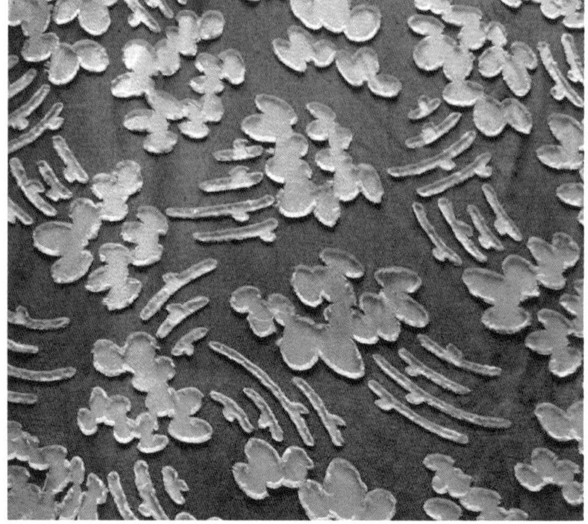

图4-141 烂花绡长袖旗袍及面料局部（20世纪30年代，苏州丝绸博物馆藏）

图4-142　紫色烂花绡短袖旗袍及面料局部（20世纪40年代，苏州丝绸博物馆藏）

在丝绒类旗袍面料中，还有一类常见的品种即拷花印花，也称拷花绒。拷花绒是丝绒织物染色后，利用后整理方法形成的一类绒类织物。其工艺过程为：将染色后的丝绒面料粘贴在印花台板上，先将绒刷成一边倒，再用金属镂空花版盖在丝绒坯绸上，以板刷向相反方向倒刷使绒毛倾倒，形成卧绒和立绒两个不同部分，卧绒部分即拷花的纹样。在以后的发展中也有使用机械高温加压，使部分丝绒倾向某一方向，在不同的光线下，因丝绒的反光作用而显现出具有立体感的纹样。这种印花方法，工艺相对简单，纹样以块面为主，在不同光源条件下，纹样显现出丰富多样的视觉变化（图4–143~图4–147）。

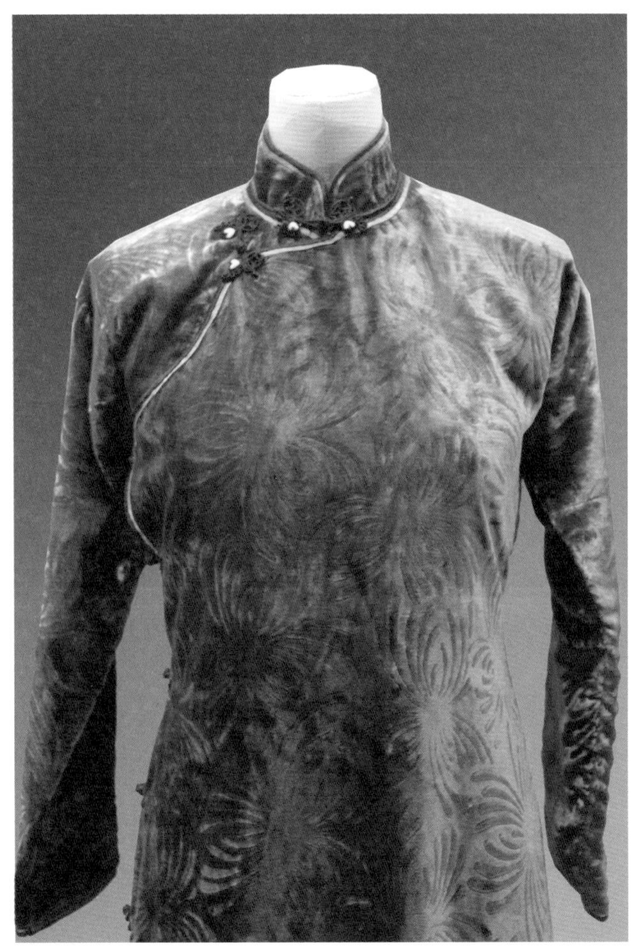

图4-143 紫色拷花丝绒长袖旗袍及面料局部（20世纪40年代，中国丝绸博物馆藏）

图4-144　绿地丝绒压花长袖旗袍（20世纪30年代，江南大学民间服饰传习馆藏）

图4-145　咖啡色地丝绒压花短袖旗袍（20世纪30年代，江宁织造博物馆藏）

图4-146　褐色丝绒压花细香滚长袖旗袍（20世纪40年代，私人收藏）

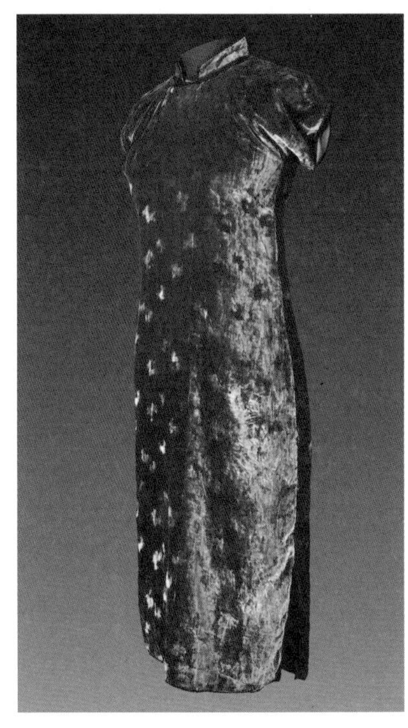

图4-147　紫红色拷花绒短袖旗袍（20世纪40年代，高建中收藏）

（三）其他印花面料与旗袍

在上述的棉布、丝绸面料的常规印花方法外，存世旗袍中比较常见的还有毛呢面料的印花。从东华大学纺织服装博物馆馆藏旗袍的统计来看，毛呢织物所占比例为6.8%，此比例与消费情况基本吻合。毛呢织物品种包括女衣呢、派力司、法兰绒等[1]，毛呢织物旗袍多为春秋和冬季穿着。毛呢印花旗袍面料的纹样相对比较简洁，套色较少，以点和小色块为主（图4-148~图4-150）。

[1] 卞向阳，周炳振．民国旗袍实物的面料研究[J]. 丝绸，2008（8）：60。

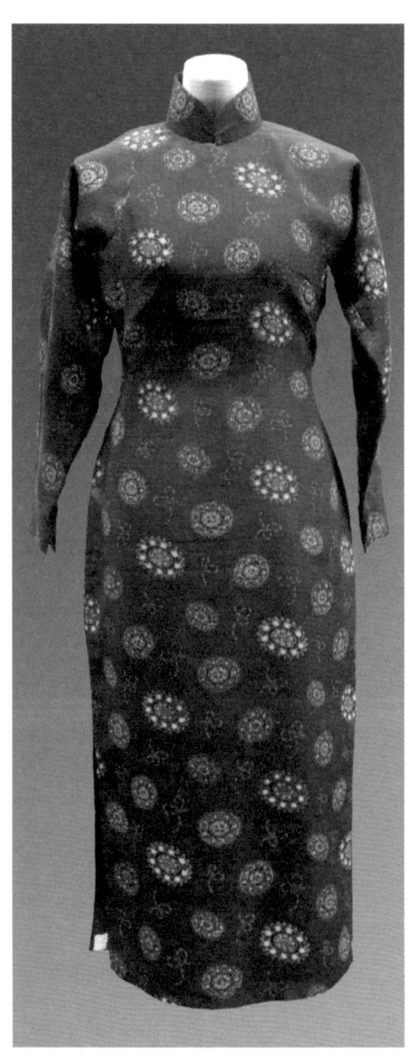
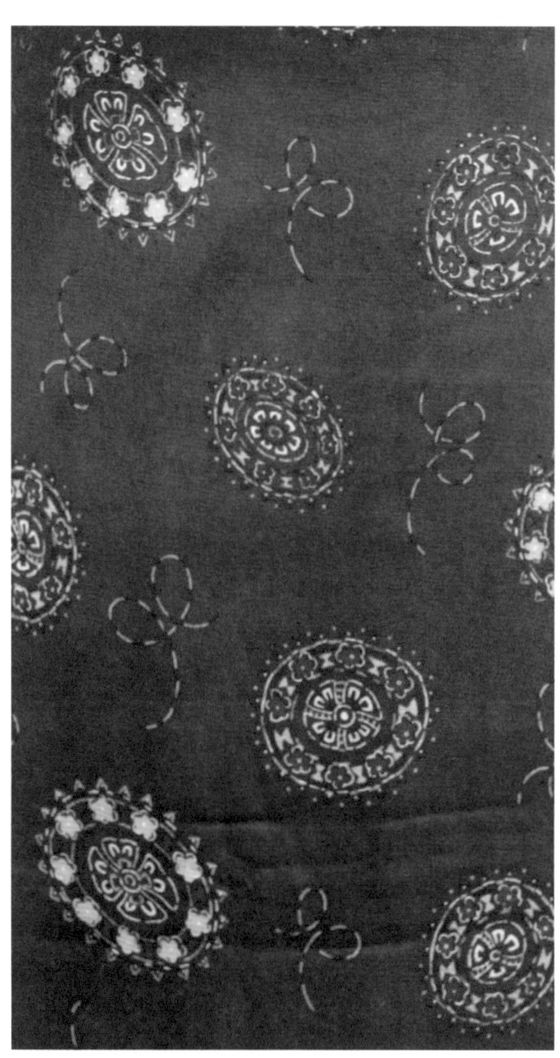

图4-148　蓝地印花长袖旗袍及面料局部（20世纪40年代，中国丝绸博物馆藏）

图4-149　深绿地圆点花呢短袖旗袍（20世纪40年代，中国丝绸博物馆藏）

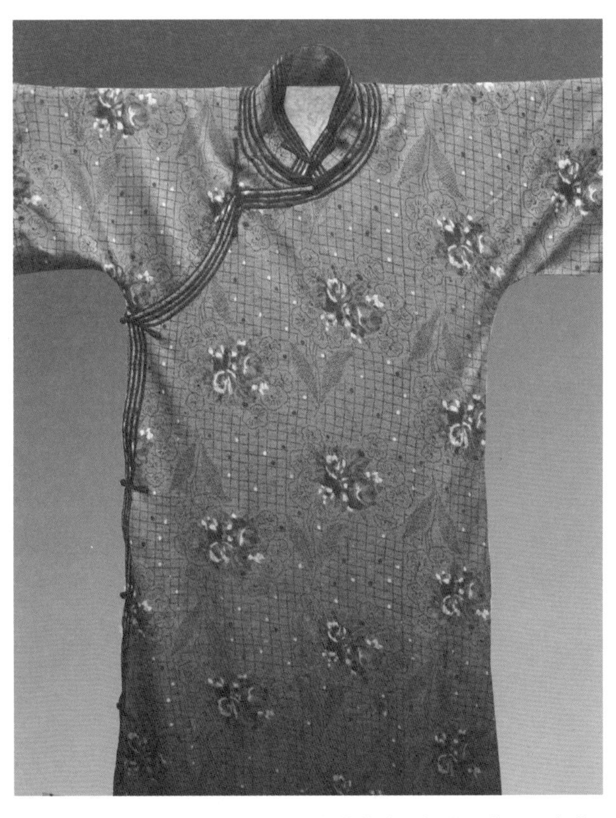

图4-150　灰地花卉纹玫瑰纹印花长袖旗袍局部（20世纪30年代，高建中收藏）

在传世旗袍中我们还可以看到一些特殊的印花方式，如漆印、喷印及手绘等面料，但都不占主要地位。在笔者收藏和拍摄的传世旗袍中，发现有漆印旗袍三件。第一件为黑地花卉纹漆印花绸无袖双襟旗袍，花型为小块面组合而成的折枝花卉，色彩有朱红、水绿、黄灰三套色，从织物印漆表面可以看到明显的漆面裂纹（图4-151）。第二件为紫红地圆环纹漆印花无袖旗袍，此件印花旗袍使用的是小块面的环形圆点，印花版制作细密规整。但此旗袍用漆较特殊，是一种深色带有弱反光效果的漆材料（图4-152）。第三件为丝绒材质，工艺为先烂花而后再印漆。在漆印方法上，运用了两种方式：一是用了镂空型版和四种颜色（粉色、淡绿、淡蓝、淡黄）的漆在地组织上进行了喷绘，加强了地组织和起绒纹样之间的层次感；二是同样使用镂空型版，在起绒的纹样上，部分印制了非常饱满的花蕊般密集的小点。但不管是喷印部分还是小点部

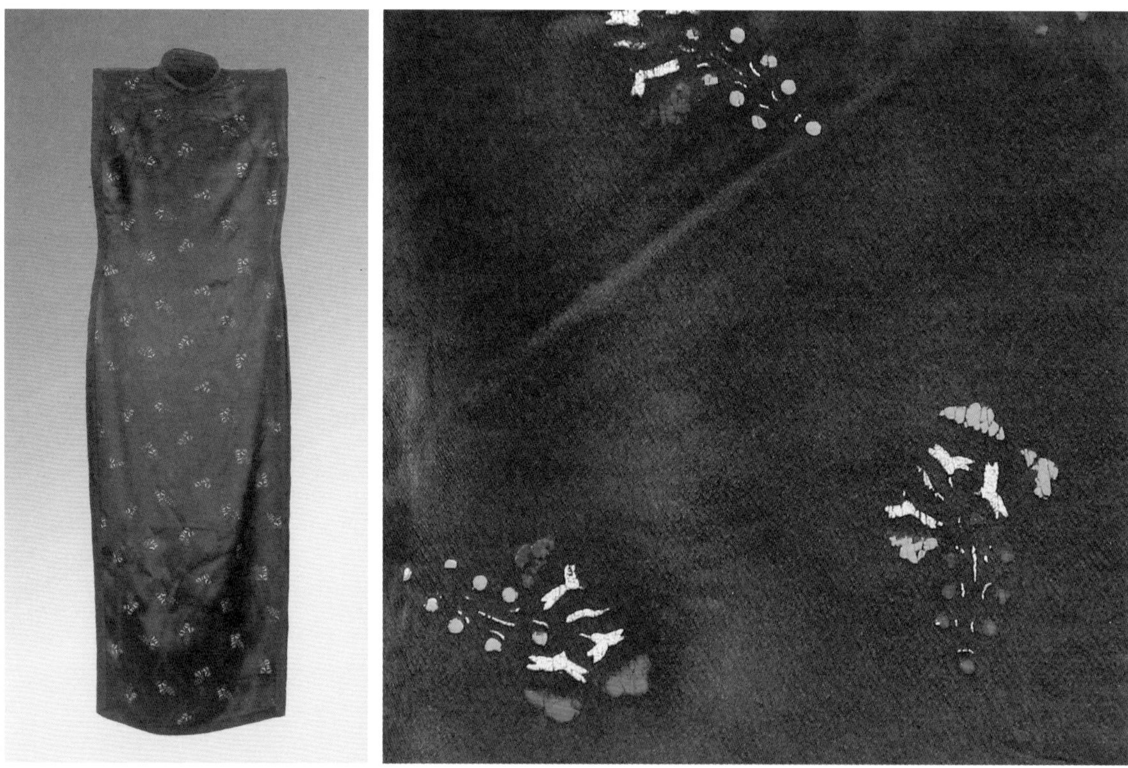

图4-151　黑地花卉纹漆印花绸无袖双襟旗袍及面料局部（20世纪40年代，私人收藏）

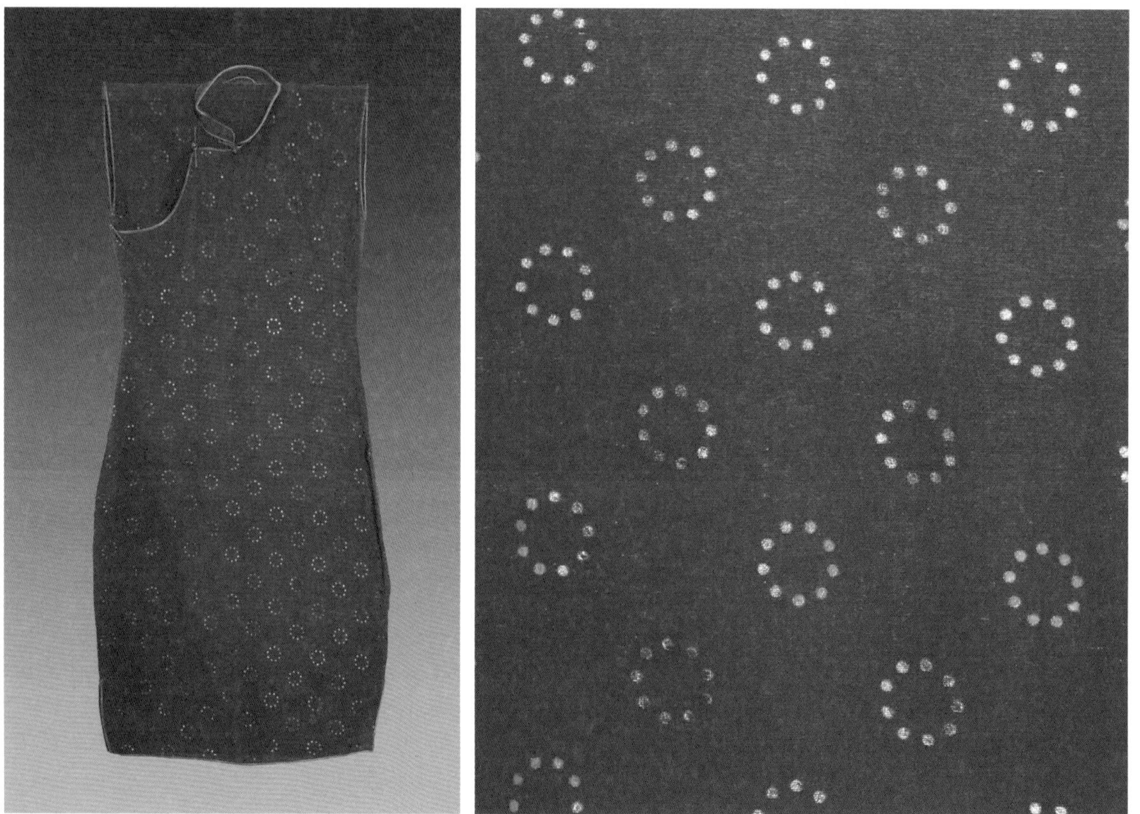

图4-152　紫红地圆环纹漆印花无袖旗袍及面料局部（20世纪40年代，笔者收藏）

分，漆的材质效果明显，手感都较硬（图4–153）。此种印花形式在近代旗袍织物中的出现，应该说是特定历史时期的产物，也是近代染料欠发达状况下，设计师与匠人们对印花工艺的一种新的尝试与探索。同时，也是近代服饰文化中“趋新性”的案例之一。

在传世丝绸旗袍及面料中，笔者还发现有手绘与喷印、型版防染印花结合运用的工艺方法，也应当是当时比较时尚的织物装饰手段。从旗袍面料的局部分析，我们可以清晰地看出这种印花方法，首先是用型版和防染浆做局部的防染，然后进行手绘和喷印，再做固色和退浆处理。

此三件手绘旗袍分别用了较为写实的叶形图案和抽象的格形、条形图案，但共同的特点是手绘技巧自由、随性而熟练，防染型版印花的点缀恰到好处，加上喷印的阴影过渡，起到了较好的衬托作用，效果优雅而具有个性，为近代旗袍面料中的精品（图4–154~图4–156）。比较有意思的是，笔者在《玲珑》杂志中还发现了与本书图4–156传世旗袍面料十分相似的老照片，可见这样的手绘旗袍面料在20世纪30年代比较流行和时髦（图4–157）。从服装史研究的角度看，也是图像证史的很好案例。

图4–153 豆沙色地花卉纹丝绒烂花加漆印花短袖旗袍及面料局部（20世纪30年代，高建中收藏）

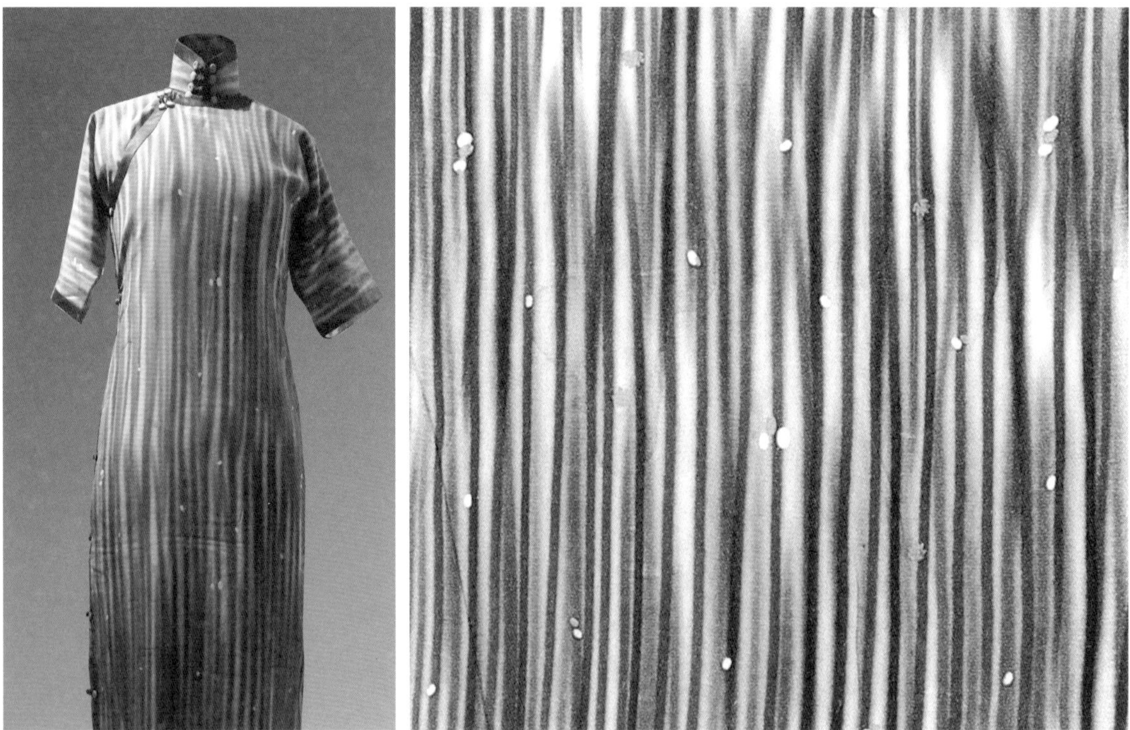

图4-154　丝绸印花加手绘短袖旗袍及面料局部（20世纪30年代，中国丝绸博物馆藏）

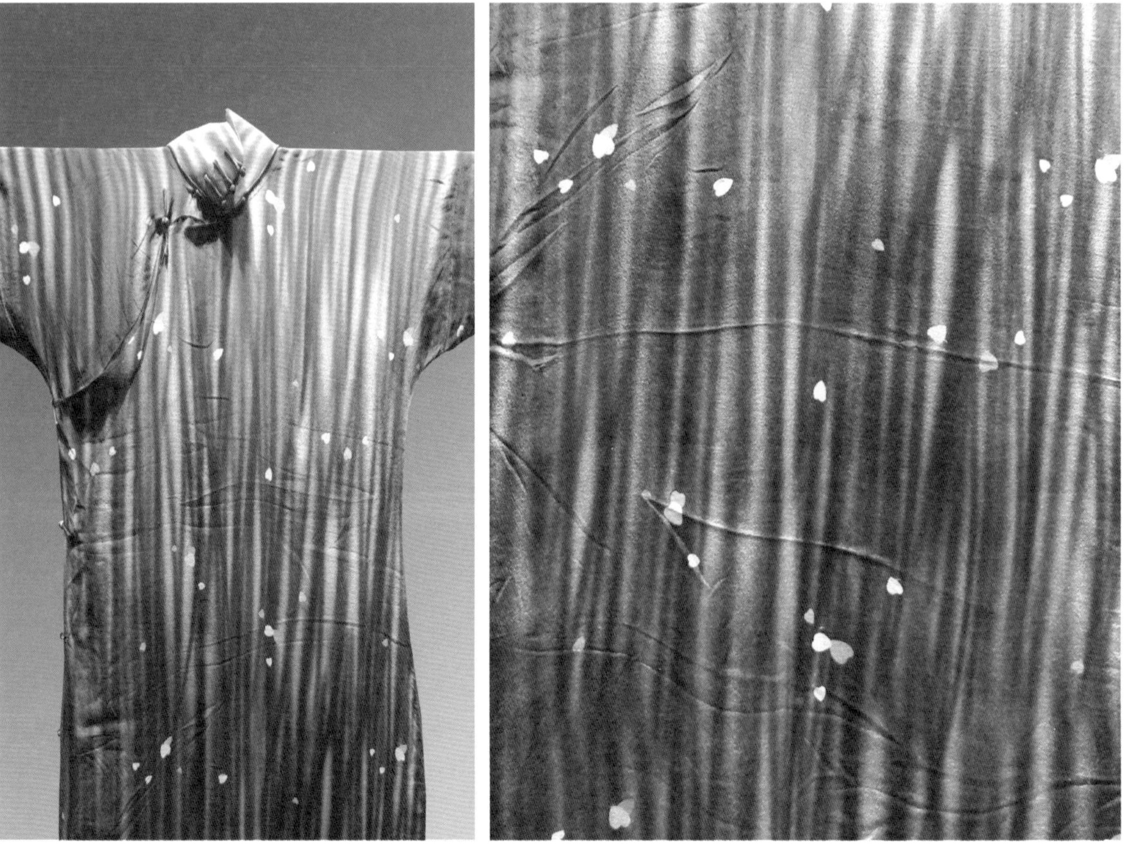

图4-155　手绘条纹地型版防染心型纹样双绉短袖旗袍及面料局部（20世纪30年代，江宁织造博物馆藏）

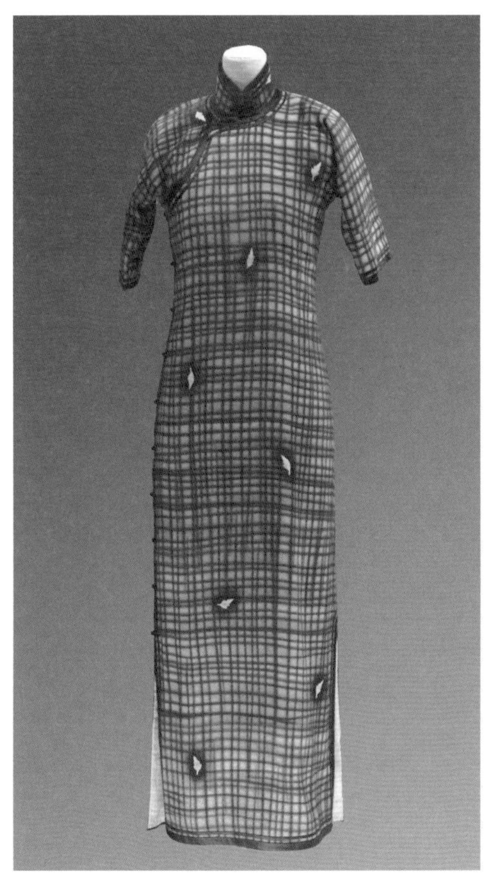

图4-156　暗红色绸地方格纹印花短袖旗袍及面料局部（20世纪30年代，中国丝绸博物馆藏）

在民国时期的手绘旗袍面料中，我们还可以见到一些特殊的处理方法，同样体现出设计师匠心独运之妙。如图4-158所示是在烂花乔其绡的基础上再进行有选择的手绘，绘制手法较为熟练，收放有度，起到妙笔生花的作用。

笔者在高建中先生的藏品中，还发现一种与多种纤维染色工艺类似的手绘方法。这是一件女式短袄，其选择的是人造丝和蚕丝交织的提花面料，先在其上勾勒出牡丹花的造型，然后酌情用撇丝长线条的形式铺地，很好地凸显了交织提花纹样和手绘纹样的结合（图4-159）。与此相似的还有一件民国

图4-157　张美英、张尔吉女士的穿旗袍照片［引自：《玲珑》，1935（214）：4003，照片右边女士所穿旗袍，其面料为丝绸手绘工艺制作，与图4-154极为相似］

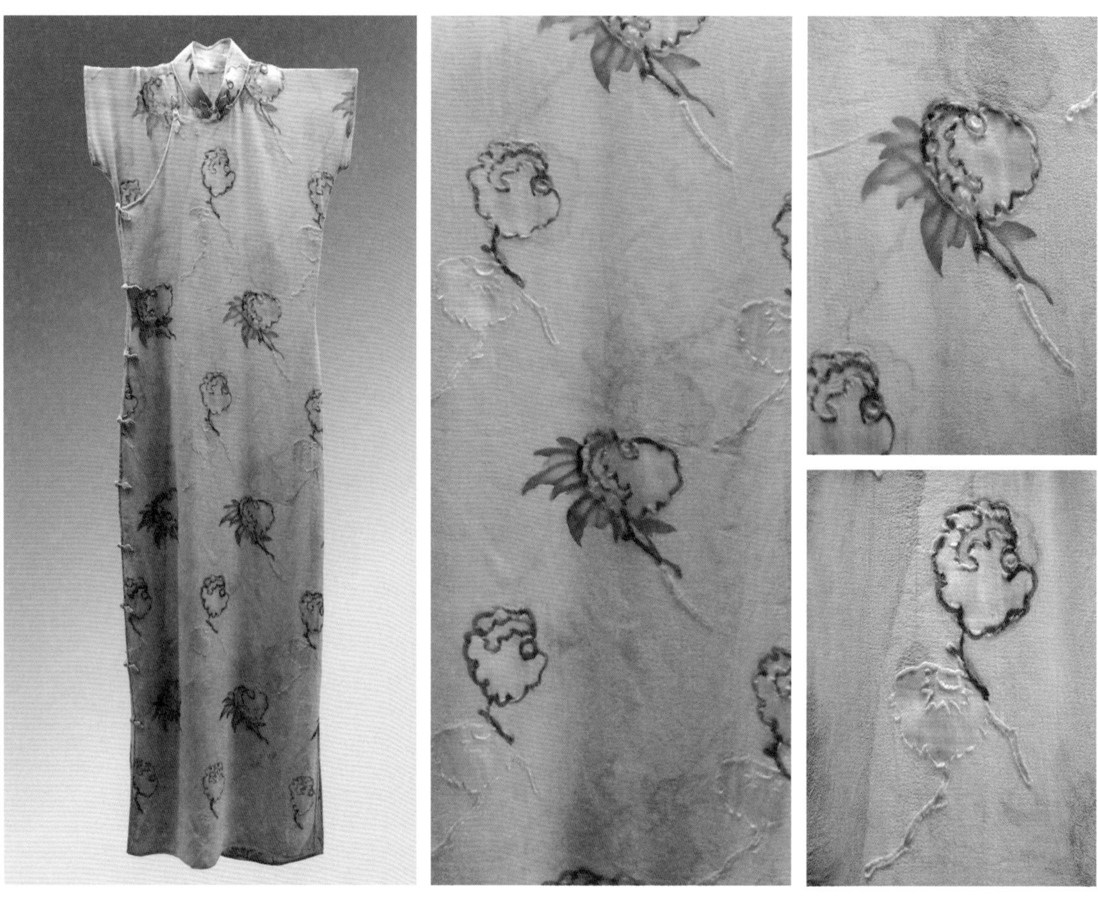

图4-158　烂花加手绘乔其绡短袖旗袍及面料局部（民国，苏州丝绸博物馆藏）

图4-159　手绘短褂（徐松，《中国明清江南服饰图典》，上海辞书出版社，2004：10）

时期的短褂，也是折枝花部分先手绘，再手绘条形纹样铺地，既地花主次清晰，又浑然一体（图4-160）。

不可否认的是，当时国内的高档棉布、丝绸印花等旗袍织物，主要依赖于进口，但在国内的面料中也出现了很多优秀的设计，因此在民国时期的旗袍丝绸面料中较多地呈现出本土风格和外来风格迥异，并各具特色的局面，同时也显现出东西文化不同的美学特征。

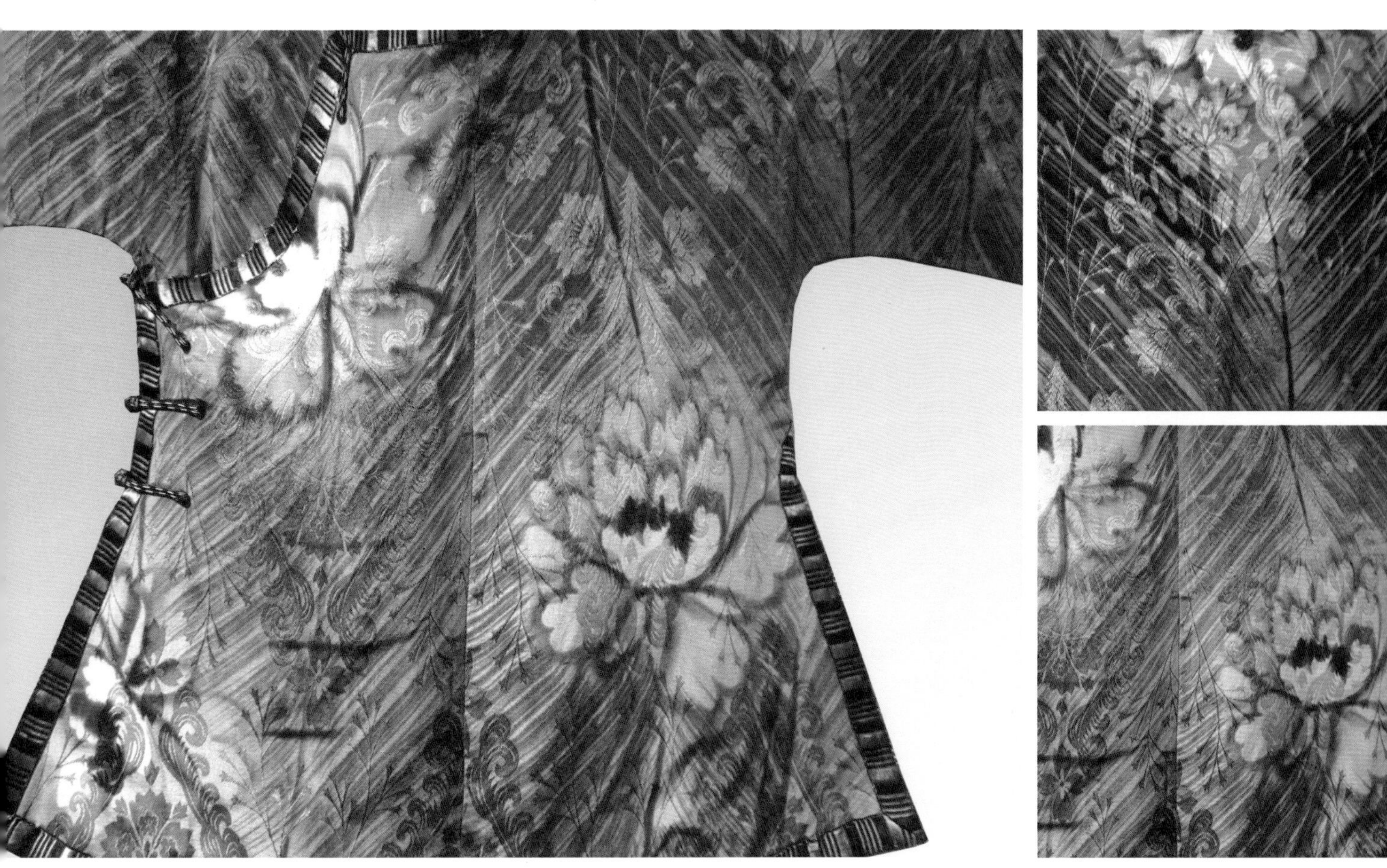

图4-160　提花面料加牡丹纹手绘女短袄及面料局部（20世纪30年代，高建中收藏）

第四节

刺绣、蕾丝、花边工艺的中西熔铸

一、传统手工刺绣、西方机绣与旗袍装饰新格局

刺绣作为服饰的装饰手段，在我国最早可以追溯到春秋战国时期。到19世纪后期，不论在宫廷还是民间，刺绣在服饰装饰的运用上都已达到登峰造极的高度。除了在领、襟、袖、摆部分进行刺绣装饰外，通身满绣也成为一种时尚的装饰方法（图4-161）。这种装饰风格对民国时期的袍服刺绣也产生了很大影响，以至在民国初年的女性服装及后来的旗袍中都可以看到此风格的延续（图4-162~图4-165）。

（一）手工刺绣

在近代机绣出现之前，刺绣就是指手工刺绣。清末沈寿在《雪宧绣谱》中列举了18种针法，基本上是明

图4-161 清代刺绣氅衣（满懿，《“旗”装“奕”服——满族服饰艺术》，人民美术出版社，2013：134）

图4-162　黑地绣花大襟女夹褂背面（1910年，引自：Jackson B, *Shanghai Girl Gets All Dressed Up*, Ten Speed Press, 2005：45）

图4-163　长袖绣花夹旗袍（1920年，引自：Jackson B，*Shanghai Girl Gets All Dressed Up*，Ten Speed Press, 2005：86）

图4-164　粉红色缎绣牡丹桃花蝴蝶纹女短袄（20世纪20年代，私人收藏）

图4-165　凤凰牡丹纹刺绣女短袄（20世纪20年代，私人收藏）

清刺绣技艺的延续；朱风在《中国刺绣技法研究》中将1949年前的常用针法归纳为37种，并指出民国时期传统刺绣真正有所发展的时期仅为民国初期（1911～1929年）。民国服饰刺绣中平绣针法有直针、套针、抢针、扎针、虚实针等，其他技法有十字挑花、剪贴绣、盘金绣等。而在旗袍装饰中常用的刺绣技法有：自由绣、经纬绣、加物绣、减地绣等。自由绣多用平绣；经纬绣常见有十字绣；加物绣常见有平金绣、钉线绣、珠片绣、贴布（花）绣；减地绣有抽纱绣，也偶见多种技法的结合使用。早期的旗袍刺绣承袭晚清、文明新装的刺绣风格和技艺，图案较为繁复，有散点满布，亦有一枝花式的装饰形式，而后期由于旗袍装饰风格的变化，图案趋于简化，传统针法的运用减少，刺绣针法也由精致变得粗略，针迹由紧密变得疏松。

在近代旗袍中，刺绣装饰风格基本与民国服制的装饰风格同步，人们趋向使用简洁的钉线绣、珠片绣、贴布（花）绣、盘金绣等，费工费时的传统刺绣技法的使用大幅度地减少。刺绣图案的用色也由鲜艳繁复变得柔和、素雅。装饰部位主要为领、襟、袖、摆等，以点缀装饰为主。但在不同地域、城乡之间还存在着较大差异。而机绣的出现与使用范围的增加，也是影响民国女装刺绣风格转变和造成这些差异的重要因素之一。民国服饰刺绣的另一特点是，刺绣技法的平民化与简易化。刺绣技艺不再是绣娘的专利，也无须多年女红的养成。如十字绣的普及，使普通市民购买几本十字绣教程及相关工具和绣材，很快就可以依葫芦画瓢地绣出一些简单的绣品。当时上海十字绣教程的普及就是一个很好的例证（图4–166）。

20世纪20年代后十字绣在我国得到普及，各种十字绣的教材以及十字绣传习班深受欢迎，十字绣也成了当时女性闲暇爱好之一。江宁织造博物馆收藏的鹅黄色毛呢十字绣装饰短袖旗袍，是十字绣在大众服饰生活中广泛运用的典型案例之一，它运用黑色绣线在旗袍的领口、襟边做了十分简单的装饰，但起到了锦上添花的作用（图4–167）。

在近代旗袍刺绣中明显出现了一些中西结合的新绣法，如上海纺织服饰博物馆收藏的浅红绸手工装饰花卉夹旗袍，此旗袍的刺绣，以染色绢质材料卷褶钉绣成精巧而生动的花朵，叶片与枝干用直针和虚实针进行形态的勾勒，在叶片与枝干上再用绿色染料进行部分渲染，既有西方绚带绣立体的装饰效

图4-166　上海美华十字挑绣图教程（笔者收藏）

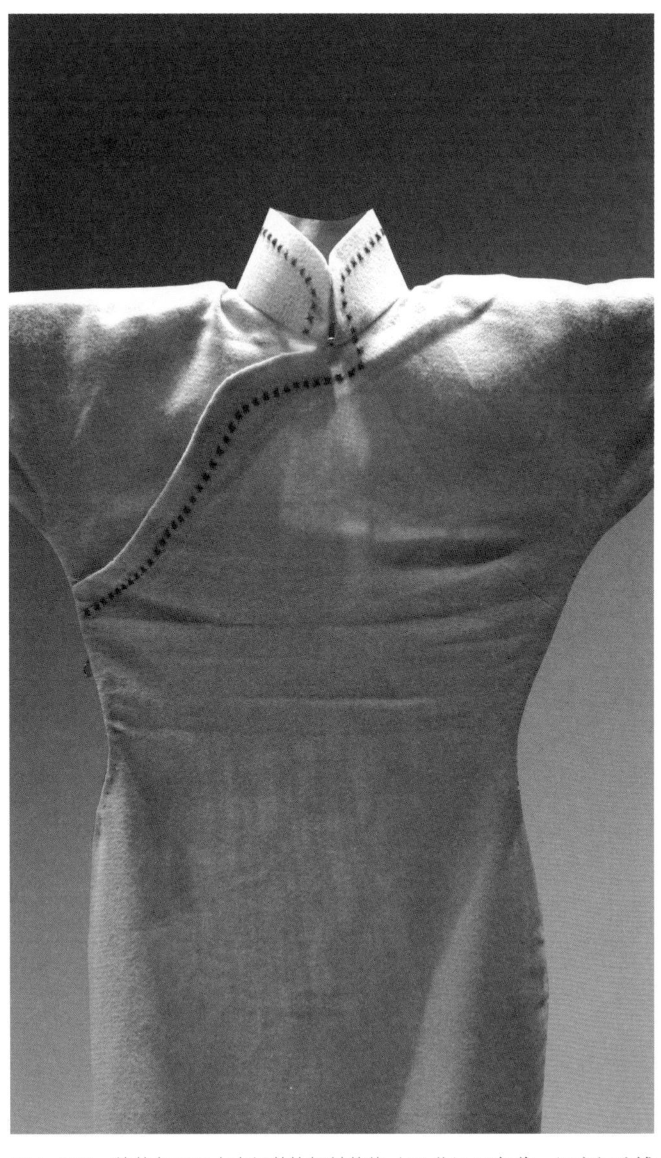

图4-167　鹅黄色毛呢十字绣装饰短袖旗袍（20世纪40年代，江宁织造博物馆藏）

果，又有上海顾绣画绣结合的意趣，是近代女装刺绣中非常有特色的一件作品（图4-168）。

亮片绣在民国刺绣中运用也较为普遍，江宁织造博物馆收藏的“织金缎亮片镶边中袖旗袍”是其中的佼佼者，这件旗袍的面料为织金缎，而刺绣选择的主体材料为半透明的珠光亮片，与面料

图4-168 浅红绸手工装饰花卉夹旗袍局部（20世纪30年代，上海纺织服饰博物馆藏）

在色彩上极为协调，用半透明亮片线型组合成的花卉造型中，再镶进深绿、橙、淡蓝的亮片加以对比，高雅而不失富丽。在近代旗袍刺绣纹样的表现手法上，很多纹样为写意的大型和小型花卉纹样相结合，并吸收机绣中的一些针法特点，生动而具有现代感（图4-169）。

在民国旗袍的刺绣中，贴布（花）绣也占有一定比例，贴布绣的方法亦多种多样，有传统的绣片镶袖，也有比较现代的以各种材料剪出图案后进行的绗缝贴绣。图4-170为两款绒布加亮片的贴布绣，这种绣法形象简练，制作方便，色彩对比强烈，装饰性强。但也从另一方面暴露出民国艺术中常见的“粗糙性”。

江南大学民间服饰传习馆收藏的“暗红叶纹提花绸刺绣长袖旗袍”，是在提花织物上再进行刺绣装饰的一个案例。可以推断，这种方法的出现与在提花织物上进行装饰印花有异曲同工之处，此方法在民国前的服用刺绣中很少出现。

近代旗袍的刺绣纹样以植物纹样运用最为普遍，早期多采用牡丹、梅花、菊花、兰花等具有晚清风格的传统花卉图案，用色鲜艳；后期女装与旗袍刺绣的植物纹样逐渐走向西化，开始变得抽象，线条简化，用色单纯、淡雅。动物纹样早期也基本沿袭晚清风格，以蝴蝶、龙凤、仙鹤、喜鹊、蜻蜓等为常用题材，多与植物纹样组合成风格化、程式化的主题，民国后期很少出现这种风格。此外，近代旗袍中有时会使用几何纹样，常见的有万字纹、寿字纹、云纹等，人物纹样使用较少。

在20世纪20年代以后，旗袍刺绣发展的特点可以归纳为以下几点：其一，纹样以折枝花、散点小花为主，颜色柔和素雅；其二，随着印染技术的提

图4-169　织金缎亮片镶边中袖旗袍、钉片绣局部及纹样复原图（20世纪30年代，江宁织造博物馆藏）

红色呢孔雀纹剪贴绣旗袍
（20世纪40年代，江宁织造府藏）

玫红地金鱼纹贴布绣呢料长袖旗袍面料局部
（20世纪40年代，私人收藏）

图4-170　绒布加亮片贴布绣两款

高，印花作为装饰手段相对绣花工艺不仅省时又省力，而且印花可以实现与绣花相似的装饰效果，因而旗袍刺绣的面积相对减少，也出现了印花与刺绣相结合的装饰手段；其三，西方机绣花边与蕾丝花边的引入，在一定程度上替代了传统手绣；其四，随着审美情趣与着装观念的变化，服装上不施绣文已成为风尚，使得近代旗袍刺绣风格变得简约、雅致（图4–171~图4–180）。

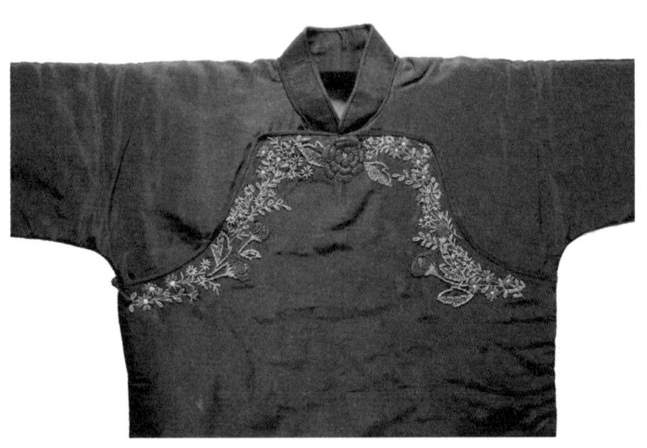
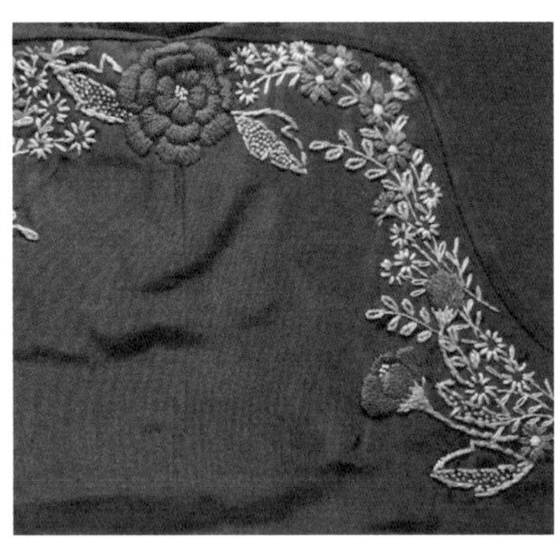

图4–171 蓝地一字襟绣花长袖旗袍及面料局部（20世纪40年代，高建中收藏）

图4–172 竹叶纹横罗地绣凤戏牡丹喜字长袖旗袍及面料局部（20世纪20年代，私人收藏）

图4-173　米色绉地绣五福捧寿纹无袖旗袍（20世纪40年代，江宁织造博物馆藏）

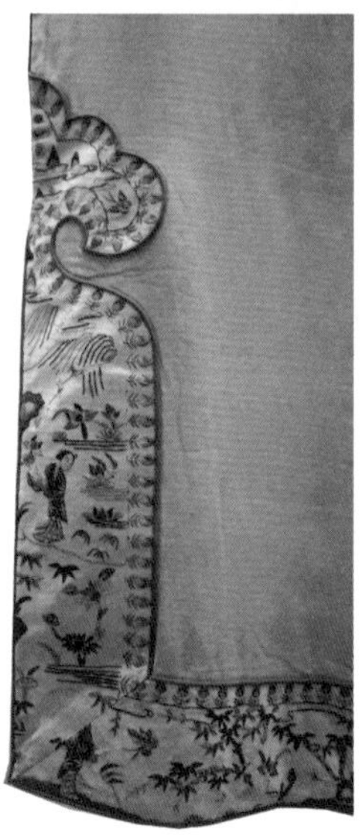

图4-174　湖绿刺绣缘边单旗袍及缘边装饰局部（20世纪30年代，上海纺织服饰博物馆藏）

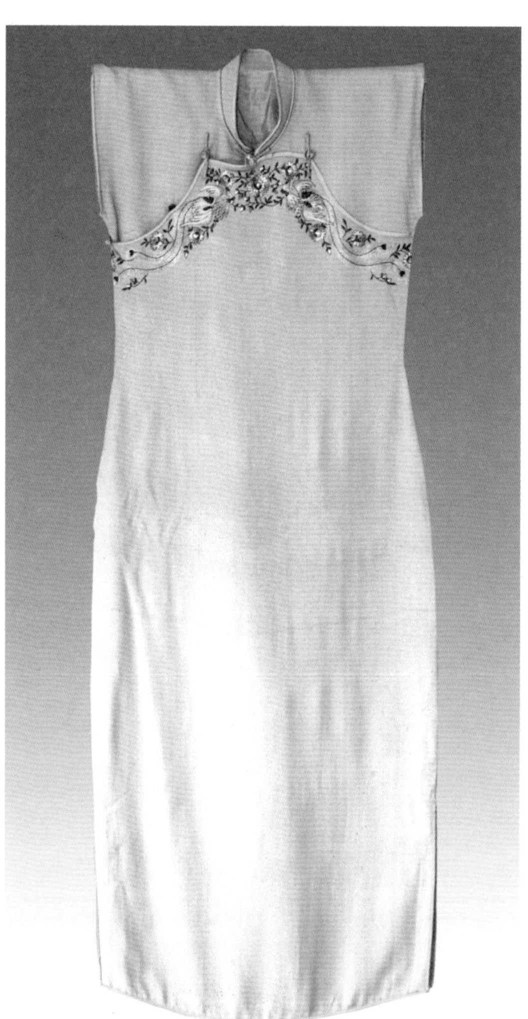

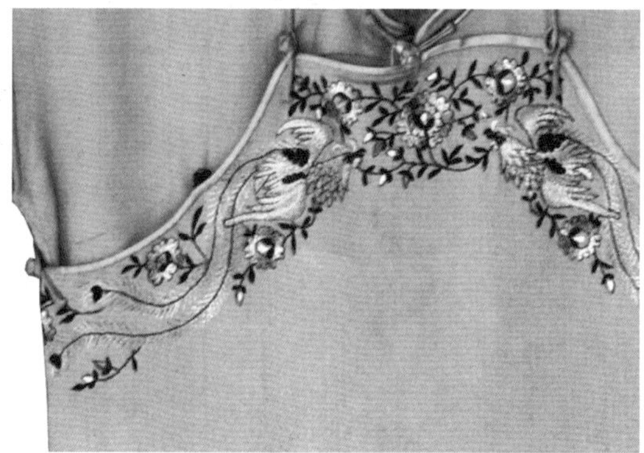

图4-175　水绿色缎条双凤纹刺绣双襟无袖旗袍（20世纪30年代，江南大学民间服饰传习馆藏）

图4-176　黑色缎面绣花长袖旗袍及局部（20世纪30年代，高建中收藏）

图4-177　咖啡地花卉蝴蝶纹缎面刺绣长袖旗袍及面料局部（20世纪30年代，江南大学民间服饰传习馆藏）

图4-178　妃色素绉缎绣花中袖旗袍及局部（20世纪30年代，苏州丝绸博物馆藏）

图4-179　红地团花纹刺绣短袖旗袍及面料局部（20世纪40年代，苏州丝绸档案馆藏）

图4-180　紫地折枝花刺绣长袖旗袍及面料局部（20世纪30年代，高建中收藏）

（二）机绣

机绣最早出现在20世纪30年代的上海，机绣技术是随着缝纫机的引入而传入我国的。机绣与手绣在织物面料运用中的区别在于，手工刺绣不用底线，绣出的绣品柔软精细；机绣品，针脚细密，绣品正面绣线均匀，反面布满底线，厚实而发硬，如果刺绣的面积大，容易使织物抽缩而不平整，对服用效果有一定影响。

20世纪30年代初机绣传入后，上海"胜家公司"为了推销缝纫机，曾创办"胜家刺绣缝纫传习所"，传授机绣技艺。20世纪30年代中期，上海丝绸商人马伯平在家招募女工经营机绣业务，以绣旗袍为主，兼绣童帽、鞋子、枕套等。1943年创办的"佳丽机绣社"，1948年创办的"富艺缝纫学校"，在推销缝纫机的同时，也传授机绣技艺，当时上海类似的缝纫学校还有多家，从现实角度上说，也助力了机绣的发展以及机绣纹样在旗袍上的运用。

从笔者收藏的一本1949年出版的《机绣精华》[1]中，我们可以大致了解当时机绣的状况。此书强调了机绣的三大优点："一、凡是手工可以绣的，都可以用缝机绣，手工所不能绣的，缝机上也可以做。机绣的种类和花样远超手工。二、就工作的速度而言机绣亦远超手工。在时间方面说，同样的花样，机绣所耗费的时间不及手工的十分之一。三、机绣可以洗涤，坚牢不破，更较实用，且合经济"。在针法上，"除了打子绣外，还有包梗绣、镂空挖绣、阔包绣、蜘蛛网绣、什锦绣、珠纱绣、仿苏湘绣、丝绒绣、绒线绣、拉毛绣、金银绣等数十种"[1]。此书除介绍机绣的工具、材料等外，还分别对上述的针法——给出了图文并茂的绣法指导。此类的教材对机绣的普及以及旗袍中机绣装饰的运用有大众化的推动作用（图4–181）。

[1] 王圭璋. 机绣精华（景华缝裁绣丛书·机绣 第一集）[M]. 景华函授学院出版，1949：前言。

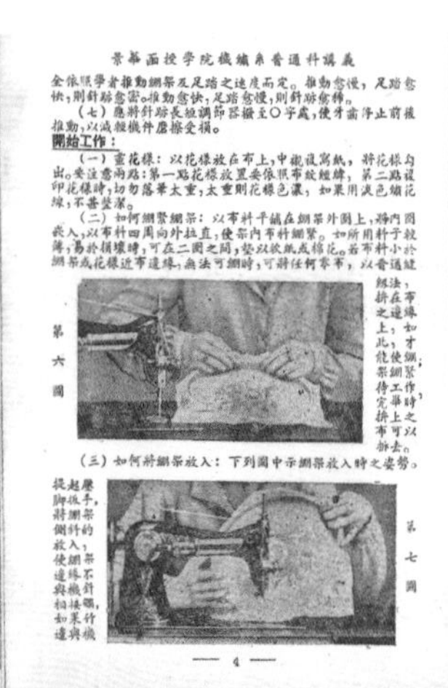

景華函授學院機繡系普通科講義

全依照學者推動綳架及足踏之速度而定。推動愈慢，足踏愈快，則針跡愈密。推動愈快，足踏愈慢，則針跡愈稀。

（七）應將針跡長短調節器撥至〇字處，使牙齒停止前後推動，以減輕機件磨擦受損。

開始工作：

（一）畫花樣：以花樣放在布上，中襯複寫紙，將花樣勾出。要注意兩點：第一點花樣放置要依照布紋經緯，第二點複印花樣時，切勿落筆太重，太重則花樣色濃，如果用淡色綉花線，不甚整潔。

（二）如何綳緊綳架：以布料平舖在綳架外圈上，將內圈嵌入，以布料四周向外拉直，使架內布料綳緊。如所用料子較薄，易於損壞時，可在二圈之間，墊以軟紙或棉花。若布料小於綳架或花樣近布邊緣，無法可綳時，可將任何零布，以普通縫紉法，拼在布之邊緣上，如此，才能使綳架綳緊；待工作完畢時，拼上之布可以拆去。

第六圖

（三）如何將綳架放入：下列圖中示綳架放入時之姿勢。

提起壓脚扳手，將綳架側斜的放入，使綳架邊緣不與機針相接觸，如果針與機

第七圖

— 4 —

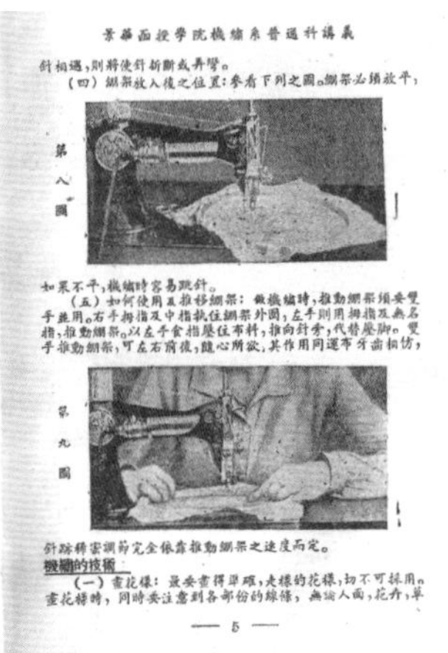

景華函授學院機繡系普通科講義

針相遇，則將使針折斷或弄彎。

（四）綳架放入後之位置：參看下列之圖。綳架必須放平，

第八圖

如果不平，機繡時容易跳針。

（五）如何使用及推移綳架：做機繡時，推動綳架須要雙手並用。右手拇指及中指執住綳架外圈，左手則用拇指及無名指，推動綳架。以左手食指壓住布料，推向針旁，代替壓脚。雙手推動綳架，可左右前後，隨心所欲，其作用同運布牙齒相仿，

第九圖

針跡稀密調節完全依靠推動綳架之速度而定。

機繡的技術

（一）畫花樣：最要畫得準確，走樣的花樣，切不可採用。畫花樣時，同時要注意到各部份的線條，無論人面，花卉，草

— 5 —

图4–181 景华缝裁绣丛书《机绣精华》封面及内页之一（笔者收藏）

从存世的旗袍实物来看，机绣旗袍的纹样以折枝和散点布局为主，有花卉、飞禽、虫蝶等，风格中西皆有，与现代小机绣区别不大（图4-182~图4-189）。

图4-182　牡丹蝴蝶纹刺绣长袖旗袍及面料局部（20世纪40年代，江南大学民间服饰传习馆藏）

图4-183　棕色地散点花卉纹刺绣长袖旗袍及面料局部（20世纪40年代，江南大学民间服饰传习馆藏）

图4-184　墨绿地绣花长袖旗袍及面料局部（20世纪40年代，江南大学民间服饰传习馆藏）

图4-185　粉地百花纹刺绣长袖旗袍（20世纪40年代，江南大学民间服饰传习馆藏）

图4-186　粉色缎花卉刺绣长袖旗袍（20世纪30年代，江南大学民间服饰传习馆藏）

图4-187　深红地花卉纹刺绣无袖旗袍（20世纪40年代，高建中收藏）

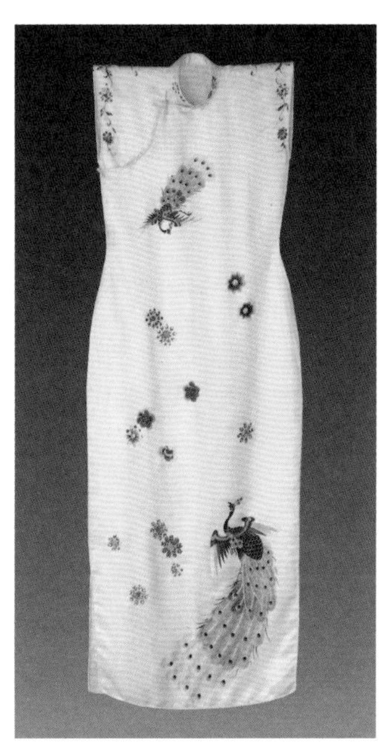

图4-188　米黄缎地孔雀花卉纹刺绣无袖旗袍（20世纪40年代，江南大学民间服饰传习馆藏）

图4-189　天蓝色棉布贴布绣单旗袍（20世纪40年代，引自：包铭新，《近代中国女装实录》，东华大学出版社，2004：28）

在几个博物馆和笔者收藏的近代旗袍中，还有一类刺绣旗袍，从其款式、里料、工艺等来判断，应该是民国时期的传世品。但其刺绣纹样排列非常整齐，针脚细腻，有6款使用的是单色绣花线，有一款使用的是段染绣花线。使用的织物有平布、纱、绸等，从整体看与现代梭拉机或电脑刺绣的效果十分相像，从局部看又类似小机绣织物（即缝纫机刺绣）。笔者就此请教过几位机绣的业内专家，都没能给出制作工具、制作年代的确切答案。在笔者收藏的一件“紫红地朵花纹机绣无袖旗袍”（参见图4-193）的领口缝有“百货售品所天津分所”的商标，经查相关资料，目前能查到的只有“天津国货售品所”，即为1913年由宋则久接办官营的天津工业售品总所。它的企业名称，除刚接办初期仍沿称“天津工业售品总所”外，曾改变了三次：天津国货售品所、天津百货售品所、中华百货售品所，尚未查到“百货售品所天津分所”的确切资料，故而，暂无法从旗袍本身找到断代和生产地域的依据。笔者曾与南京云锦研究所织物组织研究专家王继胜先生对此件旗袍的面料进行了深入的组织分析，得出的初步结论是：此种旗袍面料织物为纬向强捻的真丝三枚缎，此种织物多产于20世纪30年代的欧洲。非常庆幸的是，笔者在香港理工大学举办旗袍研究展的过程中，香港服饰研究专家张西美老师给出了较为合理、且依据性较强的答案。张老师认为此种面料的刺绣，使用的是一种创造于1873年左右的立式机械绣花机绣成，这种绣花机可根据设计稿，使用机械夹臂运针，从织物的两面同时绣出40个图案的循环，并可根据需要更换绣花色线。在瑞士圣加仑纺织博物馆中收藏有这种绣花机（图4–190~图4–196）。

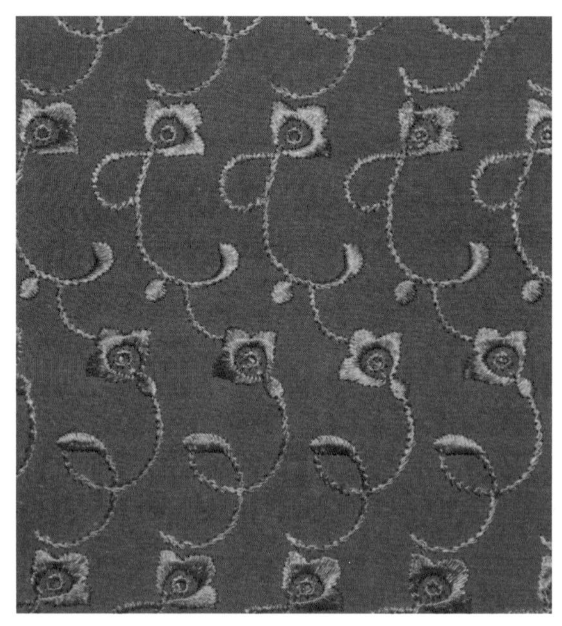

图4-190 紫地连缀花卉纹旗袍面料局部（20世纪40年代，北京服装学院民族服饰博物馆藏）

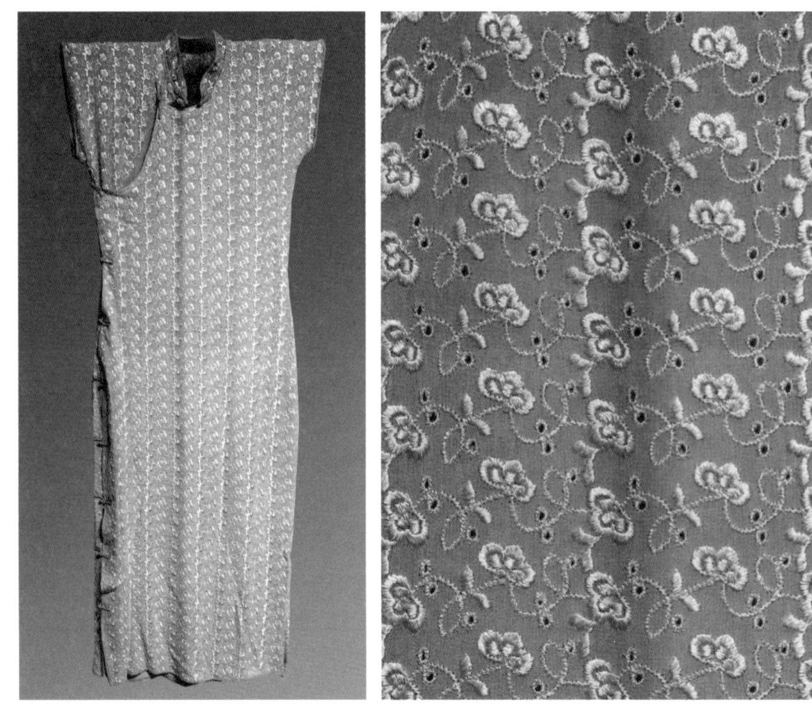

图4-191 豆沙色地连缀花卉纹刺绣短袖旗袍及面料局部（20世纪40年代，江宁织造博物馆藏）

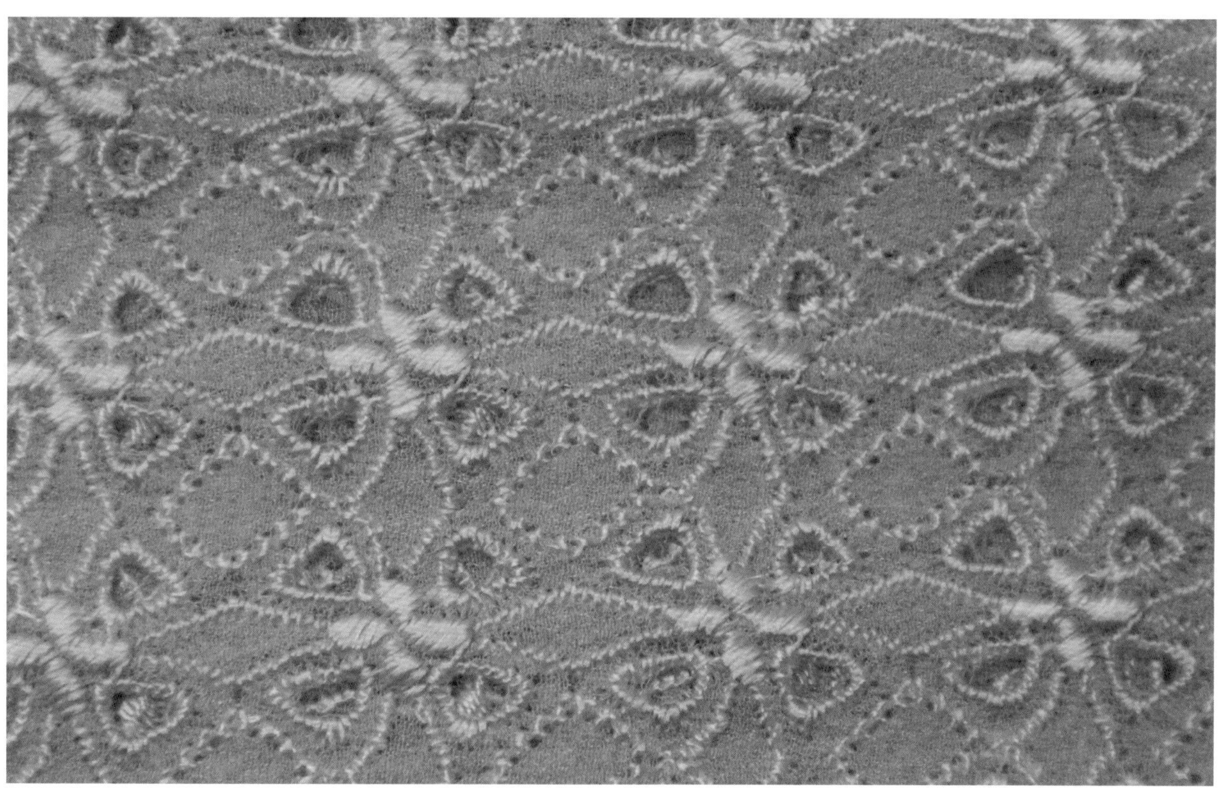

图4-192 灰地连缀几何纹旗袍面料局部（20世纪40年代，北京服装学院民族服饰博物馆藏）

图4-193 暗红地花卉纹机绣长袖旗袍及面料局部（20世纪40年代，私人收藏）

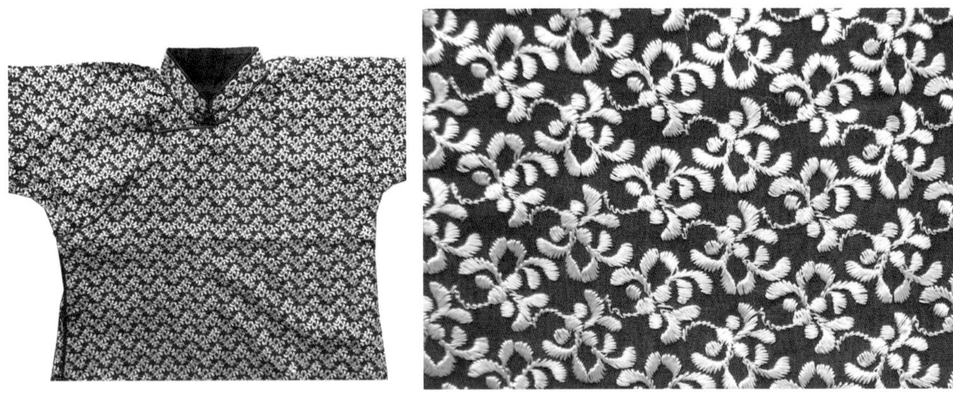

图4-194　墨绿地花卉纹机绣长袖旗袍及面料局部（20世纪40年代，私人收藏）

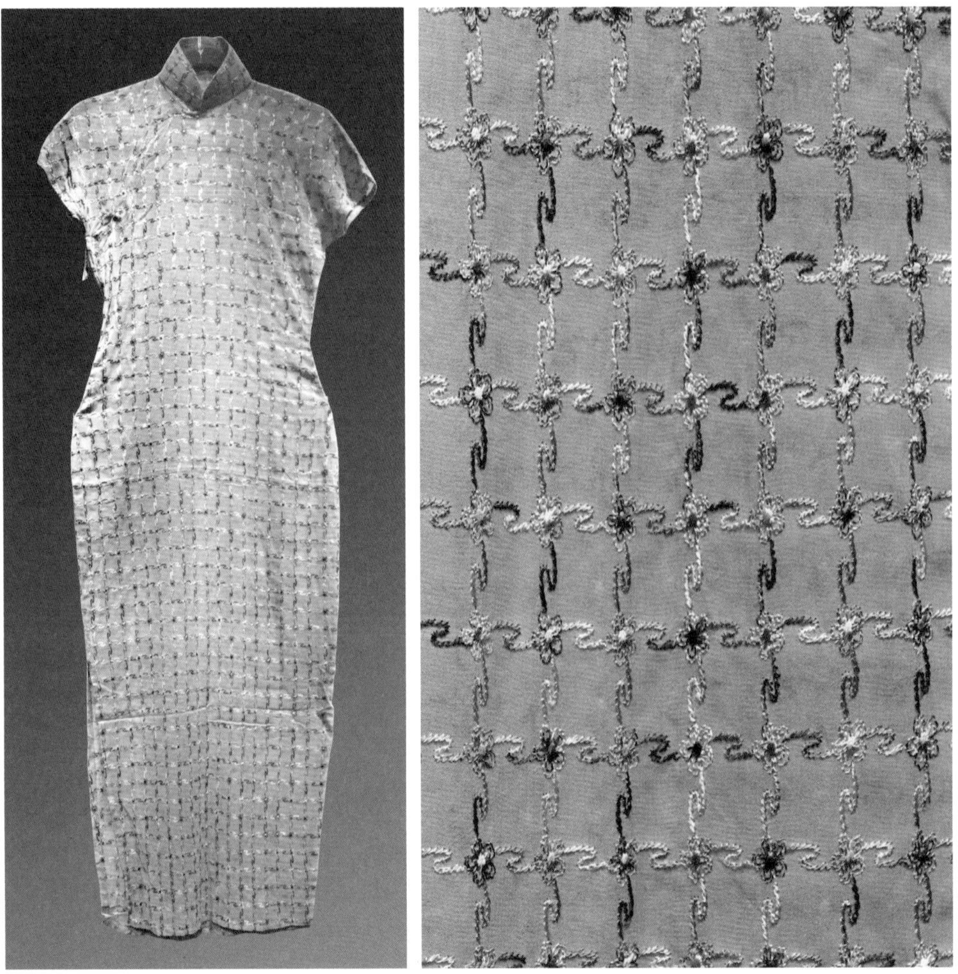

图4-195　淡青地机绣短袖纱旗袍及面料局部（20世纪40年代，江宁织造博物馆藏）

图4-196　紫红地朵花纹机绣无袖旗袍及面料局部（百货售品所天津分所，20世纪40年代，笔者收藏）

二、蕾丝面料、花边与旗袍的别样玲珑

蕾丝是英文“lace”的中文译名，又称花边，是具有花纹图案及网眼组织织物的一种通称，本书中的蕾丝织物与花边从工艺上都同属这类织物。按织造工艺，可将蕾丝分为机织蕾丝、针织蕾丝、刺绣蕾丝和钩编蕾丝四类。在手工蕾丝上可细分为：棒槌编织蕾丝、针绣蕾丝、空花蕾丝、狭条蕾丝、结式蕾丝、钩编蕾丝、针织蕾丝和凸纹蕾丝，其中最普遍的是棒槌编织蕾丝。

蕾丝是一种舶来品，起源于16世纪的欧洲，源自衣襟、衣袖上装饰用的网眼结构的亚麻线手工钩花。由于做工繁复、耗时冗长、价格昂贵，最早的蕾丝花边成了王宫贵族的专属。到中世纪时，蕾丝更成为身份的标志，服装上的蕾丝使用越多，则表示身份越高贵。而且蕾丝的使用不分性别，宫廷贵族的男士在袖子、领襟、袜沿处都有使用。

将蕾丝发扬光大的，当属18世纪欧洲沙龙女王——法国国王路易十五的情妇——蓬帕杜夫人。蓬帕杜夫人是洛可可艺术的积极倡导者，蕾丝则是洛可可风格宫廷女装与沙龙女装中的典型装饰和优雅风格的点缀。蕾丝在成为最女性化服饰符号的同时，也逐渐被赋予了纯洁美好的象征。

18世纪后，英国工业革命给蕾丝织造业带来了新的转机。借助纺织机器的发明和改进，机织蕾丝在一次次的技术革新中慢慢从粗糙变得精致，能够胜任更精细的图案和更智能的操作。如约翰·希思科特（John Heathcoat）发明的花边织机（于1809年获得专利），使英国的蕾丝制造进入了工业化时代，这种机器可以生产非常精细和规则的六边形蕾丝底料。手工艺者只需要在网眼织物上再织成纹样即可。若干年后，约翰·列维斯（John Leavers）发明了一种机器，这种机器使用法国提花织机的原理，可以生产蕾丝图形及蕾丝网，同时它也奠定了英国诺丁汉的蕾丝地位。到20世纪初期，蕾丝织机的广泛使用，使蕾丝织物不再昂贵，花样也越来越多。因为它轻薄、典雅、梦幻、纯洁的特点，蕾丝更多地被使用在西方的晚礼服、婚纱以及近代中国的袄、裙和旗袍等服饰之上。

（一）蕾丝面料

蕾丝面料因料质轻薄而通透、优雅而神秘的服用效果，早期被广泛运用于女性的贴身衣物。在20世纪早期，蕾丝

织物就传入我国，20世纪20年代后期的近代旗袍中，蕾丝面料的运用逐渐增多，也迎合了当时旗袍“轻、薄、透”的时尚特点，深受各阶层女性消费者青睐。从现有的传世蕾丝旗袍来看，其蕾丝面料多为机器生产。由于蕾丝面料轻薄而通透，一般在穿着时，须内穿衬裙（图4-197~图4-206）。

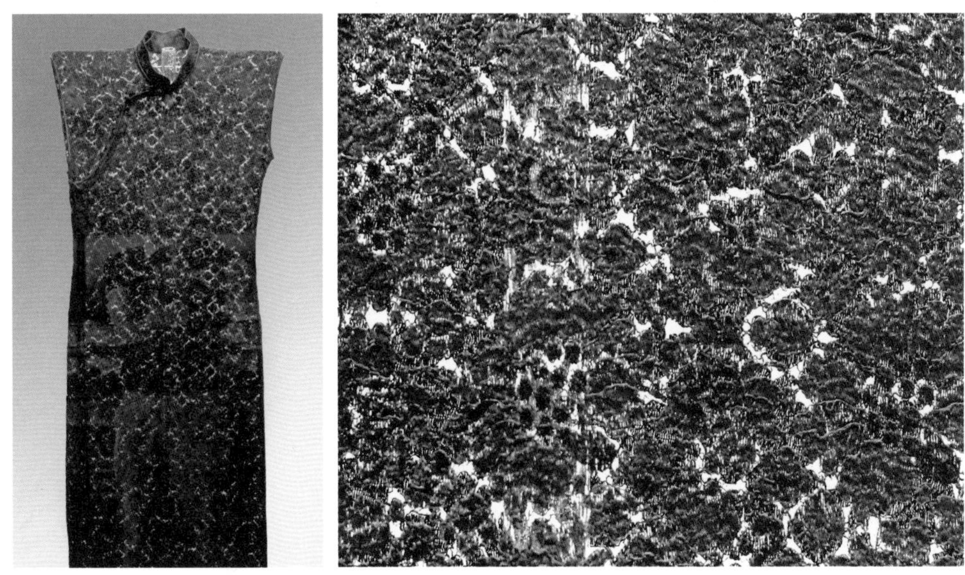

图4-197　黑色蕾丝无袖旗袍及面料局部（20世纪30年代，苏州丝绸博物馆藏）

图4-198　黑地涡纹蕾丝无袖旗袍及面料局部（20世纪30年代，中国丝绸博物馆藏）

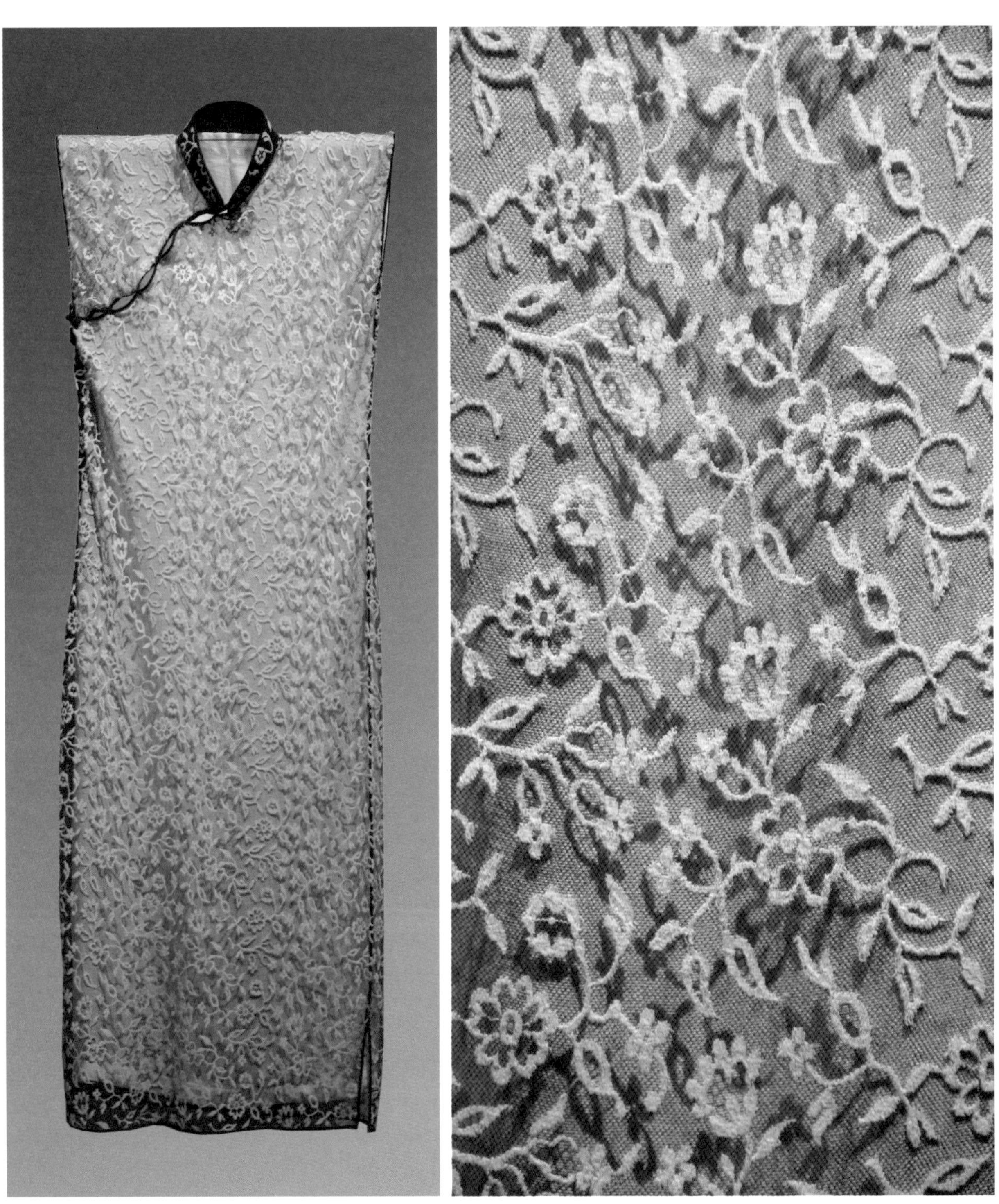

图4-199　花叶纹蕾丝无袖旗袍及面料局部（20世纪30年代，中国丝绸博物馆藏）

图4-200　红白色叶纹蕾丝短袖旗袍及面料局部（20世纪40年代，苏州丝绸档案馆藏）

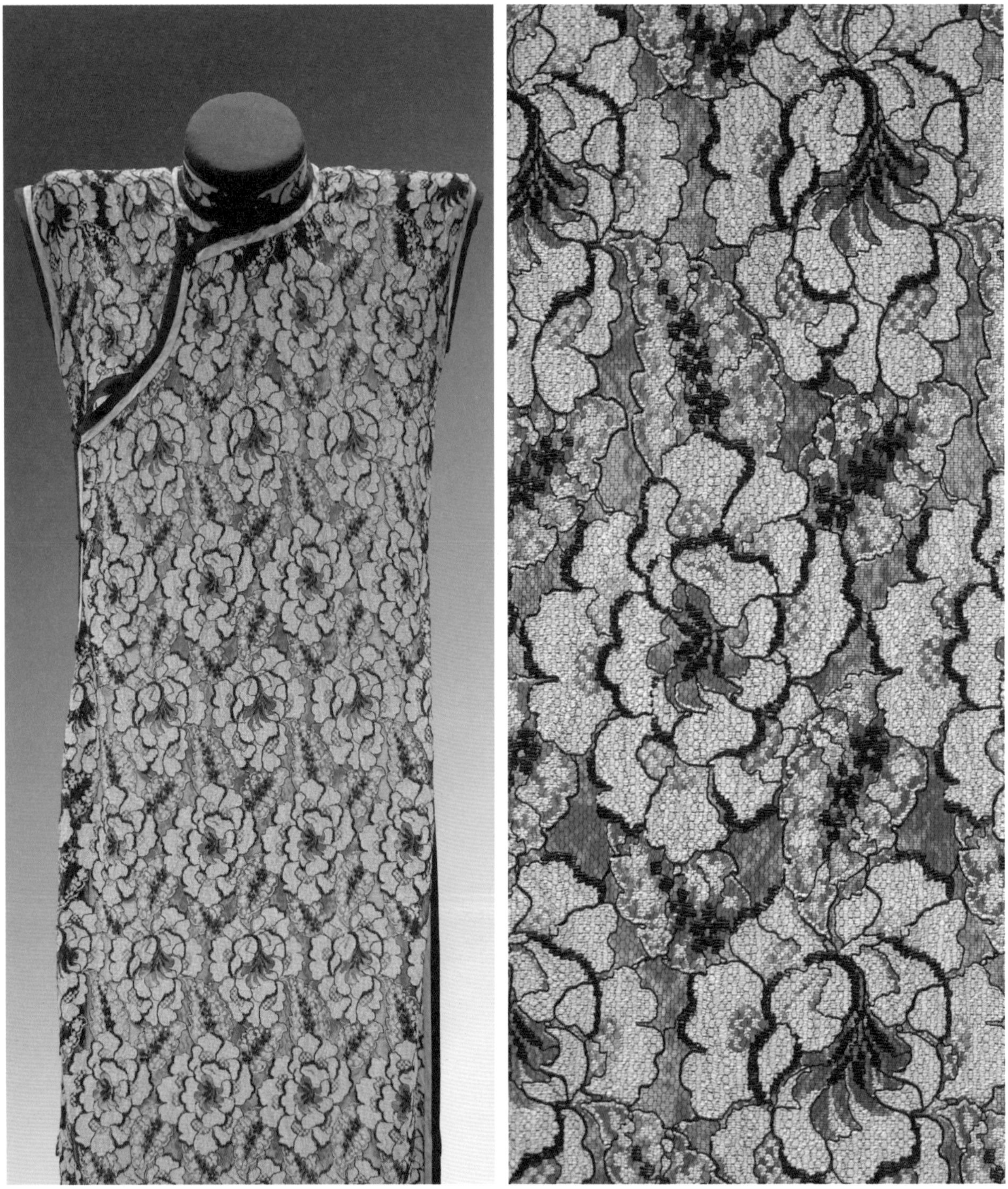

图4-201　藕色地花卉纹蕾丝无袖旗袍及面料局部（20世纪40年代，香港博物馆藏）

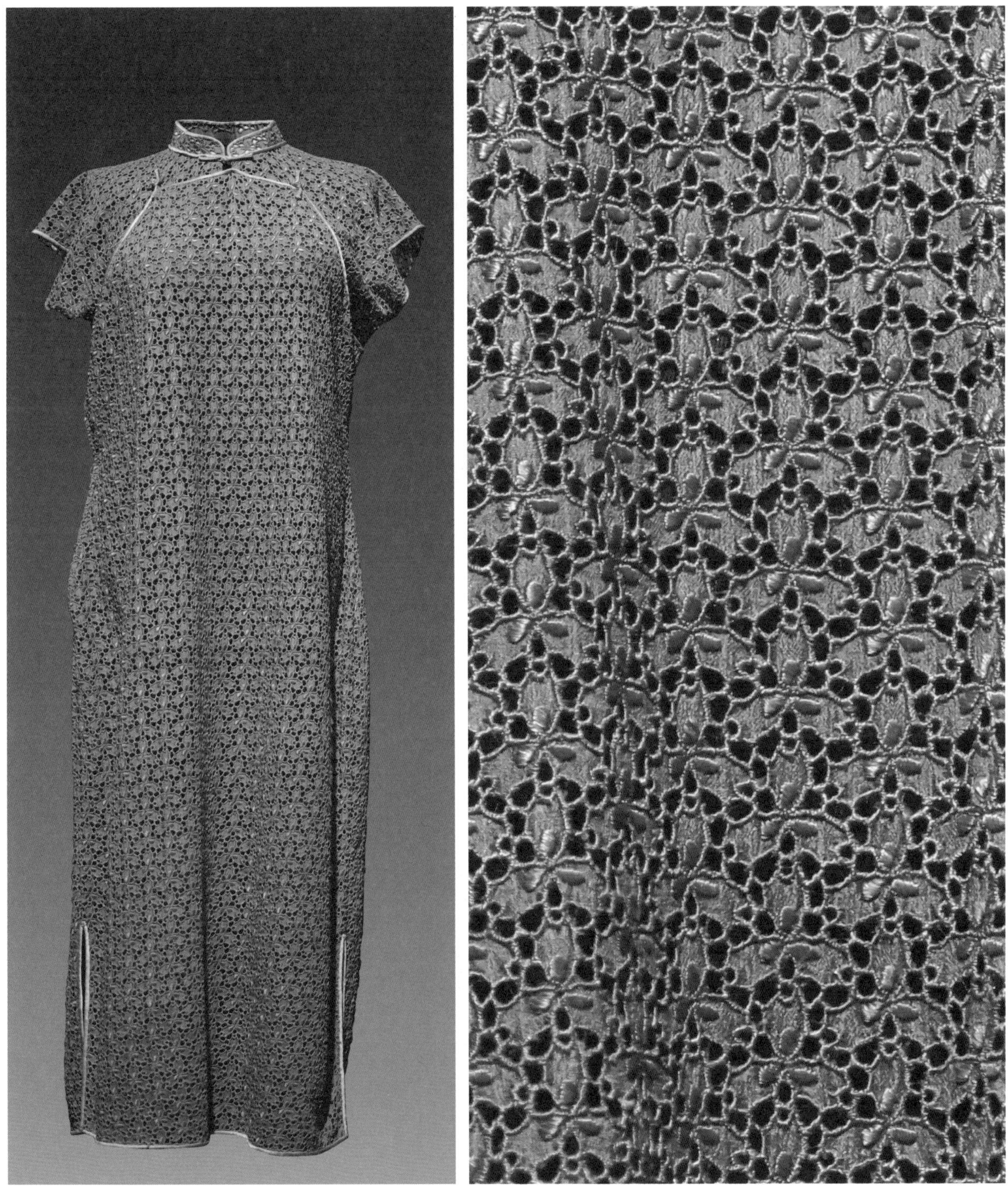

图4-202　紫色蕾丝短袖单旗袍及面料局部（20世纪40年代，上海市历史博物馆藏）

图4-203 叶纹短袖蕾丝旗袍（20世纪40年代，引自：上海艺术研究所，周天，《上海裁缝》，上海锦绣文章出版社，2016：71）

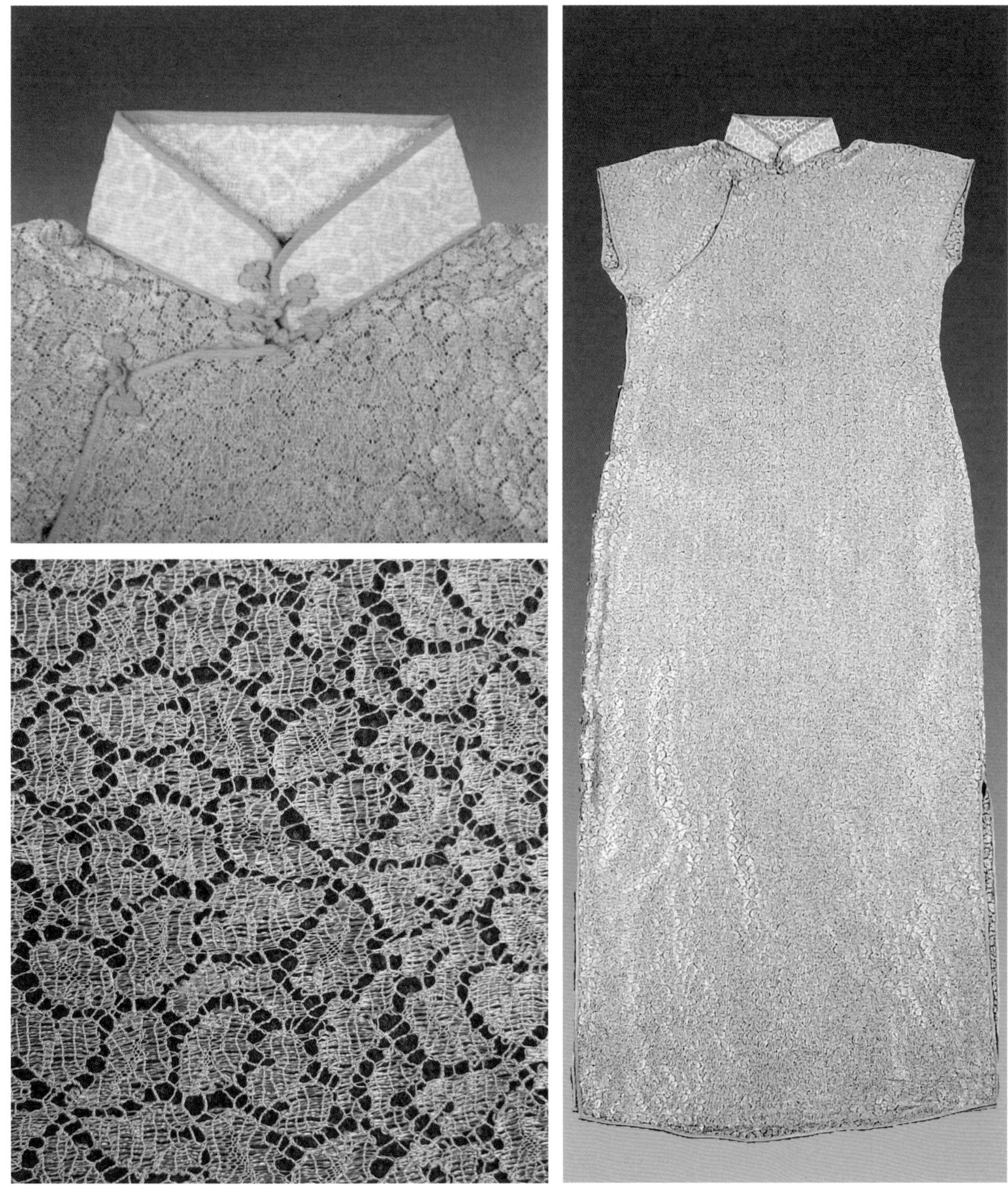

图4-204 绿灰色蕾丝无袖旗袍及面料局部（20世纪30年代，高建中收藏）

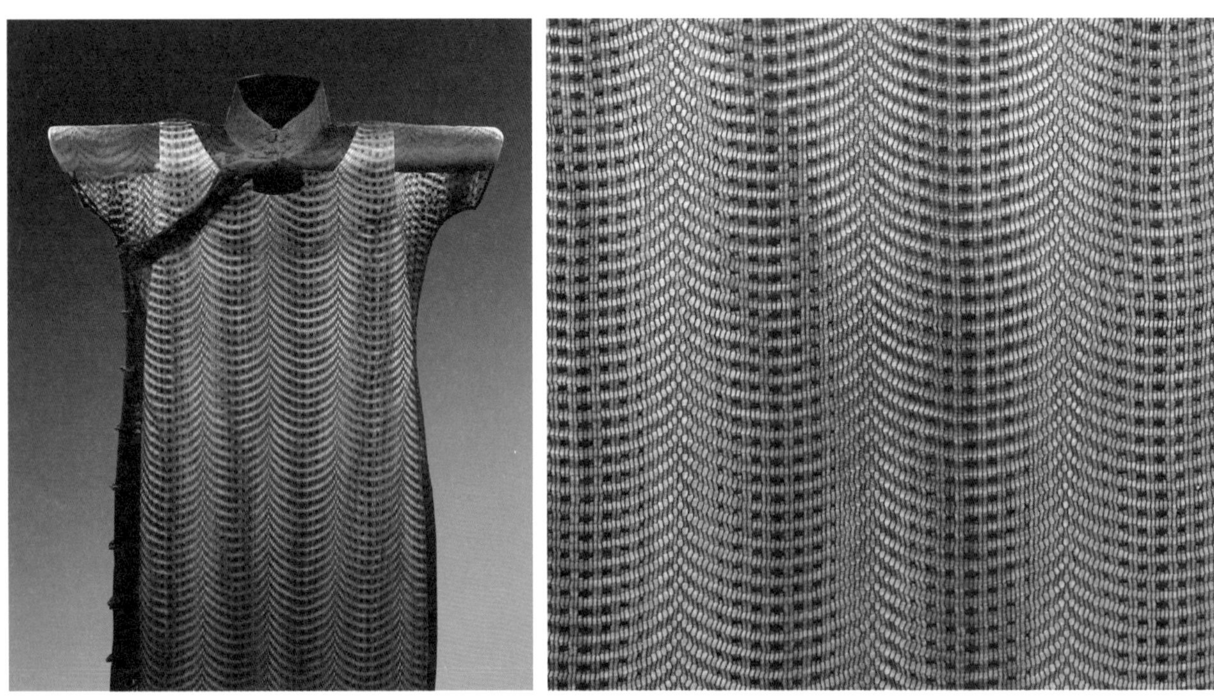

图4-205 黑地水波纹蕾丝短袖旗袍及面料局部（20世纪30年代，香港博物馆藏）

图4-206 藕色地几何纹蕾丝短袖旗袍及面料局部（20世纪40年代，香港博物馆藏）

（二）花边

花边，为一种带有装饰性图案的镂空带状织物。花边在中西传统织物中都有悠久的历史，本书中探讨的花边主要是源于西方，即前文所述之“蕾丝”花边。古老的西方花边可追溯到公元4～5世纪埃及的出土文物。中世纪花边织造是欧洲女修道院中的专门手艺，但花边真正勃兴而成为一种著名的手工艺品，则是在16世纪欧洲文艺复兴时期。一位专门研究花边史的学者莫里斯·德雷格说：“花边是欧洲文艺复兴真诚的产儿。”[1]17世纪是欧洲花边生产的鼎盛时期，花边成为一种最高雅、最奢华的服饰用品，绅士和贵妇的服装都大量运用花边。1650年后，威尼斯成为意大利花边生产中心，其中高浮雕般变形叶纹的针绣花边是当时巴洛克艺术风格的典型代表。18世纪欧洲的花边，实现了从巴洛克到洛可可的风格转变。19世纪，爱尔兰创造了用钩针工艺仿制威尼斯的花边，以后发展成一种流行花边的新品种。欧洲花边的纹样多为玫瑰、荷兰石竹、百合花、三色堇、木樨、忍冬等（图4-207~图4-210）。

[1] 朱孝岳. 西方花边小史[J]. 上海工艺美术，1990，1：26。

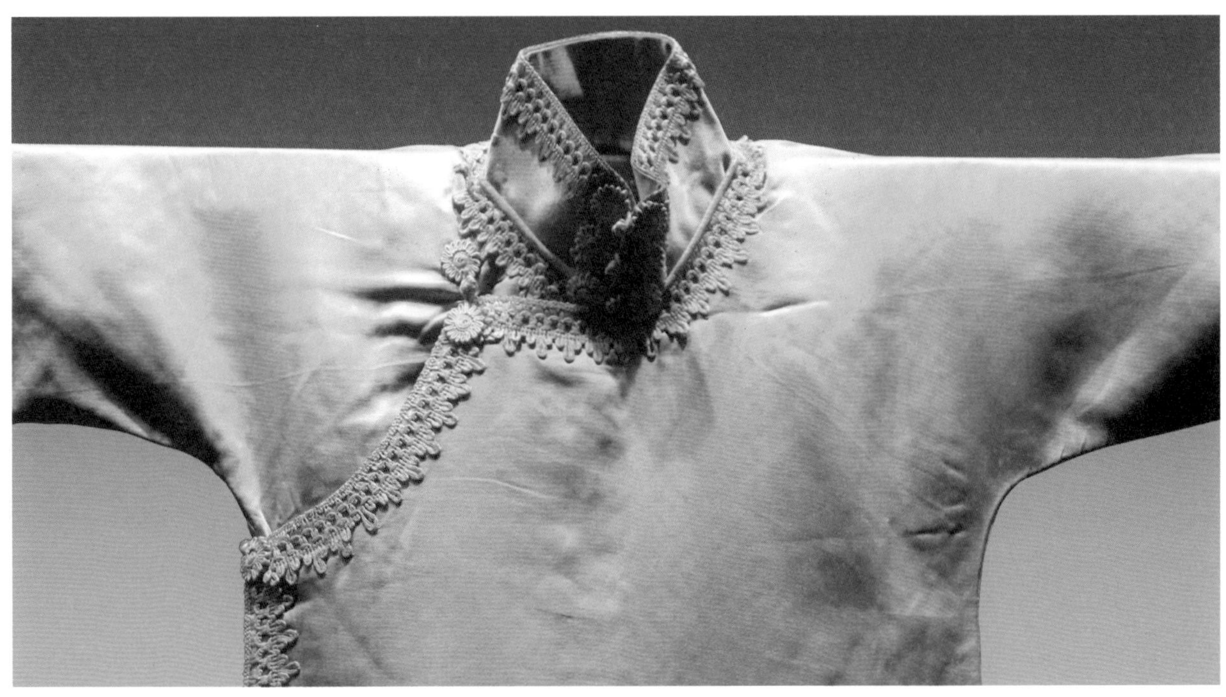

图4-207　翠绿地素缎镶黄色花边短袖旗袍局部（20世纪30年代，江宁织造博物馆藏）

图4-208　黄灰地花卉纹丝绸印花镶橘红花边短袖旗袍局部（20世纪30年代，江宁织造博物馆藏）

图4-209　粉色提花绸镶黑色蕾丝花边短袖旗袍（20世纪30年代，北京服装学院民族服饰博物馆藏）

图4-210　镶红色蕾丝边叶形纹丝织提花长袖旗袍（20世纪30年代，高建中收藏）

崇洋、趋新之风不仅表现在旗袍的面料方面，人们在辅料方面同样对舶来品趋之若鹜。如花边在中国虽有着悠久的生产历史，但一般都为手工编织，产能较小，无法满足大众服饰使用的要求。1905年前后，德国花边传入中国，一直以做工精致、图案丰富走俏中国市场。第一次世界大战时，德国的花边因战争受到重创，其在中国市场的地位逐渐被法国和瑞士所替代，1915～1916年间，法、瑞两国每年都有巨量的花边输入中国。华商受此影响也开始在国内设厂生产花边，但品质远不能与舶来品竞争。20世纪20年代是舶来品花边的全盛时期，每一年都有不同的流行样式，如1926年最时髦的花边“要推螺钿闪光边、珠边雀毛边、最阔绣花边……此外，还有假钻边，颇有光芒，夜里跳舞衣用之，跳舞时与电光相炫耀，精光四射，非常可爱”[1]。由于消费的需求，上海华商四大百货公司均设有花边部专门销售花边。永安公司的花边部是上海花边销售的大本营，其经常采办最新潮的花边，以满足都市女性装饰服饰及旗

[1] 修饰的大本营[N]. 申报，1926-12-21。

袍的需求。1923年2月的一则广告称："公司新由欧美办到各种丝光纱边，花样玲珑，颜色艳丽，又有各款丝纱衬裙边、通花绣花多种洋纱袖口边"[1]。此外，上海还出现了专门销售花边的公司，如绮华公司等。甚至连杭州以经营传统绸缎为主的九新绸缎局也专门开设了花边部，来销售花边[2]。花边除用于旗袍等服装的袖口、下摆、滚边等外，还被用于鞋面、围巾、手提包等的装饰。

除进口的花边外，国内的花边生产在近代也逐年得到发展。最初的花边工艺是1886年由法国天主教修女传入，其携带样品在上海徐家汇天主教会给徐家汇、漕河泾等地民女传授编结码带花边。此码带长82.5厘米，宽5～6厘米，用于装饰台布、窗帘、服装等，经由美艺花边公司行销欧美，屡屡获奖。1907年前后，徐家汇一个圣母院开设了花边车间，有200多女教徒从事花边加工，以后逐渐扩大到周边的居民也加入花边的加工生产。花边也由教会的礼品变成了一般的商品，1910年前后由洋商开始经营出口。"其品种规格，开始为用棉线编织的阔1～5寸的弯直型花边码带，后陆续出现用线编织的'钩针花边'以及用粗线织成方格网并在网上挑花的网扣、台布和窗帘等"[3]。1915年11月，北洋政府农商部劝业委员会致函当时的上海县知事："花边一项，畅销美国，向欧洲运销。近自战事剧烈，来源锐减，吾国可乘此机会提倡，调查各国时样，觅样仿制，是亦推广妇女生计之一端。"又因洋纱洋布倾销，土布市场大为缩小，不少以织布为业的妇女改以编结花边为生，使编结品生产得到较大发展。漕河泾镇设文明、美艺花边公司，各地有分公司收发花边。漕河泾、七宝一带10～40岁女性人人习之娴熟，且传至颛桥、营行、北新泾等地。1924年后，中外商人创办了多家花边店号和花边洋行，专事花边收发和经销。如漕河泾镇森盛号、诸根堂号，七宝镇金秋波号、汪克勤号，莘庄镇吴协和号，梅陇镇梅子香号，朱行镇万泰号等，与英美商人开设的巴特司、华泰、远东等洋行及华人开设的国利、利通、庆福、永惠等店号存在业务联系。洋行预付一半加工费给花边行，花边行按质量分等级，向编结户发放加工费。10余年中，编结人数由400人增至2500人，年产花边、编结手套2万多打。1938~1939年，增至5000人。产品主要销往荷兰、瑞士、英、法等国[4]。而后，法国、意大利、奥地利又传入更多花边和抽绣的新工艺。这些工艺和产品，由上海逐渐扩

[1] 广告[N]. 申报，1923-5-23。

[2] 广告[N]. 浙江商报，1926-9-22。

[3] 蓝柳. 花边抽绣业的产生和发展[G]. 中国近代纺织史研究资料汇编：第18辑，1992（12）：34。

[4] 上海市地方志办公室. 第六节钩绣工艺制品业[EB/OL]. http：//www.shtong.gov.cn/dfz_web/DFZ/lnfo?idnode=139738&tableName=userobject1a&id=189595。

展到江、浙等地（图4-211~图4-213）[1]。花边在近代旗袍中主要用于领、襟、袖、摆的装饰，也有用于衬裙下摆的装饰。从现存的旗袍实物来看，花边的种类主要有手工编织花边、机织花边和刺绣花边三种（图4-214、图4-215）。

[1] 据《上海花边抽纱产品出口史料》（载《文史资料选编》1979年第6辑）资料1950年统计：从事花边抽绣生产的农村妇女，上海、江、浙总计50万人左右，加上汕头20余万人，烟台约40万人，北京约2万人，全国总计150万人左右。可见民国时期国内从事花边抽纱的加工人数已逾百万。

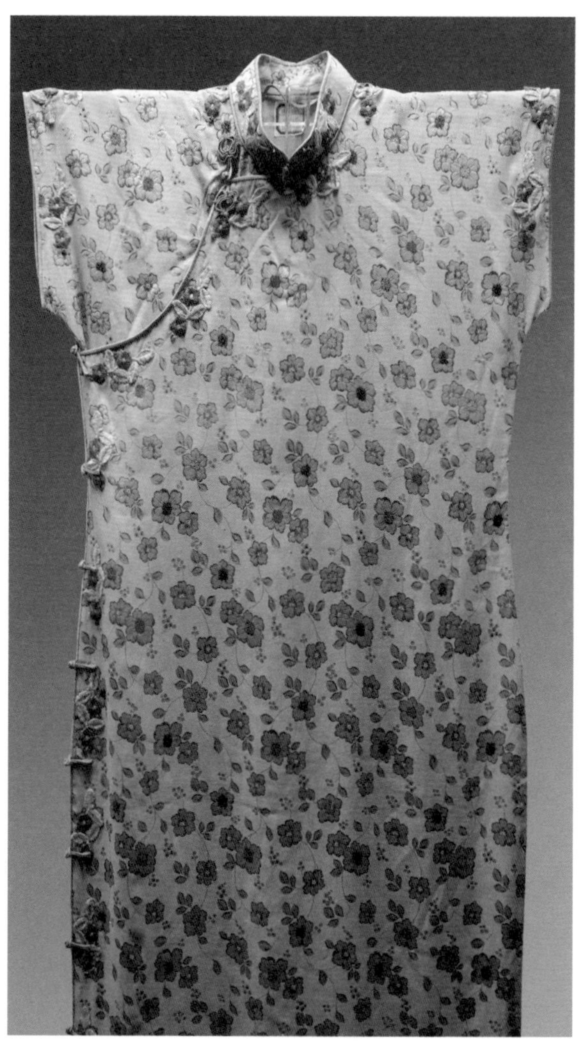

图4-211　绣花边抛梭短袖旗袍（20世纪40年代，苏州丝绸博物馆藏）

图4-212　紫灰地提花绸一字襟镶刺绣花边无袖旗袍（20世纪40年代，私人收藏）

图4-213　黑绸地花边贴绣长袖旗袍（20世纪40年代，香港博物馆藏）

图4-214　绮华花边公司广告（《上海漫画》，1928（25）：4）

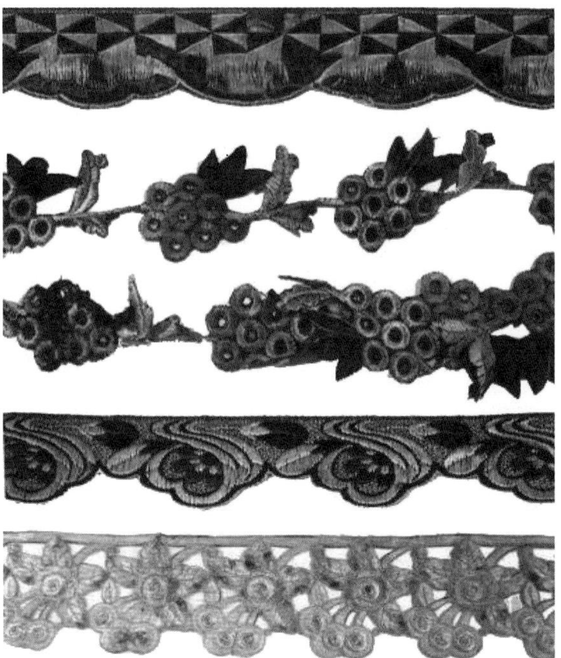

图4-215　民国时期机织花边四款

藕色地叶纹印花剪花绡短袖旗袍及面料局部（20世纪30年代，香港博物馆藏）

第五章

观念与表达的中西杂糅——月份牌图像中的民国旗袍与面料

月份牌是清末民初兴起于上海的一种新型商业广告绘画，简称月份牌。我们在欣赏和研究月份牌时不难发现这样一个有趣的现象——月份牌中温婉娴静、风情万千的旗袍佳丽形象往往比广告商品更醒目、更让人一眼难忘。且月份牌的画家们在表现旗袍佳丽形象时，都极尽写实、细腻、精确之能，使服装的款式、面料的纹样都清晰得可以成为效仿的摹本。因而，从『图像即史』的角度，我们完全可以以月份牌为依据来分析、研究其中蕴含的时尚观念，以及旗袍形制及面料设计的变迁。

在第四章中，我们主要以存世的旗袍实物为主，探讨了旗袍及面料与近代织物材料、技术、品种发展等方面的关系。从整体上说，不管是专业博物馆、机构还是私人收藏家收藏的传世旗袍实物，都存在着一定的专题性、选择性和倾向性，难以全面、真实地反映近代旗袍及面料发展在社会各个阶层的全貌。而民国时期广泛流行的月份牌广告图像，则从另一个侧面给近代旗袍及面料的研究提供了丰富的图像资料和佐证。传世旗袍实物与月份牌图像中所表现的旗袍和面料，二者的最大区别在于，前者是一个可供测绘、材料、工艺分析甚至是穿着的真实存在，而后者是将旗袍及面料放置在民国时尚环境、商业氛围与生活方式中的艺术化视觉存在。月份牌图像中的旗袍与传世旗袍相比，前者虽然缺乏消费者个性的印迹，但却彰显了整体时尚发展的典型性、审美的世俗性以及商业意识的植入性，使我们能从中窥探到当时都市的欲望、消费观念在旗袍及织物发展中的存在。与传世旗袍一般多呈现为“单品”的状态不同，月份牌中表现的旗袍，大都有相关配伍的服饰及生活环境，这就给旗袍时尚研究提供了较为完整的“服装生态环境”，弥补了传世实物研究中“背景缺失”的不足。当然，月份牌图像中表现的旗袍和面料也存在着月份牌画家选择、表现的局限性，当时有些旗袍的款式或面料或许很流行，但很难甚至不适合月份牌技法的表现，如深地色的纹样和满地中大花型纹样在存世旗袍中占有不小的比例，但在月份牌中则很少出现。诸如此类的局限性也是我们在研究、分析中必须清晰认识和客观对待的问题。本章在论述中亦选择了部分传世旗袍面料作为比较和补充。

月份牌是19世纪后期首先在上海形成，20世纪初风行全国的一种商业美术广告，因画面中附有中国传统的二十四节气的旧历与西方人所用的公历，故有“月份牌”之称。典型月份牌所采用的

表现手法为一种基于西洋擦笔素描加水彩的混合画法。它吸收了不同绘画的特点，但它的效果近乎摄影的再现，在人物和衣着的表现上具有“丰润明净的肌肤效果与几可乱真的衣饰质感”[1]。月份牌中的旗袍是不同画家通过他们的视角，演绎、还原了那个年代旗袍发展过程和时尚特征的特殊图像，揭示了旗袍与女性、旗袍与商品、旗袍与时代环境及生活空间的关系。

月份牌作为当时一种传达时尚观念和物质信息的媒介，从多个方面再现了当时的社会意识形态、物质生活的侧面。在其表现题材上，除了历史故事、戏曲人物、名胜古迹、古代仕女外，引领潮流的新女性形象——“时装旗袍佳丽”占据了其中很大的比例。而且那些时装佳丽很多都是以民国初年的名伶、名演员为原型来绘制的，一般都身着当时妇女最流行的各种服装——从清末的衫袄裙装，20世纪20年代以后流行的旗袍，再到新潮摩登的西式服装，并且衣是最流行的款式和面料纹样，人是最时尚的面孔和身影。应该说，月份牌画家们对审美时尚、新女性服饰及面料纹样的再现“比任何人所能想象的都要真实”[2]。月份牌的形成与传播不但对推动当时商品经济的发展，推动服饰时尚潮流起到了一定的作用，也为我们今天研究当时的旗袍及相关面料、装饰纹样等提供了详实和不可多得的依据。

扬之水在《世纪初的“开心果女郎”》一文中曾说：“读月份牌广告，也读出了半部‘更衣记’。”[3]的确，从月份牌绘画中我们可以领略到不同时期的人物形象和服饰，但更能引起我们兴趣的是：从19世纪末到20世纪40年代之间出现的所谓“摩登女郎”形象，以及作为中国近代女装经典——“近代旗袍”的众多作品。月份牌绘画几乎是完整地记录了近代旗袍的萌芽、兴盛与发展的过程，特别是20世纪30年代后的月份牌绘画，它们大都将近代旗袍作为一种特殊视觉符号，用来展示一种并不普遍的富足生活状态和民国都市女性向往的摩登与时尚。当我们以“近代旗袍”为视角来审视那些存世量众多的月份牌广告绘画时，我们不仅可以在其中窥见民国社会时尚、西方文化传播对其题材和表现方式的深刻影响，更可从中寻觅到非文本的近代旗袍发展史的详尽线索，以及近代旗袍造型元素在不同时期的细微变革（图5-1、图5-2）。

从目前掌握的资料来看，以现实生活为题材的月份牌绘画，其作者大都采用“对景写生”——以模特摆拍照片为原

[1] 邓明，高艳．老月份牌年画：最后一瞥[M]．上海：上海画报出版社，2003：序。

[2] 郭家珍．月份牌与上海民族认同[J]．台湾文学研究月报，2014（3）：38。

[3] 扬之水．世纪初的“开心果女郎”[J]．读书，1995（5）：45。

图5-1 协和贸易公司广告（周慕桥，1914年）

图5-2 双美人牌香粉广告（杭稺英，20世纪30年代）

型的方法来创作。从现存谢之光等的月份牌模特照片来看，他们是聘用模特来进行特定的拍摄，并以九宫格放大照片的形式，来进行月份牌的后期创作。从图5-3、图5-4的这些传世的照片中，我们不难看出作者在选择作为模特的女性、服装及道具方面对时尚的理解以及对消费者喜好的迎合，也从另一个角度印证了月份牌绘画的写实性，以及我们借鉴月份牌图像来进行旗袍及面料研究的可行性。

20世纪30年代，上海的电影、戏剧等娱乐业引领着全国的时尚发展。胡蝶、周璇、阮玲玉等电影明星对旗袍都情有独钟，她们在影片和生活中喜欢穿着素净典雅或艳丽大花纹样的旗袍，在赢得影迷追捧的同时，影星们喜爱的各种旗袍样式，同样引导着影迷和大众的旗袍时尚。这些色艺俱佳的当红明星以及她们的旗袍风采自然也无一例外地成了月份牌画家创作的原型与参考。如图5-5是金梅生以当时被冠名为“电影皇后”——胡蝶的肖像为蓝本，绘制的“第一明星”上海久益电机袜厂月份牌广告，从脸型、发型和服装上都可以明确看到参照的印迹。以陈云裳为原型创作的晴雨牌阴丹士林月份牌、汤福记服装商店月份牌等，都成了女性大众对旗袍时尚效仿的对象

图5-3　谢之光的月份牌模特原型及打有九宫格的照片

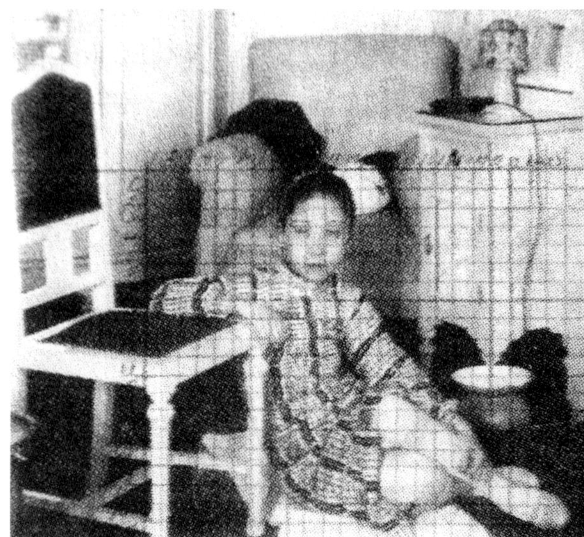

图5-4　其他画家用于绘制月份牌的旗袍女子照片

图5-5　“第一明星”上海久益电机袜厂（金梅生，20世纪30年代）

图5-6 阴丹士林广告（附陈云裳签名，佚名，20世纪40年代）

（图5-6、图5-7）。同时，一些名媛的照片也成为月份牌画家们创作时的重要参考依据，如图5-8中黄蕙兰女士的照片，与葛兰素史克鳕鱼肝油广告中的旗袍女郎图像，不管从坐姿、手势还是神态之间，都有着明显的相似之处。

20世纪20年代以后，月份牌的画家们在表现女性形象和服装款式时都极尽写实、细腻、精确之能，使得服装的款式、面料的纹样、服饰装饰等都清晰得可以成为效仿的摹本（图5-9）。商业美术作为大众消费品，在审美品位上不但要迎合众多消费者的时尚需求，甚至是创造新时尚元素的一种途径。民国时期的许多设计师和商业美术家们都成了服饰时尚发展的推手，如张乐平、叶

图5-7 汤福记服装商店广告局部

图5-8 黄蕙兰女士（顾维钧夫人）的肖像与杭穉英画室为葛兰素史克鳕鱼肝油所做的广告的比较

浅予、江栋梁、胡亚光、张碧悟、方雪鸪、陈映霞等都发表了大量的服装设计和时装画插图。月份牌画家在绘画创作过程中也不免添加“更为现代或时尚”的臆想和夸张表现，因而，其中夸张和创造的表达，或亦成了流行元素的一部分。这些夸张和创造的部分也是我们将月份牌作为旗袍和旗袍面料研究对象时必须加以注意和甄别的。

图5-9 月份牌绘画中写实、细腻的服装款式、装饰纹样的描写往往可以成为大众效仿的摹本

第一节

旗袍与面料折射出的海派文化观念

本书中探讨的近代旗袍，也有学者将其界定为海派旗袍，作者虽不完全认同此观点，但有一点是不可否认的，即民国时期的服饰时尚大部分起源于上海，近代旗袍时尚和变革无不与海派文化密切关联。在第三章的论述中，我们也强调了旗袍及相关面料的材料、技术、品种创新与海派文化的关系，可以说近代旗袍是海派文化催生、滋养的一个重要分枝。因而要深入探讨和研究近代旗袍及面料，就不得不涉及它们与海派文化的关系，而月份牌广告以及其中的旗袍佳丽形象，恰恰是海派文化与近代旗袍在商业消费传播中最为典型的代表之一。

学者兼文学翻译家曾觉之[1]先生，在他1934年出版的《上海的将来》一书中写道："上海是一座五花八门，无所不具的娱乐场，内地的人固受其诱惑，外国人士亦被其摄引，源源而来，甘心迷醉。上海是一座火力强烈无比的洪炉，投入其中，无有不化，即坚如金刚钻，经一度的鼓铸，亦不能不蒙上上海的彩色……上海亦接受一切的美善，也许这里所谓为美善的，不是平常的美善，因为平常所谓的美善，都被上海改变了。上海自身要造出这些美善来，投到上海去的一切，经过上海的陶冶与精炼，化腐臭为神奇，人们称为罪恶的，不久将要被称为美善了。而且，美丑善恶又何尝之有，这不过是事物的两面，美善可为丑恶，犹之丑恶可为美善，人若不信，试看将来！上海的特点是混乱，乱七八糟的将国内外的一切集合在一起，而上海的力量便是这种容受力，这种消化力。人们诅咒上海由于此，但我们赞美上海亦由于此……人常讥讽上海是四不像，不中不西，亦中亦西，无所可而又无所不可的怪物，这正是将来文明的特征。将来的文明要混合一切而成，在其混合的过程中，当然表现无可名言的离奇现象。但一经陶炼，至成熟纯净之候，人们要惊叹其无边彩耀了。我们只要等一等看，便晓得上海的

[1] 曾觉之（1901—1982），原名曾展模，字居敬，广东兴宁县人，作家、文学翻译家。1920年中学毕业后，入北京大学理预科学习，同年考取广东省政府俭学留法，先后在里昂中法大学和里昂大学、巴黎大学文科读文学和哲学，并开始发表文章。1929年回国，在南京中央大学教授法语。1931年任北平中法大学文学系主任，兼《中法大学》月刊主编。

❶曾觉之.上海的将来[M].上海：中华书局，1934：77-78。

❷沈宗洲，傅勤.上海旧事[M].北京：学苑出版社，2000：599。

将来为怎样……上海将产生一种新的文明，吐放奇灿的花朵，不单全国蒙其光辉，也许全世界沾其余泽，上海在不远的将来要为文明中心之一。”❶八十多年后的今天，我们再来看曾觉之先生当年对上海的预期，以及他对上海“新文明”“容受力”“消化力”“混合力（或许就是我们今天说的‘跨界’）”的论述，不得不惊叹曾觉之先生论点的预见性、精辟性与独到性。从20世纪初以后，上海作为中外文化交汇和融合之地，作为中国乃至东亚的时装中心，在追赶世界服饰时尚、西方文化潮流方面，近现代中国没有哪个城市比上海更为迫切，对女性时尚的关注也没有哪个城市比上海更为热情。当时在上海可以找到世界上最新潮的任何东西：环球百货、好莱坞电影、欧美时尚等，可以说时尚消费的巨大魔力构造了上海“东方巴黎”的种种神奇，也构造了近代旗袍的摩登与辉煌。

一、包容、开放的意识与海纳百川

无须讳言，上海作为近代中国最早开埠的城市之一，它以海纳百川的姿态接纳国内不同区域的文化，同样也接受来自西方的先进思想和理念，成为追求摩登时尚的国际先锋舞台。20世纪上半叶中国服装时尚的中心在上海，上海“摩登”的一切影响到全国的大小城市及乡镇。旗袍不管是不是产生于上海，但一定是发展在上海，辉煌于上海。旗袍从它的产生之日起，就显现出它“混血”的文化特质和开放、创新的属性，并在发展中进一步突显这种属性。如果从海派文化延伸至民国时期上海的服饰来看的话，其特点可以用一字蔽之，这个字就是“杂”。中国的、外国的、本地的、五湖四海的，海派文化中都兼而有之。只不过有的是显性的存在，有的是隐喻的借用，有的可能只是似有似无的影子。民国时期服饰的发展能够超越历史上任何时期，其特点就在于它是“一个永远在取舍中流动的过程，它是在‘杂’的基础上不断变化，变出种种时髦、新奇、漂亮来”❷。

从周慕桥时代传统古典仕女的羞花闭月，到郑曼陀时代执卷女生的清新淡雅，再到杭穉英时代旗袍佳丽的时尚艳俗，月份牌中女性服饰的这种转变，也从另一个角度充分体现了海派文化、海派服饰和旗袍的开放意识，及其接受新观念、不断尝试新事物的勇气。对于旗袍及面料研究来说，我们需要重点关注的是这些广告绘画图像中真实反映的旗袍及面料，以及包容和开放意识下的种种变化过程及原因。从晚清女性宽大厚实的锦缎衣着，层层叠叠不露肌肤的穿着方式，到20世纪30年代以后追求薄、露、透，崇尚趋洋求异的衣着时尚发展。对于这样的变迁过程，一般研究者比较关注的是服饰款式、形态的发展，实质上近代服饰面料也以其特殊的方式，显现了容易被人们忽视的另一种发展的轨迹。从笔者收集和拍摄的月份牌图像中可以看出，从中国传统的丝绸、染色布到西方进口的时尚面料；从厚实凝重的毛呢到轻薄如羽的“玻璃纱”，几乎任何面料都被民国女性们大胆地运用在她们的旗袍之上，也被月份牌画家们敏锐地关注和体现在他们的作品中。这些图像足以构成一部详实的非文本的近代服装史或近代服饰面料发展史。

在图5-10中，笔者选择了20世纪初~20年代的19幅月份牌广告，从中我们不但可以看到这个时期上袄下裙的多种款式变化，也能看到服饰面料在纹样上由繁至简，色彩上由浓重至淡雅的发展变化过程。

在图5-11中，这10幅月份牌广告则反映了从马甲旗袍到倒大袖旗袍再到经典旗袍的发展过程，而在这个过程中，旗袍面料从中式传统风格到西洋风格的转化轨迹清晰可见。从倒大袖旗袍伊始，旗袍的款式以及面料的纹样、色彩都出现了明显的西化倾向。

协和贸易公司广告
（周慕桥，1914年）

英美公司广告
（杨琴声，1915年）

中国南洋兄弟公司广告
（周柏生，20世纪初）

华洋人寿保险公司
（周柏生，1915年）

纽约牌广告
（丁云先，约1915年）

美孚行广告
（佚名，1918年）

金线牌甜炼奶广告
（佚名，1919年）

日本公司广告
（佚名，20世纪初）

对花美无伦
（郑曼陀，20世纪20年代）

无题
（郑曼陀，20世纪20年代）

哈德门牌广告
（倪耕野，20世纪20年代初）

上海华成公司广告
（郑曼陀，20世纪20年代）

南洋兄弟公司广告
（周柏生，1920年）

驻华英美公司广告
（胡伯翔，1926年）

灯塔牌广告
（何超，20世纪20年代初）

驻华英美公司广告
（丁云先，20世纪20年代）

红钻石牌广告
（丁云先，1920年）

南洋兄弟公司广告
（郑曼陀，20世纪20年代）

英美公司双美人图
（佚名，20世纪20年代）

图5-10 20世纪20年代以前的上袄下裙（裤）及比较典型的中式面料

双美图 中国大东公司广告
（杭穉英，1920年）

驻华英美公司广告
（胡伯翔，20世纪20年代）

南洋兄弟有限公司广告
（杭穉英，20世纪20年代）

花溪小立图
（郑曼陀，20世纪20年代）

绥远福聚百货杂品店广告
（郑曼陀，20世纪20年代）

大东公司广告
（谢之光，20世纪20年代）

秋水伊人图
（胡伯翔，1930年）

三八牌广告
（谢之光，20世纪20年代末）

秋林公司广告
（杭穉英，20世纪30年代）

图5-11 月份牌广告绘画表现的从旗袍马甲到经典旗袍的款式、面料的发展和西化过程

到了经典旗袍时期，外来文化的影响已经占有很大的比例。旗袍和旗袍织物纹样上无处不在的西方元素，是海派文化开放包容与海纳百川的意识的具体显现，而这种外来文化对旗袍发展的影响可归纳为以下三个方面：一是从本质上说，近代旗袍并非完全是在清末传统袍服的基础上纵向延续产生而来，而是在外来文化全方位渗透、冲击和碰撞中横向融合发展产生的。“文明新装”及织物上体现的中西文化交融是旗袍发展的铺垫与前奏（图5-12）。罗苏文女士从历史学的角度也明确提出：“女装西装进入市民消费市场，是女装变革的前奏。”[1]清末后，西方服饰文明开始对中国服饰产生横向的影响，并与中国纵向传承的服饰文化一道，并列成为中国近代服饰服装变革的推动力，但西方服饰的影响是其中的主流。二是在近代旗袍的发展过程中不断吸收西方女装的特点，包括裁剪、制作工艺，以及面料、辅料等，直接影响了中国近现代女性服饰习惯和服饰价值取向。三是在服饰的穿着配合上，西方的大衣、毛线衣、围巾等都成为旗袍的绝佳搭配，西方服饰文化的影响已深入到服饰生活的各个方面。

[1] 罗苏文.清末民初女性妆饰的变迁[J].史林，1996（3）：184-194。

（一）多元化的包容

在包容、开放的意识下，旗袍及面料的变迁无疑还显现出一种从被动接受到主动变革的趋势以及多元化的特点。民国前期满汉文化交错，中西文化共存，在服饰上已呈现出奇葩绽放、争奇斗艳的多元特征，这种变化既满足了当时女性在打破服饰禁锢后求变的心态，顺应了社会的发展，亦促使中国女装开始呈现出国际化和现代化结合的多元特征。

如果仔细考察旗袍的早期时尚，我们能够发现它尽管具有中国传统服装的部分款式特征，但并非是清代某种袍服的嫡生，旗袍从风行之初就打上了西化的烙印。从图5-13看，1916年的旗袍风尚还未真正形成，但此图中的服装上半身已完全具有了近代旗袍的形态，而下摆却是典型的西式连衣裙的款式，可谓是不折不扣的中西合璧的产物。因而不能不说此图是旗袍产生和发展过程中受到西方服饰影响的绝好例证之一。再从前面的图5-11中也可以看出，风行之初的旗袍马甲是中式表观下的西化穿着，其中既有中国服装传统的外观承袭，又有西风吹拂下的变异。这种新形象抛弃了传统女装“虚体掩形”的形制

永泰和公司广告
（倪耕野，20世纪20年代）

上海太和大药房广告
（郑曼陀，1924年）

老巴多父子公司广告
（谢之光，20世纪20年代）

在水一方
（谢之光，1925年）

南洋兄弟公司广告
（周柏生，20世纪20年代）

哈德门牌广告
（周柏生，20世纪20年代）

图5-12　从文明新装开始，外来服装元素以及相应的装着方式已深刻影响到中国沿海城市的女性生活

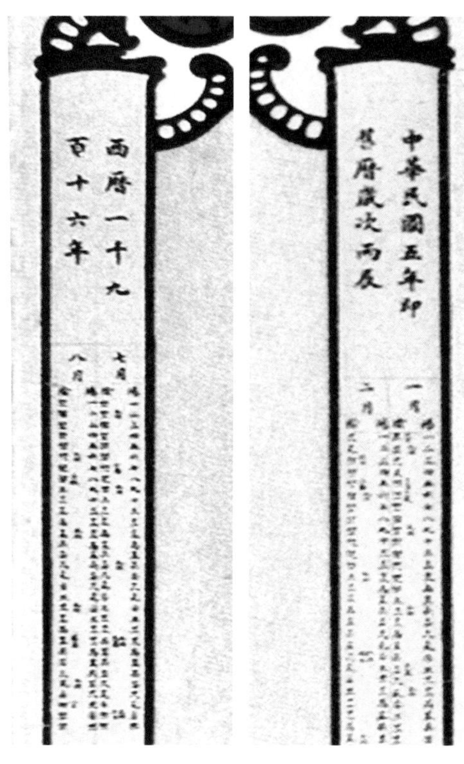

图5-13　伦敦保险公司广告（杭穉英，1916年）

和对体态、肢体的否定，引入了西方突显肢体美感和强调个性的服饰观念。而中后期从单片衣料的衣袖连裁，到肩缝和装袖的出现；从传统廓型的A型、H型向西式S型的演变；从无省到腰省、胸省的应用，这些变化不仅是缝纫技术上由传统平面裁剪向西方立体服装造型的转变，更是衣着观念上中西交融的选择与产物。

旗袍的廓型虽然在女性身上千变万化，但在某段时期内，整体上会体现出一定的相似性，就类似流水线上生产不同型号的产品一样。而那些细小的变化都来自不同阶层女性的自我创造，包括裁剪、制作过程的参与和穿着过程中的多种搭配形式，这些变化甚至使旗袍离当初的创设者的设想越来越远，发展为多种层次并行不悖的状态。

（二）渐进的时装化

服饰产生之初是为了御寒遮羞，将服饰作为一种文化风尚来展现则意味着时装[1]的出现。张爱玲曾感叹地说：“在

❶这里所谓的时装是指在一定时间、地域内为一大部分人所主动接受的流行服装。

清朝三百年的统治下，女人竟没有什么时装可言！一代又一代的人穿着同样的衣服而不觉得厌烦”[1]，更无所谓“摩登”了。事实上没有哪个时代的女性不喜欢时兴的服装，但并非每个时代都会允许女性按自己的喜好来改变服装时尚和穿着时兴的服饰。近代社会的发展和时装的出现，特别是各阶层女性广泛接受和穿着之旗袍的兴盛，无疑将中国近代服饰文化的发展推向了一个新的阶段。

所谓“时装”，是指时新、时髦的服装，即新异应时的服装。而中国近代时装的“新”则在某种意义上等同于“西”。民国时期西方服饰流行元素的大量传入，使国人开始在服饰方面有了不同于以往的审美、时尚体验。当然作为站在时尚前沿的月份牌绘画，更是尽其所能地表现各种最流行的服饰佳丽。这些商业化的流行时尚以及多元化的时装展示方式，为近代女性效仿西方时装和流行款式提供了便捷的渠道，也进一步促进了中国近代时装化的发展进程（图5-14）。

张爱玲曾说：“民国初年的时装，大部分灵感是得自西方的。……舶来品不分皂白地被接受，可见一斑。”[1]一般的时装是这样，旗袍的产生和发展亦是如此。正如美国服装学家玛里琳·霍恩认为的那样：“20世纪20年代在欧美流行的管状时装短裙影响了中国女装的设计。西方的女装似乎为了显示大腿和使形体呈现管状，然而裸露膝盖的西式裙子，在中国人看来是欠庄重的；但同样的效果可以用加长上衣的长度并在两边开衩来获得。这种单件的服装被称之为‘旗袍’。中国妇女终于获得了一种代表这种时代重要价值的基本服饰，一种杰出的富有特色的民族服装，既符合时尚又尊重民族特性，它象征着中国妇女的积极而进步的生活方式。”[2]从大众文化的角度来看，月份牌中的各种旗袍形象的推出，更像是一种时装演绎的大餐，在民国时代大街小巷的书店、杂货店都有月份牌的销售，很多家庭都将月份牌作为家庭的装饰点缀，其“时装”的昭示力不言而喻。

美国作家安妮·霍兰德在《性别与服饰》一书中说：20世纪20年代，西方“女士们的服装发生了有史以来的最重要的变化。那时的时装开始直接以女装的体形特征来表示她们的性别特征。并以此来代替过去间接暗示的表现方式。…… 过去的服装，在表现女性特征方面总是‘若隐若现，富于诗意’的，也即是将女性身体的特征遮掩在宽大和层叠的服装之内（除了肩和胸部以外）。

❶ 张爱玲．更衣记[G]// 李宽双，等．人生四事．长沙：湖南出版社，1995：46。

❷ 玛里琳·霍恩．服饰：人的第二皮肤[M]．乐竟泓，杨治良，等译．上海：上海人民出版社，1991：39。

纨扇消夏
（杭穉英，20世纪30年代）

海之花
（杭穉英，20世纪30年代）

奉天穀本公司广告
（金梅生，20世纪30年代）

中国南洋兄弟公司广告
（杭穉英，20世纪30年代）

上海隆昌毛巾厂广告
（佚名，20世纪30年代）

上海唐拾义药品广告
（佚名，20世纪30年代）

图5-14　月份牌广告绘画表现的各种西式服装以及西式装着方式

而现代女性服装也开始以男性的服装设计的方法来体现她们的躯体，这种模仿是以保留女性最基本的特点为前提的。大约从1913年开始，女士的服装设计开始允许她们直接运用身体的感染力去吸引实际的触觉。这种变化在女士服装设计中是前所未有的，即便对男士来说也是从来没有的。到1920年，女装不仅显示了女性身体结构，而且还开始暗示女性身体如何被真实感觉，以及它如何能感觉其他人的触摸。”[1]上述这种“显示了女性身体结构”的时装特征，在近代中国也成为女装进入时装化的标志之一。20世纪20年代后期的旗袍，开始注重女性身体的被感受性，腰线的出现、渐紧的廓型以及肌肤的显露都是女装时装化进程的具体特征。

在西方服饰的传入中，一些更为暴露的服装也引起女性和舆论的强烈关注。从1919年刘海粟的裸体“模特风波”，到1927年广州市代理民政厅厅长朱家骅提倡的“天乳运动”，再到1931年所谓“裸装”名称的出现。所谓“裸装”，即“衣不齐膝而露‘小腿筋’之肉体美，袖不及腕，而露臂袒胸，露绡轻裾，蝉纱薄饰，举凡可以表现曲线美的，无所不用其极。四方相效，就成其所谓时装了”[2]。女性们在强调运动、活泼、健美的同时，对服装美的认识也获得了颠覆性的改变，“过去的服装是把肉体裹得厚厚的，现代则不然，从这种束缚的服装美渐次地变为解放的肉体美——把肉体整个地、生动地暴露在外面的跃动底美”[3]。这种对服装的审美改变，无疑是受到西方服饰审美的影响，也正是由于这种观念的改变才造就了中国近代时装的发展，当然也包括旗袍和旗袍面料的发展（图5-15）。

（三）中庸的自由化

民初的社会各类思潮并存，在爱国热潮及妇女解放运动的激励下，妇女们开始投入到各种进步活动中，她们为了显示与时代的同步，提出更新女装、简化传统女装的要求，以便于参政和参加社会活动，使得妇女服饰发生了令人瞩目的变化。1912年初在社会各界人士的支持下，政府才草议出女子礼服服式，但这一规定实际上并不严格，且未得到正真的实行。孙中山先生指示“礼服在所必更，常服听民自便”[4]，这更加鼓舞了妇女在穿着上的自由发展。事实上，民国时期整个女装的发展变化，其本身就是一个自由化的过程。这一时期，在服饰个性化方面还有一种现象，即“女尚男装”。尽管这一风气包含女性希望通过穿男装来使男子认同其社会地位，以求男女平等的思想，更多的应该是一群另类的女子为了张扬个性的所为。女尚男装的出发点虽不一致，但在当时确实成为一种个性化的时尚。

❶安妮·霍兰德．性别与服饰[M]．魏如明，等译．北京：东方出版社，2000：149。

❷沙恩溥．服装谈[J]．新家庭，1931，1（10）：1-12。

❸佚名．表情美漫谈[J]．妇人画报，1934（2）：7。

❹诸葛恺．文明的轮回：中国服饰文化的历程[M]．北京：中国纺织出版社，2007：281。

上海盛镅电池广告
（金梅生，20世纪40年代）

池边异趣广告
（谢之光，20世纪40年代）

图5-15　月份牌广告绘画表现的开放程度较高的西式服装

梁实秋先生在《衣裳》一文中曾发表过这样的观点："衣裳穿得合适，煞费周章，所以内政部礼俗司虽然绘定了各种服装的样式，也并不曾推行，幸而没推行！自从我们剪了小辫儿以来，衣裳就没有了体制，绝对自由，中西合璧的服装也不算违警，这时候若再推行'国装'，只是于错杂纷歧之中更加重些纷扰罢了。"[1]梁先生的观点也从一个侧面表达了社会的包容意识与服饰自由化的倾向。但近代和民国时期服装的自由化又是中庸和不彻底的，这种状况的出现除了社会保守势力的因素外，中国女性自身传统观念的束缚以及从众心理的存在则是另一重要的方面。张爱玲说："中国人不赞成太触目的女人。"[2]中国向来崇尚内敛而非推崇张扬，这是由中国传统思想与文化决定的。而西方文化崇尚的是个性的张扬，近代种种暴露的服饰也正是这种个性张扬的产物。西方服饰文化中显露部分身体的服饰成为当时部分都市女性青睐的装束之一，此类服饰在

❶ 梁实秋. 梁实秋散文精选[M]. 武汉：长江文艺出版社，2013：79-80。

❷ 张爱玲. 张爱玲文集：第四卷[M]. 合肥：安徽文艺出版社，1993：29。

20世纪30年代以后的月份牌广告绘画中亦得到表现。但不可否认的是这类服装在20世纪初是不可能成为主流的，也无法得到社会的认可。旗袍对中国女性的身体来说是一种较为温和、自由的释放，她既符合中国女性的体型特征，又切合或者说未过于偏离中国人一贯的审美倾向——中庸之道。中国女性从整体上说并不赞赏走向极端的、夸张的服饰样式，还是认为服饰必须符合道德和习俗。旗袍因其不过度夸张而显得落落大方，其线条简洁流畅而显现婉约含蓄之美，在“露”的同时又讲究“遮”的魅力。虽然旗袍的开衩使得女性修长的美腿时隐时现，裙摆与开衩在消长中，获得完美而自由的表露。旗袍在近代发展中高开衩并未得到长时间的流行，也正是这种中庸自由化的结果（图5-16）。

二、崇洋、趋新之风与都市欲望

晚清以后，上海逐渐成为一个全方

勒吐精代乳粉广告
（杭稺英，1933年）

蒙疆裕丰恒商行广告
（杭稺英，20世纪40年代）

图5-16 月份牌广告绘画表现的高开衩旗袍

位开放的城市，追逐西俗已成为这个城市文化的核心与时髦。西风西俗通过“洋货带入、传教灌输、租界展示、出洋考察与大众传媒”[1]等方式迅速地为喜好新异的上海人所接受。经过几十年的熏陶，上海人对西俗的态度也从排斥、基本认同转变为自觉地接受与追求。到20世纪20～30年代，上海已成为中国乃至远东最为西化的城市。上海人的社会生活、民风受到西俗濡染的程度也较当时中国任何其他城市都要严重。

（一）趋之若鹜的求洋

从某种角度说，中国近代文化的出现并不是由于社会自身发展的内因导致，而是在西方文化强烈冲击下的被动选择，是一种不求甚解的随波逐流。伴随着西方生活方式对中国的不断入侵，上海人经历了“初则惊，继则异，再继则羡，后继则效”[2]的过程之后，西方的服饰如同他们的科学技术一样，在上海等通商口岸城市也获得了很大的市场。“至于衣服，则来自舶来。一箱甫启，经人知道，遂争相购制，未及三日，俨然衣之出矣”[3]。西为中用从一种思想潮流很快物化为现实的生活方式，表现在服装和服饰面料上就是将中、西服饰融于一炉而发扬光大。于是，旗袍与西式大衣、绒线背心、玻璃丝袜、高跟皮鞋、烫发一起构成了崇洋趋新、追逐时尚的海派风尚。旗袍及面料作为一种标榜女性生活品质与思想潮流的外在特殊象征得以流行。一般女性对物质形态流行的追随，比起追随某种思想潮流来说要容易得多，更无须个人素质的支撑和深层次思辨的底蕴。因此，作为海派文化和海派思想的典型外在物质体现之一，物化的旗袍比海派思想，更能赢得宽泛的受众基础。随着“洋剪”“铁车”（缝纫机）“洋布”和“洋裁”技术的竞相而入，西方服饰观念和技术作用于中国服饰的变革之上，新式袄裙和旗袍的出现及其不断变异的前行也就成为一种必然。于是乎，原先宽博直身式的旗袍便有了婀娜的收腰，沿用千年的单片衣料、衣身连袖的平面裁剪加进了装袖、省道；开襟的方式也从右衽大襟变化出一字襟、左襟等。

在崇洋媚外心理的驱使下，西方的生活方式也逐渐被广大上海市民接受，从看电影、跳交谊舞、打高尔夫等个人和社会行为，到西式文明婚礼等民风民俗受到广泛的追捧。月份牌在宣传、倡导西方社会生活方式上也起到了推波助澜的作用，图5-17中的四幅月份牌就表

❶ 严昌洪. 西俗东渐记：中国近代社会风俗的演变[M]. 长沙：湖南出版社，1991：41-55。

❷ 唐振常. 近代上海探索录[M]. 上海：上海书店出版社，1994：62。

❸ 姜水居士. 海上风俗大观[M]. 上海：上海新华书局，1922：306。

现了旗袍佳丽跳交际舞、唱歌、打高尔夫、演奏西洋乐器的情景，是旗袍与当时西化生活方式的一种和谐共生场景。

社会学家认为，流行是一种大众性的现代社会心理现象，它既可以体现在人们的物质生活方面，也可以体现在精神生活方面，并且可以从某种角度折射出一个时代的精神风尚和社会面貌。时髦与摩登则是流行的一种表现，它包含了对某些被认为是有待改进的行为规范与对现行价值观的叛逆，也体现了偏离传统行为而倾向于是时新颖入时的生活方式[1]。新的时尚总在被少数人不断创造，也导致了流行会一波高于一波，呈现流行的新奇性与周期性。当人人都想表现出与众不同和个性特点时，流行与时髦则会出现多元交替与快速嬗变的特点。于是，在近代中国的大都市中也就出现了“许多考究服装的人们，几乎无日不在那里翻新花样”[2]。正因为如此，现实社会中的旗袍越变越时髦，而月份牌中的旗袍图像对这种服饰的流行也起到推波助澜的作用。

在社会诸多因素的影响下，人们对洋货趋之若鹜，上海的许多商家也以销售洋货为主。先施公司更是打出了“环球统办货物”的口号。西方商品已经渗透到上海市民生活的各个领域。是时，西方及日本服饰的传入，为市民提供了丰富的可供选择和模仿的对象。在品种繁多的输入洋货中，既有洋纱、洋布、洋绸、洋呢等面料，也有洋鞋、洋袜、洋伞、洋包等服饰用品，还有香水、香粉、金银钻石等装饰品。1858年，以经

❶ 时蓉华. 现代社会心理学[M]. 上海：华东师范大学出版社，1991：426。

❷ 徐国桢：上海生活[M]. 上海：世界书局，1933：30。

长冈驱蚊剂广告
（佚名，20世纪30年代）

奉天太阳公司广告
（杭穉英，20世纪30年代）

白玉霜香皂广告
（杭穉英，20世纪30年代）

四美合奏图
（佚名，20世纪30年代）

图5-17　月份牌广告绘画中的西方娱乐方式与旗袍生活

营洋布、洋面料为主的清样布店在上海就有十五六家之多。那些新奇美观、充满异域风味的时尚洋布、洋绸，不但是一般女性趋之若鹜的心仪之物，往往也成为人们社交中时兴的馈赠礼品。据《王韬日记》记载，1860年5月3日，他携友人访女校书，就带着一卷“西洋退红布”作为馈赠女校书的礼物，“（女校书）阿珍喜甚，即宝藏于箧”[1]。近代上海的市民文化及物质生活，已经很大程度上相异于中国传统的物质文化体系。徐国祯曾说：“中国人近来大概有些做中国人做的讨厌了，所以处处趋重欧化，恨不得连自己的老子也变了个外国人，这种现象的究属是好是坏，此处不谈；但是上海妇女的所以特别新奇，却乎是受到这问题的一部分影响的。因为上海的外国人特别多，一般人对于外国人，总是特别钦仰，妇女当然也未能免俗，所以就极力摹效夷妇装束，以骄自己的同胞；一般人见了染有洋气的时髦人，也就奔走相告，谄之曰开通，媚之曰新派，于是上海妇女们的装束，愈弄愈光怪陆离了。内地虽然有许多女人们很愿学外国人，只恨中国尚未完全灭亡，内地的外国人极少，天不从人愿，所以内地女人的洋气，终嫌略逊于上海女人；在事实上只得让上海妇女独步一时了。”[2]在月份牌广告图像中除了场景、家具等的求洋外，很多旗袍女子的形象也以好莱坞明星的审美标准为依据来创作，图5-18中的旗袍女子广告就是以红极一时的西方电影明星玛丽莲·梦露为原型来创作的，在当时很受市场的欢迎。

图5-18　嫣艳如花（金梅生，20世纪40年代）

（二）不遗余力的趋新

在处处弥漫着商业意识的民国都市中，上海在“只重衣衫不重人”和体现自我价值的社会心理共同驱使下，到20世纪20～30年代，已成为中国新奇服

[1] 熊月之，周武．上海：一座现代化都市的编年史[M]．上海：上海书店出版社，2007：275。

[2] 徐国祯．上海的研究[M]．上海：世界书局，1929：35-36。

装更替最快的城市和当之无愧的“中国的时装之都”、时髦新潮的中心。“现代中国所流行的时髦服装，大都创行于上海，上海确已占中国各地时髦服装变化的中心点，各地的时髦服饰，可以说都是从上海流传过去的，在事实上差不多已成为一个固定的公例。”❶

在趋新方面，上海女性倾注了巨大的热情，有个关于旗袍的笑话，路人问正在飞奔的白公馆的仆人：“到哪里去呀？”仆人答道：“刚从裁缝铺里拿了小姐的旗袍。”路人：“那也不至于跑那么快呀！”仆人说：“不跑快的话只怕还没到家就又过时了！”此笑话生动而辛辣地嘲讽了那种无休止的趋新欲望。

由于近代女性“奇形怪状，无奇不有”的服装和装饰，很多小报、文人以传统观念、保守意识和社会精英的责任意识指出之所以如此，是“惑于虚荣”“被虚荣所制”❷，对于妇女着装“唯恐其不薄，唯恐其不短，唯恐其不窄小”的状况，倡导“妇女服装，须取文雅大方的服装，才是正理”❸。有些女性为了时尚而不惜付出代价，在“冬天穿丝袜而不怕冷，暑天穿毛袜而不怕热”，愿“为摩登而牺牲”❹。

还有一类趋新的群体就是逐渐走上社会的家庭妇女，她们的衣着既不像青楼中人的那样浓妆艳服，也不同于女学生的那样素静雅朴，而是介乎这二者之间。她们受时尚影响的同时，也在影响着时尚。每日处处演绎的旗袍秀不断冲撞着她们的视觉神经，当某人获得了一种时尚旗袍新款时，它可能还是属于个体意识的体现。但在她们的群体中一个接一个地接纳和模仿这种新潮款式时，也就成为一种群体的时尚流行和趋新的集体意识。

《妇女杂志》检讨和批判过这种女性盲目追逐时髦衣饰的社会风气。“有一种专喜趋时新的妇女，每逢新式的服装一出，便急于制购，但是今天有今天的新花样，明天有明天的新花样，要是再制办呢，试问起先制的一件岂不是又靡费了么？”其结果是“妇女们一生的光阴，大半耗在她们的修饰上”❺。其文章不无担忧地描写了当时女界着装的从众趋新现象，这一时期女性纷纷追求服饰的“曲线美”，似乎无论年龄老幼，都争相效仿这种“楚腰短装”。尤其是知识分子，更以进口面料制作各种服饰和旗袍。“近日新流行之装束，虽有出手身极短极长至两种相反趋向；但皆为身腰极细者。此细式较诸欧洲念年❻前细腰大摆。”这种服装文化的流行，几乎与西方国家的服饰文化同步。此文作

❶杨格·阿瑟．近百年来上海政治经济史（1842—1937）[M]．越裔，译．台湾：文海出版社，1983：93-94。

❷蒋金门．谈改革妇女装束[N]．上海报，1931-7-20：2。

❸一龙．妇女服装问题[N]．笑报，1929-7-14：1。

❹红鹃．为摩登而牺牲[N]．社会日报，1932-7-8：副刊。

❺知音．我的感想如是[J]．妇女杂志，1921（11）：23。

❻念，在古文中通“廿”即“二十”，笔者注。

者还批评了妇女服装由于过于从众模仿而不思自我创新的做法："至于女子衣服太单调，亦固过事模仿，无独创适切之精神所至；其单调者，衣褶与纹样边缘色彩等，少有变化。一领口之变化，但知由高领而反于低，由低又复反之于高……而有反领、敞领及由敞领而见之褶纹种种变化者则少。"[1]

在服饰的日日趋新上，上海各阶层的女性都倾力为之。包天笑在《上海春秋》中曾描述普通电影明星们着装讲究"诡奇"，富于趋新性，"穿出去的衣服，总教人注目"[2]。在跳舞时，穿的是"一件藕合巴黎缎绣着白花的舞衣，腰身是紧而且短，那衣服是没有衩的，紧束在腰里，越显得腰肢的细软，袖子的半截，用带子镂空编着，带子里面，掩映露出上臂如雪一般的玉肌……下面系着一样颜色的裙子，所特别的就是在裙子之外，又加了一条很长的飘带，足上是穿了一双泥金革履"[3]。就连一般的女工"身上的衣服从布的做到洋货的，连金戒指也有了……年轻的女子都喜欢装饰的，她赚几个钱都花在装饰品上。所以虽不能说穿绸着绢，什么哔叽啊、华丝葛啊那种衣服已经有几件了"[4]。女性对服装是比较容易动心的，只是动心是不济的，勇于尝试、践行也是近代女性在服饰趋新上的一大特点。上海妇女本身更有比其他地区勇于尝试的精神和胆魄，"譬如袒胸露背，在中国旧习惯上，很要遭人非议，但是上海妇女决然不顾一切，大胆一试；不但是一试，而且人家纵然反对，也能置之不顾，持之以毅力。所以反对者虽多，而终不为屈。这种精神胆魄，很足钦敬，可惜上海妇女只以此致意于装束方面，在别处就有些不肯了"[5]。

作为一般市民阶层的女性们，对南京路、霞飞路上时装店琳琅满目的时装，并非是每个人都敢问津。一般的市民只能另辟蹊径，往往自己挑选一款合适的衣料，借件心仪的旗袍作为样子或找本画报、月份牌的图像为参考，请裁缝师傅按样缝制，或干脆自己动手制作。在这样的过程中，移花接木、借鉴自创往往是很多女性乐此不疲的所在。上海的时尚市民，将其流行主张通过裁缝之手在不知不觉中完成了现代概念中的"设计参与"。正是由于旗袍发展中的这种泛设计性，使旗袍看似大同小异但有着丰富的局部变化，进而造就了旗袍个性充盈的流行风尚。

旗袍快速翻新的意义，不但显现了当年上海女性们在旗袍时尚、款式变化上极高的领悟力，即便是某个局部、细

❶ 寓一．一个妇女的衣装的适切问题[J]．妇女杂志，1930（16）：64。

❷ 包天笑．上海春秋[M]．桂林：漓江出版社，1987：396。

❸ 同❷369–370。

❹ 同❷296。

❺ 徐国祯．上海生活[M]．上海：世界书局，1933：30。

节的小小改变，都会成为旗袍款式日新月异的推动力；再者就是旗袍的演绎者们对织物、面料的理解和表达，它们不仅体现为一种对旗袍外在色彩和纹样的个性演绎，更成为都市生活和社交场所中服饰文化个性化的炫耀途径。

与晚清以前一种服饰纹样常会流行多年不同的是，近代旗袍面料的纹样流行周期大大缩短，20世纪20年代初十分流行的纹样，不用3~5年或许已落伍和过时了，流行频率的加快也从一个方面促使、刺激了近代旗袍织物和纹样的趋新与发展。

在1935年，曾有人根据西方的流行著文预测过中国大都市服装面料的发展趋向：

“透明的衣料：

衣料界竟要到临了Cellophane（赛璐酚，一种玻璃纸，笔者注）的时代呢。在晚衣上，在提袋上，或在皮鞋、帽子上，这透明的家伙被爱用着。从玻璃模样的无数的小片上，曲折地反映的复杂之光线的魅力，确是很出色的呵。

Chiffon（雪纺绸、薄绸，笔者注）

晚装，用Chiffon制成怎样呢？在花袖之阴暗处，你的宝石好像雾中之路灯船美丽的闪耀着。

Lace（蕾丝，笔者注）

Lace又回到春之流行界了。透过了Lace而所现露的你桃色的肤色与内衣之协调，不是像个春之梦则什么呢？”[1]

当时上海惠罗公司将上面的预言变成了现实，惠罗公司在广告中推荐一种晚装舞衣“用精细透明纱……且加有彩色明钻，四周镶成式样绝佳，艳丽无比，颜色众多……在舞场着此一袭，与电炬相映，光彩闪烁……”[2]。随着时间的推移，这种薄纱似的晚装舞衣，很快被上海女性用到日常服上，1933年时人撰文指出，“在上海，一般小姐与少奶奶之流，一到夏天，却非穿着蝉翼似的薄纱，全裸着两腿，使冰雪肌肤，如雾里庐山，隐若可见，才算得第一流‘摩登’”[3]，在月份牌图像上，这种薄似蝉翼的旗袍也常见于画家们的笔下。

图5-19中的4幅以轻薄面料为主的旗袍，不但可以让我们窥见民国文献中提及的“玻璃纱”面料在旗袍中的运用，窥见“薄、露、透”面料着装风尚的具体体现，甚至还可以了解到此类旗袍与内衣之间的关系。

上海服饰业在清末就十分发达，民国时期“苏广”成衣铺的店招随处可见。在苏广帮以外，还有杨帮、宁帮、本帮等。这些裁缝铺一般规模都很小，大多是一个师傅带几个徒弟，承接来料

❶张丽兰．晚春流行总决算[C]//富人画报社．美之创造美容与时装．上海：上海良友图书印刷公司，1935：34。

❷惠罗公司广告[N]．民国日报，1930-3-14：3（3）。

❸天马．从裸体运动想到的话[N]．申报：1933-7-20：5（19）。

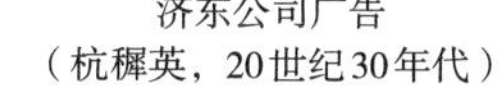

济东公司广告
（杭穉英，20世纪30年代）

猴牌灭蚊线香广告
（杭穉英，20世纪30年代）

永备牌电池广告
（倪耕野，1933年）

源和洋行广告
（祖谋，1934年）

图5-19 月份牌绘画中表现的“薄、露、透”特点的旗袍面料

加工。做的都是传统的长袍马褂、裙袄、旗袍等。一般来说，各帮在服装的样式上彼此区别都不大，而在镶嵌滚边与精工制作等方面各帮有不同的特色。近代上海经济繁荣，生活水平高，市民喜欢“华履鲜衣”，所以成衣铺生意兴隆，一度多达二三千家，从业人员达三四万之众。开埠后洋装的蜂拥而入，西式裁剪方法和缝纫设备也随之传入（图5-20）。旧式成衣铺也逐渐分化，西式时装店开始如雨后春笋般的出现。由于服装材料、剪裁、传播方面的发展以及西方先进科技工艺的大量引进，使民国时期成衣业有了前所未有的蓬勃发展。这些西式成衣店一般开设在英租界的南京路与法租界的霞飞路上，著名的有鸿翔女子时装公司、云裳时装公司、培罗蒙西服店、荣昌祥呢绒西服店等。这些人数众多的中西结合的制衣大军也成为旗袍时尚不断发展的重要推动力。有学者也曾说：旗袍时尚的形成，“上海大大小小的时装公司”，以及“各帮裁缝师傅也居功自伟”[1]。应该说一件件旗袍的款式、面料体现的智慧和一双双裁剪、制作的灵巧双手共同创造了旗袍的辉煌。

三、重消遣、求享乐观念与奢华追求

近代中国，在经历了传统的精英文化和民间文化的互动后，在19世纪末至

[1] 沈宗洲，傅勤．上海旧事[M]．北京：学苑出版社，2000：602。

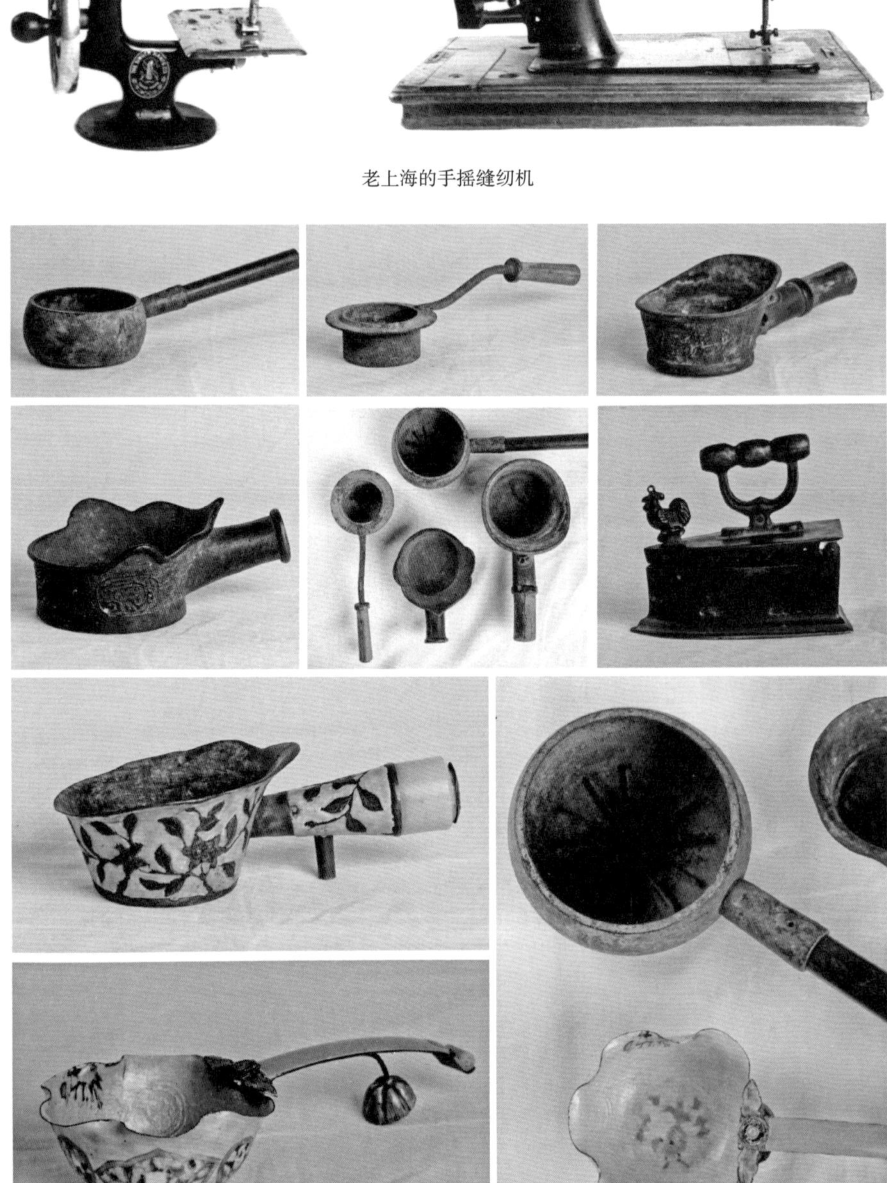

老上海的手摇缝纫机

老上海的各种熨斗

图5-20 西式裁剪方法和缝纫设备的传入促进了上海服饰文化趋新的发展

20世纪初，城市大众文化得以兴起和发展。其中唯美主义与颓废主义在近代上海占据一定的位置，影响了上海市民的消费生活。唯美主义和颓废主义不仅体现为一种文艺思潮，还是一种特殊的生活方式，而这样的生活方式只有在近代的上海才能得到充分的滋长。一些商人阶层倡导的享乐生活态度和消闲观念开始流行起来，身居其中的上海市民通过耳濡目染，开始接纳并形成了重消遣、求享乐、追求浮华的崇奢之风[1]。月份牌画家通过对时尚奢华生活的描绘，迎合市民喜好，引导着大众审美趣味的转变，使大众在通过月份牌购买商品本身的同时，也“购买”了蕴含其中的生活方式与服饰价值观念。在很多月份牌中展现了不同于以往任何时代的享乐主义世界，并成为城市大众文化的阅读范本。旗袍女子的形象在月份牌广告中颇为普遍，展现了当时女性积极回应崇奢之风，追求享乐生活的一种行为方式，完全颠覆了中国妇女节俭持家的传统形象。而喝咖啡、品酒、喝可乐等也被视为西方资本主义情调和行为方式，被都市女性广泛效仿，逐渐渗透到人们的日常生活之中。可以说，月份牌图像描绘了一种大众理想的享乐主义生活方式，也成为上海大众理想生活取向和虚荣愿望的一所梦工厂（图5-21）。

[1] 李长莉．近代中国社会文化变迁录[M]．杭州：浙江人民出版社，1998：314。

（一）消费模式由雅变俗，由俭变奢

在中国封建社会，消费的层次反映了社会的等级性，君与臣、贵族与平民

哈德门牌广告
（倪耕野，20世纪30年代）

华成公司广告
（杭穉英，20世纪40年代）

哈德门牌广告
（杭穉英，20世纪30年代）

中国华成股份有限公司广告
（获寒，20世纪30年代）

图5-21　月份牌广告中表现的时尚女性形象及服饰

之间在享用消费资料方面有着天壤之别的严格规定，消费逾越意味着政治上的僭越，无论服装、饮食、车具、居室乃至颜色等莫不如此。在传统的先赋性社会中，由于人口众多、生产不足等因素决定了消费始终在低水平中循环往复，“崇俭抑奢”的消费观念也应运而生。从本质上看，领导消费潮流的是贵族阶层，消费性质体现为乡村田园的基本满足型。

从清末到20世纪30年代，上海及江南地区的消费发生了革命性的质变，消费模式由雅变俗、由俭变奢，消费主体由臣民变为市民，先赋性社会地位被自致性社会身份逐渐替代。在这个较过去更为自由的时代中，消费的本质也从仅仅满足基本的生存本能，而不断上升为个性解放和自我价值的体现。而消费欲与需求的剧烈膨胀，也不断刺激着经济结构和产业结构的调整与扩充，不断创造出新型的社会生活方式和消费形态，同样也促进了服饰消费的巨大发展。

在这“整个社会向财富致意”的时代，人们长期被禁锢和压抑的追求财富与享受的心理得到了豁然的释放，积累已久的消费热情与欲望亦陡然迸发，传统的消费心理、消费模式、生活方式、产业结构、价值观念等受到巨大的冲击和影响。在这场“跨世纪革命”[1]的消费变革中，逐渐形成了近代都市独特的生活态度、审美情趣和人格类型。就服装消费而言，包裹着西风美雨的时尚信息是如此的新鲜和刺激，以致很多男女在时装的消费竞争中，心甘情愿地掏尽口袋中的每个铜钱后仍感到意犹未尽。在当时的社会中，也不乏对这种追逐潮流者的抱怨：“……衣服一项，变迁的比什么都快，一般所谓摩登女子，无时不研究服装的式样，怎样美观，怎样漂亮，往往一衣数十金的工资，亦所不惜，但是过不多时，以前的美观，漂亮，就觉得厌恶了！”[2]供不应求的女装市场促使服装生产的扩大与服装款式、面料、纹样的不断更新，“在最近几年中，服饰总有极大的进步，从前是一季只有一种的式样，现在可不然了，每季总有好几种式样，而且一日间又分晨装、晚装、运动装、跳舞装种种，对于配色，也比从前有研究了，而且各人尽穿自己欢喜的颜色和式样，别人绝不会说你不及时。”[3]“虚荣的妇女在这装饰日新月异的时候，几乎一天要换五六次的衣服，才显得很漂亮，很时髦。女学生也患着这种毛病，以为不是这样，便不见得我是富贵人家的小姐，好像穿的不时髦，就不好意思见人一般”[4]。他们的消费行为不仅挑战了传统消费价

❶忻平. 从上海发现历史：现代化进程中的上海人及其社会生活（1927—1937）[M]. 上海：上海大学出版社，2009：278。

❷李霞. 女子与缝纫[J]. 玲珑，1931（8）：257。

❸沈怡祥. 现代妇女何以比从前妇女好看[J]. 玲珑，1931（25）：901。

❹余竹籁. 装饰与人格的关系：敬告艳妆的女学生[J]. 妇女杂志，1923（1）：20。

值观，也公开否定了“崇俭论”，提倡“崇奢论”，对消费者而言，一切人为的消费限制都不复存在，无论在衣着、色彩、器物、家居等消费上都无法显示雅俗、贵族平民之分，即使较早接受西学的开明人士王韬也感慨道：“近来风俗日趋华奢，衣服潜移，上下无别，而沪为尤甚，洋泾浜负贩之子，猝有厚获，即御狐貉，炫耀过市，真所谓‘彼其之子，不称其服’也……衙署隶役，不着黑衣，近直与缙绅交际，酒食游戏征逐，恬不为怪。此风不知何时可革。”[1]从图5-22中的四幅月份牌图像中，我们不仅窥察到民国女性衣着上的奢华，更可以看到家居装饰、生活方式上的时髦程度。

有学者曾总结晚清上海人的消费性格是“挥霍、时髦、风流”[2]，民国时期上海人的消费特征也莫不如此。晚清的这种消费固然有突破传统观念桎梏，追随新的生活节奏，以消费来肯定自己的一面。同时，政局的动荡，社会的不宁，使人们产生了对未来不可预料，惶惶不安的恐惧，拼命享受、及时行乐便成为人人都被卷入的超前消费旋风。晚清的这种病态消费模式，也很大程度铸就了民国时期上海人的消费性格。

20世纪20～30年代的上海，虽然被称为“黄金十年”，政局相对稳定，但也是“多事之秋”，各种新的动荡和不确定因素依旧波及上海，也直接影响到上海人的消费心理与消费趋向。在这些因素的制约下，20世纪20～30年代的沿海各大都市中消费模式形成了两种新的特征。

[1] 王韬. 瀛壖杂志[M]. 上海：上海古籍出版社，1989：11。

[2] 乐正. 近代上海人社会心态（1860—1910）[M]. 上海：上海人民出版社，1991：103。

中国山东公司广告
（金梅生，20世纪30年代）

裕兴衣庄广告
（金肇芳，20世纪40年代）

孔明电器行广告
（谢之光，20世纪40年代）

三狮牌布料广告
（倪耕野，20世纪30年代）

图5-22　月份牌中所表现出的富有家庭奢华的生活场景及佳丽服饰

特征之一：新的俭奢观。经过几十年的发展，人们对消费的俭与奢认识逐渐稳定，个人均按自己的收入和生活经历及对前景的预测而决定生活的态度与消费方式。正如《从上海发现历史》一书所说：20世纪20～30年代，“奢靡型超前消费的固然不乏其人，但受时代与经济危机的局限，一种新的节俭观蔓延沪上，成为上海人的一种新的消费观”[1]。广大妇女就是在这些消费理念的影响下支配自己的收入，衣着一项往往在她们个人或家庭消费支出中占据着重要的地位。1933年，有一位叫冰瑛的女士向我们展示了她的家庭衣着支出，根据她的描述，列出表5-1。

徐国祯在《上海的研究》中说：“上海所以这样的繁华，女性也大有关系。试看各大公司中出入的顾客，女性比较男性来的多，虽然女性所买的东西，未必完全是她们本身所消费，然而照一般而言，女性的关于繁华方面性质的消费力，无论如何比男性的比例要高。再看许多出售女性消耗品的商店，装潢也必定特别考究。此外更如虽非以女性顾客为主而藉女性以号召的营业机关，如跳舞场等，也无不极尽繁华。”[2]在这种整体的消费观念之下，有一群人似乎是饱受舆论指责的群体——爱慕时尚的摩登女性。

特征之二：人们的消费已从低层次

①忻平. 从上海发现历史：现代化进程中的上海人及其社会生活（1927—1937）[M]. 上海：上海大学出版社，2009：281。

②徐国祯. 上海的研究[M]. 上海：世界书局，1929：59。

表5-1　上海普通家庭月购衣料表

日期		品名	用途	尺寸		金额			备注
月	日			尺	寸	元	角	分	
9	9	纠鳗绉	冰旗袍	9	0	3	6	0	—
9	9	天然绉	淦袍子	13	0	7	5	0	—
9	14	蝴蝶呢	芬女	6	5	7	5	0	—
9	14	安琪格	芬女	6	5	1	3	0	—
9	14	白细布	冰淦衫	48	0	7	2	0	—
9	14	大同呢	冰旗袍	9	0	1	6	0	—
9	20	九一八哔叽	荣儿	—	—	8	5	0	现成小西装
9	20	衬衫两件	荣儿	—	—	1	8	0	—
—	—	合计	—	—	—	39	0	0	—

资料来源：冰瑛，《我家之秋季服装费》，引自：《申报》，1933-9-30：5（17）。

注　表中的冰指作者本人，淦指作者丈夫，芬指作者女儿，荣指作者儿子，作者只购买衣料，全部自己加工制作（荣的小西装除外），九月份一个月的购料花费为39元，而据作者称，她不工作，而丈夫淦的工资为每月160元。服饰一项的支出占据了家庭总收入的近25%。这只是普通家庭的服装消费状况。

的单纯生活所需，上升到体现自我价值与张扬个性的高层次的精神追求，并成为一种主导潮流。

20世纪20～30年代，晚清的那种混乱的消费局面已不复存在，呈现出一种可按不同喜好进行消费的、层次清晰的多元格局。如在服装消费中，学生、商人及新式职员以穿西装和中西合璧的服装为多；旧式店员多穿中式服装；工人大多以穿蓝布衫裤为标志等。赶时髦、体现摩登、追求流行则成为大都市人们体现自我价值与个性最典型、最集中的消费特征。作为民国时期最大都市的上海，其赶时髦、追求摩登可以说最集中和典型的反映即在服饰之上，并成为一种波及全社会的消费模式。

1920～1930年间，摩登的上海展现了现代都市的许多特点，城市的工业、商业、贸易、金融等都处于历史最好水平。在消费领域，城市的现代性表现得更加充分，女性的衣着更加自然大方，尽显身体妩媚。在熙熙攘攘的南京路上不但可以看到西方国家流行不久的时装、女士提包、鞋帽、配饰；在拂面而来的熏风中，时常嗅到新近巴黎流行的香水气味。每个穿行而过的女性，都在力求标新立异，与众不同。同是旗袍，面料不同，下摆长短不同，袖口样式不同，滚边、盘扣相异，南京路就如同上海财富和时尚的象征。而杭穉英为福新公司创作的“四大名家合锦屏”，就宛如上述场景的缩影（图5–23）。

上海以及江南地区的奢华消费与享乐观念的形成，南京路繁华的盛名均与上海四大百货公司的发展不无关系。如永安公司长期以中高档商品销售为主，对上海享乐、奢华消费的影响尤甚，“凡西方市场流行的商品，永安都聊备一格”[1]，以满足时尚人群的需求。从1918年9月开张到1949年，永安公司一直是上海摩登生活的倡导者和推动者。

（二）女性身体的消费与被消费

上海奢华消费最鲜明的体现者无疑是女性。自20世纪20年代起，上海女性的消费欲望似乎忽然被释放。从世界商业史的进程来看，只有当女性成为消费主体后，都市商业才真正获得持续发展的动力。20世纪20～30年代，女性已逐渐成为零售市场的消费主体。有学者指出：“在随机抽查的1920～1930上海惠罗公司商品广告中，女性商品广告出现了104次，男性广告58次，可见惠罗公司的销售重点为女性用品。”[1]这类现象并非只表现在惠罗公司，此时期

[1] 宋钻友．永安百货与上海摩登时代的生活时尚[M]//上海市档案馆．上海档案史料研究（第十二辑）．上海：上海三联书店，2012：108。

图5-23 北满品牌公司广告四条屏（杭穉英，20世纪40年代）

的报章、杂志等媒体上，同样充满了各种女性商品的广告。

徐大风在《上海的透视》一文中说："上海之成为上海，是基于两种人身上：一种，是摩登的女子；一种，是多财的商人……南京路上，如果没有女顾客，便不能造成那样的繁华，至少要毁灭了一半。南京路之所以繁荣，可说都是女人们扶植起来的。你只看那些五光十色的舶来品，不是由女人们手里拿出钱来去买，便就是间接由男人买去送给女人。"[1]

女性经济地位的逐渐独立，消费能力的提高，都促进了女子服饰及面料的发展。据1898年上海《女学报》统计，仅上海50多家缫丝、纺织厂，女工就达6万～7万人，到20世纪初，女工已经占

[1] 徐大风. 上海的透视[J]. 上海生活，1939：3。

❶ 佚名. 女性的形状[N]. 女学报，1898（10）：23。

三分之一[1]。此外，女性还开辟了更广阔的职业领域。西方教会学校毕业的女学生，进入社会后或自己创办学校、医院，或受聘于教会学校和教会医院，这催生了女子新的职业——女教师、女医生、女护士等的诞生，她们成为中国最早具有文化知识的职业女性。在近代报刊兴起后，又出现了女编辑、女记者。辛亥革命之后，更是掀起一股女子兴办实业的浪潮，展示出女性在经济活动中的能力。女性就业领域的拓展，促进了女性经济地位的独立，也拉动了女性消费的增长。女性对穿的理解不再是粗衣细布，而是讲究面料、款式、做工，追逐时髦、炫耀排场成为诱惑女性消费的魔棒，以至于近代上海青年女子的个人消费一般都在家庭消费水平之上。女性的消费刺激了女性用品异军突起的发展和走向高消费。而上层社会女性的奢靡消费，则使女子服饰的发展锦上添花，她们向社会展示的形象不再是传统社会严守礼法的象征，而是引导消费，提供闲暇生活方式新水准的示范。20世纪30年代妇女的就业渠道得到了更大的拓展，工作、社交、娱乐也成为她们生活的主要内容，而在这些活动中，时髦的“包装”是必不可少的。当时社会对“新女性”综合素养的期待，打扮时髦是排在首位的。从表5-2中，我们可以对何谓时髦有所了解，也可从更深层面上解读月份牌绘画及现实生活中女性各种时尚元素和价值象征。

另外，从很多月份牌的图像中，不仅可以看到画家们所表现的花衣美服，

表5-2　民国上海摩登女子最低的春装置装费

春装的估价（摩登女子最低的费用）：					
深黄色纹皮鞋	一双	六.五〇元	白鸡牌手套	一副	二.八〇元
雪牙色蚕丝袜	一双	一.二〇元	面友（Face Friend）	一瓶	〇.七五元
奶罩	一只	二.二五元	胭脂	一盒	〇.五〇元
卫生裤	一件	〇.八〇元	可的牌（coty）粉	一盒	一.四五元
吊带袜	一副	二.〇〇元	唇膏	一匣	〇.五〇元
扎缦绸夹袍	一件	八.一〇元	皮包	一只	二.五〇元
春季短大衣	一件	十六.〇〇元	电烫发	一次	五.〇〇元
铅笔	一支	〇.二〇元	蜜	一瓶	〇.四〇元
共计上海通用银元五十元玖角五分					

资料来源：佚名，引自：《时代漫画》，1934（2）。

更可以看到这些被标榜为女性理想生活空间的消费追求。20世纪30～40年代的中国都市女性，在服饰及相关身体消费上所表达出来的欲望和实际消费水平是此前的任何时代都该为之侧目的（图5–24）。

在女性自身的生活消费之外，民国时期女性身体及形象也成了一种在时尚媒体中被消费的对象。“20世纪30年代的上海，是中国大众流行文化的摇篮，到处充斥着女性诱惑的意象，最早预示着中国文化的一次巨大转型……女性诱惑已经构成了一种独特的都市语言，它们通过各种各样的意符显现出来……”[1]一个时代对女性形象的幻想，往往折射出这个时代男性对女性的要求，也反映了社会变化的需求。20世纪20到40年代正是中国社会发展最变化莫测之际，一个急于脱离旧的社会形态，创建新的社会形态的城市，各个方面都需要新的社会文化资源的扩充。而“摩登女郎”作为一种最通俗易懂的形象，是人人都乐于接受的。以女性形象作为社会变革重要宣传资源的观念认同，十分显著地反映在月份牌这个具有商业和文化双重作用的载体中。随着月份牌的流行，月份牌绘画中的各种“摩登女郎”，也不自觉地成了民国时期最廉价也是最普及的近代生活方式的传播载体和现代服饰文化的传播者。

月份牌的女性形象是经过男性目光过滤后的女性符号，美丽的形象总是吸引着大众的眼球。这一现象不仅存在于男性群体，就是身为同性的女性消费者

❶殷国明．女性诱惑与大众流行文化[M]．上海：华东师范大学出版社，2008：216。

旁氏五白霜广告
（获寒，20世纪30年代）

艳骑踏青
（张碧梧，20世纪40年代）

回春堂广告
（谢之光，20世纪30年代初）

某品牌广告
（胡伯翔，20世纪30年代）

图5–24　月份牌中表现的女性们的各种花衣美服

也同样抵挡不住美丽的诱惑。因此，月份牌广告画家竭尽全力地描绘妩媚动人的旗袍女性形象，以加强画面的吸引力和感染力，让人们对月份牌爱不释手，在性感和时尚的双重诱惑下，商品的推销便得以悄然实现。在当时的商业社会中，消费欲望往往是赤裸裸的、物质性的，在那些以表达女性身体为主的商业行为外，有时种种欲望又借助某些高尚的托词来包裹，这些托词便是各种时尚符号，如航空救国、科学进步、女学生等。借助于这些时尚且进步的托词，女性的身体、脸蛋以及旗袍等服饰便可以顺畅的成为商品推销的利器。将科学进步与人性中最隐秘的欲望相结合，这也是从月份牌中显现出的海派文化中实利意识的特征之一（图5-25）。

月份牌绘画中的“青春女生”形象是利用了“女学生”这个身份的某种效应，以当时女学生群体为主要原型基础，结合了一些其他女性形象的特征，在商业利益和大众心理需求引导下，被塑造出来的近代女性图像模式之一。月份牌中的“女学生”模式，作为商业广告图像的一种“角色扮演”，其一经出现就得到大众的欢迎和接受。朴素简洁的学生服饰，配上流行的书籍、手表、钢笔等，体现着青春、自信之美。郑曼陀所创作的“执卷女生”被认为是这类受过教育的清纯女学生形象的代表性呈

环球飞行
（金梅生，20世纪30年代）

启东公司广告
（倪耕野，20世纪30年代末）

树下沉思图
（徐咏青、郑曼陀，20世纪30年代）

上海三友实业
（杭穉英，20世纪30年代）

图5-25　月份牌中表现的航空救国和女学生题材的旗袍佳丽

现。随着女性解放思潮的兴起，早期病态的传统女性形象和时装仕女已经不能满足大众对新知识女性的认知，月份牌中青年女学生的出现正好迎合了大众的口味，也立刻成为广告商们的新宠。“女学生”清纯形象的出现，被人认为是“文明、现代、健康的生活象征”，为“在上海社会上赢得很好的声誉”，“她们的行为举止对上海妇女的生活方式起了很大的示范作用”。

图5-26向我们展现了从20世纪初到20世纪30年代末的女性服饰，包括旗袍的变迁过程。可以从中窥见民国女性服饰、面料和纹样从传统走向现代的种种细节，以及不同时代的消费观念及消费场景的变迁。

香港广生行化妆品广告
（莲川，1919年）

香港广生行化妆品广告
（佚名，1921年）

香港广生行化妆品广告
（郑曼陀，20世纪20年代）

香港广生行化妆品广告
（佚名，1929年）

香港广生行化妆品广告
（关蕙农，20世纪30年代）

香港广生行化妆品广告
（关蕙农，年代不详）

图5-26

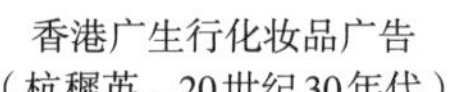
香港广生行化妆品广告
（杭穉英，20世纪30年代）

香港广生行化妆品广告
（杭穉英，1937年）

图5-26　广告中显现的民国女性服饰、面料及纹样的变迁

第二节

近代旗袍及面料的纹样、色彩发展特征

中国和西方服饰纹样有着各自的文化渊源，建立在不同的审美基础上。东方传统服饰纹样以线造型为主，注重诗性的表意，偏重精神性；而西方传统服饰纹样则以面造型为主，注重理性的再现，偏重于物质性。

在中国，儒家思想与封建礼仪使服装服饰成了政治化的一种符号元素。在传统审美观的影响下，等级观念反映到服饰纹样上，便出现了龙凤物纹样，“十二章纹”纹样等官服的标志图案。同时，“天人合一”的自然观使中国传统纹样通过简练的线条将可观之物与主观的“意”相融合，成为具有造型意义的“象”。纹样注重借助各类题材的比兴来表现某种精神寄托或寓意。如中国传统服饰纹样就常用梅、兰、竹、菊作为人格、道德精神的载体。

西方造型艺术从古希腊时开始就以模仿自然为目的，注重视觉上的可描述性，所以其艺术效果的重点在于再现的程度。不管是13世纪哥特时代的卢卡织物、佛罗伦萨的丝绸，15世纪法兰西的壁毯，还是17世纪后意大利的花边，都以精确表达自然形态为其追求。而到了18世纪洛可可时期更是追求每一朵花、每一片叶子形象、色彩的精确再现，展现出不同于中国传统纹样的审美特征。

晚清时期，在上海就有英商棉布进口洋行设立，如“怡和、仁记、老宝顺、泰和、义记、老沙逊、公平、元芳等；美商老旗昌、丰裕、协隆；法商百司、永兴（进口丝织品较多）；德商瑞记、鲁麟、美最时；瑞士商华嘉；荷兰商好时，意大利商安和等。日商经营棉布洋行设立较迟，约在1910年左右。”[1]同时还有专营洋布的清样布店出现，进口的洋布除白布外，多属粗毛织物，如羽绫、羽毛、生毛哔叽等，售价昂贵；又如棉织品中的花羽绸、花羽布、织花棉布（Figured）等。随后英国进口毛织品的品种增加，销路渐广，“粗毛呢品种，例如：羽纱、生毛哔叽、小呢等。长毛驼绒之类，如金枪绒、银枪绒、黑枪绒等，曾

[1] 中国社会科学院经济研究所．上海市棉布商业[M]．北京：中华书局，1979：5。

盛销华北、东北。进口的细毛呢品种大增，如直贡呢、素哔叽、华达呢、板丝呢、马鬃衬、黑炭衬、马裤呢、驼丝锦、法兰绒、维也纳、头法呢、大衣呢、各种条素花呢、套头呢等”[1]。这些进口织物的大量涌入，无疑对中国织物设计的发展和纹样的西化产生了重要的影响。

民国时期，中国纺织品纹样受到越来越多西方织物艺术的影响。从清代前期和中期的宫廷用纺织品中就可以见到一些意大利文艺复兴、巴洛克和洛可可时期的花卉纹样。鸦片战争以后，随着欧洲纺织品大量地进入中国市场，其近代风格的纹样也逐渐影响着中国消费者的服饰用织物以及旗袍面料，使近代中国的服饰织物在纹样题材、色彩观念、表现方法上都发生了巨大的变化。而中国的现代织物设计也正是在此基础上发轫和发展起来的，中国的本土设计亦从模仿逐渐走向自主设计。

本节以月份牌中表现的旗袍和旗袍实物面料相结合的方式，来探讨近代旗袍及面料的纹样、色彩发展特征。

一、外来纹样大量涌入与自主设计的发轫

在国门洞开的民国时期，大量外来纹样随着西方物质、文化的侵入进入我国，包括建筑装饰、服装装饰、平面装饰、电影艺术以及其他工艺美术（如地毯、抽纱、花边、瓷器等），传递着异于中国传统的纹样形式和流行信息，潜移默化地影响着中国近代织物设计和使用方法的演化进程。从日本和欧洲留学归来的艺术家们也把西方设计传统和时新样式带到近代设计之中。因为在当时留学欧洲和日本的知识分子心目中，西方是中国必须学习的标杆，“他们倾向于否定中国传统，照搬外国的思想和社会时尚，时髦的观点是：‘中国一无所取，西方皆可效仿’”[2]，因而“在染织纹样、室内陈设、建筑装饰、商标纹样等设计中，有的原封不动地照搬外来形式，有的不中不西、不伦不类”[3]。

中国自古是丝绸的主要生产国和输出国，但是随着鸦片战争后贸易权的逐步丧失，绸缎出口受阻，中国转而沦为绸缎的输入国。西方用中国桑蚕丝原料织造而成的洋绸反而成了国内的消费上等品。这种局面的形成除了我国丝绸织造技术上的故步自封，以及西方设计、制造的进步外，崇洋心理的驱使和消费市场求新的需求也是重要的原因之一。这些因素都促使洋绸、洋布在国内市场的大量倾销和国内设计上对洋绸、洋布的模仿。

[1] 中国社会科学院经济研究所．上海市棉布商业[M]．北京：中华书局，1979：18。

[2] 费正清．剑桥中华民国史：第一部[M]．章建刚，等译．上海：上海人民出版社，1991：274。

[3] 王家树．中国工艺美术史[M]．北京：文化艺术出版社，1994：427。

与国货丝绸纹样纵向传承的千篇一律不同，洋绸、洋布在各种西方艺术运动和流派的影响下，花色多样，且不断推陈出新，迎合了当时社会追逐时尚的心理。“自海通以后，舶来品之花样翻新，诚足供社会欢迎，而攘华商销路，至土缎销路形滞顿。”其实，洋绸、洋布的倾销也并非盲目推行，而是“对于材料、织工、花样、形色等，皆加以深刻考究，总以迎合社会心理为必要条件”[1]，也使中国丝绸界人士不无感叹道：“自洋商人造丝绸缎输入我国以来，我丝织厂商所造真丝绸缎光彩不敌，相形见绌，销路被堵，莫可抵御。”[2]

大量洋绸、洋布倾销的同时，必然带入了带有异域风格的各种纹样，包括西方和日本的传统纹样以及时新的流行纹样。如民国时期盛销一时的带有浓厚日本文化意味的“东洋花布”，曾成为很多消费者的首选，也影响了中国织物纹样的设计。张道一先生在论及中国近代印染史时说：“这时期（即近代），我国市场上充斥着英国、日本和美国的印花布。在纹样上，日本的‘荞花’‘条花’，和一种不三不四的‘火腿花’（佩兹利纹样），曾经很长时间影响着我国印染的花纹设计”[3]（图5-27）。

随着近代生活方式的不断西化以及“崇洋”心理的加剧，人们对外来纹样的态度随之发生了改变。俞剑华先生在《新纹样法》中曾说：“现在纹样界的趋势，西洋人喜欢东亚的纹样，中国人喜欢西洋纹样。正相反对，中国人常见的以为陈腐，西洋人不常见自然以为新奇，西洋人常见的以为无趣，中国人乍见以为至宝。人情厌故喜新，贵少贱多，无论东西洋是一样的。所以中国编纹样书必须多取西洋纹样的材料，西洋近来出的纹样书必附上几篇中国及日本纹样的说明及图例。”[4]这也道出了中西文化交流的实质，以及人们厌故喜新的本质所在。国人喜爱西洋纹样，对带有外来纹样的服装织物也更加青睐。“英国名厂‘WEMCO’所出之‘TRICOCHENE’绸，花样新奇，颜色鲜艳，最合春夏衣料之用，早已驰誉各国妇女界。”[5]鉴于此，以及国内自身设计能力的不足，国内织物生产企业除直接购买国外的设计和模仿洋绸、洋布纹样以外，更多的是在原有基础上稍加改变，以适应当时的流行时尚。以致民国时期的织物呈现出“百花齐放”之势，各种设计“独出心裁，花纹颜色，都无一定标准。那些专干纹样工作的纹制人才和美术画家，都在写字台边，凭空幻想，或买些东西洋的时新标本，置诸案

[1] 王翔．近代中国传统丝绸业转型研究[M]．天津：南开大学出版社，2005：156。

[2] 江浙丝绸机织联合会．江浙丝绸机织联合会致工商部电（民国十九年7月15日）[M]//中国第二历史档案馆．中华民国史档案资料汇编（第五辑第一编财政经济）．南京：江苏古籍出版社，1992：192。

[3] 张道一．中国印染史略[M]．南京：江苏美术出版社，1987：54。

[4] 俞剑华．最新图案法[M]．北京：商务印书馆，民国十五年（1926年）：自序。

[5] 时装表演大会广告[N]．民国日报，1930-3-26:1（1）。

图5-27 陈之佛先生设计的日本和式花卉织物纹样（20世纪20～30年代）

头，简练揣摩，随意袭取……”[1]因而，可以看出在民国时期的织物纹样中，当然也包括旗袍面料纹样，外来纹样的影响极大，不但有直接来自西方和日本的传统纹样，以及受到西方艺术风格影响的各种纹样，中国本土设计师模仿西方的纹样也占有很大的比例。

（一）西方纹样的大量传入

1. 簇叶纹样

在欧洲，植物叶子单独成为装饰纹样的形象屡见不鲜，特别是在建筑装饰上运用更多。古代欧洲建筑纹样中莨菪叶、甘蓝叶、橄榄叶、香菜叶、蓟叶、

[1] 竟文女士．装饰絮语[N]．民国日报，1928-12-27：4（2）。

波浪叶形装饰都十分常见。17世纪在欧洲巴洛克纹样中就有很多莨菪叶形和棕榈叶形的装饰。18世纪末19世纪初在织毯、壁纸设计上大量出现的植物和叶形纹样，被认为是生命力的象征，在欧洲得到广泛运用[1]。以花叶为题材的西方簇叶纹样织物在清末传入中国，并逐渐得到了消费者的青睐。

这一时期大量应用的叶形纹样与中国传统纹样有较大差距，在中国的传统纹样中，除卷草纹样，竹叶、兰叶、松叶等纹样以外，很少单独以叶形为元素来组成纹样的，叶形元素往往只是作为花卉纹样中的配角。而此类近代簇叶纹样一般取单片叶、数片叶的组合，或以折枝叶为一个或多个单位纹，加以多种方式的排列，也有一些是以叶为主，衬托少量花卉。在月份牌图像的此类纹样中，也出现了中国传统题材的西化表现现象，如竹叶的散点布局等。簇叶纹样的色彩处理一般多为深色地搭配浅色叶或浅色地上凸显深色的叶。花叶纹样简单素雅、大方而生动，多用于印花与提花织物之中，在20世纪30～40年代的传世旗袍面料中亦很流行，受到各阶层女性的喜爱（图5-28、图5-29）。

[1] 竞文女士. 装饰絮语[N]. 上海：民国日报，1928-12-27：4（2）。

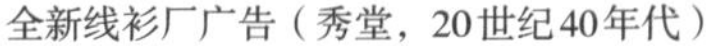
全新线衫厂广告（秀堂，20世纪40年代）

济东公司广告（杭穉英，20世纪40年代）

图5-28　月份牌广告图像中体现的簇叶纹样为主的旗袍及面料

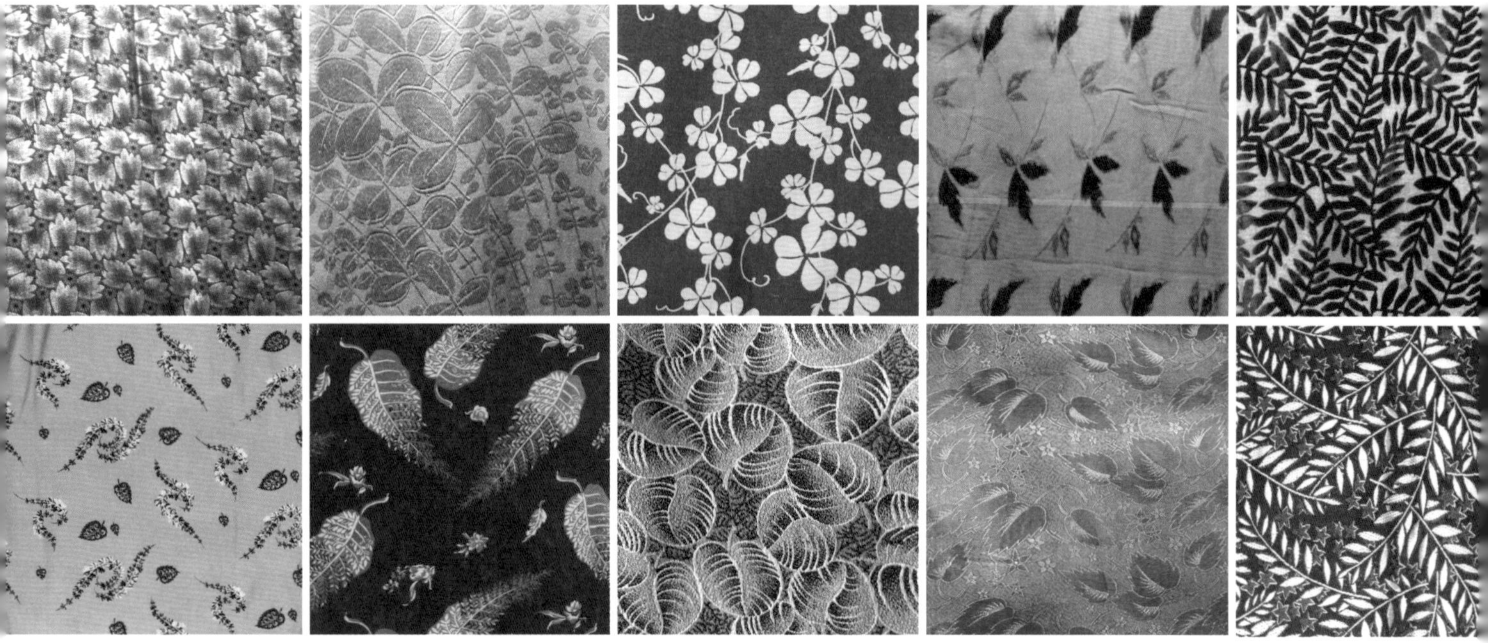

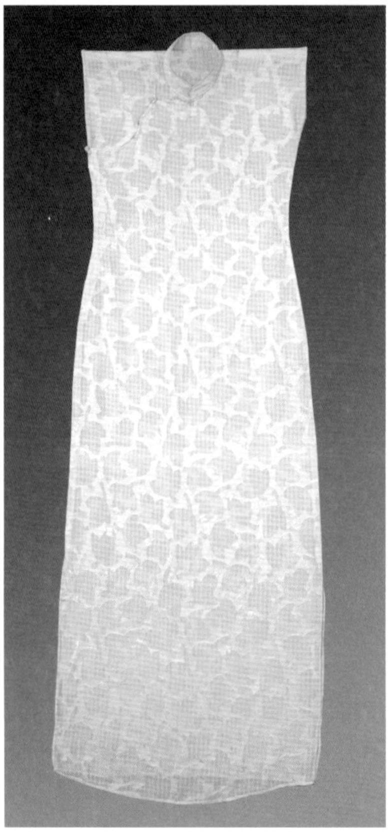

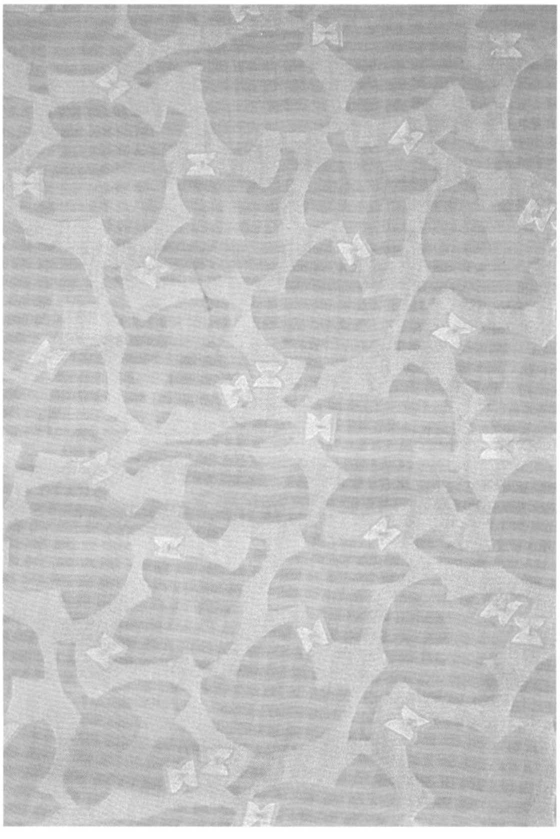

米色格形地叶纹提花纺无袖旗袍及面料局部
（20世纪40年代，笔者收藏）

图5-29　以叶形纹样为主的传世近代旗袍及面料局部

从民国时期的文献中，我们可以看到很多期刊所推崇的女性明星、名媛都喜爱穿着叶形纹样的旗袍，在此类时尚女性的示范下，叶形纹样的旗袍面料在大众中得到普及，成为当时女性时装中不可或缺的时尚纹样元素之一（图5-30）。

2. 玫瑰花纹样

玫瑰，属蔷薇科，原产我国，分单瓣和重瓣两种，色有白、红、紫等。“四月花事阑珊，玫瑰始发，浓香艳紫，可食可玩；江南独盛，灌生作丛，其木多细刺，与月季相映，分香斗艳，各极其胜。”[1]然而，玫瑰在中国古代只作为普通的观赏花卉和食用、药用材料，既不受皇家器重，又缺乏能与士大夫或闲逸君子们相匹配的气质。明代文人文震亨评道：“玫瑰一名‘徘徊花’，以结为香囊，芬氲不绝，然实非幽人所宜佩。嫩条丛刺，不甚雅观。花色亦微俗，宜充食品，不宜簪带。”[2]因此，玫瑰在我国古代花卉中的地位远低于牡丹、梅、兰、菊等代表富贵或文人雅洁的植物，很少作为装饰题材来表现，中国传统服装纹样中也几乎未见其踪迹。而西方则自古对玫瑰赞誉有加，认为玫瑰象征女性的妩媚，象征着完美的爱情。早在公元前6世纪，玫瑰就成为希腊诗人赞誉的对象，是西方人心目中美好事物的象征。“事实上，任何时代没有一个诗人是不赞誉玫瑰的，用它比喻丰富多彩，却也矛盾重重的人生况味。歌德称其为‘地球在我们现在的气候条件下产生的至美之物’。”[3]自18世纪洛可可艺术开始，集崇高象征

❶黄岳渊，黄德邻. 花经[M]. 上海：上海书店，1985：334。

❷陈植. 长物志校注[M]. 南京：江苏科学技术出版社，1984：56。

❸玛莉安娜·波伊谢特. 植物的象征[M]. 黄明嘉，俞宙明，译. 长沙：湖南科学技术出版社，2001：267。

《良友》封面［1930（53）］

《良友》封面［1933（80）］

《良友》封面［1933（73）］

图5-30 《良友》杂志中几种非常西化的叶形纹样旗袍面料

与天生丽质于一身的玫瑰极受西方人宠爱，常被应用于建筑和纺织品装饰之中。

西方玫瑰纹在清代中期就已传入中国，只不过数量较少，影响有限。民国建立，万物更新，玫瑰地位陡然上升，很快便成为新爱情观的标志并广受推崇。一时间，小说期刊、情歌、电影都以玫瑰为主题，玫瑰纹样也广泛应用于各种装饰艺术之中，如瓷器、地毯、广告、包装盒等，成为自由爱情的标志。在月份牌广告图像的旗袍纹样中，玫瑰纹样也以多种形式和表现方法展现出其独特的魅力，衬托了旗袍佳丽的千般娇媚（图5-31）。

德国德利香水肥皂广告
（祖谋，20世纪40年代）

永泰和广告
（倪耕野，1928年）

五洲大药房广告中的玫瑰纹样
（杭穉英，20世纪30年代）

哈尔滨北满公司广告
（杭穉英，20世纪30年代）

地铃皮鞋广告
（杭穉英，20世纪30年代）

中国南洋兄弟有限公司广告
（杭穉英，20世纪40年代）

上海啤酒广告
（谢之光，1931年）

南洋公司广告中的
玫瑰纹样
（杭穉英，20世纪30年代）

图5-31　月份牌广告绘画中表现的旗袍及玫瑰纹样

在笔者收集的传世旗袍面料中，玫瑰纹样更是丰富多彩，其造型方式主要为两种：一为朵花绽放式，以单独的花头或折枝为主，有正面和侧面两种形态，花型一般较大；二为组合式，数枝花朵或与其他花卉组合在一起，花型中等偏小。此两种方式都有清地组合和满地组合的布局。玫瑰纹在民国初期多以刺绣、提花工艺出现，中期以后则以印花居多（图5-32、图5-33）。

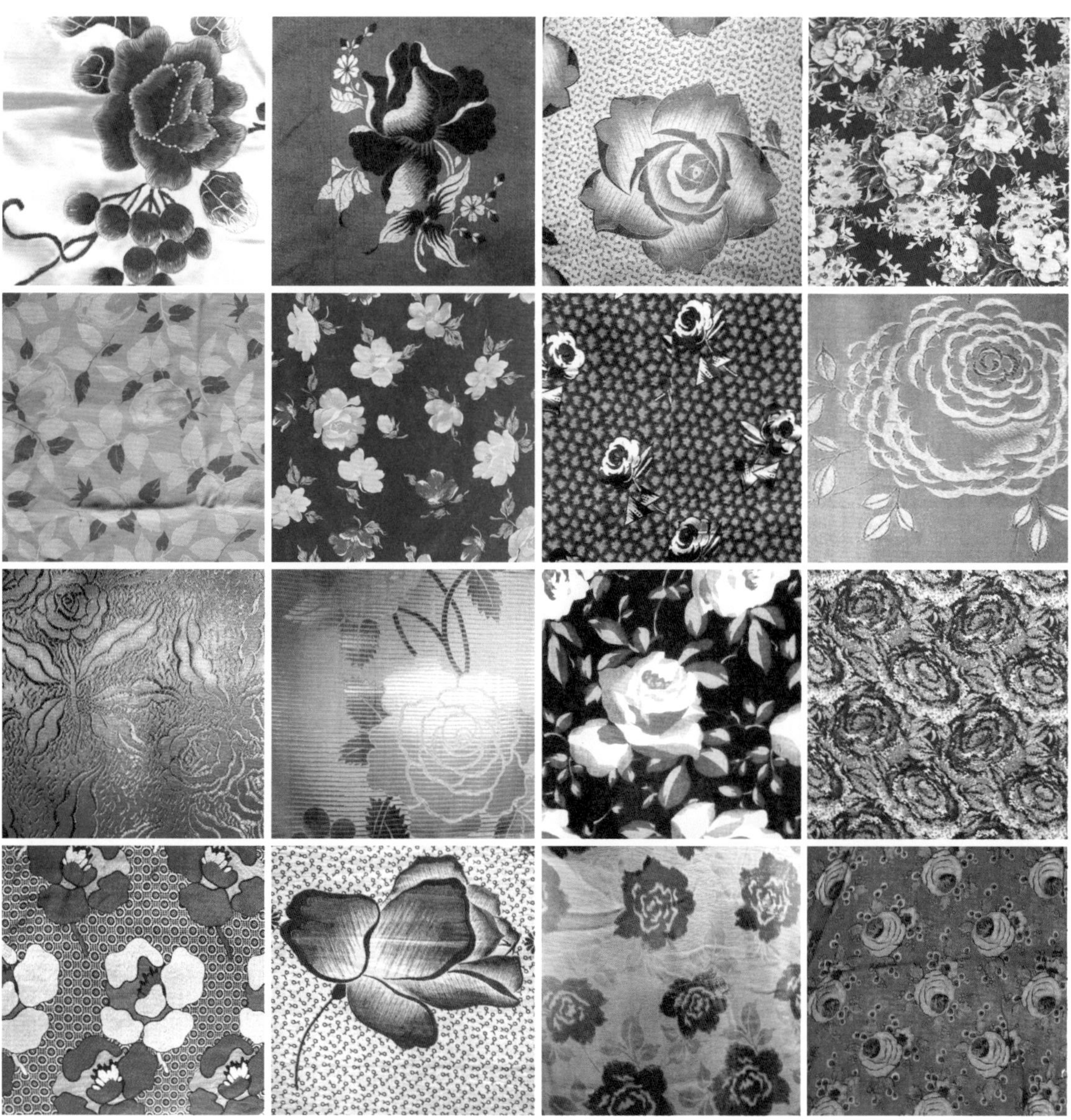

图5-32　民国传世旗袍面料中的玫瑰纹样

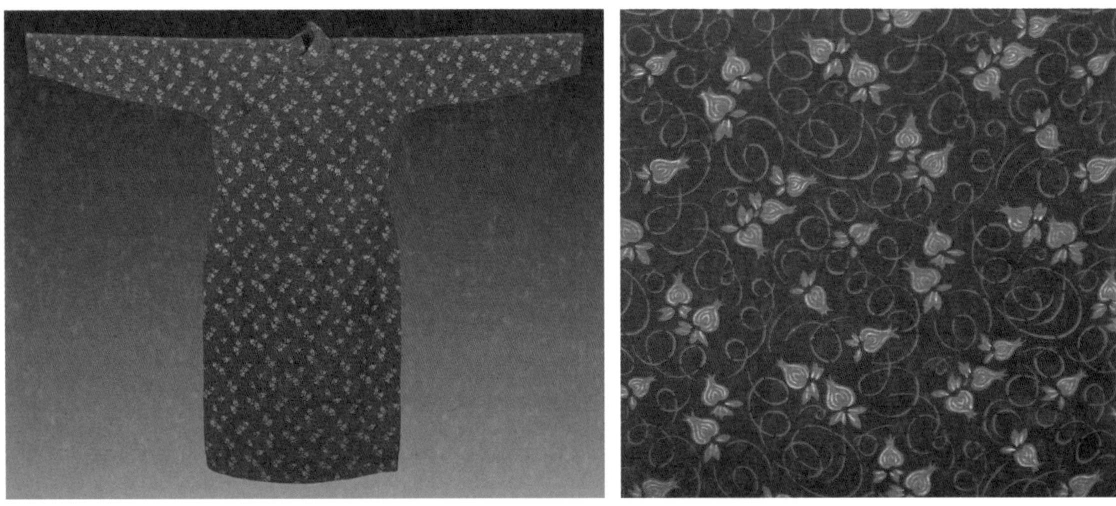

黑地花朵纹印花平纹长袖旗袍（20世纪40年代，深圳中华旗袍馆藏）

黑地玫瑰纹曙光绉短袖旗袍（20世纪30年代，苏州丝绸博物馆藏）

中袖玫瑰纹样的民国传世中袖旗袍（20世纪30年代，苏州博物馆藏）

图5-33　民国传世旗袍中的玫瑰纹样

在民国时期旗袍面料中采用“玫瑰”元素为主的纹样设计占有相当高的比例，女性对玫瑰纹样的喜爱，无论是从画报的封面、插图、佳丽照片的图像中皆可窥见一斑，本书仅撷取《良友》和《永安月刊》杂志的封面图像为例（图5-34、图5-35）。

3. 束花花卉纹样

与中国传统平面散点折枝花不同的是，在西方纹样中，写实的折枝花卉经常被组合成束花状，或加上飘扬的缎带或与缎带结成的蝴蝶结相组合，形成多种束花花卉纹样。20世纪30年代初流行的浪漫主义花卉纹样就是这种束花再加一些散点小花所组成，从月份牌图像和传世旗袍面料中可以看出，束花花卉纹样一般以清地为主，在布局上常以1～2束花卉为基本单位进行规则或不规则的排列。色彩以清新淡雅为主，非常适合旗袍面料清雅情调的氛围（图5-36、图5-37）。

4. 自由花卉纹样

自由花卉纹样起源于英国伦敦的自由解放，它由一家1875年成立的英国纺织公司命名而成，之后逐渐成为西方服装面料市场上的传统纹样之一。其中最为典型的是威廉·莫里斯创作的系列纹样。传统的自由花型纹样通常很精细，其色彩的选择范围也很广，从鲜艳的纯色到各种间色、灰色、黑色均有选用。纹样的地色一般采用一种色彩平涂为主，其构图比较多样，既可满地，也可清地。自由花卉纹样要求设计师们具有良好的绘画技能。其花型通常为小型或中型花卉，但要求绘制精细。

《良友》封面［1939（147）］

《良友》封面［1937（130）］

《良友》封面［1931（64）］

图5-34 《良友》杂志封面中佳丽所穿着的玫瑰纹样旗袍

图5-35 《永安月刊》杂志封面中穿玫瑰纹样旗袍的名媛

香港广生行化妆品广告中的束花纹样及复原图（杭穉英，1937年）

山茶仕女图中的束花纹样及复原图（金梅生，20世纪40年代）

图5-36 月份牌广告绘画中表现的束花花卉纹样的旗袍面料（笔者复原）

图5-37 传世旗袍面料中的束花花卉纹样

从笔者收集的近代传世旗袍面料以及月份牌的旗袍图像来看，民国时期的自由花卉纹样基本延续了西方纹样的特点，但有的旗袍面料花型稍大，一般以1～3个散点组合而成。在月份牌图像的自由花卉纹样中，有相当比例的纹样是以某种花卉为主，有的只是以花头为主或衬托少量叶片（图5-38、图5-39）。

5. 佩兹利纹样

佩兹利纹样在我国被俗称为火腿纹样，在日本有人把它称为勾玉或曲玉（一种月牙形的玉器）纹样。非洲也有人把它称作芒果或腰果纹样。

佩兹利纹样发祥于克什米尔，据说源于印度对生命之树的信仰。国外很多专家和学者对纹样的象征与寓意进行了广泛的研究。有的人认为是圣树菩提树叶子的造型，有的人则认为是受松球或无花果断面的启示而产生。

起初克什米尔人把这种纹样用于提花或色织的织物上，后来更多地应用于克什米尔毛织的披肩上。伊斯兰教把这种纹样当作幸福美好的象征。18世

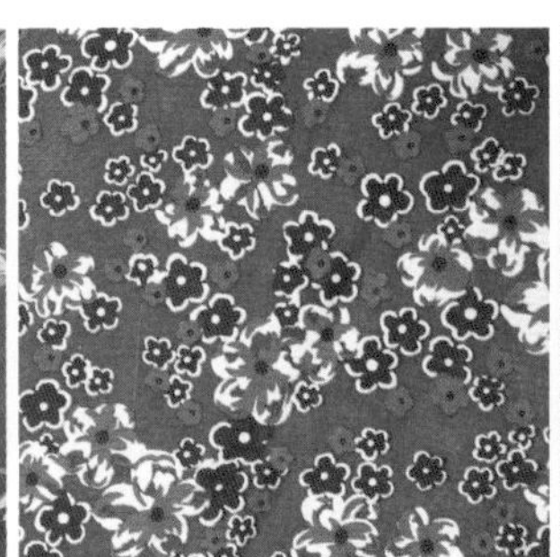

图5-38 传世旗袍面料中的自由花卉纹样

格仕治公司蜂窝肥皂广告（悦明，1935年）

金谷白兰地酒广告（关蕙农，1938年）

图5-39 月份牌广告绘画中的自由花卉纹样

纪初期，苏格兰西南部的城市佩兹利（PAISLAY）的毛织行业用大机器生产的方式，大量采用这种纹样织成羊毛披肩、头巾、围巾销售到世界各地。由于佩兹利纹样都是用涡线构成，故而又被称为佩兹利涡旋纹样。

佩兹利纹样是一种适应性很强的民族纹样。最初常常是用深暗的色彩表现于羊毛织物上。自从被移植到印花织物上以后，它的表现手法更为丰富多彩。

或许就是此纹样纤细复杂之故，在月份牌的旗袍图像中几乎未见其踪迹。笔者选择了几款传世旗袍织物中的佩兹利纹样以飨读者。在这几款佩兹利旗袍面料中，我们既可以看到密集涡线的多种处理方式，也可以看到单纯的平涂勾线处理；在配色方法上，深色、灰色、浅色都获得了较为理想的效果。这也是民国时期织物设计借鉴、学习西方纹样的典型案例之一（图5-40）。

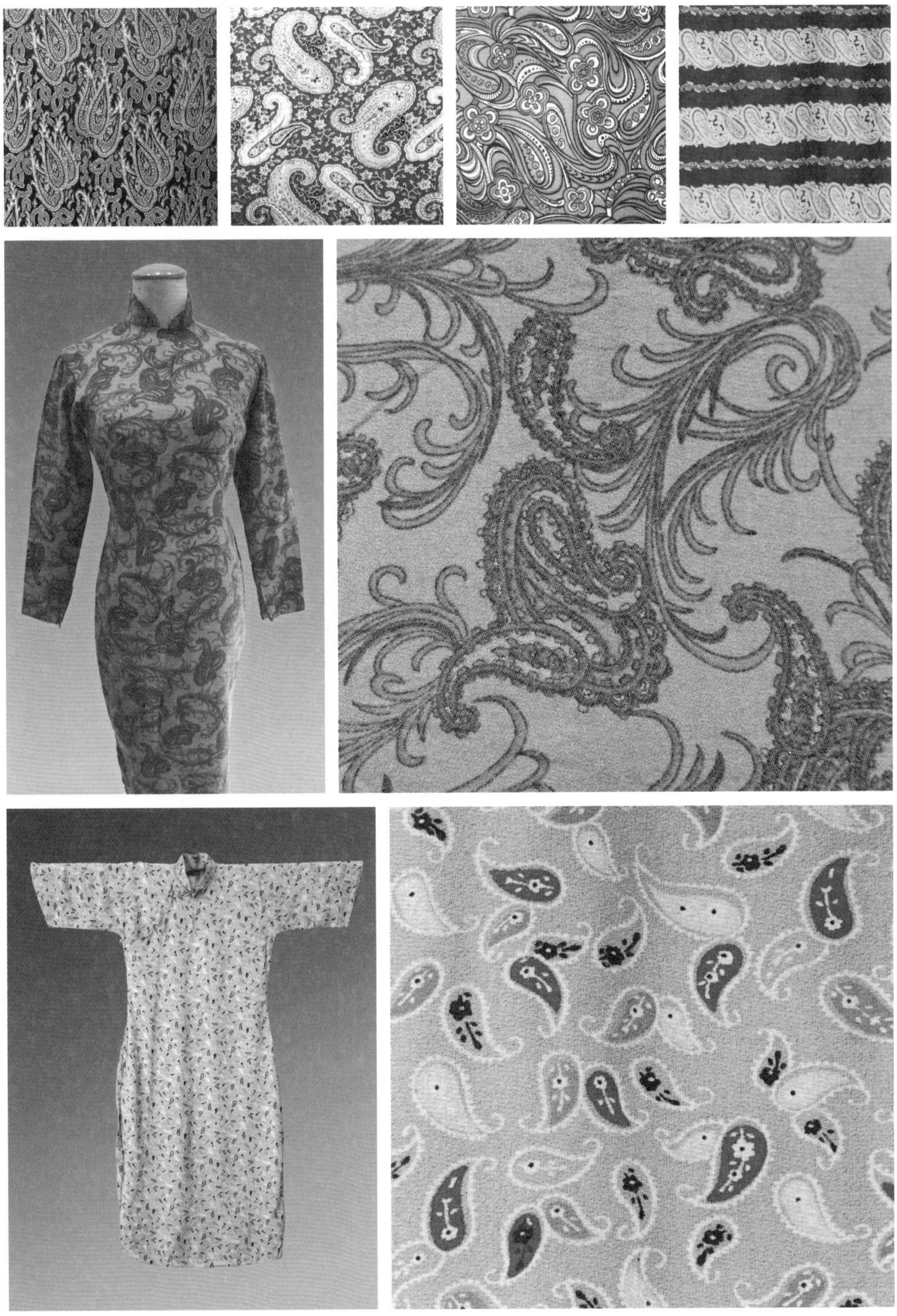

图5-40　传世旗袍面料中的佩兹利纹样

6. 巴洛克纹样

“BAROQUE”一词源于葡萄牙文“BAROCO”和西班牙文“BARRUCCO”，意为“畸形的珍珠”。它一反文艺复兴时期均衡、静谧、调和的格调，强调“力度的相克”，追求“动势起伏”。对欧洲古典正统观念是一次有力的挑战，它破坏和嘲弄古典艺术那种“永恒不变的典范程式”。“巴洛克”一词就是欧洲正统派对这种风格所表示的一种贬称。

巴洛克纹样的最大特点就是贝壳形与海豚尾形曲线的应用。贝壳一直是欧洲古代装饰纹样中的重要因素。贝壳曲线来源于贝壳切面螺旋纹即贝壳自身增殖与分泌物形态的启示。巴洛克纹样就是以这种仿生学的曲线和古老莨菪叶状的装饰为特征，由于风格上有别于以往欧洲的染织图案而大放异彩。巴洛克纹样以其线形优美流畅，色彩奇谲、丰艳为特色，布局上充满着生命的跃动感。巴洛克纹样在路易十四时代兴盛了一百多年，在以后的二百多年历史中多次出现重新流行。在近代的中西方服饰面料中，巴洛克纹样同样受到人们的钟爱。从月份牌旗袍图像和传世旗袍面料中，我们都可以充分感受到巴洛克纹样带给我们的奔放、浪漫的享乐主义色彩，以及不规则形式引发的动态激情。而其中极端男性化的风格特征，与近代旗袍的女性解放意识获得了某种语境上的共鸣（图5-41、图5-42）。

（二）近代西方艺术运动纹样

1. 杜飞纹样

劳尔·杜飞（Raoul Dufy，1877—

月份牌广告
（杭穉英，20世纪40年代）

美女四条屏之三
（杭穉英，20世纪40年代）

月份牌广告
（杭穉英，20世纪40年代）

开林股份有限公司广告
（杭穉英，20世纪40年代）

图5-41　月份牌中表现巴洛克风格的旗袍面料纹样

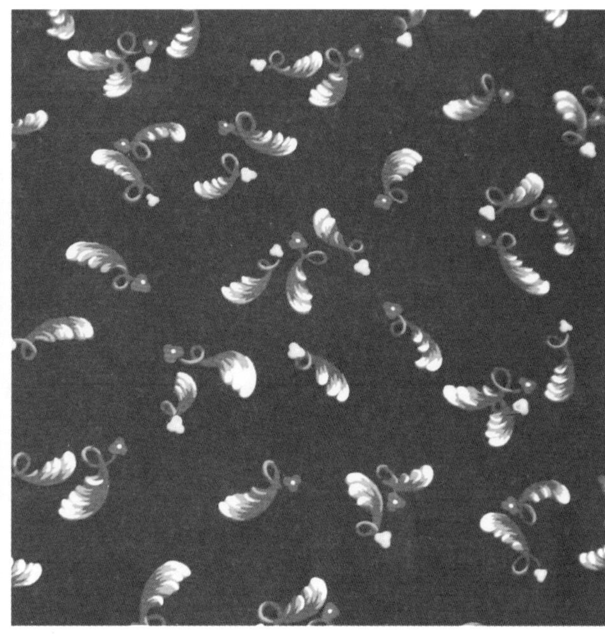

图5-42　传世旗袍面料中巴洛克风格的纹样

1953），早期作品先后受印象派和立体派影响，终以野兽派的作品著名。其作品色彩艳丽，装饰性强。他的作品除了绘画，还在挂毯、壁画、纺织品和陶瓷设计中被广泛采用，后受法国“巴黎纺织公司”的聘请从事纺织品的设计。

杜飞设计的花样一改以往染织纹样中的写实风格，首先使用印象派与野兽派的写意手法。他用大胆简练的笔触、恣意挥洒的平涂色块、粗犷豪放的干笔，然后用流畅飘逸的线条勾勒出写意的轮廓。杜飞的花卉纹样形象夸张变形，色彩强烈明快，线条质朴简洁、轻松自如，具有浓烈的装饰效果。杜飞从印花纹样设计的经验中悟出了自己独特的、创造性的、具有装饰风格的新画风，从而确立了他在美术史上的地位。

杜飞这种具有独特风格的纹样被称为“杜飞纹样”或“杜飞样式”。杜飞设计的纹样中也有动物与人物的纹样，但比较起来杜飞的写意花卉更引人瞩目，所以杜飞纹样一般是指他的写意花卉纹样。在月份牌旗袍图像和传世旗袍织物中，我们同样可以领略到杜飞纹样给我国近代面料设计带来的崭新气象。这种纹样轻盈自如、奔放飞扬、浪漫洒脱的情趣，与近代旗袍的流行风尚甚为切合（图5-43、图5-44）。

同德祥鸿记绸缎呢绒商店广告
（杭穉英，20世纪40年代）

化妆品广告
（佚名，20世纪40年代）

图5-43 月份牌广告中表现杜飞风格的旗袍面料纹样

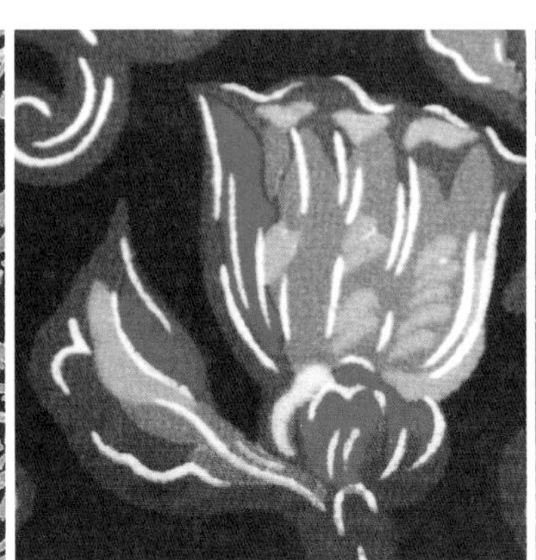

图5-44 传世旗袍面料中的杜飞风格的纹样

❶城一夫. 西方染织纹样史[M]. 孙基亮，译. 北京：中国纺织出版社，2001：122。

❷包铭新. 中国近代纺织品纹样[J]. 中国近代纺织史研究资料汇编：第9辑，1990（9）：37-38。

2.“新艺术”运动纹样

“新艺术运动（Art Nouveau），是19世纪末20世纪初在欧洲和美国产生、发展的艺术运动，涉及十多个国家，从建筑、家具、产品、首饰、服装、平面设计、书籍插画一直到雕塑和绘画艺术都受到它的影响，延续长达十余年，是设计史上一次非常重要的形式主义运动。”[❶]新艺术运动可以追溯到1882年，当时麦克莫多（Mackmurdo）在他的纺织纹样“单层瓣花”和“孔雀”中已经现出端倪，因此有人把麦克莫多誉为新艺术运动的先驱。享有盛名的英国画家麦克莫多的弟子查尔斯·F.奥赛也是新艺术运动的代表，1888年他创作的印花纹样“睡莲”“水蛇”是典型的新艺术风格，“水蛇”一图是以水草与海蛇形态来描写流动和卷曲型的形象，他的作品比莫里斯和麦克莫多的作品更富有律动感，他的设计被称为“简直是春天突然降临”。查尔斯·F.奥赛以富有幻想的美丽花卉与动物为主题，菖蒲、蓟花、埃及莲、印度莲、兰花、木莲、常春藤、八仙花、水仙花、鸢尾花、紫藤、旋花、番红花、银莲花等花卉都是他经常描写的题材。奥地利画家“维也纳分离派”代表克里姆特也是这一运动的杰出代表。他的风格明显受地中海文明——克莱塔岛涡卷纹的影响，带有镶嵌画的特色。他的画以阿拉伯卷草纹、克莱塔岛涡卷纹以及鳞纹、镶嵌格纹为基础，具有强烈的装饰效果。新艺术风格从总体上说是采用自由、奔放的曲线条来描写富有流动感、生态感、自然灵动的藤蔓和花卉。新艺术风格的装饰纹样在1890~1905年的15年间风靡整个欧洲，以后又多次在织物面料装饰中出现并流行。

新艺术风格织物设计中最常用的题材有：“藤本植物、盘绕的绦带、火舌、波纹、绺绺柔软的水草、脉络和枝衩、风中摇曳的青草、滚滚麦浪、年轮木纹、袅袅升起的炊烟、随风飘动的头发、地面上的根须、水母、珊瑚虫、带小叶的喜林等类、兰科植物、樱草类植物、菊花类植物、百合花、老虎、斑马和天鹅”[❷]，新艺术运动纹样虽与中国传统装饰题材相距甚远，但由于它们强调自然流畅的有机形态和表达自然活力的意境有异曲同工之妙，故而被崇尚西方艺术的中国消费者很快接受，并在20世纪20年代以后的中国女装及旗袍中得到广泛的运用。

除题材以外，新艺术的风格特征对民国织物纹样形式发展也产生了很大影响。尽管新艺术风格借鉴了诸多东方艺术元素，但其有机的曲线样式还是异于中国传统的卷草纹、缠枝纹以及符号化的螺旋纹等。日本纹样专家城一夫认为，中国卷草纹以花为主体，藤蔓本身只不过起连接花的作用，“重点在于藤蔓连接的花形本身的象征意义……好像缺乏阿拉伯藤蔓花纹所具有的那种生机盎然的气势和无限伸张的生命活力”[1]。而新艺术运动纹样则在充分展现题材自身形态的基础上，加强了变化多端且更加富于有机特征的律动表现，“与古典的卷草纹相比，新艺术运动的曲线不主张有规律的重复，而崇尚曲率经常变化的开放型的曲线，这是一种动感更强烈、机动性更强的曲线，充满了世纪初的创新精神”[2]。20世纪20年代以后的诸多近代旗袍纹样显然受到了新艺术风格的影响，曲线成为一种时髦的造型语言。流畅的涡卷纹不仅被用于地纹重复排列以强调纹样的整体动感，在主体纹样的表现中更是竭尽曲线之魅力，不管是花卉、枝叶或树干的设计都尽显婀娜飘逸之美，强调了新艺术运动风格的造型特点。不仅如此，新艺术风格具有的不对称特质，在一定程度上促使旗袍纹样突破了传统纹样追求完整、圆满、崇尚对称的传统审美习惯，创造出了全新的视觉效果（图5-45、图5-46）。

佳丽爱犬图（石青，20世纪40年代）

英商和记洋行广告（郑曼陀，20世纪30年代）

图5-45　月份牌广告绘画中表现的新艺术运动风格的旗袍面料

[1] 城一夫．西方染织纹样史[M]．孙基亮，译．北京：中国纺织出版社，2001：35。

[2] 诸葛恺．设计艺术学十讲[M]．济南：山东画报出版社，2006：131。

图5-46　民国时期受“新艺术”运动影响的传世面料纹样局部

3.“装饰艺术”运动纹样

“装饰艺术”（Art Deco），也被称为迪考艺术，它是在第二次世界大战期间流行于欧美，集世界各民族艺术之大成的艺术形态。1925年，法国“世界艺术装饰和工业博览会”的开幕象征了“装饰艺术”风格走向成熟。“装饰艺术”作为新兴的造型语言在当时被誉为是一场艺术的革命，并快速成为影响整个世界的全新艺术风格。“装饰艺术”作为最激动人心的装饰风格，它不仅表现为一种尊贵优雅的生活态度，更体现了丰满多元机械美学与爵士时代摩登美学的结合。

“装饰艺术”早期主要由较为机械的、几何的、纯粹的装饰形态来表现，如扇形辐射状的太阳光、齿轮或流线型线条、对称简洁的几何构图等，并以明亮且对比鲜明的颜色来表现。后来，深受埃及、玛雅、阿兹特克等古代原始艺术、舞台艺术、爵士乐、汽车设计等因素的影响，“装饰艺术”逐渐丰满多元，糅合出了复杂但极具韵律感、视觉冲击感的表达形式。在不断寻找和尝试中，一种全新且与众不同的，融合了机械美学、立体主义，以及多元文化精华的摩登艺术形态最终形成。

“装饰艺术”标志性的装饰特点有：阶梯状收缩造型（20世纪的象征），放射状线形的太阳光，彩虹与喷泉造型（新时代曙光的象征），几何图形（机械与科技的象征），全新题材的摩登雕塑和浅浮雕与建筑立面的结合（当时社会对科技文明的向往），新女性的形体（女性解放与女权的象征），古老文化的纹样（对埃及与中美洲古老文明的想象），速度、力量与飞行的流线造型（交通运输飞速发展的象征）等，色彩绚丽闪耀，标榜和炫耀财富，同时也显现着对新材料的使用和对奢华、名贵材料的偏好等。“装饰艺术”作为一种艺术风格，“在造型语言上，它趋于几何但又不过分强调对称，趋于直线但又不囿于直线。几何扇形、放射状线条、闪电型、曲折型、重叠箭头型、星星闪烁型、连缀的几何构图、之字型或金字塔造型等是其设计造型的主要形态”[1]。这些新奇、时髦的造型通过贵金属、宝石或象牙的表现，常常弥漫着贵族般高雅的情调。在色彩上，装饰艺术运动与以往讲究典雅的设计风格大相径庭。亮丽的大红色，炫目的粉红色，鲜艳的蓝色，鲜橙的黄色，探戈的橘红色，金属的金色，银白色及古铜色都受到特别的重视，并通过这些色彩来达到绚丽夺目甚至是金碧辉煌的效果（图5–47）。

[1] 瞿孜文．世界艺术设计简史[M]．长沙：中南大学出版社，2014：55。

图5-47　20世纪30年代装饰艺术运动的代表图形

“装饰艺术”作为一种国际性的潮流，当然很快就从大洋彼岸推波而来，浸润了古老的中国，尤其是当时开放和发展程度最高的城市——上海。现在上海是世界上现存“装饰艺术”建筑总量全球第二的城市（仅次于纽约），外滩的历史建筑中有超过四分之一都属于“装饰艺术”的风格范畴，而很多上海人家也珍藏着当年那些“装饰艺术”风格的家具，当然在现存的旗袍和面料、月份牌图像、民国老照片中，“装饰艺术”的元素也可说是无处不在。此种纹样传入中国后，除大量运用于印花、提花织物以外，在刺绣中也较为常见（图5-48、图5-49）。

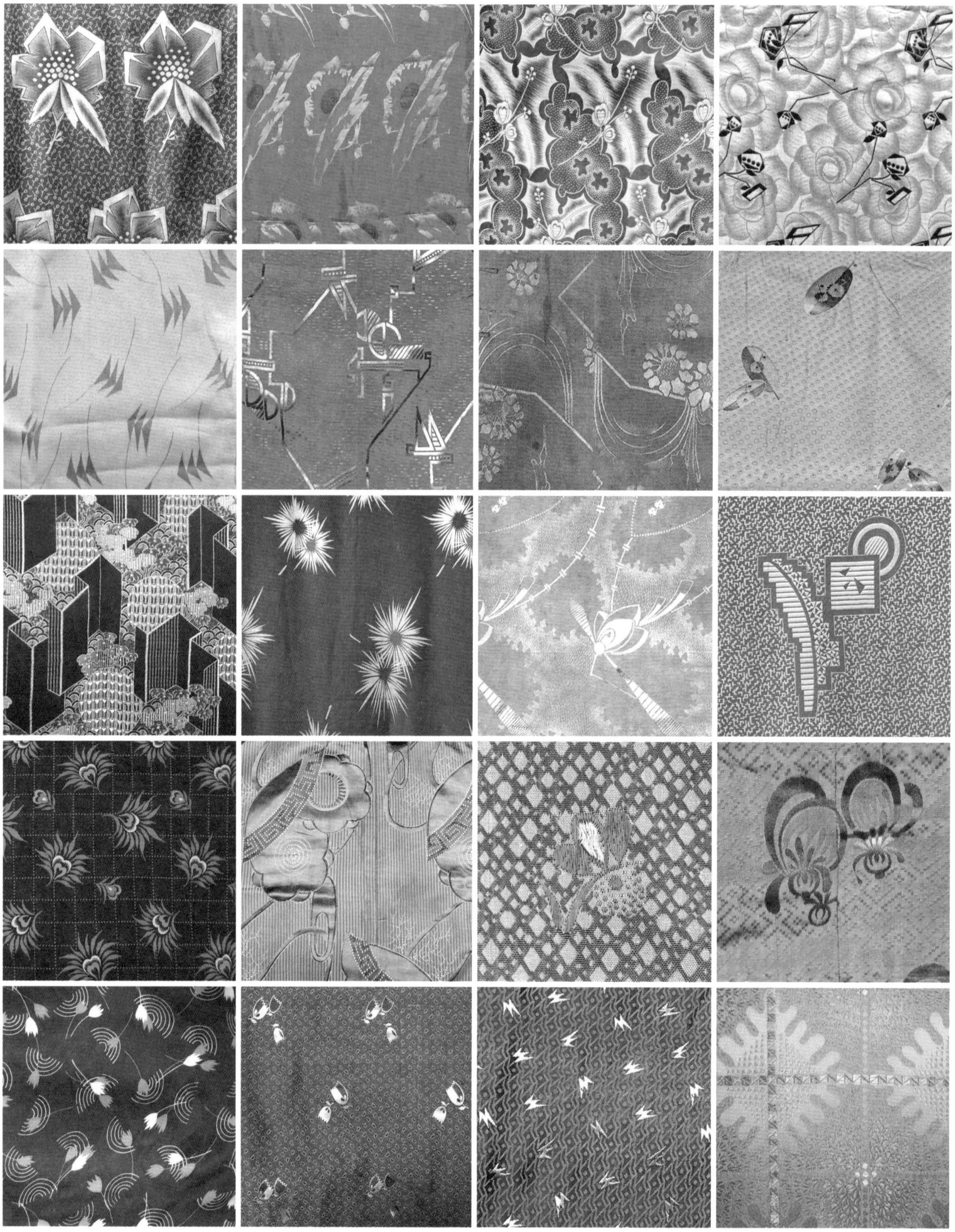

图5-48 传世旗袍面料中受“装饰艺术”运动影响的纹样

三羊开泰广告中的旗袍及装饰艺术运动纹样
（杭穉英，20世纪40年代）

金鼠牌广告中的旗袍及装饰艺术运动纹样
（杭穉英，20世纪40年代）

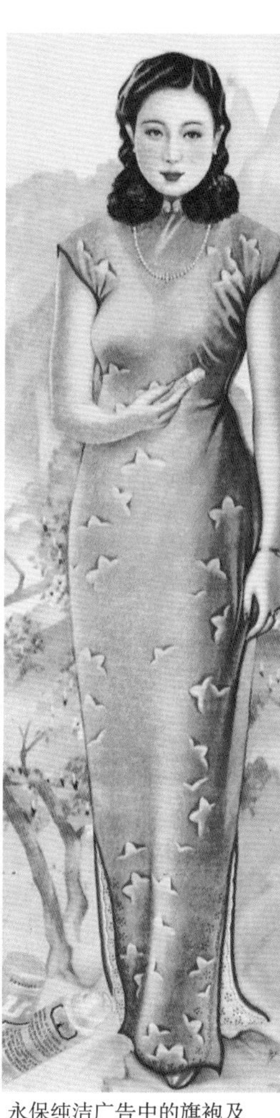

永保纯洁广告中的旗袍及装饰艺术运动纹样
（佚名，20世纪40年代）

图5-49　月份牌广告绘画中表现的装饰艺术运动风格的旗袍面料

（三）日本“和式”纹样

日本和式纹样来源于其传统的“友禅染”。“友禅染”是用毛笔或其他工具将防染糊料（用糯米制成的糊料）画在织物上再进行染色的传统印花工艺。友禅印花后来发展成手描友禅、无线友禅，型染友禅又称“写友禅”或“板扬友禅”。而后，日本和其他国家的花样设计师们通过研究其色彩与纹样特点，并广泛借鉴使用在机械印花和提花等工艺之中。友禅印花以其细腻、独到之美而受到世界好多民族的喜爱，常常被作为日本风格的代表纹样在欧洲或整个世界流行。

从题材上讲，友禅纹样是具有多样性的复合纹样，常常是各种花卉纹样与几何纹样并置，各种具象的、写实的纹样与意象形纹样同时并存，日本纺织纹样与中国唐代纹样交相结合。具有日本民族写生变化特色的平安樱、二阶笠、西海波、龟甲纹、幸菱纹、海松丸、镰仓纹样、江户小纹以及表现神社等写生纹样，是友禅纹样的主要画材，受中国绘画影响的浮世绘与中国传统纹样的雷纹、七宝纹、八仙纹、小葵唐草纹、牡丹唐草纹、石榴唐草纹及乱菊纹等常常同时出现在同一纹样中。由于友禅印花采用糯米糊料做形象的勾勒线，花样可以达到纤细多彩、晕纹漪涟的效果（图5-50、图5-51）。

友禅花样中用得最广泛的题材有“扇纹”与“云纹”等。“扇纹”是由折扇组成、折扇是日本民族于平安时代在中国蒲扇的基础上创造出来的，镰仓时代开始用于印花纹样，一般用一把或数把组成变化多端的构图，或全开或半开或闭合，可像花卉纹样一样组成各种排列。

在传世旗袍面料中，所谓的“大洋花”占有较大的比例。“大洋花”是日本“和式”纹样的一种俗称。在提花类旗袍织物中，这种纹样多为花卉与几何线形的结合，花卉变形夸张，强调某种元素的重复与节奏、韵律的表达，很多纹样设计还明显受到新艺术运动和装饰艺术运动风格的影响，前述的扇纹、云纹、水纹、菊花纹、麦穗纹最为多见。

图5-50 月份牌广告中的和式纹样及局部（杭稺英，20世纪40年代）

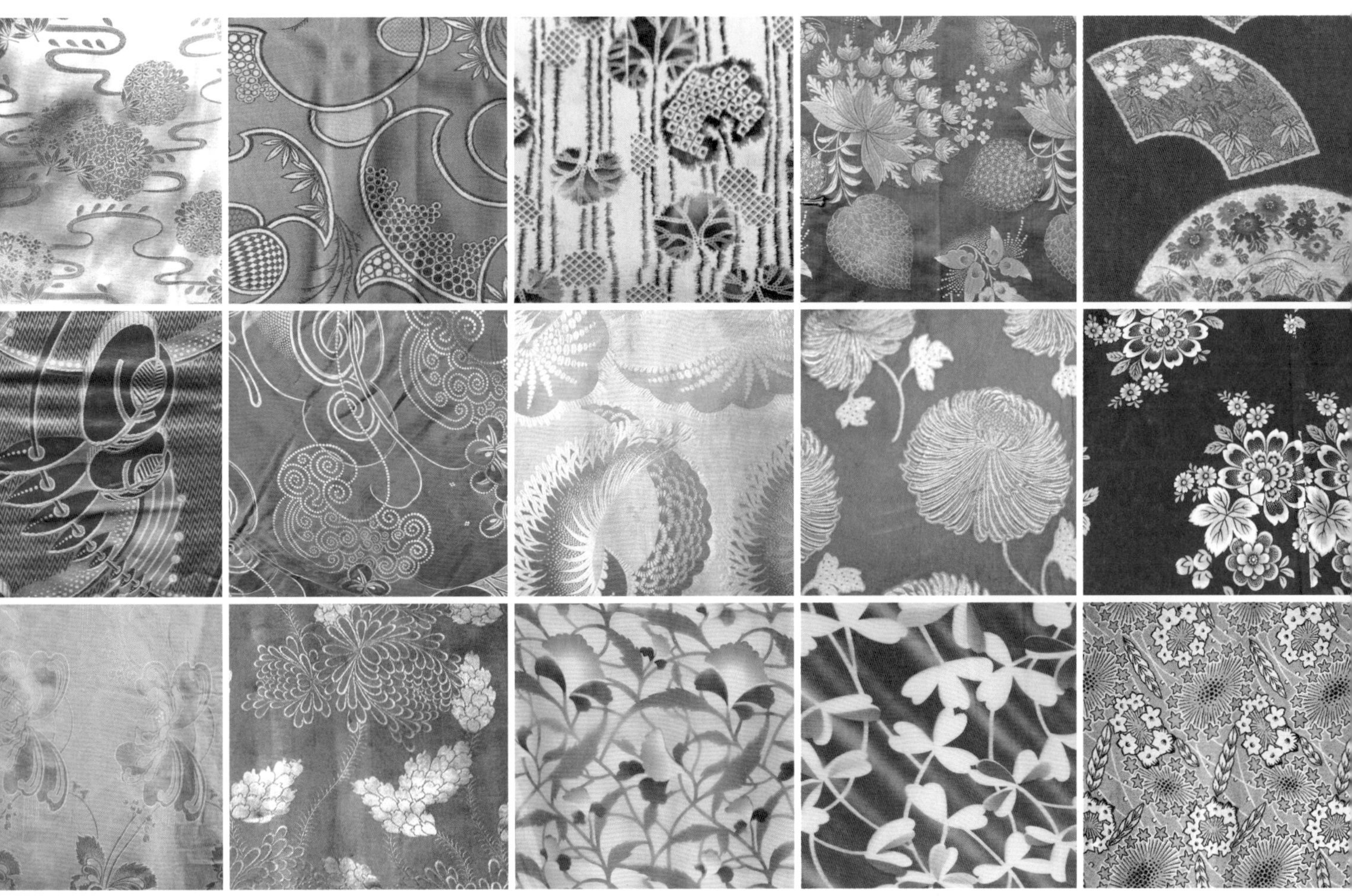

图5-51　传世旗袍面料中的和式风格纹样

（四）条格纹样

在近代旗袍织物纹样中，条格纹样的比例大大超过了历代服饰，在各阶层各年龄段的服饰面料中运用广泛。中国古代的条纹织物被称为“间道”，“间”为颜色相间，“道”即条纹。格纹在中国古代被称为“綦纹”或“棋盘纹”。而民国时期的女装和旗袍织物上的条格纹样一部分是基于传统纹样演化而来，但更多是融入西方和现代元素的新型条格纹样。

晚清后大量输入的西方服饰和用于制作西装外套、大衣的毛呢织物中，条纹织物占有一定的比例，如条纹有牙签条、条纹凡立丁等；格纹有苏格兰呢、格纹粗花呢等[1]，它们的输入无疑从另外一个角度示范和启发了条格纹在织物上的应用，为条格纹样的盛行创造了条件。

民国时期的条格纹样，特别是能体现女性文静与娴雅气质的条格纹样，深受各阶层女性的欢迎。这种现象不管是在传世的印花、绉、缎、绡、纱等旗袍面料中，还是传世旗袍照片中都能够得到充分的印证。

民国时期的丝织物中有直条纱、金丝绉、银丝绉、经柳纺、月华缎、雨丝缎、闪光条子纱、柳条葛；毛织物中有牙签条花呢等都盛极一时。格形纹样在法兰绒和苏格兰花呢中较为常见。而在印花织物中则有着更多依托西方的流行概念，在规范中寻求变化的条格纹样。

在丝绸织物格形纹样中，一般由彩色经线排列为纵向条纹为基础，以色纬的更换来获得横条。例如：某些金缕斯、无光格、格子碧绉等织物，它们在设计中运用粗细、间隔的均匀排列，风格严谨典雅；有些粗细、间隔幅度较大的格纹，则表现出自由、洒脱的风格。丝织物以及棉织物（包括土布织物）的格形纹样，一般经纬只用不多的几种色彩，但由于经纬组织的变化、穿插，在视觉上形成比实际色彩更为丰富的艺术效果。

除了单纯的条格纹样以外，在条格中填入其他装饰纹样在近代旗袍织物中也很常见。例如：某些丹华绉、新条绉、横条绉、彩条呢，或填入装饰的花卉纹样等；有些五彩黑白绉则是在折线骨架中填入花卉纹和佩兹利纹样；也有的在方格中填入花鸟动物等纹样。

从本节中的月份牌旗袍图像和传世旗袍面料小样来看，20世纪20～40年代的条格纹样中，既有比较传统和规整的条格，也有在此基础上进行色彩变化、角度变化的条格；排列有单色的条格，也有犹如彩虹般的条格，也有颜色在同一色相内变换明度，形成过渡自然的条格纹样，可谓形式变化繁多。从其变化规律来看，早期的条格纹样注重单位纹样内经纬之间的细腻变化，比较规整，等距变化较多。而后期的条格纹样，趋于简洁，注重整体组合的节奏与韵律变化。但在印花纹样中有的条形纹样仅用一两种颜色（图5-52~图5-54）。

民国时期用于旗袍上的条格纹样与中国传统条格纹样的主要区别在于：其一，它们不是对古代条格纹样的简单延续，而是受到西方织物和装饰艺术影响并走向流行。其二，前者主要是显性的，更强调纯粹的装饰性；后者更多表现为隐性的、经与纬的交织显现。其三，前

[1] 温润. 二十世纪中国丝绸纹样研究[D]. 苏州：苏州大学，2011：115。

月份牌广告中的条形纹样及复原图
（佚名，20世纪20年代）

月份牌广告中的条形纹样及复原图（佚名）

奉天太阳广告中的条形纹样及复原图
（金梅生，20世纪30年代）

奉天太阳公司广告中的条格纹样及复原图
（铭生，20世纪40年代）

月份牌广告中的条格纹样及复原图
（杭稺英，20世纪40年代）

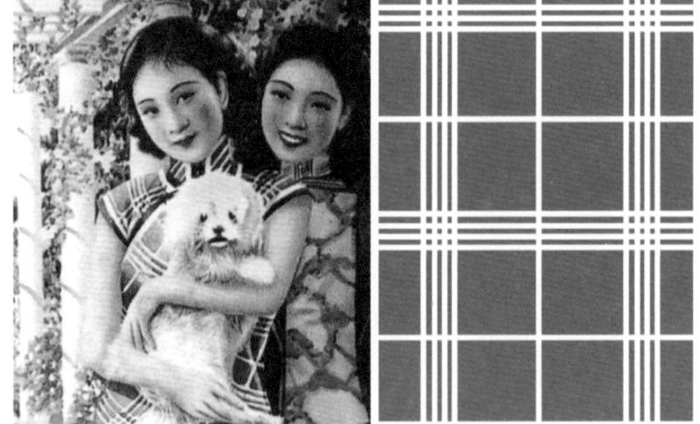
奉天太阳公司广告中的格形和抽象形旗袍纹样及复原图
（杭稺英，20世纪30年代）

图5-52　月份牌广告中的条格旗袍纹样与复原图

图5-53 传世近代旗袍面料中的条形纹样

图5-54　传世近代旗袍面料中的格形纹样

者除了条格本身的宽窄粗细及色彩、肌理的变化外，在很多条格纹样中还加进辅助的几何形的组合变化；而后者则较为程式，变化不多。其四，前者在审美的内涵与外延中都植入了西方服用理念，也或多或少地显现出现代主义色彩；而后者则更多的是对自然的模仿。

另外，从旗袍款型发展方面来说，20世纪30年代的旗袍开始重视表现女性的曲线美，条格纹样，特别是条形可随身体曲线的变化而弯折，在对女性身体的塑造上能起到很好的衬托作用。竖式条纹更能在视觉上起到修饰曲线、拉长身形比例的作用，而格形纹样因其丰富的变化也备受女性们的青睐（图5-55、图5-56）。

《良友》封面［1934（94）］

《良友》封面［1934（98）］

《良友》封面［1934（99）］

《良友》封面［1936（120）］

《良友》封面［1937（125）］

《永安月刊》封面［1942（35）］

图5-55 《良友》和《永安月刊》杂志封面中的条格旗袍纹样

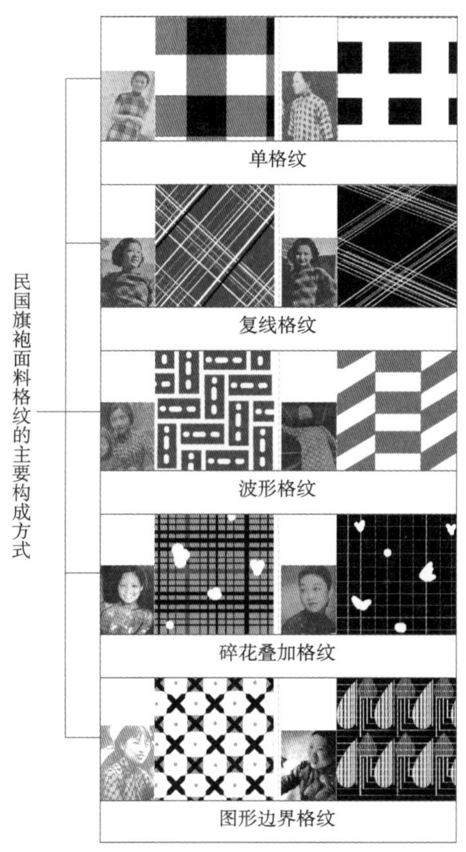

图5-56　从《玲珑》杂志图像中看近代旗袍面料格形纹样的主要构成方式（表格绘制：薛宁）

（五）几何纹样

20世纪20～40年代，几何纹样在女装和旗袍纹样中同样得到流行，这些几何纹样大都造型简洁、变化丰富，有规则几何纹样与不规则几何纹样两大类，排列方式有规律型和无规律型两种。在这些纹样中，最为流行的有：纯粹的圆点、变化的圆点、方形、三角形以及受装饰艺术运动影响的抽象几何纹样。抽象的几何纹样是由抽象派绘画派生出来的纹样形式。抽象派绘画是20世纪初期，由俄国画家康定斯基所创立。他的特点是用点、线、面以及色彩作为特殊语言来传达观念与情感。这些多变的几何形纹样或与素雅的颜色组合，可呈现出简洁、轻快与清新；或与艳丽色彩搭配，则显现成熟、妩媚的雍容。

我们从《良友》《玲珑》等杂志刊登的名媛照片以及诸多月份牌旗袍图像中可以非常清晰地看到，此时用于旗袍织物上的几何形纹样，在印花织物上表现得相对比较简洁，大多只用一两种颜色，在排列方式上主要有相同元素的整齐排列与不同大小元素间隔或任意排列两种。在本书收集的传世旗袍实物中同样可以看到这种流行趋势的存在（图5-57、图5-58）。

与月份牌图像、杂志生活影像和传世照片不同的是，在传世的旗袍及面料中，几何纹样表现得更为细腻精彩和变化多端。其原因正是笔者在第四章中所说，传世的旗袍及面料都是保存者或收藏者精心挑选的当时旗袍中十分有特色、最典型的一小部分。这部分旗袍面料中，在元素上简单、规整的圆点类、方块类印花亦有可见，但更多的是在此

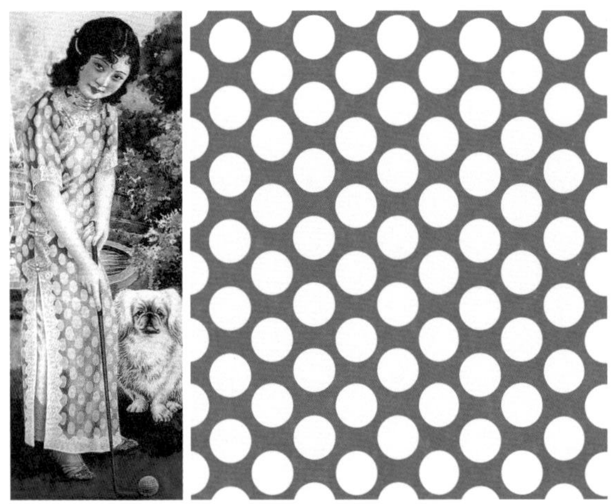

打高尔夫的少妇中的圆点纹样及复原图
（吴志厂，20世纪30年代）

伦敦保险公司广告中的圆点纹样及复原图
（杭穉英，1916年）

南洋兄弟公司广告中的几何纹样及复原图
（杭穉英，20世纪40年代）

林文牌广告中的圆点纹样及复原图
（杭穉英，1932年）

济东公司广告中的旗袍纹样及复原图
（谢之光，20世纪40年代）

仁丹广告中的旗袍纹样及复原图
（佚名，20世纪30年代）

图5-57 月份牌广告绘画中的几何纹样旗袍面料

图5-58 《良友》和《玲珑》杂志中女性旗袍的圆点纹样以及好莱坞明星的圆点服装

基础上加以变形、组合的元素。有不同几何形元素的组合，有各种几何形与非几何形的组合，还有几何形与写实花鸟、动物等元素的组合。特别是在提花面料中，简单的几何形元素经过经纬、组织的不同变化以及边缘的处理造成了较为丰富的层次，体现了丝绸织物的特有光感。在抽象几何形的纹样中，大都表现为无机型、不规则形态的组合与变化，这些形态很多受到新艺术运动和装饰艺术运动的影响。在组合形式上，传统类型的所占比例较小，而受到西方艺术形式影响的纹样则占较大比例，既有较为复杂的疏密、层次、投影处理，也有单纯地经纬、色彩处理。总体来说，几何纹样是民国时期发展最快、品种最多的织物纹样之一。

几何纹样在近代旗袍织物中的流行，除了受到西方文化的影响外，从实用的角度来看，也能较好体现旗袍穿着者对新文化品位的追求，其大方得体的色彩和造型，很适合当时追求独立、娴雅干练的时尚女性的气质（图5-59、图5-60）。

二、色彩观念的裂变与人性的释放

辛亥革命后，与男装西服盛行的情况相比，女装中虽也吸收了西方及日本女装的特点，但在款型上对西式服装的直接移植较少，而在对西方流行色彩的接受方面却表现出异乎寻常的热情和接纳性。李寓一在《二十五年来中国

图5-59 《良友》和《永安月刊》杂志中穿几何纹样旗袍的名媛们

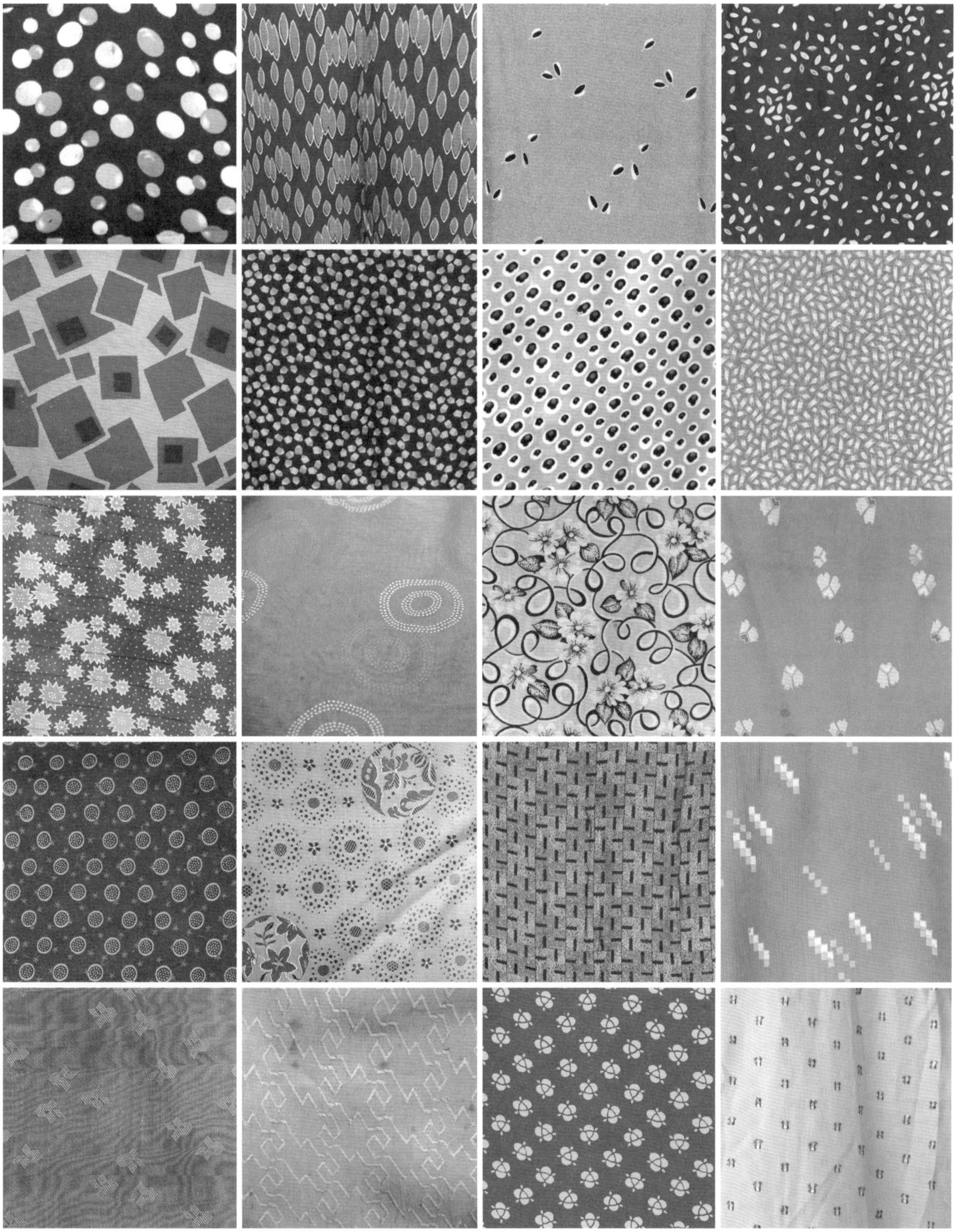

图5-60

图5-60 传世旗袍面料中的几何纹样

各大都会妆饰谈》中说，据其观察，在色彩方面，清朝时期妇女的衣服颜色以红绿两色为时尚，辛亥革命后，妇女多倾向于选择莺、紫、灰青等雅素的颜色，裙子方面亦是，清朝的裙制只有黑红两色，“今则以衣裙同色为美，似有欧风”[1]。如受日本式服装影响，20世纪初，“文明新装”开始流行，女学生与女教师穿着黑色短裙成为一种时尚。而旗袍的流行不但是彻底改变了中国女性几千年来的着装习惯，也彻底改变了中国女性服饰色彩的传统局限。就像当时的民众愿意接受西方带来的电灯、电话、自来水等物质享受一样，西方的服饰色彩较之服装形制，也更容易得到民众的接受。服饰中的西方色彩时尚与中国文化的交流更为广泛而深入，西方的影响也更为明显，并在审美的观念上占据了主导地位。按历史权威学者唐振常先生的说法，其接受是明显按照一个典型步骤的：“初则惊，继则异，再继则羡，后继则效。”[2]20世纪30年代后期，民国女装特别是旗袍受国际时尚的影响较大，李欧梵就提出《良友》画报刊登的许多穿着西式服装或改良式旗袍的女性，和一般古典的中国服饰造型已南辕北辙。在织物及色彩上的表现特点为：面料趋向轻薄，印花织物增多，装饰亦较简约，色彩尚雅，并在“西风东渐”中呈现“由单色而进于复色，由红绿之俗，而进于淡洁之雅”[1]的变化势态。

20世纪初期服饰及色彩变革的历史意义，突出地表现为其审美趋向由一种保守的、自成体系的，以历史纵向传承为主的封闭形态，转变为一种深受西方文化冲击，并被国际时尚同化，以横向借鉴为主的多元化的开放形态。

（一）服饰制度对色彩审美取向的影响

在清朝末期，封建服饰制度所规定的服饰用色体系已经受到了动摇，僭越用色者并非少数。进入民国后，服装用色已无任何禁忌，人们拥有了自主选择服装色彩的自由。但在不同地域还存在着不同的喜好和差异，如“上海时行的颜色，总是偏于娇嫩的、素净或是艳丽柔和的；北方时行的颜色，差不多都是些红的、淡红的、绿的、湖色的以及姜黄的”[3]。

1929年，当时的国民政府通过《服制》对男女正式礼服的样式、用料及颜色做出了规定，男装基本确定了西装革履与长袍马褂并行不悖的服装体系。而规定的女礼服为：一种是蓝上衣和黑裙，另一种是旗袍。这种服饰制度仿效西方

[1] 李寓一．二十五年来中国各大都会妆饰谈[C]//先施公司．先施公司二十五周（年）纪念册．香港：香港商务印书馆，1924：280。

[2] 李欧梵．上海摩登：一种新都市文化在中国（1930−1945）[M]．毛尖，译．香港：牛津大学出版社，2000：56。

[3] 隽冰女士．妇女装饰之变化[N]．民国日报，1927−1−8：1−2。

的变化，可以说是特定历史时期的选择，因为民主共和国理论、制度的建立就是直接源于西方。上述的“政体”与“政策”等的变化，对国民接受西方现代工业文明具有一定的强迫性，也在一定程度上导致了20世纪初服饰色彩审美价值的西化和新型审美价值体系的迅速形成。这些服饰色彩观念的更新，可以说被赋予了浓重的政治色彩，具有鲜明的时代气息，表现为新旧之间的对抗，对传统服饰色彩具有极大的冲击力。

从各种文献资料来看，民国初期女装与男装的西化相比较，其改良的步伐似乎有先慢后快的特点。传统的“上袄下裙”的装束，直至旗袍出现前一直是妇女们的最爱。而旗袍的出现使女性服饰西化的速度骤然加快，不仅是在形式上吸收了西式连衣裙的因素，在色彩、面料使用、装饰纹样和服饰搭配上则几乎是全面地走向了西化。

（二）西风东渐对色彩观念的影响

从整体上说，中国对西方文化的认识和接受，走过了“师夷长技”“采西学”“制洋器”；到洋务运动时的“中学为体，西学为用”的渐进过程。在这个过程中，人们的旧有观念发生了不断地改变和更新，对原有的价值观念也产生了怀疑和反省，甚至是抛弃。因而“可以说，在中国的资产阶级新文化中，西方文化占主要成分”[1]。

在服饰和旗袍色彩的审美取向上，同样受到崇洋风气和西化生活方式的影响，造成了服饰色彩审美上的个性大解放，西方服饰文化观念占据了主导地位。西式、中式、中西合璧成为当时服饰色彩上的一种特殊审美时尚。日本作为首先西化的东方国家，在其文化因素中既有中国人比较容易接受的东方意境，又有西方文化的现代感，其输入中国的服装面料对当时的近代旗袍、织物设计以及服饰色彩的消费观念都产生了深刻的影响。张爱玲在《穿》中曾写过她对当时日本花布色彩的感受，“过去的那种婉妙复杂的（色彩）调和[2]，惟有在日本衣料里可以找到。所以我喜欢到虹口去买东西，就可惜他们的衣料都像古画似的卷成圆柱形，不能随便参观，非得让店伙计一卷一卷的打开来。把整个店铺搅得稀乱而结果什么都不买，很是难为情的事。”“日本花布，一件就是一幅图画。买回家来，没交给裁缝之前我常常几次三番拿出来赏鉴：棕榈树的叶子半掩着缅甸的小庙，雨纷纷的，在红棕色的热带；初夏的池塘，水

❶邓明，高艳．老月份牌年画：最后一瞥[M]．上海：上海画报出版社，2003：9。

❷张爱玲．穿[M]//李宽双，等．人生四事：衣食住行．长沙：湖南出版社，1995：51。其在文中曾说：中国传统的配色是参差的对照，如“宝蓝配苹果绿，松花色配大红，葱绿配桃红”。

上结了一层绿膜，飘着浮萍和断梗的紫的白的丁香，仿佛应当填入《哀江南》的小令里；还有一件，题材是‘雨中花’，白底子上，阴戚的紫色的大花，水滴滴的。”“看到没买成的我也记得。有一种橄榄绿的暗色调，上面略过大的黑影，满蓄着风雷。还有一种丝质的日本料子，淡湖色，闪着木纹、水纹；每隔一段路，水上飘着两朵茶碗大的梅花，铁画银钩，像中世纪礼拜堂里的五彩玻璃窗画，红玻璃上嵌着沉重的铁质沿边。”张爱玲不仅描述了她欣赏的日本花布的纹样，让我们感受到当时日本服装面料设计题材的选择和其中色彩情调的妙曼，也显露了她对传统优秀色彩体系的眷念。在这篇文章中，张爱玲同时还对当时常见的面料色彩写下了这样一段话：“市面上最普遍的是各种叫不出名字来的颜色，青不青，灰不灰，黄不黄，只能叫做背景的，都是中立色，又叫保护色，又叫文明色，又叫混合色。”[1]从上面的张爱玲对当时市场销售面料色彩的描述，可以了解到受到西方和东洋色彩体系影响的“灰色系列”，已经成为服饰面料色彩的主流。亦可以理解到外来文化对近代旗袍及面料色彩发展的深远影响（图5-61）。

中国新民公司广告
（谢之光，20世纪40年代）

英商锦华线辘总公司广告局部
（谢之光，20世纪30年代）

图5-61

[1] 张爱玲．穿[M]//李宽双，等．人生四事：衣食住行．长沙：湖南出版社，1995：51。

福新公司广告——四大名家合锦屏（杭穉英、吴志厂、谢之光、金梅生，20世纪40年代）

图5-61　旗袍色彩及纹样的全面西化

（三）科技进步对色彩体系的影响

科技不但带来人类生活方式的变化与改进，同时也在不断地改变着人类的审美价值取向。1840年以来，中国社会进入大变革大转型的过渡时期，20世纪20～30年代，随着纺织业的发展，机器印染、新型提花技术、化学染色的传入，使提花、印花面料的色彩、品种、质量都有了很大提高。如“阴丹士林”的传入，对传统的自然染料无疑产生了巨大的冲击，它以耐洗、耐晒、坚固度较高、颜色种类多的特点，畅行中国的大江南北，也为此时服饰色彩的变化及其西化特点的形成奠定了物质方面的基础和可能性。而传统家庭式的手工业印染作坊为了与机器印花竞争，也不断改进染色配方和操作方法，改善色泽，不断增加、翻新品种，虽然和机器印花相比在品种、质量及价格上都处于劣势，

但在改善乡镇尤其是农村消费者的服装色彩上，仍然起到一定的作用。

中国传统色彩的命名具有很强的人文意味和感性色彩，并多来源于自然对象，如鹅黄、姜黄、鸭头绿、柏枝绿、柳绿、月下白、桃红、海棠红、老菜青、天青、并石青等。就《辍耕录》《布经》《雪宧绣谱》等中所列色彩名就达数百种，但“名目虽多，实际色相有的恐怕不会差别太大”[1]，这些色彩命名以及运用过程都映射出中国传统色彩的封闭性、模糊性、经验感性和非系统理性，难以构成完整的色彩科学体系。随着国外化学染料的引进，外国色彩理论的传播也促使近代中国的色彩观念和色彩体系及称谓发生了巨大的变化。人们开始参考西方彩色体系中的色相、明度、纯度等知识，并了解配色关系中的原色、间色、再间色，利用色彩的明度、纯度以及冷暖关系来进行色彩实践和生产运用。西方化学染料的引进，大大丰富了织物染料的种类，西方较为完善的色彩体系也为近代染色、印染业的发展和纹样设计提供了更为科学和规范的色彩选择。“现今市上所售之染料，非仅为单纯之化合物，往往因调整其色之关系，任意混合成种种商品……但就单纯之染料而言，则大约有一千三百种左右。就1909 ~ 1913年间之统计观之，世界上新发明之染料，大约每日有一种”[2]。温润博士在他的研究中曾收集到一本1922年左右上海物华电机丝织有限公司出品的染色样本，“其中共有三百余种颜色，分为红、橙、黄、绿、蓝、紫、褐七个色系，每个色系按照明度、纯度高低分别制成40余种过渡均匀的丝绸样品，没有名称，只有编号”[3]，“客商购备一册随时选择按图索骥准确无疑”[4]。大量灰色调的出现以及较为完整、科学的色彩体系是此样本区别于中国传统感性色彩体系的最大特征。民国时期类似产品样本的产生，不仅说明了国产染色、印染企业染色水平的提高，也保证了织物产品色彩批量生产的一致性。从商业销售的角度来看，也更易于辨识与交流，同时也大大丰富了包括近代旗袍在内的服饰色彩体系。

如在月份牌旗袍图像和传世旗袍实物面料中，红色调中的绛红、藕红、粉红、桃红、紫红、木红比较常见，大红色较清末要减少很多，民国时期有些新潮婚礼旗袍都时髦地使用了粉红色；蓝色系中以天蓝、靛蓝、湖蓝为主；绿色系中以墨绿、果绿、粉绿为主；黄色系中，明黄、中黄、嫩黄、橙黄都有使

[1] 王家树．中国工艺美术史[M]. 北京：文化艺术出版社，1994：424。

[2] 王云五、周昌寿．最新化学工业大全：第六册[M]. 上海：商务印书馆，1937：312。

[3] 温润．二十世纪中国丝绸纹样研究[D]. 苏州：苏州大学，2011：128。

[4] 上海物华电机丝织有限公司染色样本．颜色说明，1922。

用；此外紫色调、褐色调、灰色调在旗袍面料中也占有很大比例，金、银色仍被沿用。从清末起，色彩总体趋于淡雅，间色或再间色深受城市女性，特别是文化女性的喜爱和追崇（图5-62）。

（四）着装方式对色彩流行的影响

服饰色彩相对于服装及着装方式而言，它们既是依附于服装之上的，又是独立于服装以外的。中国传统服装从商

哈德门牌广告
（杭穉英，20世纪30年代）

白熊牌名袜广告
（述唐，20世纪30年代）

枫树美人图
（郑曼陀，20世纪30年代）

红锡包牌广告
（胡伯翔，20世纪30年代）

地球牌万人油广告
（佚名，20世纪40年代）

伊藤忠商事株式会社广告
——湖亭美人香皂
（佚名，20世纪30年代）

图5-62　淡雅的间色或再间色成为民国女性服装的一种色彩时尚

周开始，一直沿用的是“宽大离体、平面塑形”的基本造型方法，而服饰色彩的特点正是在这种基本造型的基础上产生和形成的。传统服装色彩及装饰一般突显的是等级观念下的阶层划分或“表达性”符号的彰显，这种表达的重点不在人本身，而是阶层、地位等的传达。传统朝服中的“团花”纹样、定位刺绣纹样等就是这种审美追求的例证，也是传统的农业社会中，“重物轻人”思想在服饰色彩中的一种具体体现。

近代中国女装从文明新装到旗袍改良，不但是改变了传统服装的形制，更是改变了人与服装的关系，也使得织物的装饰纹样和色彩运用及流行发生了质的变化。近代旗袍形制的发展，使得人不再是服装的附属品而是服装的主体，面料的色彩和纹样成为突出女性优美曲线的一种动态映衬。在20世纪30～40年代的改良旗袍中，摩登女子们更垂青于淡雅、素净的色彩，更喜爱使用轻薄、有良好垂感的织物，甚至是镂空织物或半透明的织物等，以突出她们温润的肌肤和婀娜多姿的身材。在那些轻柔和接近透明的面料中一般都使用柔和的淡色或深蓝、黑色，以衬托衬裙的吊带若隐若现的性感。这种引领着当时妇女服饰面料和色彩的新潮流，充分表现了中国女性将东方典雅美的神韵与西方服饰色彩流行的巧妙结合。近代女性对西式服装的喜好，旗袍与西式服装的搭配，也从另一方面改变了传统服装色彩体系，使得近代女性服装色彩进一步走向西化（图5-63）。

中国南洋兄弟公司广告
（杭穉英，20世纪40年代）

双星牌啤酒广告
（佚名，20世纪40年代）

南洋兄弟公司广告
（杭穉英，20世纪30年代）

图5-63

仙女牌广告
（佚名，20世纪40年代）

哈德门牌广告
（倪耕野，20世纪30年代）

先施化妆品有限公司广告
（杭穉英，20世纪30年代）

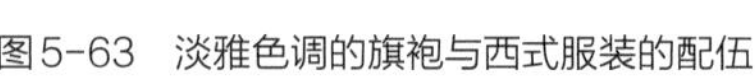

图5-63 淡雅色调的旗袍与西式服装的配伍

三、纹样程式的革新与突破

与中国传统的服饰面料相比较，民国时期的服饰面料除了在题材和色彩上受到外来文化的巨大影响外，在面料装饰设计的表现方法和构成、布局形式上也获得了质的突破。这种突破主要体现在市民文化的兴起和表现方法的重构与西化之上。

（一）雅文化的沉暮与市民文化的兴起

在宋代理学精神和士大夫文化的影响下，中国传统纹样设计中无不渗透着封建儒雅文化和理性精神。这种理性和儒雅在近代市民文化、消费观念的冲击下，产生了裂变、妥协，甚至是丧失殆尽，其主要表现在两个方面。

1. 纹样题材从传统儒雅到中西合璧

在传统纹样中，很多看似随意的花卉组合实质上都存在理性和程式化的范式。如以牡丹、荷花、菊花、梅花组成的纹样，选择春夏秋冬四季的代表性花卉或景物进行组合，来表示完美之意，名曰：“一年景”等。中国传统纹样的理性还表现在结构形式的规范化、程式化之上，宋代后规范几何纹样增多，如锁子纹、七巧纹、回纹、万字纹、毬路纹等在织物纹样中十分常见。在几何纹样中穿插点缀植物花卉等相关纹样也成为规范几何纹变体的特点之一。丝绸中著名的八达晕纹样，就是由八边形延续组合与团花构成的四方连续的骨架，并在其中再装饰各种花卉的织锦纹样。

《中国丝绸通史》一书中将传统纹样与民国时期的纹样题材列表进行比较，从中我们可以窥探到民国织物设计题材变化的趋向（表5-3）。

从表中可以看出，在传统题材上存在着文化体系上的概念化延续，特别是在装饰性的纹样中程式化倾向更强，以至许多纹样从宋、元、明、清以来一直沿用而少有突破性的演变。如变形缠枝莲、缠枝牡丹等，它们都突出了花头的形象，花大叶小的结构形式一直延续。随着清代中后期带有异域装饰风格的西方物品和纹样的大量输入，使得传统、封闭、单一发展的装饰格调受到冲击，对外来风格的猎奇、倾慕使得国内的不少设计作品原封不动地直接照搬西方风格的装饰纹样，混沌地模仿或改造后地借鉴见诸各种类型的面料设计上，既有巴洛克、洛可可的繁缛、富丽，也有工艺美术运动的自然浪漫以及装饰艺术运动波普化的机械理性、几何冷漠。在这些模仿或借鉴外来风格的纹样中，由于种种原因很大一部分设计者不可能、也没有足够的资料和渠道去深入了解、体

表5-3　民国时期丝织纹样题材及特点

题材	内容	主要特点	主要纹样举例
传统题材	吉祥文字与纹样	沿用“吉祥如意”的主题	八宝、八仙、猫蝶（耄耋）、鹿（禄）、鱼（余）、蝠（福）等
	龙凤禽兽	宫廷纹样民间化	龙、凤、麒麟、仙鹤等
	传统花卉	沿用传统的题材和寓意	梅、兰、竹、菊、牡丹、莲花等
	人物故事题材	历史传说、戏曲故事等为主题	百子图、白蛇传、二十四孝等
	其他传统题材	题材传统和排列方式传统	八达晕、散点的圆点小花等
新颖题材	新型器械	民国时期出现的新器械	黄包车、自行车、网球拍等
	写实建筑风景纹样	更为写实的建筑、风景等	像景织物
	抽象变体的弯曲线条	新样式艺术的东传	卷叶纹样、藤本植物等
	花卉纹样与欧洲风	欧洲洛可可风格的花卉，表现方法多用写生技法和光影处理	玫瑰、郁金香、卷叶纹、绳纹等

资料来源：赵丰，《中国丝绸通史》，苏州大学出版社，2005：356。

验纹样的西方文化背景，对西方风格纹样的模仿、借用中不免会存在些许浮躁之气和似是而非的中庸处理。

在民国织物和旗袍面料中，传统的“雅”纹样中表现诗情和意境的题材还有一定的延续，但与日常生活相关的“俗”题材则获得了前所未有的发展，而且这些“俗”题材的引入是中西并举的，甚至西方的题材远远超出本土的题材。如从日常生活中的蔬菜瓜果、生活日用品，到时髦的交通工具和文体用品，几乎无所不至，这些都是在传统“雅文化”纹样题材中绝少出现的。表5-3中的新颖题材部分有许多都是直接吸收了外来纹样的特点，或者在纹样设计时使用西化的表现方法和技巧，从形式来说与传统丝织纹样有了很大的区别，从表现程式来说也早已突破了“纹必有意”的局限，而是以贴近生活的装饰和美化为主要目的，这类纹样我们现在也称为风俗纹样。在笔者收集的这类旗袍面料纹样中，有日常生活中常见的毛巾、气球、蝴蝶结、草帽、水果、相框、动物、人物、建筑、风车等，可谓包含了市民和大众世俗生活的各个方面。这些市民文化影响下产生的“新纹样”，改变的不仅仅是纹样题材本身，更重要的是西方或说是近代设计观念的植入，以及中国几千年来固有设计观念桎梏的突破（图5-64）。

2. 纹样表达从意境、雅趣到商业市井

中国美学的“意境”多与诗、书、画相关，在纹样设计方面受到诗画的影响，很多纹样也以意境见长。如落花流水纹，又称“桃花流水纹”，以花卉和水的有形之象，寄予形式之外的迁想意境。[1]传统纹样受诗画意境的影响，既可以表现为以物象形态再现意境，也可以表现为以纹样形态再现诗画意境，更有表现为借物言志或言情的特点。如用来象征士大夫精神品格的“四君子”——梅、兰、竹、菊；暗喻坚贞不屈，有耐寒特性的“岁寒三友”——松、竹、梅；花之隐逸者——菊花；花之富贵者——牡丹等。

在封建社会中，“万般皆下品，唯有读书高”，文人具有较高的社会地位。文人的“高”不只是由科举入仕后的“位高”，还包括精神品格，爱好志趣的清、静、高、远之“雅”。清末起，商业文化日趋兴盛，商业贸易刺激产生的对金钱和物欲之追逐，淡化了人们对风雅精神文化的渴求，高远、士志于道的风雅文化逐渐被商业利益和崇尚奢侈的市民文化所取代，并逐渐走向沉暮。同样在织物纹样设

❶传说此纹样为根据唐诗宋词中的诗意而来，而相关的诗句如：李白《山中问答》：“桃花流水杳然去，别有天地非人间。”李清照《一剪梅》：“花自飘零水自流，一种相思，两处闲愁”等。

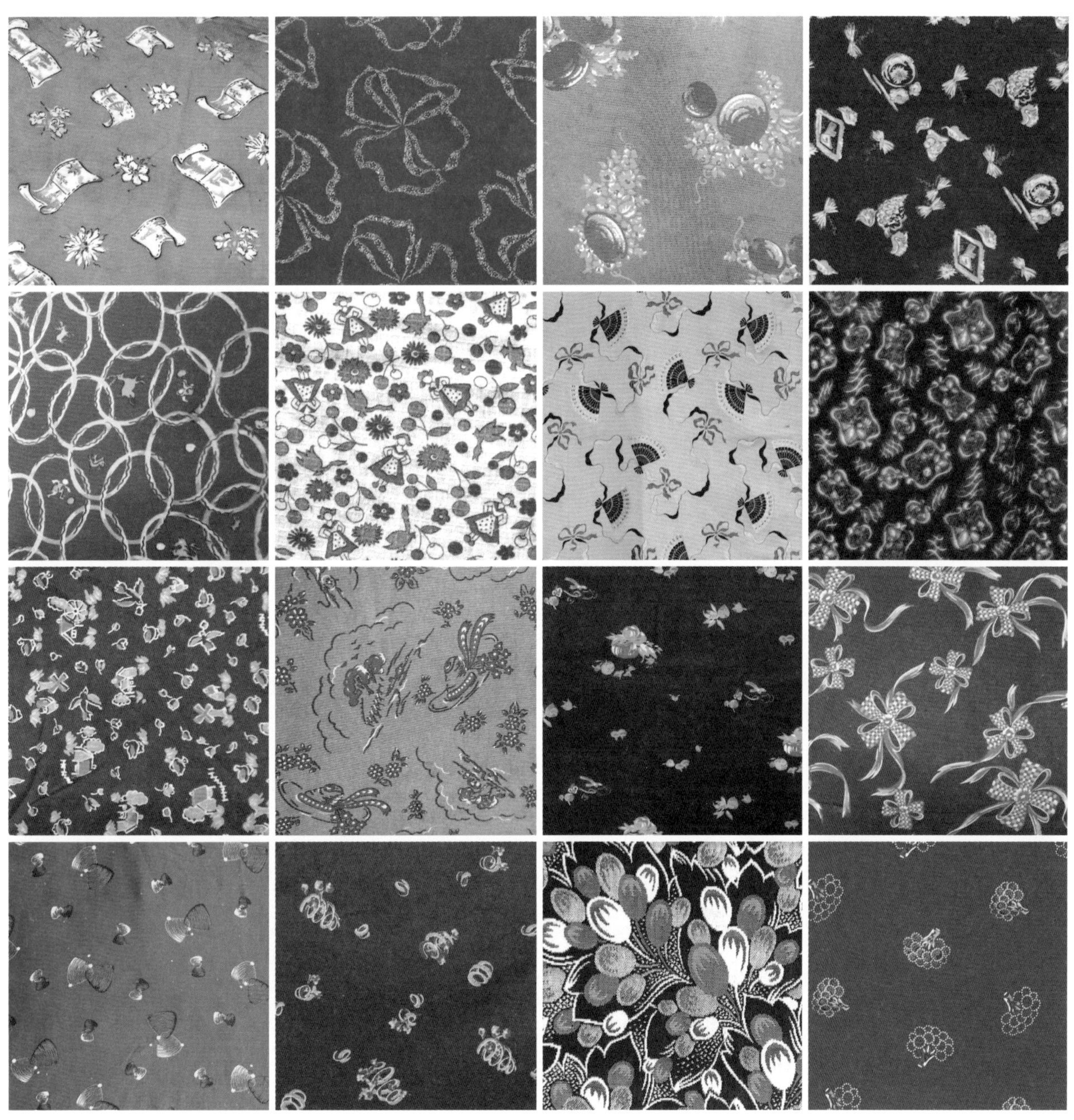

图5-64　近代旗袍面料中受西方文化影响的风俗纹样（私人及笔者收藏）

计上，原来受到追崇的“雅”，也在商业气息的浸淫下大踏步地走向市井。

民国的市民文化是在明清市井文化和西方文化的融合中产生的一种新的近代文化，它的三大特点是：趋时求新、中西交融与强烈的商业意识。我们在近代旗袍织物的纹样中可以清晰地看到市民文化引发的时尚追求。如在趋时求新方面，民国时期的上海不管如何奇异的服装都有人敢穿，甚至还能造成“时狂”。在织物纹样上我们同样可以寻觅到各种西方艺术流派影响的纹样、各种表现方法的纹样，甚至是很先锋、很怪诞的纹样（图5-65）。

这些市井意识强烈的织物纹样广受追捧和流行，这与这个时期强烈的商业意识驱使不无关系，我们可以在民国时期的各大报章杂志上看到很多绸布庄、百货公司的广告，都将“进口”作为了商品销售的亮点，无疑在市民的意识中逐渐形成“进口”就是“时尚”，“进口”就是“风雅”的观念，而传统文化中的“诗画意境”完全淹没在“西风美雨”之中。

都市商业的发展，促使一般织物的设计、制作，为经济利益而追求省时、省工，因而简约纹样的出现也顺应了这种趋向。

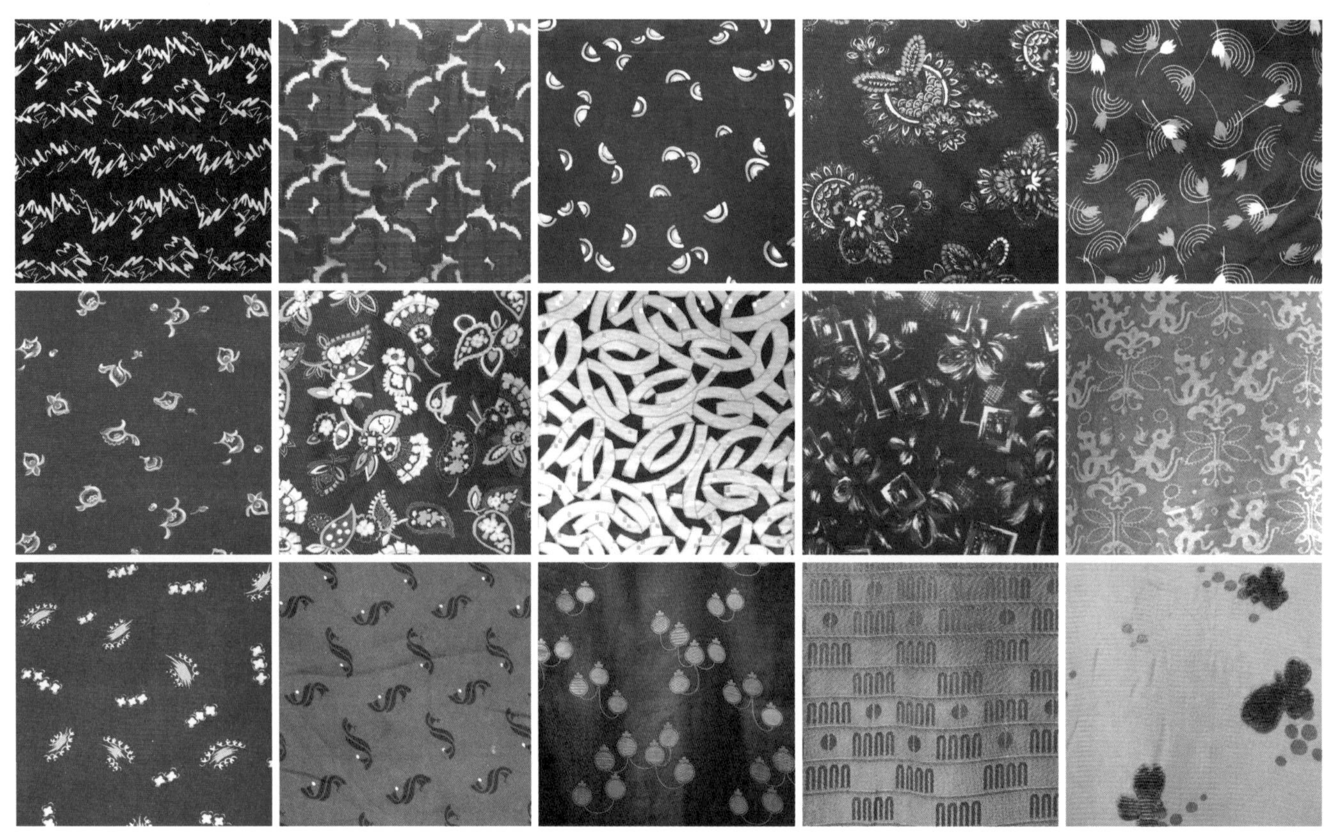

图5-65　受各种西方艺术流派影响下的近代旗袍面料

（二）表现方法的重构与西化

1. 西方绘画影响下的写实时尚

在传统织物纹样中，写实类纹样来源于宋代工笔花鸟的发展，追求的是人文画模式的极度纤柔和细节刻画的写实。这种对人文绘画写实风格的模仿，主要体现在“生色花”的盛行。“生色花”即写实折枝花纹样的总称，它主要运用于刺绣、缂丝等织物的纹样之中，提花织物中的“一枝花”也是这种写实风格的演变，在印花纹样中由于工艺的限制而比较少见。它们既可以单独使用，也可以与文字、人物、动物等组合，形成形式丰富的各种纹样。织物中使用的“生色花”是在绘画形态的基础上，进行了符合工艺需求和纹样装饰区域的提升处理，对象的花、叶、枝、实的笔墨表达也更为凝练，并且比一般的绘画形态更趋于理想的形式化处理，也更具装饰的韵味和魅力。中国传统纹样中的这种写实表现在织物纹样上，更多的是程式化的、理想中的写实，而非客观的写实（图5-66）。

晚清以后，由于西方文化的大量流入，西方绘画重于客观对象的光影再现的写实趣味，不但开阔了民众的视野，也影响到大众的欣赏习惯和织物纹样设计的发展。促使民国时期的纹样设计从传统的“生色花”走向“西式写实”，即借鉴西方光影表现的技法来表现对象，具体可概括为点、线、面三种处理方式。这些方式与传统的方法一起构成了民国时期织物设计的新型表现系统，并对现

图5-66　清代后期“生色花”花鸟刺绣

代织物设计也产生了深远的影响。

（1）点的表达与处理方法：

泥地点：由疏到密或由密到疏的均匀细点来表达明暗或色彩过渡。主要用于表现物象的结构、体积感，也可以用于衬托、丰富画面的层次。泥点除作为推晕的手段外，也可以变化出类似珊瑚、网状、雪花等样式。泥地光影的表现方式是从20世纪20年代初开始大量出现的，在清代之前传统织物设计中基本未见。

槟榔点：由不规则和不相叠的小几何块组成，可做平面效果，也可以作为从疏到密的过渡处理。

单点：以圆点为主也有其他的几何点，可以单独运用，也可以以点组成线或面。可以有相同大小点的组合，也可以形成渐大、渐小的节奏变化。

组织点：由提花工艺中某种或某几种组织形成的特殊点状肌理。

从图5-67中可以看出民国时期的旗袍面料设计已能较熟练地运用各种点来表现对象的结构、层次和光影，以及色彩的变化，也使我国的面料设计突破了几千年来一元制的旧有面貌。

（2）线的表达与处理方法：线是我国传统织物设计表达的主要方法之一，在民国织物与旗袍面料的设计中，线的

图5-67　传世旗袍面料中运用点表现光影过渡的方法

表达与处理方法得到进一步的拓展，并多用于丝织和印染纹样设计中。而在线的处理方法上主要有以下四种。

双勾线：如国画白描中描绘对象形态轮廓的线条，此类线条清秀挺拔，线型变化丰富，多用于提花面料和印花、刺绣等工艺中。

包边线：一般由于工艺需要，用于纹样、结构或色块边缘的勾勒，在同一纹样中线条粗细较为一致。

写意线：不拘于线条的工整均匀，不强调形象表达的细腻和准确，追求豪放流畅，富有表现的韵律感。写意线一般多用于印花设计之中。

虚线：以点或短线构成的非完全闭合的线条，强调表现对象的变化势态或强调对象的光影变化。同时也有为制版等工艺需求的考量（图5-68）。

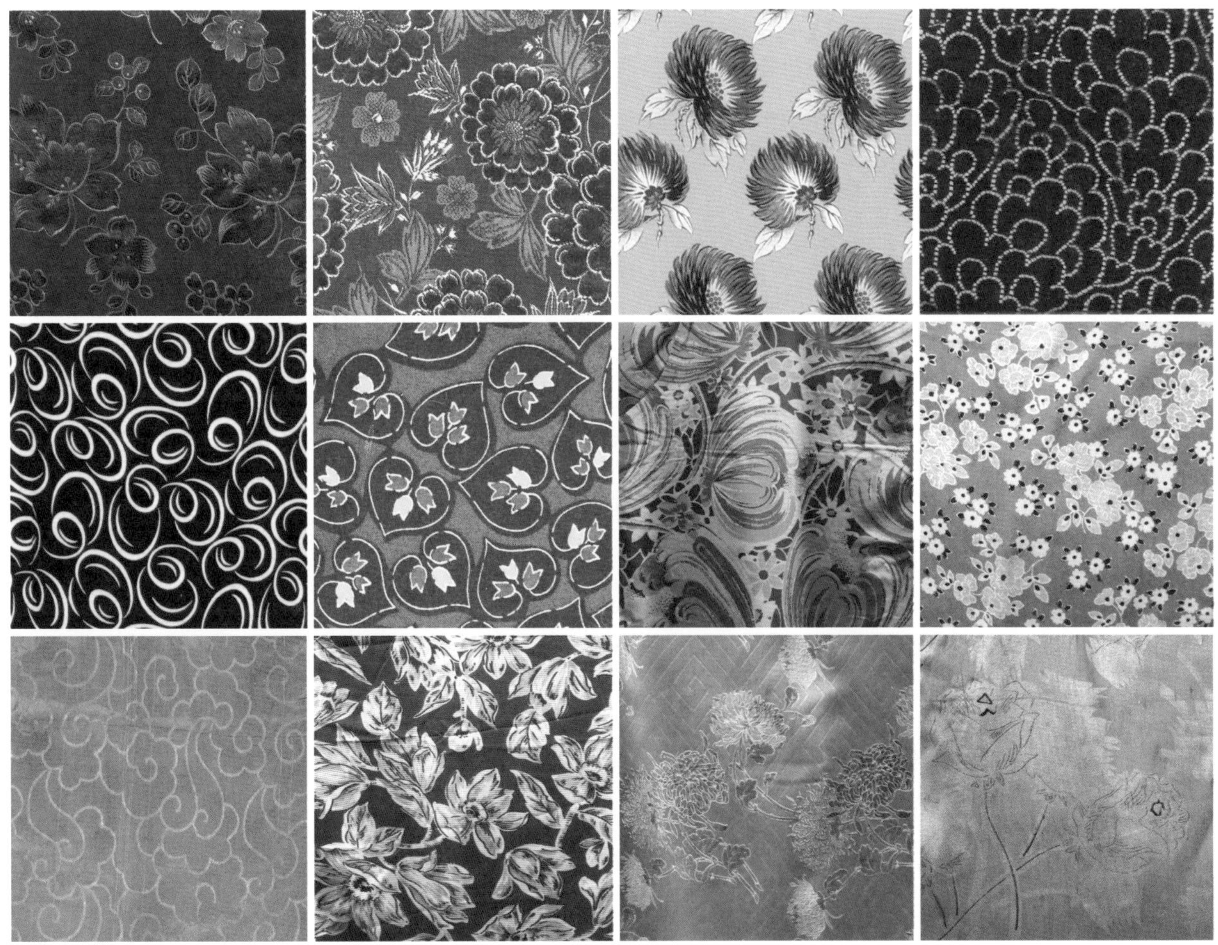

图5-68　传世旗袍面料中线的处理与表现方法

（3）面的表达与处理方法：在传统丝织、印染纹样中以某种色彩构成一定面积的形态，是造型的最基本手段之一，亦常常与线条同时使用。在民国以后的服饰面料设计中，面的表现方法也得到了很大拓展。

影绘：用一种或多种色彩，以物象的影像边缘轮廓体现其形态变化，而无须结构线勾勒。在此类中也包括了一些对物象的投影运用。

平涂：在物象的轮廓内，用均匀的色块表现纹样的轮廓和内部结构。平涂一般要求色彩均匀、光洁，用笔挺拔。

退晕：以某一色彩渲染出具有浓淡变化、有体积感的面。这种方法在民国时期的旗袍面料中使用不多，仅见喷色印花。

撇丝：按一定的方向撇出有粗细、层次、疏密变化的线组，这种线组一般一端较密集，一端较稀疏，形如梳齿，用来表现物象的结构形态、体积感、层次感[1]。撇丝可单独使用，也可以混合其他方法使用。这种比较豪放的表现方法20世纪初由西方引进（图5-69）。

2. 新图式的萌生与突破

中国传统的服饰面料是基于整体服饰制度下的产物，其纹样的构成和布局无不服从于服饰整体功用的要求，并具有浓厚的叙事性和表述性意味。而从服装的装饰图式语言来说，形成了两个极端，即皇家贵族的华贵、繁复、琐碎和平民阶层的单纯、质朴。但不管是前者还是后者，在清中期以前，其装饰图式语言上多处于一元的封闭状态，整体表现为规矩保守、雅文化为主流以及浓厚的吉祥观。进入近代以后，西方文化的侵入直接撼动了一元传承的旧模式，多元文化的输入也导致了服饰面料中新图式的萌生与发展，打破了上述图式语言的两个极端，使新图式走向了平民化。

（1）纹样的形态特征：纹样的形态是组成图式语言的基本单位。民国时期服饰面料的纹样形态发展，早期呈现为一元模式的部分延续和对西方肤浅模仿性的共存，而中后期则逐渐走向成熟，并体现出一定的自主设计观念和新的纹样图式语言。

团花式：在传统的服饰纹样中，团花是一种非常特殊和典型的图式语言，以“圆”且“满”的造型，表达了中国传统文化中追求圆满的美学意境。一般来说，一个团花就是一个完整的适合纹样或填充纹样，但一个团花相对整件服饰来说，可能是连续纹样的一个基本单位，也可能是填充纹样或单独纹样的一个组成部分。传统团花纹样的组合方式有八团、十团、十二团、十六团和二十

[1] 撇丝还分有粗撇丝和细撇丝以及螺纹撇丝等。

图5-69 传世旗袍织物中面的不同处理和表现方法

团等错综复杂的变化。团花外形一般为圆形，也有椭圆和圆形的各种变体。其题材既可以是龙凤、抽象的宝相花、吉祥纹样，也可以是较为写实、抽象的花卉纹样或与其他纹样的组合。有些折枝花卉和缠枝花通过弯曲、盘绕成圆形适合状，亦可归于团花式。团花纹样的构成形式可分为两种：一是以圆为中心向外层发散的中心对称式；另一种为由折枝、缠枝组成的均衡结构式（图5-70）。

民国时期旗袍面料中的团花纹样，在传统团花的基础上吸收了日本和西方的表现方法，使团花的表现更为现代、多彩。一是在题材上抛弃了传统团花“图必有意”的惯例，普通花卉和抽象题材增多；二是在团花之外，注重“地”的肌理组织设计，加强了纹样丰富性；三是通过团花的大小、虚实、前后的变化，使布局、层次更为丰富而具有现代感，使纹样和面料更具有人性化的特征，也更适合各层次消费者的服用需求（图5-71）。

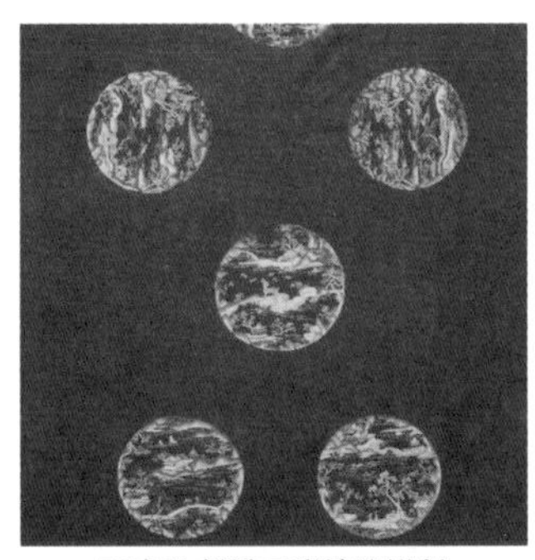
石青地刺绣五彩锦纹褂料
（清道光，北京故宫博物院藏）

敷彩团花漳缎
（清光绪，北京故宫博物院藏）

黑地福寿纹提花旗袍面料局部
（20世纪40年代）

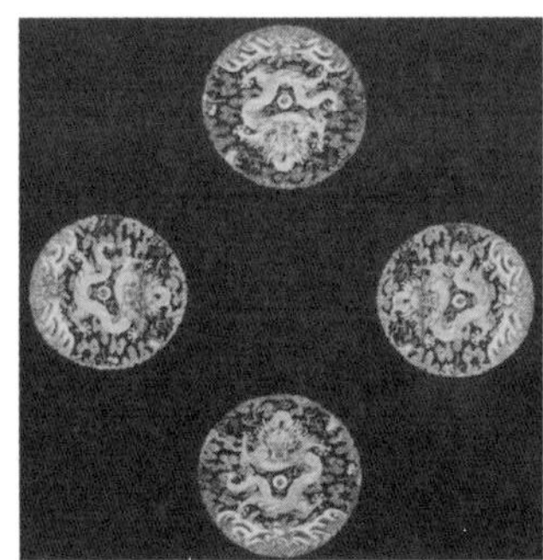
石青地绣五彩四团灵仙祝寿金龙兖服
（清乾隆，北京故宫博物院藏）

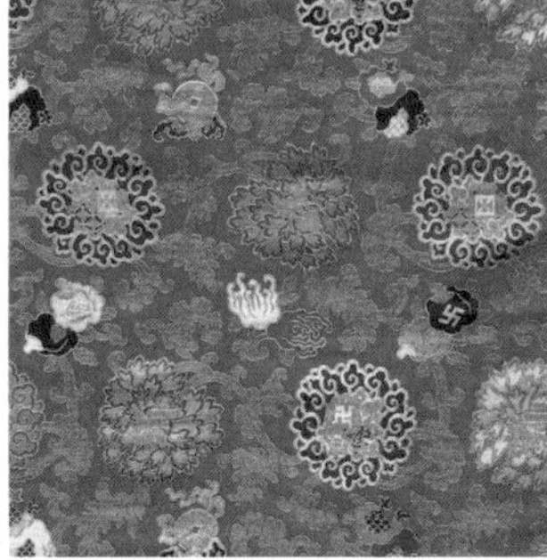
红地富贵三多纹妆花缎
（民国，清华大学美术学院藏，引自：《中国丝绸通史》第654页）

石青地彩绣喜相逢
（清，河北承德避暑山庄博物馆藏，引自：《中国丝绸通史》第562页）

图5-70 典型传统团花的布局与表现方法

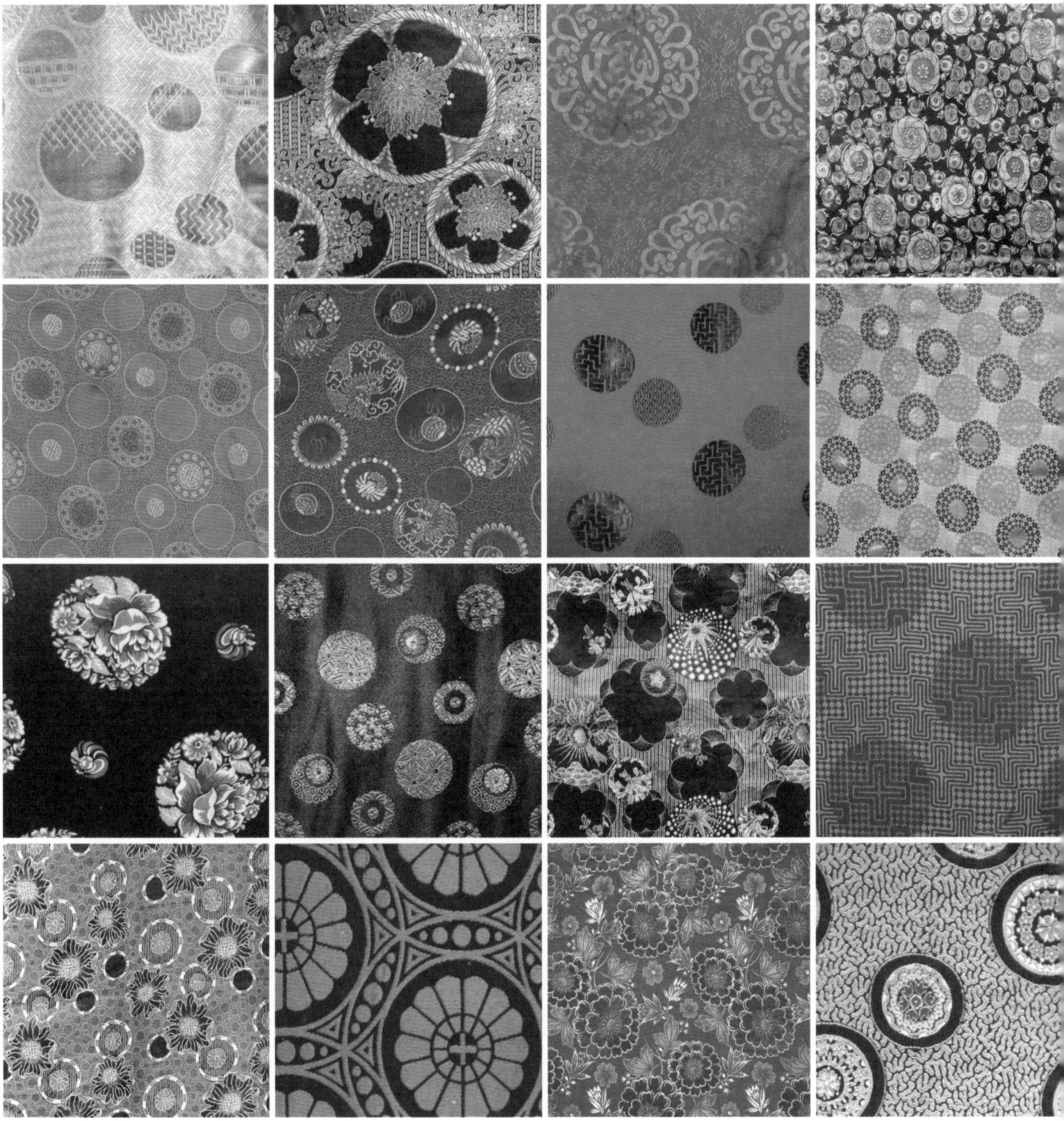

图5-71　民国传世旗袍面料中改良的团花纹样

折枝式：所谓折枝式，即由较为完整的花、叶、枝组成独立单位，是组成二方连续和四方连续花卉纹样的最基本元素，其通常较写实，题材一般为常见的植物或花卉。

传统折枝式在运用中又可分为两大类：第一类是以一个或多个折枝作为单位纹，以不同方式进行连续使用；第二类作为整件衣料的装饰，即以一整枝梅花、牡丹、玉兰、藤萝花、葡萄、竹枝（或折枝组合）贯穿整件衣料，通常称为“一枝花”。清末民初这种方式还有沿用，但其纹样的设计变化已更为灵动，有的构成方式可以看出吸收了印度生命树的装饰方法（图5-72）。而民国以后的折枝纹样则变得活泼多样，在折枝表现上已不拘泥于花、叶、枝组成的完整性，折枝短小富于变化，更注重折枝之间的相互关系和整体的呼应。

正如前面所说，折枝花卉纹样在存世旗袍中占有很大比例，但在月份牌中则表现出另外一种倾向，即较为完整的折枝纹样相对较少，往往表现的是花头为主、枝叶为辅的西式折枝纹样，并且深色地折枝花卉纹样也少见于月份牌的旗袍纹样中。这大概也是月份牌画家从画面处理角度的一种选择（图5-73）。而传世实物面料中折枝花卉

一枝花刺绣大襟女褂（1910年）

牡丹纹提花女袄面料局部

牡丹纹一枝花提花女袄面料局部

图5-72　一枝花纹样三种

东亚公司广告中的旗袍纹样及复原图
（佚名，1938年）

幸福家庭广告中的旗袍纹样及复原图
（金梅生，20世纪40年代）

哈德门牌广告中的旗袍纹样及复原图
（倪耕野，20世纪30年代）

老刀牌广告中的旗袍纹样及复原图
（佚名，20世纪40年代）

帆船牌广告中的旗袍纹样及复原图
（倪耕野，20世纪40年代）

斜倚翘盼图中的旗袍纹样及复原图
（杭穉英，20世纪40年代）

图5-73

启东公司广告中的旗袍纹样及复原图
（倪耕野，1938年）

中国南洋兄弟公司广告中的旗袍纹样及复原图
（吴志厂，20世纪30年代）

奉天太阳牌公司广告中的旗袍纹样及复原图
（杭穉英，20世纪30年代）

日满制粉会社广告中的旗袍纹样及复原图
（佚名，20世纪30年代）

正泰橡胶厂广告中的旗袍纹样及复原图
（谢之光，20世纪30年代）

徐盛记广告中的旗袍纹样及复原图
（金梅生，20世纪40年代）

图5-73　月份牌中表现的折枝花卉纹样及复原图

的形态和表现方法相对比较丰富多彩，深色、中浅色折枝纹样占到近半的比例（图5-74）。

缠枝式：以各种花草的茎叶、花朵、果实为题材，通过旋涡形、波形的骨架来构成连续性较强的纹样，其连续的延展可以是向上下、左右或四周。早期的传统缠枝纹样的题材以忍冬纹为主，后期种类日趋繁多，如有缠枝葡萄、缠枝牡丹、缠枝莲等，其中繁复华美者亦被称为卷草纹。缠枝式在中外传统纹样中皆有，两者在骨架结构上基本类似。

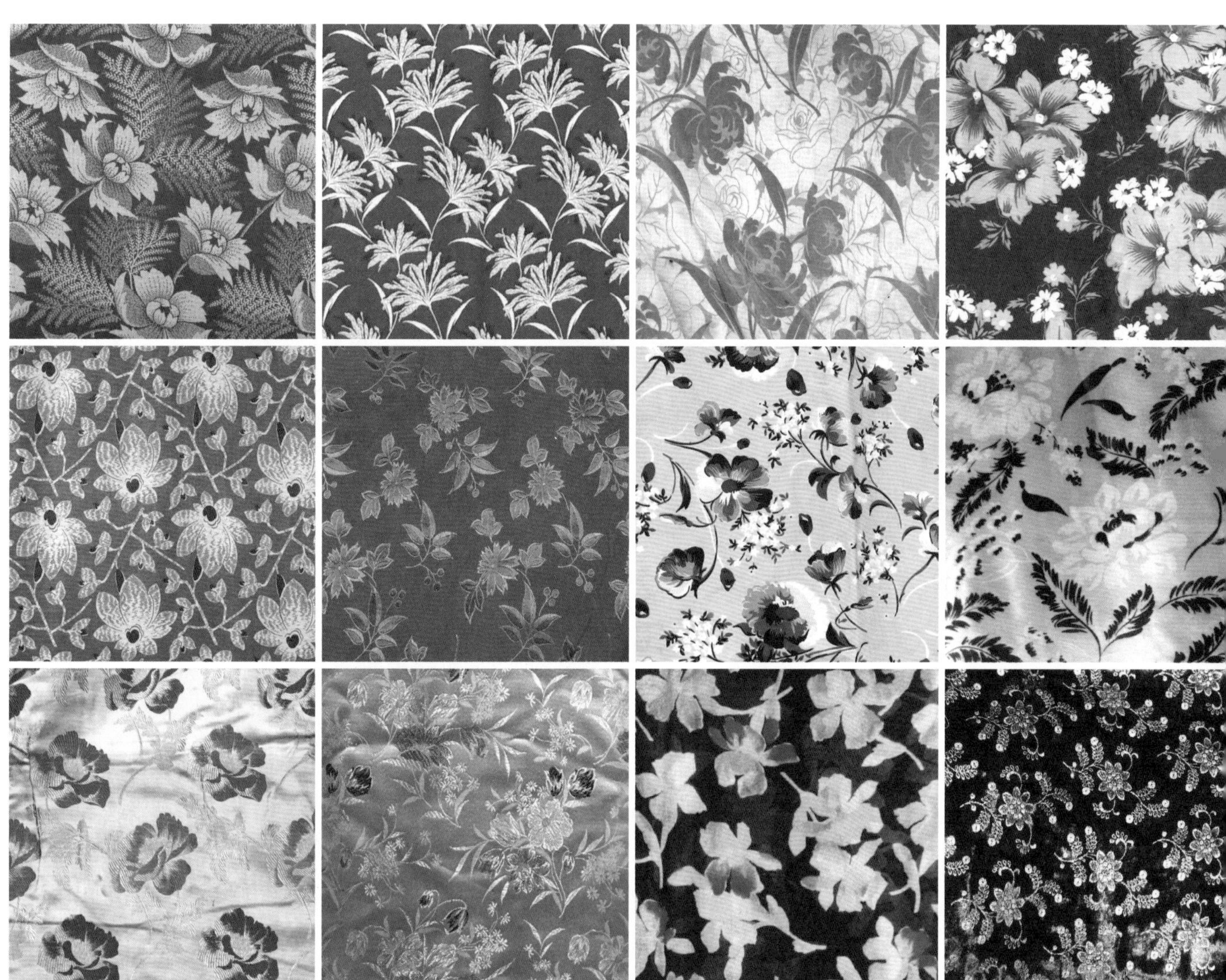

图5-74　传世旗袍面料中的折枝纹样

清代连缀式缠枝花纹样也非常具有特点。它一般以花枝为骨干线，相互串联成严密的骨架，花枝一般围绕主花形来穿插。其构成特点为主题花卉敦厚饱满，盘绕以月晕或光环式婉转流畅的缠枝，灵巧的枝藤、叶芽和秀美的花苞穿插其间，形成一种韵律、节奏优美的表现形态。

民国时期的缠枝式设计，早期有部分延续了传统的样式，也有受到西方洛可可风格影响的连缀纹样，但大部分由于趋简潮流的影响，骨架和花卉等都没有传统的繁密，简练、明快成为一种趋势，有的甚至以清地的方式来进行表现（图5-75）。

散点式：以一个或数个不同的基本单位向上下左右连续的纹样构成方式。

中国传统的散点规则性很强，其连续性十分紧密，形与形之间形成一种网状的组织骨架。其中又分为小几何形骨架和大几何形骨架：小几何形一般是由两组平行或垂直构成的直线正交的曲水纹样，即由“工”字、“王”字和“卍”字等连续反复而组成连绵不断的纹样；大几何形以八达晕最为典型，它以水平、垂直和对角线按“米”字格作为纹样的骨架，将空间分成八个部分，在线条的交叉点上套以方形、圆形或多边形的框架，在框架内再填以各种

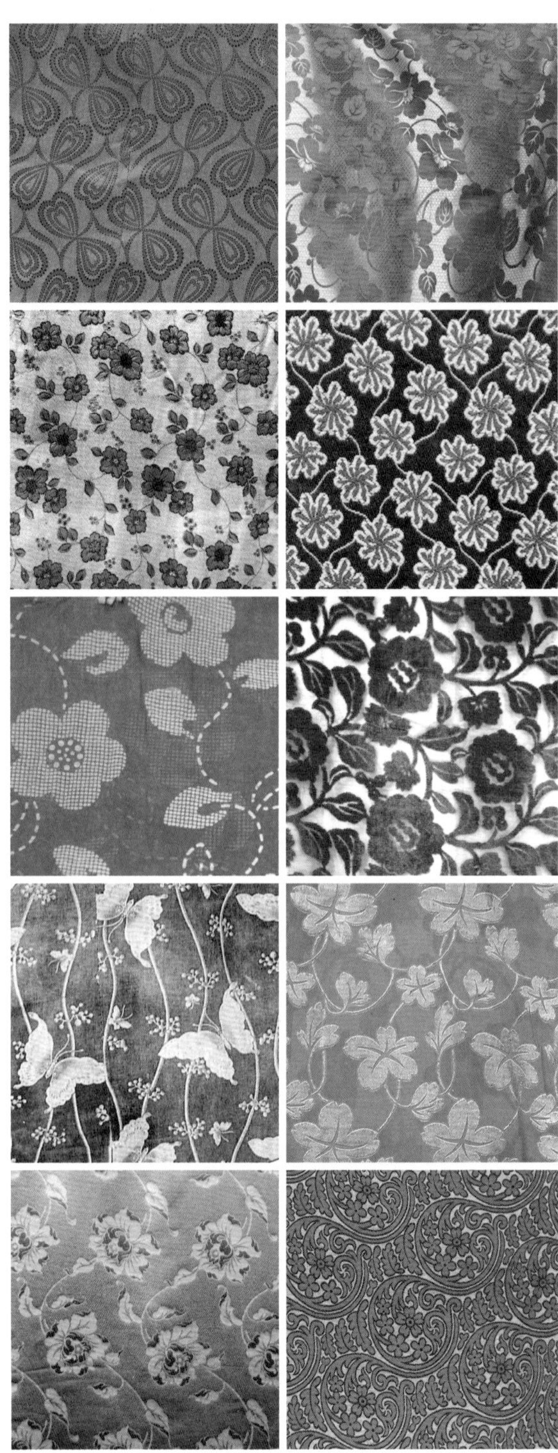

图5-75　传世旗袍面料中的连缀纹样

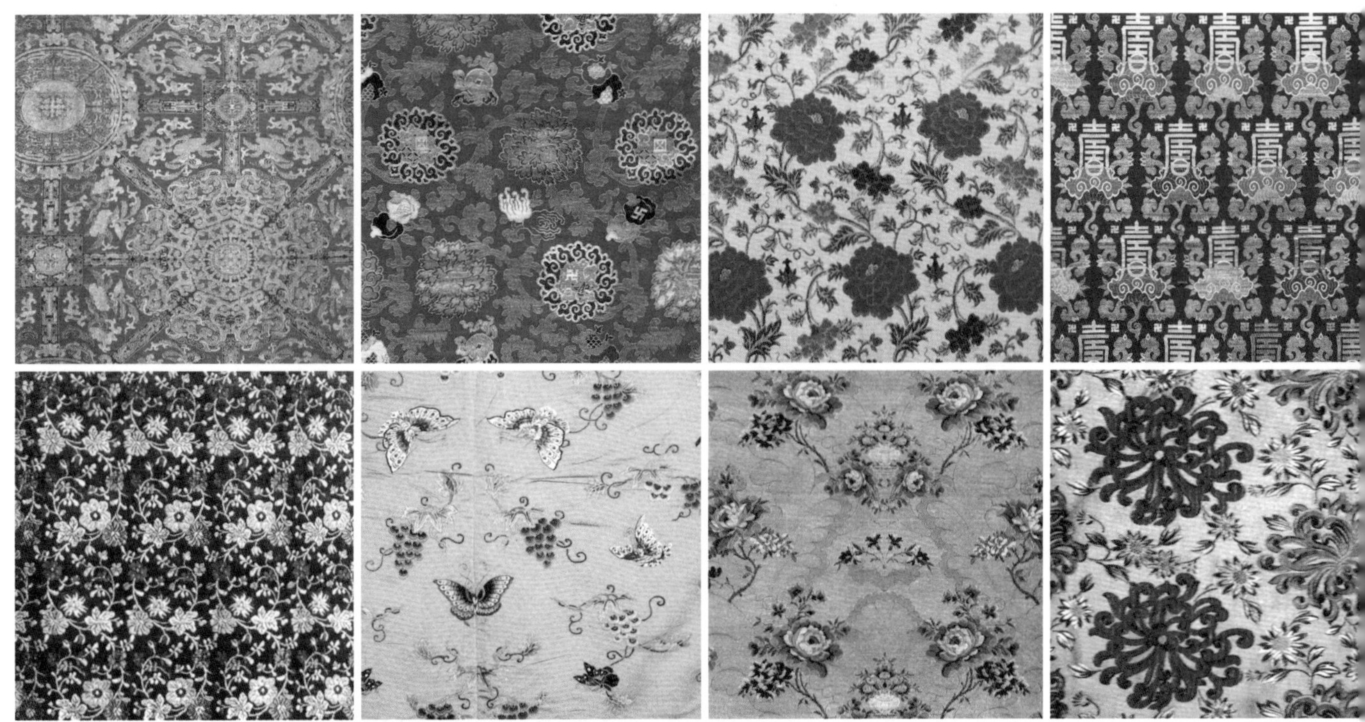
图5-76　清代织锦中规则型与非规则型的散点布局

几何形（图5-76）。

在清代晚期的服饰纹样发展中，纹样排列更加自由化和写实化，单位纹的循环越来越大，越发讲究散点的灵活布局，追求整幅画面的布局效果。曾流行的“一枝花”纹样就是突出的案例之一。

民国时期的旗袍面料纹样在构成形式上，与清代和清代以前已有所不同，纹样的构成形式也更为自由和多样化。以旗袍面料纹样中最常见的四方连续纹样为例，陈之佛先生在所著《图案法ABC》中对其构成形式有详细的说明[1]（图5-77）。

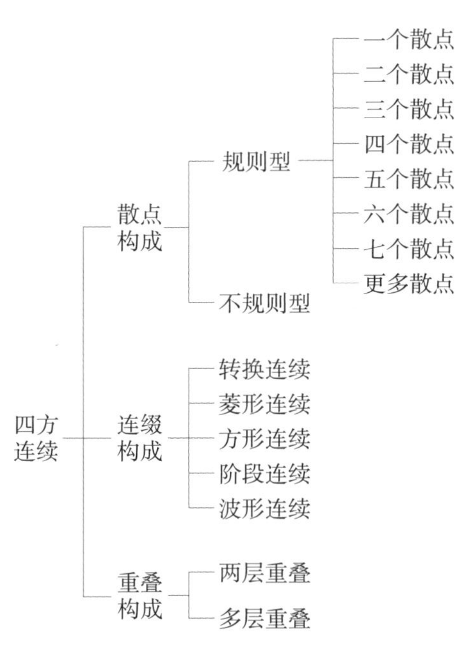

图5-77　四方连续排列构成示意

[1] 陈之佛．图案法ABC[M]//李有光，陈修范．陈之佛文集．南京：江苏美术出版社，1996：6。

这些纹样的排列方法在陈之佛先生民国时期设计的染织纹样和实际旗袍面料纹样上都可以找到佐证，可见近代染织设计理念对旗袍面料纹样设计的影响是颇为显著的。

中国传统服装面料纹样的整体布局方式往往以满地为主，并且由于讲究秩序化和程式化，此类纹样上的散点通常为对称连续分布即左右相等排列，散点之间联系较少，这样的纹样设计方式一直到20世纪20年代仍有使用，但装饰趋于简化。自20年代开始，由于生产方式的改变，出现了更多可以拼接连续、循环的纹样，并且元素体量变小，纹样也较为纯粹，开始向“清地”装饰转变，也逐步摆脱了传统服饰纹样对称、呆板、沉闷的特点。这一时期的碎花、大花旗袍面料纹样大多放弃了枝条的束缚，传统的缠枝不常出现，而是更多强调单纯花朵的排布组合，就连叶形纹样也是如此。很多以花朵为主的纹样没有枝条的趋势引导，使整个画面呈现出更灵巧的散点排布，构图更散落、自由。到20世纪30年代末40年代初，纹样中的元素体量变大，满地大花取代了之前的清地碎花，这一时期的满地大花纹样带来夸张强烈的视觉感受，与同时期西方兴起的波普艺术风格相得益彰。

从单位纹来看，20世纪20年代左右，还有大量以一个散点作为单位纹，通过正反向的变化，或色彩的变化来使用，显得较为呆板（图5-78）。而到20年代后期散点逐渐增多，开始注意大小散点在单位纹中的布局配合，多见2～4个散点的设计，30年代后女装纹样的单

图5-78 20世纪20年代前织物纹样中常见的以一个散点为主的排列方式（根据月份牌复制）

位纹愈发复杂，更注重散点间的联系，拼接痕迹已不明显。大花纹样则多注重散点之间形态的区别与统一，也更注重纹样中细节的处理（图5-79）。

上述团花、折枝、缠枝、散点，本身是构成某种面料纹样的基本形态，也是组合、布局中最基本的一个单位，或称为单位纹。

（2）布局与构成特征：在中国传统的织物纹样中，现代意义的清地布局[1]、

[1] 清地布局，纹样面积占整个图案面积的40%以下，纹样布局比较稀疏，有花清地明的特征。一般1~4个散点的排列比较适合清地布局。

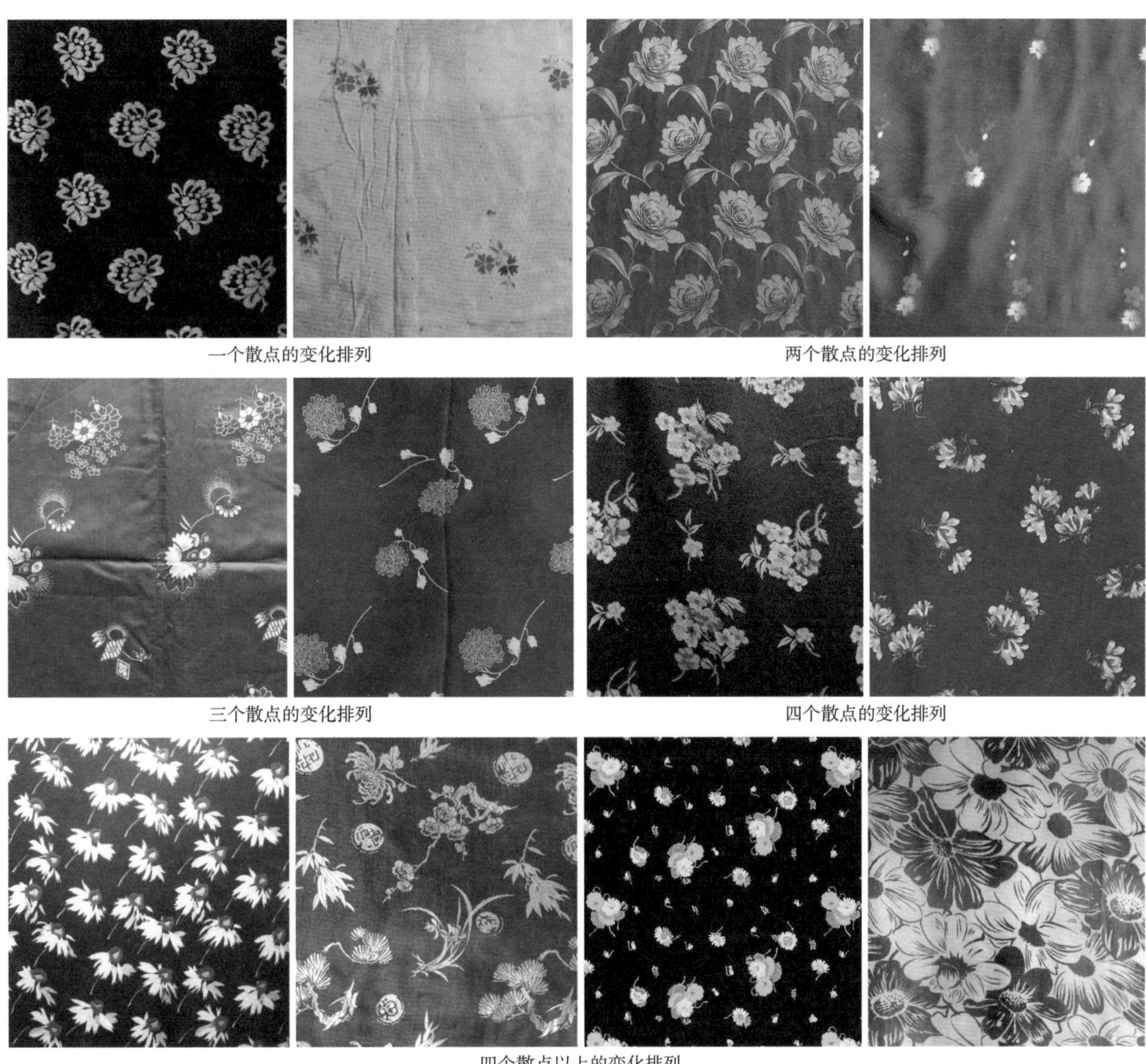

图5-79 20世纪20年代以后传世旗袍面料中的散点纹样排列方法案例

满地布局[1]和混地布局[2]基本都有，但在表现中一般都显得比较中庸，缺乏个性。在传统服装面料设计中，非常讲究对布局的考量，要求既均匀又有变化，尽量避免出现“路”（又称“档子”）的缺陷。所谓的“路”，有花路[3]、色路[4]、空路[5]之分，各种“路”又有横路、直路、斜路三种。在传统织物设计中，由于很多产品是皇家指定设计、生产或属某织造府生产，很多设计的程式化较强、要求也颇高，一般很少存在上述花路、色路和空路的问题。而在民国初期的旗袍面料中这样的问题则显而易见，这说明当时的设计生产由于消费需求的扩张和西化的转变，很难去要求对每个品种设计的斟酌与完美；另一个方面由于专业设计人员的缺乏，外来产品的模仿、非专业人员的参与或许也是造成这种缺陷存在的原因所在。在这个时期布局的构成上，很多设计抛弃了满密、均衡的传统布局，开始模仿和追求布局上的疏密节奏感，根据不同的题材和纹样形态选择布局方法。此阶段纹样布局与构成上的最大成就是对传统范式的突破和在模仿西方设计中获得了与国际面料设计的接轨，缩小了与国际时尚发展的距离。

面料设计中的布局，是图式语言的重要组成部分，其主要体现在花回与接版的方式上，也是民国时期面料设计获得突破的关键所在。花回与接版的方式主要有平接和跳接两种。

严格意义上说，中国传统面料设计中接版的方式只有平接而没有跳接，这也是技术手段上造成传统纹样规则而缺少变化的主要原因。

平接：也叫对接、平排，即每个单位纹样上下左右相接，纹样沿水平与垂直方向反复延伸。这种接版方式在形式上常缺少变化，一般用于规则纹样和中小型纹样中。

在近代旗袍面料中，特别是早期的面料中平接法较为流行，有的甚至就是1～2个散点的平接，从图5-78中我们不难看出1～2个散点简单平接法带来的较为呆板的效果。而在笔者收集的旗袍面料中，也不失就一个散点平接而获得较好视觉效果的设计，这一类设计一般散点较大，呈S型弯曲，因而接版后散点和散点之间显得灵活多变（图5-80）。

在两个以上散点的平接法中，也不失优秀的设计作品，它们同样考虑到散点之间的合理布局，以及散点与散点之间空间的借用和衔接（图5-81）。

跳接：也叫斜接、斜排，最常用的是1/2跳接法，还有1/3、2/5等跳接法，并多用于印花、提花纹样的设计中。这

[1] 满地纹样，纹样面积占整个图案的60%以上，空地较少，层次丰富。

[2] 混地布局，纹样面积占整个图案面积的50%左右，是在清地基础上发展而来的。

[3] 花路，纹样在某一方向上过于密集，则造成“花路”。如在直向上形成“花路”，即成为“直路”。

[4] 色路，一种色彩在某一方向上过于密集，造成了“色路”。

[5] 空路，空地在某一方向上过于密集，或在某一方向上纹样过稀，就会造成“空路”。

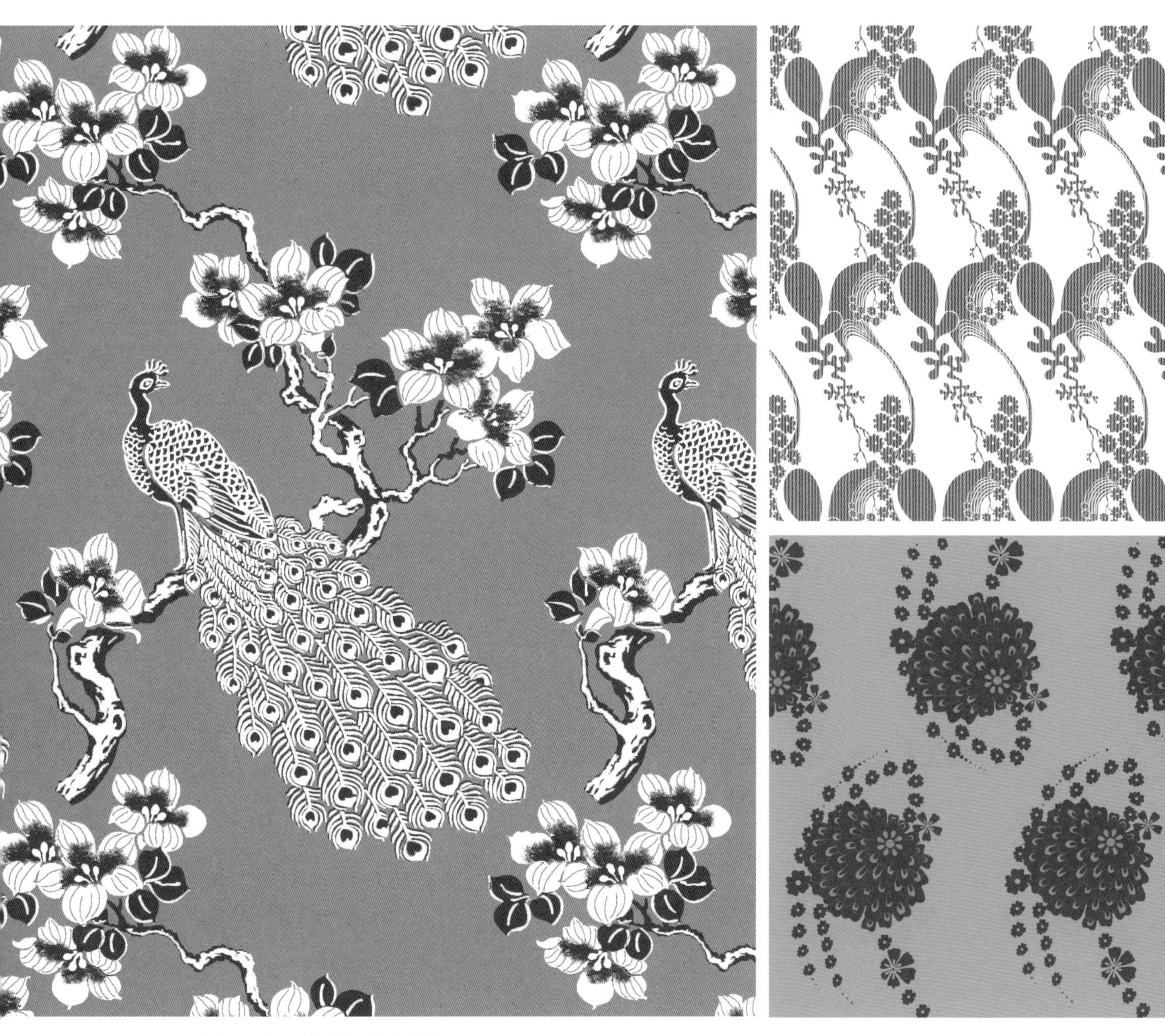

图5-80　传世旗袍面料中一个散点的平接法纹样复原图

图5-81 传世旗袍面料中两个以上散点的平接法纹样复原图

种方法的纹样排列是垂直方向延伸不变，而左右延伸呈斜伸状态，整体布局较为灵动。1/2跳接法是民国以后引进的一种接版方式，这种接版方式的运用，使得织物的接版方式更为灵动而富有变化，也使20世纪20年代以后的旗袍织物呈现出一种别致、活泼的新面目（图5-82）。

图5-82　传世旗袍面料中1/2跳接法纹样复原图

黑地花卉纹印花纱短袖旗袍及面料局部（20世纪30年代，香港博物馆藏）

第六章

生活影像与时尚叙事——报章杂志中的民国旗袍及面料

法国作家、文学评论家、社会活动家阿纳托尔·法朗士（Anatole France，1844—1924）曾说：『如果我死后还能在无数出版书籍当中有所选择，你想我将选择什么呢……在这未来的群籍之中我不想选小说，亦不选历史，历史若有兴味亦无非小说。我的朋友，我仅要选一本时装杂志，看我死后一世纪中妇女如何装束。妇女装束能告诉我未来的人文，胜过于一切哲学家，小说家，预言家及学者。』的确，时装杂志不仅展示的是衣着，更展示的是人们对社会认知的反映，是衣着与人与社会的关系，也反映出很多相关的科技、人文、生活、市场的资讯。当我们研究民国时期的服饰设计史、旗袍及面料发展史时，诸多的民国报章、杂志的影像资料无疑也成了必不可少的重要资源之一。

第一节

报章杂志对旗袍时尚的引领与记录

民国时期的上海不仅以经济繁荣著称，还形成了多元开放、内涵丰富的海派城市精神，而此精神的主要指向之一："走向大众化的奢华"，即上海市民"食必求精，山珍海味；衣必求贵，绮罗轻裘"，"衣着的色彩、用料、式样每每越分逾矩"[1]。同样，商业化、平民化的平面媒介也恰恰迎合了大众的此类喜爱。上海自近代以来各种迎合市民口味的画报、刊物之所以层出不穷，其原因在于它们不但可以适合中上阶层的需求，更适合粗识文字、文化水平不高的一般市民茶余饭后之阅读，拥有大量的读者群。民国时期的报章杂志除了一般性的时政报道、社会问题的讨论外，很多刊物的内容集中聚焦在演绎市民的日常生活与希冀，特别是与女性有关的题材占了很大的比例。

照相术是近代传入的西方发明之一，上海至迟不晚于1863年就有照相馆开设，到19世纪末已有50家之多，照相技术及成果的运用也是近代报刊得以兴盛的原因之一。这些西方文明的成果留下的众多时尚女子的旗袍倩影和见诸各种报章杂志的影像资料，不但给我们提供了女性生活的真实画面，也成为我们研究旗袍及面料艺术的最直接的佐证。

一、女性话语的倡导者、传播者、指导者

民国初年，在中国历史上似乎是一个没有名分的时期，但其承上启下的特殊意义，却使这一时期产生了纷繁复杂的文化现象，赋予大众媒体多元发展无限的可能。"此阶段，各种文化思想错综复杂，社会思潮风起云涌。此阶段的各种观念宣传与舆论空间的构建，主要是通过报纸、期刊完成的，因此，这一时代被称为'报业的黄金时代'"[2]，据上海地方志办公室统计，1927～1937年间女性报刊就多达40余种（表6-1）。在这个阶段中，各种大众媒介通过新闻、照片、文学作品、漫画以及

❶ 熊月之，周武．海纳百川：上海城市精神研究[M]．上海：上海人民出版社，2006：207。

❷ 丁守和．辛亥革命时期期刊介绍[M]．北京：人民出版社，1982：86。

表6-1　1927~1937年上海女性报刊一览表（上海地方志办公室统计）

报刊名称	刊行年月	创办者或主编
玲珑（图画月刊）	1931.3	玲珑图画月刊社
女学生（月刊）	1931.10～1931.11	上海女学生社
上海女子中学校刊（月刊）	1931.10～1933	上海女子中学
妇女与家庭（大晚报副刊）	1932	大晚报社
女星（月刊）	1932.1～1941.5	上海广学会
德音	1932.4	上海私立崇德女子中学
妇女生活与甜心（季刊）	1932.6～1933.6	陆浩荡、胡考
妇女之光（周刊）	1932.2	上海妇女之光社
新妇女（中华日报副刊）	—	中华日报社
妇女与家庭（东方杂志专栏）	1932.10～1936.6	上海东方杂志社
女声（半月刊、月刊）	1932.10～1948.1	刘王立明、王伊蔚
妇女月报	1932.10～1932.11	上海妇女月报社
女朋友（画报）	1932.11~1933	胡考
摩登周刊（画报）	1933.1	胡憨珠、郎静山
女子月刊	1933.3～1937.7	黄心勉、封禾子（凤子）、高雪辉
现代妇女（月刊）	1933.4	上海现代妇女社
妇人画报（半月刊、月刊）	1933.4～1937.7	上海妇人画报社
妇女专刊（新闻夜报副刊）	1933.11～1936.11	胡叔异
妇女园地（申报副刊、周刊）	1934.2～1935.10	沈兹九、杜君慧
上海女子书画会会刊（年刊）	1934~1936	上海女子书画会
现代女性（月刊）	1934.7	上海今日学艺社
中华妇女节制会年刊	1935.1	凌集熙
妇女月报	1935.3～1936.6	上海妇女教育馆
上海女中校刊	1935.4～1936.4	江苏省立上海女子中学
新女性（半年刊）	1935.5～1937.5	上海民立女子中学学生自治会
女神（图画月刊）	1935.5	严次平
妇女生活（月刊、半月刊）	1935.7～1941.1	沈兹九、曹孟君
妇女大众	1935.11	妇女大众社
妇女园地（民国日报副刊）	1935	民国日报社

续表

报刊名称	刊行年月	创办者或主编
妇女专刊（申报副刊）	1936.1 ~ 1937.11	周瘦鹃、黄寄萍
上海妇女教育馆专刊	1936.4	上海妇女教育馆
伊斯兰妇女杂志	1936.5	伊斯兰妇女杂志
女性特写（月刊）	1936.6 ~ 1936.7	中国图书杂志公司特写出版社
舞园	1936.6 ~ 1937.7	舞园杂志社
妇女文化（月刊）	1936.8	上海妇女文化社
新妇性（半月刊）	1936.9	上海友安舞市联合出版社
现代家庭（大公报副刊）	1936.10 ~ 1937.4	上海大公报社
电影与妇女（图文周刊）	1936.11	电影与妇女周刊社
妇女与儿童（时代日报副刊）	1936 ~ 1937	时代日报社
妇女与家庭（华美晚报副刊）	1936	华美晚报社
妇女与家庭（星夜报副刊）	1936	星夜报社
妇女知识（半月刊、月刊）	1937.1 ~ 1937.5	妇女知识杂志社
女学生	1937.1	上海女学生杂志社
时代家庭（时事新报副刊）	1937.3 ~ 1937.7	徐百益，时事新报社
妇女与家庭（大公报副刊）	1937	大公报社
主妇之友（月刊）	1937.4 ~ 1937.8	上海主妇之友社

女性作品等对女性解放运动、新女性形象的塑造及其消费意识的形成，发挥了直观而有效的导向作用。特别是作为直接引导女性生活的诸多女性刊物，它们所提供的不但是一系列女性生活的指导，而且传播了一整套“让人向往”“合理”且“时髦”的生活方式和价值观念，也构建了多种女性话语的传达体系：其一是男权视域下的女性话语体系，诸如对女明星、女运动员、女艺术家形象的表现与追捧，在建构民国女性生活的多个侧面的同时，往往也表现出男权社会中对女性的猎奇、名士风流的心理与习气。其二是女性自己的话语体系，诸如女画家、女记者、女律师等现代职业女性通过现身说法，展示出经济独立、思想独立、人格独立的魅力等，表现了都市女性积极进取的一面。不管是从男性还是

女性的话语体系出发，那些大量刊发的不同女性旗袍及面料的照片，都反映了女性通过服装来展现对社会、文化、消费等方面的认识和态度。民国初期的中国，由于广播、电影等其他媒体形式尚未成为一种普遍的大众传播方式，相对而言，报章杂志拥有更广泛的受众群体，对市民生活的影响力更大。我们从中不仅可以窥探到女性话语权以及现代女性生活方式从主观自觉到独立成熟的线索，更可从另一个角度来审视旗袍及面料与女性生活的关系。

过往的中国历史上，女性是没有声音的。在中国的现代化进程中，近代都市的女性生活发生了重大变化，而近代大众传媒的报章杂志则扮演了女性话语的传播者和女性生活的重要记录者、指导者，对女性解放也起到了重要推动作用。城市的现代化程度越高，女性就越成为大众媒体关注的对象及受众。另一方面，部分知识女性也随着时代的发展成为一些报章、杂志传播的参与者。上海作为近代大都市，大众传媒相对其他城市的发展更为迅速，女性与大众传媒的关系也表现得最为密切。再者，要研究和探讨近代旗袍及织物艺术的发展，离开女性这一主要的受众与消费群体几乎难以展开，或说至少是不完整的。

二、近代旗袍时尚的原始形态保存者

近代上海是全国的报刊出版中心，在数量惊人的出版物中不少是生活时尚类刊物，它们以文字、图片、漫画等形式倡导现代消费观念和人生价值观，展示了近代女性生活的各个侧面，引领女性的服饰潮流。在此类画报中《良友》与《玲珑》应属最为著名、最具影响力的两本刊物。

《良友》画报由上海良友图书印刷公司创刊于1926年2月，是中国首份八开大型画报。每月一刊，在上海刊印持续到1938年前后，之后转迁至香港，一度停复刊多次，于1945年出版172期后停刊，后转至台湾复刊并持续至今。值得一提的是，除了政治、军事等方面的新闻外，画报还开设有相当体量的篇幅用于传播国内外文化艺术方面的新闻，也大量介绍当时流行的各种时尚资讯，包括服饰、鞋帽、发型等，而旗袍则是其中重要的内容之一（图6-1）。

《良友》画报从封面到内容具有浓厚的“摩登”意味，并通过自身独特的表达图式呈现了一个完整的“摩登”时代。而在20世纪20~30年代的上海，对于这种“摩登”时尚的想象与引领以及对摩登时代的认知和标识，大多呈现在特定意义的“女性”身上；这些特定的女性一方面通过对时尚的把握和主导，建构、获取时尚领域的“摩登”的话语权，推动着“摩登”的社会进程；同时又通过这种“话语权”，在男性主导的社会中提升自己的社会地位，获取女性新身份的社会认同。

《玲珑》[1]杂志，1931年3月创刊，1937年停刊，出版了200多期。《玲珑》将女学生、名媛闺秀、女明星等中产阶级及以上的知识女性定位于杂志的主要受众，并快速地收获了大批忠实读者。《玲珑》出刊七年一直秉承自己的办刊宗

[1]《玲珑》，原名“玲珑图画杂志”（Lin Loon Magazine），总第105期时更名为“玲珑妇女图画杂志”（Lin Loon Ladies' Magazine），根据现有资料所知总第221期的名称又变为“玲珑妇女杂志”。由于《玲珑》杂志的封面一直为“玲珑”而且学界也基本通用《玲珑》作为对该杂志的总称，因此本书也沿用这一约定俗成的称谓。

《良友》封面［1928（39）］

《良友》封面［1936（114）］

《良友》封面［1935（105）］

《良友》封面［1935（104）］

《良友》封面［1934（88）］

《良友》封面［1935（110）］

图6-1 《良友》杂志封面中穿着时尚旗袍女性的照片

旨——“增进妇女优美生活，提倡社会高尚娱乐”[1]。始终为广大女性的生活和娱乐提供新鲜、入时、实用的资讯。《玲珑》杂志在分享女性成功、竭力伸张女性尊严、鼓励女性追求上进，努力体现女性社会价值的同时，更注重树立健康的女性身体观、维护女性的爱美天赋，并通过文字、图像向女性读者传达时尚信息，介绍流行的服装特点、风格、制作方法等，为近代女性时尚和旗袍的发展起到了推动的作用（图6–2）。

当我们对《良友》和《玲珑》等杂

王勤芳女士，《玲珑》封面［1933（81）］　启秀女塾曹文仙女士，《玲珑》封面［1931（20）］　瑞华小姐，《玲珑》封面［1935（186）］

香港玛丽女士，《玲珑》封面［1935（217）］

蔡曼曼女士，《玲珑》封面［1937（289）］

胡丽丽女士，《玲珑》封面［1937（291）］

图6-2 《玲珑》杂志封面中穿着旗袍的女性照片

[1] 玲珑[J]. 1931（1）：13。

志进行全面的梳理时，不难发现它们在对女性服饰的报道方面有极强的敏感性和针对性。无论是封面女郎还是内页的时装评述以及人物报导，时尚、引导永远是第一主题。关于旗袍款式与形制的发展，我们已在第一章和第三章中做了较多的探讨，在本章中我们将讨论的重点放在旗袍及面料与穿着者及不同消费人群的关系之上。

此外作为北方的重要画刊《北洋画报》，其最具代表性的标志是在每一期的报头之下，都刊登一幅“名人”肖像，如名媛闺秀、戏剧电影名流、学校女高才生、美女以及军政界名人等。这些“名人”照片对本章研究旗袍及面料与不同阶层消费人群之间的关系，提供了丰富而切实的图像资料。另外，此刊所反映的北方女性时尚的资料，也是我们对比南北方旗袍及面料差异的重要资料来源。《上海漫画》主要关注的对象虽然非纯粹的女性群体，但其中的新闻照片、名媛照片、各类漫画、广告等，也从另一个角度反映了各类群体的女性生活、市民生活情趣以及与旗袍有关的报道等。由于此刊的作者群以男性为主，其中很多观点直接、尖锐地表达了男性对旗袍时尚的颂扬或批判，这也是在旗袍研究中往往被忽视的重要视域。

《良友》创办人伍联德在他的《中国大观》篇首言中说：“宣扬之道，文字之功固大，图画之效尤伟。盖文字艰深，难以索解；图画显明，易于认识故也。”[1]文献中关于旗袍及面料的文字常常是概念的表述，离开了具体的穿着者以及所在环境其意义有时会显得苍白而空洞。而时尚和女性刊物中的众多“摩登”传世图像，不但可以提供某一时间节点、具体人物的准确的时尚细节，对于服饰史研究来说，也提供了不同阶段可以相互比较的准确例证。时尚刊物中的图像与单纯的文字文献比较其特点有三点。

（一）图像刊载时间的确定性

本章撷取的图像除了上海的《良友》《玲珑》《上海漫画》《美术生活》《永安月刊》等外，还有北方非常重要的一本刊物《北洋画报》，这些杂志中的图像信息都有比较明确的刊载时间或拍摄时间，以此可以作为判断某一服饰现象或服饰纹样出现、流行的时间依据。其可信度较强，也为我们分析旗袍及面料时尚的流变提供了很重要的时间节点参考。

[1] 伍联德．中国大观[M]．上海：上海良友图书印刷公司，1930：首言。

（二）人物身份的确定性

这些刊物中刊登的人物图像，大都标注了人物的真实姓名以及职业等，对象身份非常明确，为界定图像对象的社会属性、消费阶层，为区别、研究特定人群旗袍款型、织物装饰风格的异同提供了详实的佐证。

（三）图像信息的丰富性

在这些图像中，除了照相馆和特定摄影师所拍摄的之外，还有许多女性日常生活中的摄影照片、团体活动的报道照片、新闻照片等。它们都是对当时女性衣着及形象最新、最直接和真实的反映。有些图像还具有较高的清晰度，能够较好地体现服饰的整体特征和局部细节。同时部分不甚清楚的照片也可以通过与已有的研究成果进行比较等多种方式来充分利用图像丰富的信息资源（图6-3、图6-4）。

另外民国时期报章杂志中的漫画图像也清晰反映了各种社会问题、大众生活的侧面及服饰时尚。作为一种艺术化的“图像”——漫画，在本章中也将引用部分来进行论述的补充。

每个人在社会中都处于一定的位置，即社会阶层。社会阶层通常是根据财富、声望、受教育程度或权力的高低做出的社会排列。而社会角色是在社会系统中与一定社会位置相关联的符合社会要求的一套个人行为模式，也可以理解为个体在社会群体中被赋予的身份及该身份应尽的社会义务。在民国时期的上海，这个本来每天就上演着无数精彩纷呈故事的地方，各种社会阶层和社会角色，特别是政界宝眷、名媛、影剧明星、女学生等在不同场合或现实生活中演绎的新闻以及服装时尚，便成为各种媒体争相报道和街头巷尾津津乐道的话题，这无形中也对旗袍时尚的发展起到推波助澜的作用。从《良友》画报中的各阶层女性形象和统计来看，除外国明星外，电影明星、名媛名伶、名人宝眷、知识女性、时尚女性都占有相应的比例，共同构成了旗袍时尚流行的主体（图6-5）。

最近上海舞女装束，《上海漫画》[1929（42）：3]

沪上著名女画家周练霞、吴青霞女士，《上海漫画》[1929（42）：7]

杨耐梅及爱女，《上海漫画》[1928（9）：6]

天津伯洛画院全体师生留影，《上海漫画》[1929（83）：6]

关柳珠与梁玉珍女士，《上海漫画》[1929（49）：6]

特志大学政治系学生曾瑾女士，《上海漫画》[1930（110）：4]

学生时代的画家唐蕴玉女士，《上海漫画》[1929（38）：6]

图6-3 《上海漫画》中刊登的部分与旗袍生活相关的照片

北平女演员顾曼侠女士，《北洋画报》(1932-12-1：1)

鲍仪珍女士，《北洋画报》(1934-4-12：1)

1934年舞后梁赛珍，《北洋画报》(1934-8-1：8)

1934年影后陈玉梅，《北洋画报》(1934-12-18：1)

"明日剧团"重要女演员凌罗女士，《北洋画报》(1935-4-20：1)

沪上歌星徐健静，《北洋画报》(1936-9-15：2)

图6-4 《北洋画报》中刊登的演员明星照片与旗袍及面料

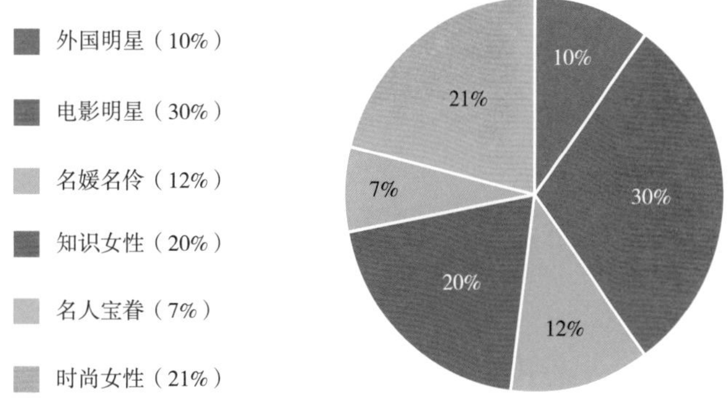

图6-5 《良友》画报图像中各阶层女性形象的比例

第二节

南唐北陆与大家闺秀

民国以后，具有一定社会地位的大家闺秀一直是引大众翘首的另类时尚明星，由于当时社会意识的开放、多元，她们不仅在社会生活、妇女解放中扮演了重要角色，她们的形象、穿着也呈现出与身份相对应的特点。大家闺秀对于旗袍及面料的要求不可能像一般社交场合中的女性那么时尚和趋新，而更多讲究的是端庄、华贵。她们穿着的旗袍大多在款型上比较含蓄内敛，收腰、收胸不甚明显，开衩也不高，身围比较宽松得体，甚至有的还略显保守。但大家闺秀们在不同时期、不同场合又有着相异的表现，也表达出各自在身体解放与消费观念上的差异。

一、南唐北陆的尽态极妍

有一个老上海的词叫作“名件”，用来形容那些象牙塔尖的大家闺秀，民国时期南方多称她们为“名媛”，北方多称“名闺”。“媛”在中国词典里虽然古而有之，但老上海的名媛却不是一个简单的“美女”“名门闺秀”可以包容的。在近代以后各种报章杂志上，“名媛”“名闺”是出现频率较高的词汇之一，她们不但出身于名门巨族，有家族几代的文化积淀，她们还要有教养、讲英文、读诗词、学跳舞钢琴，又习京昆书画，同时有足够的经济基础去追求个性。她们具有一定的知名度和感召力，频频出现在各种时尚活动的前列。但作为专指现代商业文明所包装的中产阶级或资产阶级之女却是民国时期的一种盛行，此时的“名媛”“名闺”们亦非大门不出二门不迈的闺中佳人，而是更多的担起社交明星和时装潮流引领者的重要角色，其穿着打扮和言行举止往往为普通女性所效仿。如上海小姐、歌唱家、舞蹈家等，她们的频频亮相，在服装的式样上争奇斗艳、标新立异，成为领导时装潮流的新一族。“名媛”“名闺”这一群体的思想观念比较开明、解放，有着名门望族的社会背景和中西交融的人文底蕴，在女性社群中具有较强的倡导性和积极的示范作用。

（一）唐瑛的秀外慧中

当时在名媛、名闺中最负盛名的不外“南唐北陆”，唐指唐瑛，陆为陆小曼。

唐瑛为上海名媛的代表性人物和交际著称始者，一路引导着上海的时尚风潮。“半个世纪以前有一部《春申旧闻》，谈起当年上海的‘交际名媛’写道：‘上海名媛以交际著称者，自唐瑛、陆小曼始。’”[1]这些交际名媛风姿绰约、雍容大雅，如一群美丽的蝴蝶精灵。而这群美丽的蝴蝶精灵中，最引人注目、最光彩照人的，就是有着西洋风情的唐瑛。唐瑛毕业于美国传教士林乐知（Y.J.Allen）创办的中西女塾，衣着前卫，多才多艺，秀外慧中，擅长昆曲，英文流利，16岁开始正式进入交际圈。其父唐乃安是清政府获得庚子赔款资助的首批留洋学生，也是中国第一个留洋的西医。

作为一流的交际名媛，“唐瑛在衣着上具有很好的品位，无论婚前还是婚后，她的穿着一直是老上海时尚潮流的风向标。当时的女性杂志《玲珑》，就鼓励新女性向唐瑛看齐，把她作为榜样。”[2]唐瑛经常使用的香水、口红、手包等，其摩登指数与当年世界服饰潮流必定是完全合拍的。她的行头更是充足，家里有十只描金大箱子，放的统统是衣服。哪怕不出去交际，唐瑛在家中通常每天也要更换3次衣服，早上是短袖的羊毛衫，中午出门穿旗袍，晚上家里有客人来，则穿西式长裙。唐瑛有件旗袍，滚边上面有上百只金银线绣的蝴蝶，上面的纽扣都是红宝石的，就此足见其家境的富裕与衣饰之奢华。

唐瑛还是一个相当有头脑的时髦“设计师”，到惠罗、鸿翔等百货公司看到新款的衣服，她都会默默记下样式，回家后吩咐自家的裁缝根据其记忆进行改良或增添一点自我设计来制作。所以，她所穿着的衣饰、旗袍等既有最新的样式、时髦又前卫，又有一些自己独特的创造。正因为唐瑛对服装有如此独到的心得和品味，不久后她与陆小曼就合开了“云裳公司”（图6-6）。

（二）陆小曼的才华横溢

陆小曼是老北京当之无愧的头牌交际花。她接受了那个年代最好的教育，精通英语、法语，会弹钢琴，写得一手

[1] 肖素均．唐瑛：旧上海的交际花[J]. 全国新书目·新书导读，2009（21）：46。

[2] 肖素兴．唐瑛：老上海最摩登的交际名媛[J]. 文史博览，2010（12）：44。

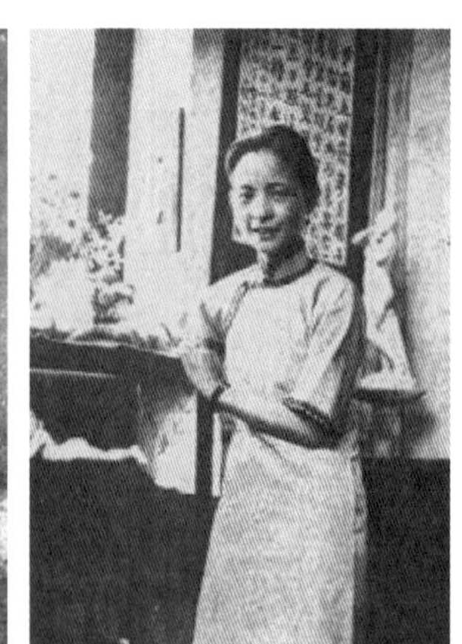

着素色旗袍的唐瑛

唐瑛、唐雪、唐琳三姐妹，《良友》[1935（116）：52]

交际明星唐瑛女士

上海交际明星唐瑛女士，《良友》[1926（5）：10]

图6-6 唐瑛与旗袍

漂亮的蝇头小楷，绘画、朗诵、唱戏无一不通。加之一副天生的好模样，用胡适的话说："陆小曼是北京城一道不可不看的风景。"其父亲陆建三是清朝举人，曾留学日本，官至民国时期财政部赋税司司长，后来弃政从商，任震华银行总经理。陆小曼十八岁时被北洋政府外交总长顾维钧看中，到外交部担任翻译。陆小曼有着丰富的生活阅历，有细腻的观察，有复杂的内心体验，还有生动的心理分析，从其小说《皇家饭店》中，足见她的慧心与才气。

陆小曼恋于物质的欢愉，是真正意义上享乐型物质的女人，正因为此点，其服饰成了大众视觉的焦点。《北洋画报》在1926年10月及11月先后在头版刊登陆小曼的照片，标题为“徐志摩先生新夫人，交际大家陆小曼女士”。《上海画报》1927年6月6日刊登题为“陆小曼女士（徐志摩君之夫人）”。一个月后她的头像又出现在头版，1927年8月6日，还刊登了陆小曼穿云裳新装的照片。陆小曼与徐志摩结婚后积极参与公益活动，迅速融入了上海上层社会，而后包括《上海画报》在内的报刊，有更多关于陆小曼的报道（图6-7、图6-8）。

说到“南唐北陆”对服装时尚的引领和对旗袍发展的贡献，就不能不说到民国时期上海鼎鼎大名的云裳公司。1927年8月成立的云裳公司，号称是

图6-7　陆小曼的旗袍照片

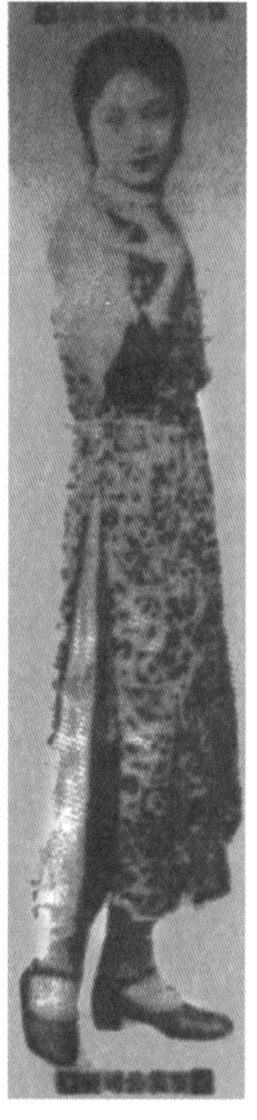

图6-8　陆小曼穿云裳新装的照片，《上海画报》［1927（6）：8］

“中国第一家专为女性开办的新式服装公司”。创办者即为名媛唐瑛和陆小曼，徐志摩、宋春舫、江小鹣、张宇九、张景秋等为股东[1]，新派名闺、名流投资于都市时尚，在中国近代史上“云裳”是第一者。1927年8月10日的《申报》亦以《云想衣裳记》为题对云裳公司的开办给予了报道：“云裳公司者——专制妇女新装事业之新式衣肆也……任总招待者为唐瑛、陆小曼二女士，交际社会中南斗星北斗星也……开幕之日，为优待顾客计，概照定价九五折，名媛谭雅声夫人、张星海夫人、丁慕琴夫人，明星殷明珠女士等，皆已选样定制，他日成衣……招待参观，期订三日。第一日为文艺界与名流闺媛。第二日为电影明星。第三日为花界姊妹。一时上海裙屐，几尽集于云裳公司之门，诚盛事也”。云裳服装公司的开业及在经营方式上的成功，从某种角度说也带动了上海滩服装业的发展与兴旺。不久在静安寺路863号又出现了鸿翔时装公司，在法租界霞飞路上时装店和服装公司相继而起。这些服饰专营店的开设对上海逐渐成为20世纪30年代远东地区、甚至整个亚洲的时装之都具有重要影响（图6-9）。

唐瑛自称云裳公司为美术服装公司，公司推出的是世界最流行的装束，其宗旨在“新”而不在“贵”。并且，唐瑛还聘请了从法国和日本学习美术回来的江小鹣为云裳服装公司的设计师。在云裳公司创建之初，就将云裳定位为“中国唯一之妇女服装公司”，而后的宣传策略基本围绕此定位展开。如“创造新装，最有经验，最有研究”“是研究新装的总机关”“妇女服装专家，创制艺术化的新妆”（图6-10），“要做满意的新装，找遍全上海只有云裳”[2]，“创造上海最漂亮的服装”[3]，“最漂亮的服饰请到云裳去”[4]，“沪上唯一的服饰专家”[5]，“要做最高雅最漂亮的服饰，请到云裳去”[6]等。从图6-10中的第一张广告，我们还可以看到几位身着旗袍的女子正在观看时装秀的场景，此与多种文献中记载的江小鹣首创以时装模特做示范来招徕追逐时髦女性的说法似乎不谋而合。云裳公司与其他相关服装公司相比较，其特点为：一是其公司是由唐瑛、陆小曼二位交际社会中花魁来倡导主持，在时尚界具有较好的倡导力；二是聘请了具有美术知识和留洋经历的专家来做设计师，强调公司的创意性和独特性，突出的是“艺术化的新装”的经营理念。

在云裳公司的广告中，我们还可以

❶ 周松芳．重审云裳公案[J]. 档案春秋，2014，(4)。亦有观点认为云裳公司的创始人为徐志摩的前夫人张幼仪女士，持此观点的有梁实秋、容天圻等。

❷ 云裳公司广告[J]. 上海漫画，1929（54）：4。

❸ 云裳公司广告[J]. 上海漫画，1929（81）：4。

❹ 云裳公司广告[J]. 上海漫画，1929（70）：4。

❺ 云裳公司广告[J]. 上海漫画，1929（83）：4。

❻ 云裳公司广告[J]. 上海漫画，1929（88）：4。

图6-9　云裳公司广告照片，《上海画报》[1927(262)：3]

了解到他们主要的产品为：大衣、斗篷、旗袍，并且以大衣和斗篷的设计制作最具特色。文献资料显示，云裳公司在开业之初主要定制各种与旗袍配伍的皮货大衣。其专门从关外运来的紫貂皮和银狐皮，受到时髦太太小姐们的青睐。后来陆续进口的美国紫貂、俄国灰背和德国兔皮也大受欢迎，配合旗袍穿

云裳公司广告，《上海漫画》[1928（2）：4]

云裳公司广告，《上海漫画》[1929（62）：4]

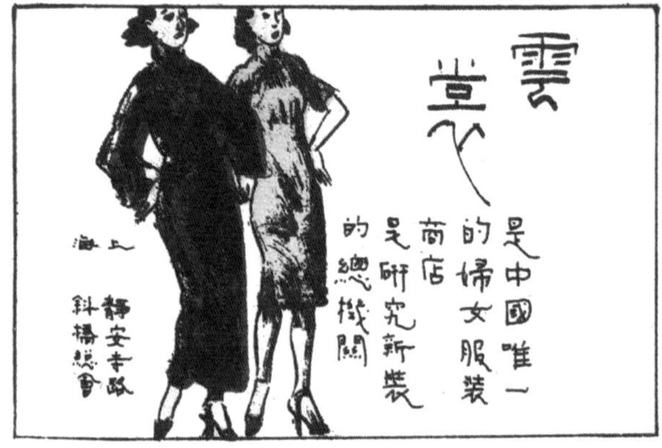

云裳公司广告，《上海漫画》[1930（107）：4]

云裳公司广告，《上海漫画》[1930（107）：7]

云裳公司广告，《上海漫画》[1928（34）：4]

图6-10 《上海漫画》中刊登的云裳公司广告

云裳的大衣，成为时髦女性身份的象征，以至上海、南京、苏州、无锡等城市的大街上，凡是有时髦女子出现的地方，就会有一道道由云裳牌大衣组成的亮丽风景。

二、名媛闺秀的异彩纷呈

20世纪30年代的作家对于上海名媛小姐出门前的精心打扮有过一番形象的描述：先用粉匀脸，描眉点唇，然后换上旗袍或洋装，穿上高跟鞋，戴上各种饰品，跨上珠串小包，这才袅袅婷婷地走了。无论当时的服装款式怎样之多，旗袍总是独占鳌头。上海人称服装是“行头”，当年的名媛小姐们大都是用旗袍来撑门面的，特别是出入交际场合的名媛及交际花们对旗袍的发展功不可没。

（一）“交际名媛”的旗袍情结

1932年，颇负盛名的上海交际花薛锦圆引领了旗袍花边运动。1935年，著名交际花陈玉梅、陈绮霞姐妹俩提倡：旗袍袖子加到中长的程度，下摆逐渐降低，袍衩开到大腿处，腰身及袖口相应缩小，充分显示出女性的曲线美。当年的名媛们都是深谙穿旗袍之道的，穿旗袍换款式翻花头的速度之快，形成了人相竞争的场面，人人都想过一把时尚领头羊的瘾，也促使这个时期旗袍的发展变化之快令人咋舌。显然，旗袍成了名媛们提升知名度和感召力的一种时尚法宝。“时尚名媛对于自身身体的看法显然是显露其身体、显露其女性特征的，那么旗袍就成为其趣味、情调的表现，是提升一个女人的自我品质的标志。20世纪20～30年代的社交界依然是男性主导的，这时的旗袍女性将其身体看作是可以使自己受到更多男性关注的目标。所以社交场合中的身着旗袍的女性会具有优雅、富有魅力、性感的形象。而这样的形象可以说是旗袍使其表现出来的。”[1]

名媛们的旗袍衣长一般都长至脚踝及脚面之间，领口高度大多适中；袖长变化较大，从中袖、短袖、无袖到长袖皆有；衣身围度也大致适度合体，不过分紧身也不过度宽松，使她们显得端庄得体、落落大方；两侧开衩基本处于膝盖上下，偶有膝盖偏上的，整体体现为精致华美且曲线微露，极为娴雅。此类女性旗袍选用的衣料纯色与花色大致相似，纯色中深色调多过浅色调，花色中以雅致的碎花、平铺的几何纹样为多，不过分浮夸但极为繁复；镶边也多为细

[1] 师爽．旗袍：中国20世纪初期女权文化的一个表征[J]．理论界，2009（4）：176-178。

细的滚边，偶有双色搭配或是织带镶边，奢华而不张扬（图6–11）。

对此类女性的服饰特点，龙厂同样有着非常精辟的理解和描述：“……必以幽娴贞静为主，倘过矜浮躁者服之，必不能安其容止矣。此种裁料，完全不必有奢俭之别，盖以丝以布，均足以抒天然之幽丽。惟其颜色，不宜过趋浓浊，配置颜色，本与年龄举止，有相当之关系。在初日芙蓉，晓风杨柳之际，少加淡抹，已足见其天真，若必以锦绣范围之，且转减少其天然之淡雅矣。”[1]再结合图6–11诸多照片中的旗袍和面料纹样来看，新潮中不失淑静雅致、恬然幽适可谓是共同之特点。

如果以《玲珑》中刊登的南方名媛旗袍来考察的话，她们的旗袍廓型大方合体，修身而不过分显露。注重旗袍细节的处理，如领型、盘扣、多层镶边等尤为精致，以及袖口、下摆、衬裙的个

[1] 龙厂．二十五年来中国各大都会妆饰谈[C]//先施公司．先施公司二十五周（年）纪念册．香港：香港商务印书馆，1924：294-297。

北平名闺刘友瑾、李雅馥、郑祖瑜三女士，《北洋画报》（1936-8-6：2）

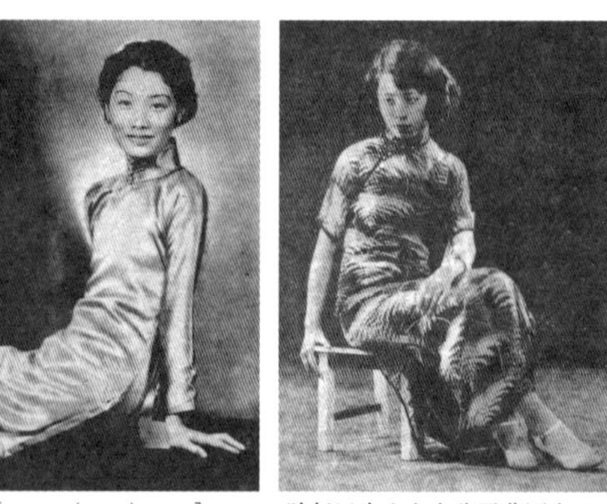
上海名媛陈氏姐妹，《良友》[1936（117）：21]

陈任民先生之女公子斐因女士，《北洋画报》（1933-7-25：1）

北平名闺沈时敏女士，《北洋画报》（1931-8-25：1）

名闺箫如南女士，《北洋画报》（1935-5-4：1）

天津名闺邓懿女士，《北洋画报》（1935-10-22：1）

名闺简玉良小姐，《北洋画报》（1934-11-15：1）

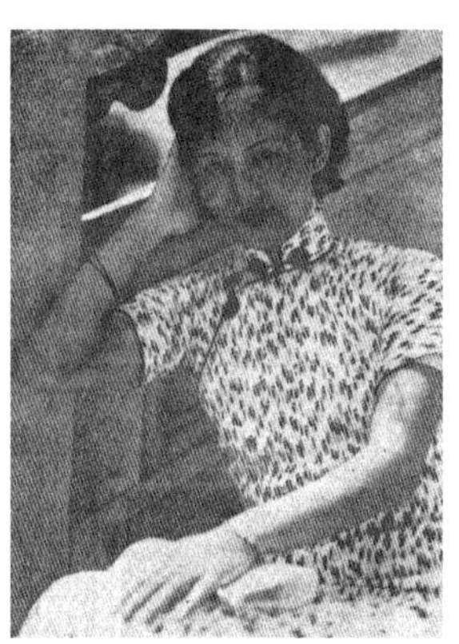

广州名媛王玉兰女士，
《北洋画报》（1936-10-31：2）

名闺李家珍女士，
《北洋画报》（1934-5-5：1）

大公报社长胡政之君两女公子，
《北洋画报》（1933-7-6：1）

津市（天津市）名闺朱尚柔（右）与
朱小采小姐（左）新装合影，
《北洋画报》（1936-12-26：8）

津市（天津市）名闺
李遗珠女士，
《北洋画报》（1933-10-5：1）

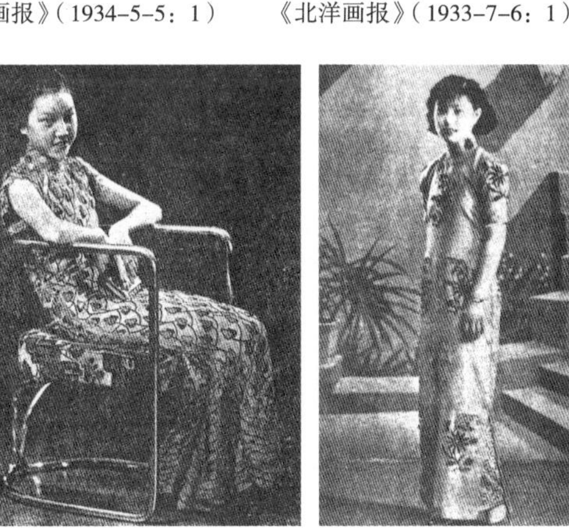

津市（天津市）名闺
张美达女士，
《北洋画报》（1937-1-9：1）

名闺陆友梅女士，
《北洋画报》（1934-5-26：1）

图6-11 《北洋画报》上刊载的各地名媛及旗袍照片

性化设计与制作。在面料的运用上较为考究，素色和丝绸提花所占比例较大，印花面料也占有一定比例，纹样大多低调而奢华，整体上姿态优雅并极富良好教养之感。她们较之于年轻学生来说更为端庄矜重，搭配也不过分炫耀，反而显现出一种不同凡响的简约华丽、典雅高贵（图6-12）。

（二）“资深名媛”的淑静雅致

在《玲珑》1935年第175期中，非常特别地刊登了11幅名媛太太的照片，本节选用了10幅，如图6-13所示，但在此刊中未有任何对为何刊发此组照片的文字说明。从此组照片中各位名媛太太的装束、首饰、旗袍，以及部分名媛

菲岛名媛林斯黛女士，
《玲珑》封面［1936（245）］

上海名闺张安姑女士，
《玲珑》［1933（101）：48］

沪上名媛谈志英女士，
《玲珑》［1933（90）：359］

苏州名媛周锦娥女士，
《玲珑》［1931（23）：828］

王耐雪女士，
《玲珑》封面［1936（172）］

陈素行女士，
《玲珑》封面［1936（269）］

图6-12 《玲珑》杂志中刊登的南方名媛照片

太太的英文名字等分析，她们不但有着优越的社会地位、文化背景以及不凡的审美品位，更有着一般名媛所不具备的优雅、自信、大度。就刊载的太太们的姓名，笔者做了相关的检索，并未找到相应的答案。就照片中她们所穿着的旗袍款式、使用面料及制作工艺来分析，使用深色面料为多，纹样花卉和条格皆有，款型适中而得体，裁制精良，很好地体现了她们资深名媛的身份，而且每

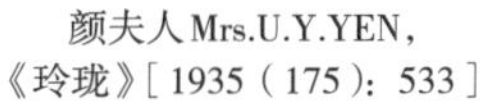
颜夫人 Mrs.U.Y.YEN，《玲珑》[1935（175）：533]

郭慧德夫人，《玲珑》[1935（175）：534]

沈夫人 Mrs.Russell Sun，《玲珑》[1935（175）：543]

宋夫人 Miss. Elise Soong，《玲珑》[1935（175）：544]

温夫人 Mrs.W.J.Wen，《玲珑》[1935（175）：545]

宗夫人 Mrs.W.M.Chung，《玲珑》[1935（175）：546]

林宝华夫人，《玲珑》[1935（175）：542]

梅华铨夫人，《玲珑》[1935（175）：548]

黄夫人 Mrs.Peter J.Y.Wong，《玲珑》[1935（175）：549]

Mrs. C. F. Hen，《玲珑》[1935（175）：550]

图6-13 《玲珑》刊载的一组夫人照片

位都有着自己独特的个性。我们仅以她们旗袍领、袖、襟、摆的镶滚来分析她们的特色。颜夫人的旗袍为深色绣花，其使用的是两道浅色人造丝面料滚边；郭慧德夫人是淡色印花绸上使用色相和明度接近的单道丝绸滚边；沈夫人在印花条格丝绸面料上，似乎是用了深色丝绒制作的滚边；宋夫人则是在深色面料上使用了机织花边和深色线香滚缘饰；温夫人是细宽有致的条纹面料，其恰到好处地使用了深浅两色中等宽度的丝绸滚边；宗夫人是在深色无纹样的丝绒类面料上，设计制作了抽象提花丝绸面料宽滚边；林宝华夫人是在蕾丝面料上使用了淡色线香滚；梅华铨夫人是深色印花面料上使用了一道浅色细香滚再加一道深色滚边；黄夫人的旗袍面料为深色丝绒类，她使用的是两道浅色细香滚；Mrs. C. F. Hen的旗袍为深色提花面料，其使用了两道淡色细香滚加一道宽条深色滚边。从这几位夫人的旗袍来看，其精制程度都超越了现在不少博物馆的藏品，是20世纪30年代资深名媛旗袍的典型代表。

类似上述10位资深名媛的照片，在《北洋画报》中也曾刊登过天津名夫人的照片（图6-14），从此图中我们也可以领略南、北方名媛太太们在旗袍服饰上的区别。

图6-14　天津名夫人雅集图，《北洋画报》(1932-1-19：2)

第三节

摩登女郎与演艺明星

第一次世界大战结束以后，随着资本主义社会经济的扩张，从20世纪20年代后期至20世纪30年代，“在世界各地的大都市里，职业妇女相继出现，一大批新时代的女性飒爽登场……在日本，人们把这类女性称作为‘摩登女郎’（用外来语modern girl表示，略称为moga）”[1]。在中国人们也常用“摩登”来形容她们。

一、“摩登女郎”的崭露头角

辛亥革命、五四运动以及各种争取“公民权”的女性参政运动，为新女性在中国的出现奠定了基础。在开埠后的上海，由于外国资本的大量投入和国内民族资本的兴起，各种企业通过媒体发布大量商品广告，电影事业也随之逐渐繁盛。“摩登女郎”在这种时代潮流下，作为消费文化的标志之一，亦被大量“生产和制造”出来。而包天笑在《上海春秋》中称普通电影明星的着装讲究“诡奇”，富于创造性，“穿出去的衣服，总教人注目”[2]。

（一）“摩登女郎”的群体特征

民国时期所谓的“摩登女郎”并非一个固定的概念，也并非指某一单一的消费群体，而是一个不断变化的，走在时尚前列的结合体。20世纪20年代初，引领上海服饰风气之先的“摩登女郎”主要为三类女性：第一类是电影、歌舞明星；第二类是四马路的青楼女子；第三类是女学生。到了20世纪30年代初，“摩登女郎”成为都市中追求西方时尚之摩登女性的代名词。在各种媒体中呈现出独特的视觉形象：精致的波波头、涂脂抹粉的脸庞、暴露修身的衣着、修长纤细的身体、自信开放的笑容等。这些在个性解放与表达自由时代中急速变幻的女性角色，还通常被形容为：艳光四射，颓废的中产阶级消费者。此阶段“时髦女郎”的构成中最为突出

[1] 高桥康雄．短发的女性们：摩登女郎的风景[M]．日本：教育出版社，1999：81。

[2] 包天笑．上海春秋[M]．桂林：漓江出版社，1987：396。

的群体为二、三线电影、戏剧、歌舞明星等。

“摩登女郎”作为在新闻报道、文学和视觉文化中经常出现的迷人偶像，她们一方面是消费主义与现代生活的象征，另一方面则引发了人们对女性主体性重塑和现代性潜在颠覆力量的焦虑，她们可以同时是时髦的旗袍女郎、健壮的运动员或政治运动的积极参与者。摩登女郎因而成为20世纪30年代的一种文化范式，她一方面引导着积极向上的中国女性追求现代生活的种种尝试，另一方面也成了传统与现代、东方与西方观念冲突所引发公众焦虑的宣泄出口之一。《良友》《玲珑》《北洋画报》《美术生活》《电影》《明星》《永安月刊》等刊物对摩登女郎的呈现深入而多面，它们所刊载的大量相关照片和文字，在促进摩登女郎话语权和形象构建的同时，也影响了读者对摩登女郎的认知，影响了普通受众对旗袍时尚的认识（图6–15）。

关于“摩登女郎”崇尚的旗袍及面料，如果同样借用龙厂的观点来表述的话，最激进的部分为：“专尚装束之女子，而不甚笃守礼法者，故所妆饰，亦千变万化，开风气之始”。她们在旗袍及面料上“力求烂漫，金碧参差，而或者但主新鲜，转不能辨其花式之妍媸，即以毛织品为之，亦必文绣篡组，丝织品亦别绣夭桃文杏，翠羽葡萄，以示特色，盖不可以方物者也”[1]。

[1] 龙厂．二十五年来中国各大都会妆饰谈[C]//先施公司．先施公司二十五周（年）纪念册．香港：香港商务印书馆，1924：294–297。

《明星》封面［1931（5）］

《电影》封面［1948（2）］

《美术生活》封面［1936（34）］

《永安月刊》封面［1942（37）］

图6-15　各种期刊封面上的“摩登女郎”

❶胡玉兰. 真正的摩登女子[J]. 玲珑，1933（100）：442。

❷沈怡祥. 廉美的服饰[J]. 玲珑，1931（8）：255-256。

❸佚名. 摩登妇女的装饰[J]. 玲珑，1933（110）：1593-1594。

❹佩方. 怎么才是摩登[J]. 玲珑，1932（62）：531-532。

（二）“摩登女郎”及服饰的是非之论

摩登女郎的外形、服饰往往是给人的第一印象，但绝非全面印象。就如何构建全面、完整的“真正摩登女子”，《玲珑》杂志的不少作者提出，“真正的摩登女子”不仅需懂得跳舞和衣饰，她必须在交际之外，还懂得一些实际的技能和知识，具体需符合以下条件：

（1）有相当学问（不一定要进过大学，但至少有中学的程度，对于各种学科有相当的了解）。

（2）在交际场中，能酬对。态度大方，而不讨人厌。

（3）稍懂一点舞蹈。

（4）能管理家政：①会怎样管仆人。②自己会烹饪。③能缝纫（简单的工作，不须假手他人）[❶]。

当时的舆论及报刊对摩登与服饰美的关系也展开了讨论。如《玲珑》刊文提出：“美的服饰，包括两个意思，一是质料的美，一是式样的美，廉美的服饰的第二要义是廉。自然钱花得多，就很容易做成美的服饰，但是花费了几十块百多块钱做一件衣服，那是多么不经济……这不是‘真’的爱美，这是要显出她的阔和浪费罢了。价廉的东西，不见得一定没有价贵的好，有审美观念的人，就常常能够捡得价廉物美的东西。”[❷]在1933年《摩登妇女的装饰》一文中也指出摩登不是过度奢侈，而所谓摩登的过度装饰会适得其反：“事实告诉我们，妇女的意志最薄弱不过的，她们没有创作性，容易被可怕的环境同化了。不说别的，像近来社会上女子的装饰：那高高的硬领，若要回顾，就要全身旋转，还有长长的旗袍，上车时必须提起来。高跟的皮鞋，走起路来，要特别小心，一切看来比三十年前革新得多了……所以穿了奇装艳服，抹了脂粉，装腔作势，只是人工的装饰。而不是自然的美丽。越装饰得利害的，越显示出她的丑态。装饰简直是一件可耻的事情……”[❸]在另一篇《怎么才是摩登》的文章中，作者指出：“……当我们说及一位摩登女子，我们的想思不过说她是一位现代的女性。至于现代二字，包含甚广，陈义极高。并不是专说衣饰与外观的。所以要想做一位真正的摩登女性，所要具备的是什么呢……有摩登的服饰不过是一个外表，思想才是真正的灵魂。”[❹]另一作者也提出：“我们对于摩登的解释，至少应具有两个条件：①她的外表，固然要是时代的（但不是要很奢侈），因为拘泥于古旧的不一定是美德。②她的灵魂，她的脑筋最为重要……在这两点中，无疑地第二件比较第一件重要得多，是先决条件。因为摩登女子的实质总要比她的外表更为重要呢。”[1]可见《玲珑》提倡的仅一个服饰外表的“摩登”不是真的“摩登”，而具有“摩登的思想”才是一个美丽的现代女性的真正灵魂。这些对“摩登”要义的讨论及观点，在社会上不仅形成了对“摩登女郎”的规范，对旗袍及面料时尚的发展来说，也起到了潜移默化的教化作用。

上述讨论是对“摩登女郎”服饰、修养等的正面引导，而在《上海漫画》中，几位著名的漫画家则从另外一个角度，对部分“摩登女郎”们的服饰、对金钱、爱情的追求等予以了讽刺和鞭挞。图6-16中，以一组衣着光鲜、时髦的女郎为对象，对她们在女性地位提升后，所表露出的对金钱、服装、享受的追求以及畸形的恋爱观等社会现象进行了讽刺和奚落。虽然这些描写是带有一定男权观念的，但也是针对当时“摩登女郎”现象中的一些弊端，提出了让世人思考的问题。

我们再从《良友》封面来探讨这些时髦女郎本身以及旗袍服饰等引发的不同观点。《良友》画报封面女郎一直是以年轻或著名女演员、电影明星、女体育家等的肖像作为封面的主要人选。整体形象特征——柳叶细眉、朱唇粉腮、烫着时髦长卷发、年轻貌美、性感撩人。

❶施莉莉. 摩登女子的外表与实质[J]. 玲珑，1933（99）：882-883。

《魔力》（作者：怀素），
《上海漫画》封面［1928（8）］

《美人的立场》（作者：万籁鸣），
《上海漫画》封面［1928（10）］

《男子啊，你需着力地追求》
（作者：鲁少飞），
《上海漫画》封面［1930（106）］

《她这样埋没时刻》（作者：孙青羊），《上海漫画》封面［1929（65）］

《物质与心灵》（作者：张振宇），《上海漫画》封面［1929（71）］

《闲闲何所思》（作者：陆志痒），《上海漫画》封面［1929（73）］

图6-16 《上海漫画》中对摩登女郎与男子地位及关系的漫画

她们的穿着摩登、现代而不失传统风韵，其中最受青睐的非旗袍莫属。这些经过改良的旗袍，高开衩的裙裾与修身的腰部，袅袅婷婷地把各种时髦女郎的窈窕身材凸现出来。她们顾盼生辉的倩影，充溢着大上海的万种风情，几乎成了潮流和时代的代言人，也是人们了解都市摩登女性绝妙的窗口（图6–17）。

这些时髦女郎不仅是在旗袍等服饰方面显得前卫、有创新，更可从照片上体味到她们多元的生活态度、生活状态，从多个角度映射出那个时代的光华流彩和上流社会女性的生活轨迹。时尚、摩登、健康女性的图像不仅提供给女性身体新的观看视角和新的象征意义，也从某种意义上传达了开放、追求平等和自由社会的含义。

二、群星璀璨的别样妩媚

随着传统戏曲的改良和文明戏的崛起，从1913年中国亚细亚影戏公司拍摄的第一部故事片《患难夫妻》开始，至20世纪20年代，中国逐渐培养了一大批电影和戏剧的演员。也正是由于电影产业和各个剧种的发展，使中国近代产生了女性演艺明星这个令人瞩目的群体。演艺明星作为一种公众人物、时髦

《良友》封面［1931（85）］　《良友》封面［1934（92）］　《良友》封面［1934（95）］

《良友》封面［1935（102）］　《良友》封面［1935（116）］　《良友》封面［1936（122）］

图6-17 《良友》封面上的时髦女郎

女性的代表和现代都市的景观，不但受到观众的崇拜和追捧；各大报纸期刊也争相刊登她们的图像、生活轶事。时髦而前卫的演艺明星们是很多新事物的体验者与传播者。她们服饰引发的流行以及结合自身喜好改良的各种旗袍，对于公众服饰观念具有无可置疑的引导作用，并在一定程度上影响了大众旗袍的审美趋向（图6-18）。

（一）电影明星

20世纪初，在西方蓬勃发展的电影工业影响下，中国本土的电影事业也蒸蒸日上，这让电影女明星群体也迅速成长为女性时尚的领军力量。她们具备当时几乎所有时尚必备的条件[1]，广泛的公众影响力，使明星们在银幕与生活中都成为大众效仿的对象。在电影中，导演、明星们会不自觉地将他们对当季的时尚服饰的理解融入角色的塑造中，由此可见，当时上海的流行时尚也能在电影角色的衣着装扮中看出端倪。与此同时，“中国制造”的本土电影明星开始

[1] 徐美埙．一个摩登演员[J]．现代电影，1933，1（5）。“例如：打高尔夫球及其他球类；跳交谊舞及其他舞；喝酒，抽烟；光滑的头发，笔直的西装；鲜艳芬香的口红；染上种种的颜色的，剪成种种形式的指甲；蝉翼般的纱绸衣服……”。

电影明星阮玲玉与她的斜格纹旗袍（传世照片）

电影明星阮玲玉与她的斜格纹旗袍（传世照片）

天一影片公司新星李琳女士（传世照片）

沈玉珍女士，《玲珑》[1935（197）：3684]

王耐雪女士，《玲珑》[1934（159）：2865]

李琳女士，《玲珑》[1936（259）：3142]

图6-18　阮玲玉与她的斜格纹旗袍对时尚女性的影响

崭露头角，并逐步开始被全国观众所接受，胡蝶、阮玲玉、徐来、陈玉梅、黎丽丽、袁美云等众多女明星开始受到时尚界的追捧。在本土电影初生时期，中国电影明星的定位难免会下意识地与欧美明星进行对比和参照，故而，一方面本土电影明星是国内大众时尚的引导者；另一方面，她们又在不断追随和吸取国外的新鲜时尚元素，是西方服装时尚信息输入的重要体验者和实践者。

由于美国好莱坞和欧洲电影大量输入上海，上海各大电影公司受此影响也纷纷弃古装片而改拍都市生活题材的影片，各类电影明星的服饰和生活方式深深影响到大众女性生活，她们的旗袍、服饰自然也都向女明星们看齐。各种刊物上对电影明星的关注也成为重要的卖点之一，如“在《北洋画报》发行的十年间，对明星形象的展示与书写从未间断，每期都有关于明星的照片、报道。据不完全统计，1928年《北洋画报》刊登了二百五十五幅女星照片，占该年女性图片的百分之五十九。1930年刊发三百零五张，1933年二百三十四幅，1935年则达到三百三十六张。”[1]

我们从电影明星的诸多图像资料中（图6-19），既可以看到她们个体在不同时期于旗袍款式和面料上的着装风格和特点，也可以从她们群体的合影中（图6-20）看到时代发展在她们的旗袍时尚中留下的鲜明烙印。

女明星对旗袍时尚的引领作用，除了在日常生活中的时装、代言时装公司新装广告等以外，在电影拍摄中所穿着的服装对公众来说也起到引领流行的作用。如1933年天一影视公司拍摄的电影《青春之火》，由裘苞香导演，陈玉梅、余光、叶秋心等主演，其中的服装非常精

[1] 孙爱霞.《北洋画报》中的女性书写与都市文化建构[J]. 都市文化研究，2015（2）：315。

演员夏佩珍，《玲珑》［1933（101）：1066］

电影演员袁美云，《良友》［1939（147）：65）］

影星叶秋心，《玲珑》［1931（1）：14］

电影女明星黎明晖，《良友》［1926（7）：1］

华艺影片新星路明对镜之影，《北洋画报》(1934-11-7：1)

影星陈燕燕，《北洋画报》(1936-8-11：1)

电影明星紫罗兰女士，《玲珑》[1934(41)：3200]

袁美云女士，《良友》[1936(113)：37]

"骚在骨子里"的电影明星韩云珍女士，《北洋画报》(1926-11-17：4)

摩登女性陈燕燕，《良友》[1932(69)：23]

图6-19　引领旗袍服饰潮流的女电影明星们

新近成立之杨耐梅影片公司全体职员合影，《北洋画报》(1928-9-19：2)

图6-20

明星公司女明星（由右至左：顾梅君、梁赛珠、严月娴、魏秀宝、胡蝶、夏佩珍、高倩苹、朱秋痕），《北洋画报》（1932-5-31：2）

图6-20　从不同时期电影明星们的合影中可以清晰看到旗袍时尚的变化

美，仅叶秋心一人，就在戏中更换了30件旗袍，可谓开了一场个人时装表演会。

民国时期是女电影明星辈出的时代，她们不但在电影中成功扮演了相关的角色，在生活着装中也展现了各自的品位与审美特色，下面将选择几位来分析她们在旗袍面料和纹样选择上的个性特点。

1. 徐来——绮丽柔美

徐来（1909—1973），出生于上海，是20世纪30年代著名女演员之一，因其容貌美丽，体态婀娜，五官和身材都符合东方女性的“标准”，因此当时的媒体给她以“标准美人”的称号。在《玲珑》中曾刊登了徐来身着旗袍的照片十二幅之多，不管是她托腮沉思，依物眺望，还是怀抱羽毛球拍的微笑，总透露着一种少女般清纯的羞涩感。她所穿着的旗袍大多时尚而精制，曲线轻柔适体。她的旗袍一般选择浅地印花或提花面料，喜素色、暗纹和抽象等纹样。特别与众不同的是，她的旗袍除了在领、襟、袖、下摆喜欢用深、浅色丝绸面料搭配做较宽的镶边外，还喜欢在旗袍的肩线处加上镶边处理，显示出其独特的服饰装饰特点，似乎也成为她旗袍款式个性化语言之所在。从徐来的旗袍图像资料中可以看出，无论是在电影中、明星写真中还是私人生活照中，其整体造型较为雅致也较为符合其气质，展现了东方女性特有的含蓄蕴藉之美，又不失西式的摩登时尚（图6-21）。在旗袍的面料纹样上，徐来似乎更钟情于抽象的几何纹样和各种条纹，写实的大花纹样几乎未见（表6-2）。

徐来女士，《玲珑》封面［1933（108）］

面对相机的徐来，《玲珑》［1934（163）：2446］

新进影星徐来女士，《玲珑》封面［1933（116）］

“标准美人”徐来女士，《北洋画报》（1933-7-27：2）

新进影星徐来女士，《玲珑》封面［1933（38）］

胡蝶和徐来女士，《玲珑》［1934（152）：1746］

图6-21　《玲珑》和《北洋画报》中的电影明星徐来

表6-2　电影演员徐来影像资料中的旗袍面料及纹样复原图

图像来源	人物照片	纹样复原图	纹样类型
良友[J]. 1928（30）：26		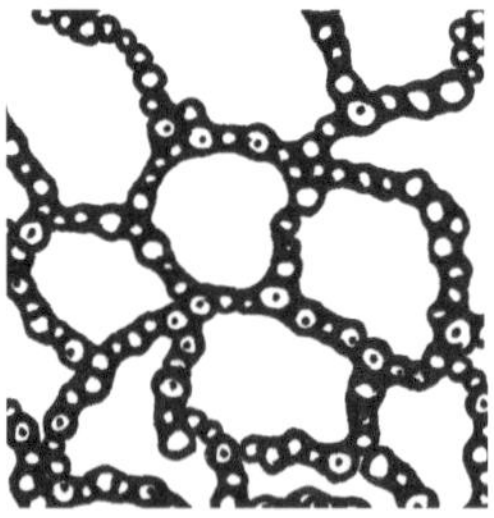	不规则条形纹样
良友[J]. 1934（100）：39		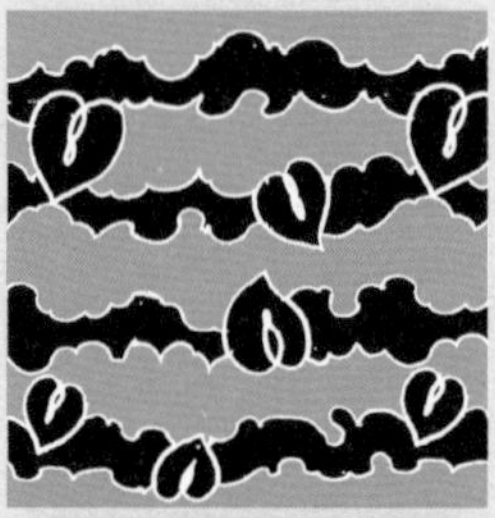	不规则条形纹样，点缀些许叶形碎花
良友[J]. 1934（101）：31			不规则条形纹样，点缀些许叶形碎花
良友[J]. 1935（194）：1827			竖条纹样
1934年 传世照片			竖条纹样

注　表格绘制：薛宁。

2. 胡蝶——华贵雍容

胡蝶（1908—1989），是20世纪30～40年代我国最优秀的演员之一。她的表演温良敦厚、娇美风雅，作为中国第一个“电影皇后”，胡蝶成了上海滩时髦女性关注的目标，有的杂志甚至把她的穿着打扮从头到脚进行分解，供读者仔细研究。胡蝶曾是多种商品的代言人，在各类商品的广告中她总以一袭旗袍为装，她体态丰腴、华贵雍容。电影女明星作为一种社会标榜性的存在，不仅体现着一种娱乐文化的观念信息，一种流行文化的符号，更是成为大众消费的偶像，或者说，成为大众文化消费的指南。

作为“影后”的胡蝶，她穿着的旗袍除做工精细讲究、花式新颖外，非常注重面料与装饰方法的协调处理。在她流传的照片里，有不多的几款为素色面料的旗袍，但都通过花色面料的滚边或机织花边的装饰来获得整体效果的丰富和变化。胡蝶也喜欢条格类的面料，但我们从存留的照片中可以得知，她所使用的条格与一般消费者有明显的区别，要不细密之至、简约之极，要不就是独特大方的各种组合。胡蝶还很偏爱比较抽象、大气、纯粹的几何纹样，显出她温婉沉静的审美品位和魅力四射的吸引力，故而也成为上层社会的贵夫人、富家太太追逐模仿的对象。胡蝶的照片中也有几件大花纹样的旗袍，但她选择的大花也是偏抽象而非写实的那类，呈现出另类的活泼与妩媚。胡蝶对旗袍面料纹样的喜好，由于使用场合的要求也体现出多样化的倾向（图6-22、图6-23，表6-3）。

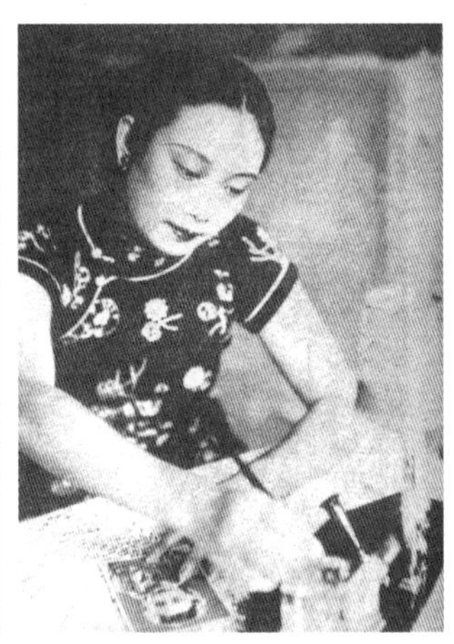

图6-22　流传最广的几张影后胡蝶的旗袍照片

上海电影明星胡蝶，
《北洋画报》(1927-11-2：1)

胡蝶女士，《玲珑》
[1934(152)：1741]

胡蝶女士，《良友》[1934(87)：29]

影星胡蝶夫人，
《北洋画报》(1932-7-30：1)

胡蝶女士，《玲珑》封面
[1934(134)]

胡蝶女士与爱狗，
《上海漫画》[1929(51)：4]

图6-23 杂志中刊登的胡蝶照片

表6-3 电影演员胡蝶影像资料中的旗袍面料及纹样复原图

图像来源	人物照片	纹样复原图	纹样类型
玲珑[J]. 1931(32)：1257			条格相间纹样

续表

图像来源	人物照片	纹样复原图	纹样类型
玲珑[J]. 1934（150）：1620			波形条状纹样
良友[J]. 1930（54）：36	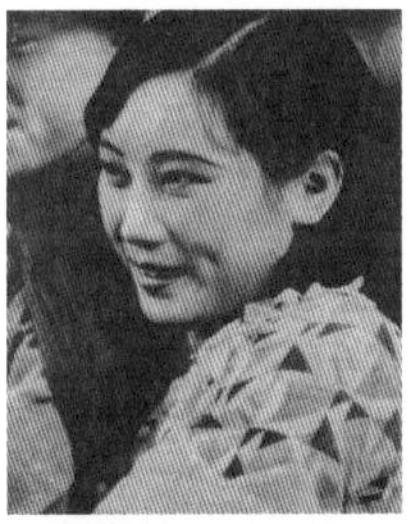		三角几何纹样
玲珑[J]. 1934（134）：封底			圆点几何纹样
良友[J]. 1926（1）：封面			现代几何纹样
玲珑[J]. 1931（39）：1553			清地碎花纹样

续表

图像来源	人物照片	纹样复原图	纹样类型
玲珑[J]. 1933（122）：2372			柳叶形清地碎花纹样
良友[J]. 1934（101）：31			满地大花纹样
玲珑[J]. 1932（50）：2053			清地大花纹样

注　表格绘制：薛宁。

由表6-3可见，钟爱时尚的胡蝶选择的旗袍面料纹样，一般以清地排列为主，纹样规律中富有变化，活泼中蕴含淑静，显示出胡蝶独特的审美眼光。胡蝶旗袍精美别致的另外一个原因是，她经常为鸿翔时装公司做产品宣传，故有“胡蝶所着的衣服，向来是静安寺路鸿翔服装公司承办的”[1]之说。

3. 阮玲玉——清丽脱俗

阮玲玉（1910—1935），广东中山人，原名阮凤根、阮玉英。阮玲玉虽非倾城倾国的绝色佳人，却端庄大方、清丽脱俗，迥异于上海大都会那些搔首弄姿、矫揉造作的摩登女郎。她对待表演艺术可谓倾注了全部的热情和不懈的追求。她的表演能够准确地体味人物的情感，捕

[1] 鸿翔公司感谢胡蝶[J]. 影戏生活，1932（1）：81。

捉到人物的感觉，并用适当的眼神、表情、动作准确地表现出来。这种准确的内心感应力和形体表现力结合得非常自然，展现出她卓越的才华和非凡的功力。

我们在阮玲玉的图像资料中，除了可以看到她招牌式的甜美、性感笑容外，也可从她微眯的双眸中看到那份独特迷离的眼神。她含蓄又性感，清丽又略带哀怨的韵致和魅力，不但体现在她的电影和日常生活中，同样也反映在她的旗袍之上。阮玲玉的旗袍可以说是20世纪20年代中期至30年代中期上海时尚女性的典范，不管是条格、几何还是大花的纹样都成为当时女性争相效仿的对象。在阮玲玉的众多旗袍中，热情奔放与雅致恬静的风格皆有，提花、印花、烂花的面料都在她身上获得完美的穿着体现。阮玲玉的很多旗袍，还很善于使用深、浅两色的镶边来装饰，这似乎也成为她旗袍的一大特色（图6-24）。

阮玲玉与她的典型斜格纹样旗袍

穿丝绸印花旗袍的阮玲玉

穿几何条格旗袍的阮玲玉

20世纪20年代的阮玲玉

阮玲玉与几何纹旗袍

穿黑色蕾丝旗袍的阮玲玉

图6-24

电影明星阮玲玉女士，《玲珑》封底［1933（123）］

阮玲玉女士，《玲珑》［1935（177）：621］

图6-24　阮玲玉的花样旗袍

（二）其他演艺明星

其他演艺明星主要指当时的名伶与票友以及歌舞明星等。从民国中后期服饰时尚的流行来看，电影明星无疑走在时尚的最前列，而名伶与歌舞明星则紧随其后。在这类群体中，名伶与票友不管其形象塑造还是旗袍风格，皆为时尚与保守共存；而歌舞明星群体则较前者更为开放、激进，从某种角度说，此类群体的开放与激进程度甚至超越了电影明星。

1. 名伶与票友

民国时期的戏剧女明星，亦被称为坤伶，也叫“坤角儿”。在那个年代戏剧名角和著名票友受热捧的程度并不亚于电影明星，因此戏剧演员以及著名票友成为各种刊物中的“摩登女郎”也就不难理解了。

晚清的时候，慈禧太后在宫中爱看京戏和地方杂剧，杨小楼、谭鑫培等名角大受恩宠。京、津、沪等大都会的戏园子都十分走红。传统的戏剧舞台无论生、旦、净、末、丑均清一色是男人的天下，女戏子只能跑江湖或在天桥那种难登大雅之堂的地方表演节目。至民国以后，女性受到的限制大为减少，于是在一些地方戏中，绰约多姿、柔媚娇俏的坤伶们便走上了正规舞台。她们在与男性演员的分庭抗礼中，赢得了无限风光。如“河北梆子有刘喜奎、鲜灵芝两大坤伶，评剧有白玉霜，越剧有袁雪芬，豫剧有常香玉，均以天仙化人的美貌和极其出色的唱功取胜一时，将一大班捧角的老少爷们颠倒成狂形痴态”[1]。

从20世纪20年代末至30年代的杂

[1] 王开林．民国女性之生命如歌[M]．长沙：岳麓书社，2004：139。

志上看，北方杂志比南方杂志给予名伶们更多的关注，就《北洋画报》而言，在笔者收集的影像资料中名伶的就在百张以上，它们从不同角度反映了名伶们的生活状态及其穿着旗袍的形象（图6–25）。

（1）新艳秋（1910—2008）：原名王玉华，受父亲王海山的影响9岁便开始学习梆子，11岁拜师钱则诚改学皮黄，15岁登台以“玉兰芳”（有资料记载为王兰芳）的艺名借台演戏。后来得到大行家齐如山的赞赏，拜师程砚秋不成后，1927年转拜梅兰芳为师，成为梅兰芳的第一位女弟子。1928年，她得一

坤伶恩维铭，《北洋画报》（1928–5–23：1）

坤伶胡碧兰，《北洋画报》（1932–3–19：1）

梅花剧团团员钱锺秀女士，《北洋画报》（1932–8–6：1）

坤伶沈丽莺，《北洋画报》（1935–8–24：1）

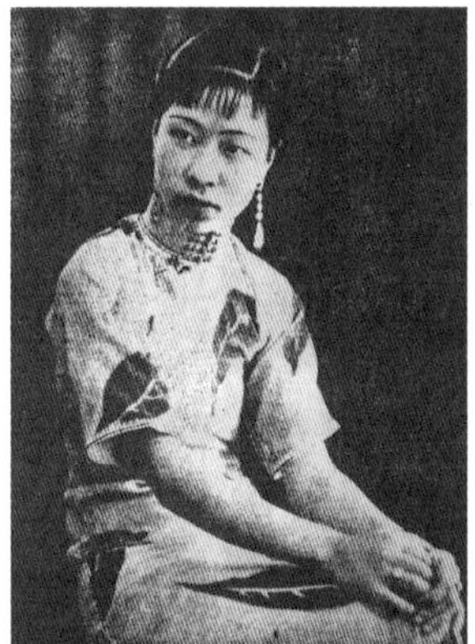
名坤伶杜丽云（南京中华摄），《北洋画报》（1932–9–3：1）

名坤伶雪艳琴，《北洋画报》（1931–9–8：1）

名坤伶雪艳琴便装像，《北洋画报》（1933–3–18：4）

坤伶马艳秋与女友范肇源（右）、范炳恒（左），《北洋画报》（1930–10–18：1）

图6–25 《北洋画报》中刊出的戏剧明星的旗袍倩影

代宗师杨小楼提携合演《霸王别姬》而名声大噪。20世纪30年代，她除了作为当时的“四大坤旦”，还被誉为“坤伶主席”。

新艳秋的旗袍总体款型风格适中而趋于保守，袖长除一件在肘上外，其余皆在肘下或及腕。领型偏高，领、襟、袖、摆皆运用极细的香滚缘饰。但在面料纹样上却个性突出，在笔者收集的13张旗袍影像资料中，有5款为深、浅均匀的小方格，她似乎对此纹样深有偏爱，其余多为叶形纹样和圆形纹样（图6-26）。

（2）章遏云（1912—2003）：在《北洋画报》追捧的戏剧明星中，章遏云应是最受欢迎的一位。其中不但刊登了多张以“章遏云近影”为题的照片，还有“名坤伶章遏云”“甫自上海返津之名坤章遏云女士”“名坤章遏云与友人合影”等。章遏云为天津春和戏院的著名京剧表演艺术家，著名京剧旦角。幼年家贫，12岁随母到天津拜江顺仙、王庾生为师学戏，14岁登台，16岁入名师王瑶卿门下。她初搭雪艳琴班，后自行组班。她先后拜北京名伶梅兰芳、尚小云、李宝琴、荣蝶仙等人学艺。20世纪30年代与新艳秋、金友琴、胡碧兰合称为“四大坤旦”，驰名南北。

在旗袍的款型上，章遏云与新艳秋相比则更趋时尚，不但款型紧身，袖型变化丰富，其面料的纹样也显得更为多样化，除了有比较规则的格形、菱形、

名坤伶新艳秋，《北洋画报》（1930-8-23：1）

名坤伶新艳秋，《北洋画报》（1930-7-12：1）

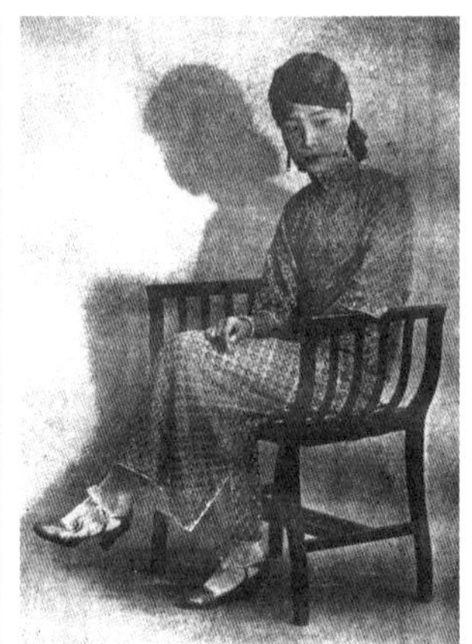
名坤伶新艳秋，《北洋画报》（1931-8-25：1）

名坤伶王玉华（新艳秋，左）与其友人合影，《北洋画报》（1933-9-16：1）

图6-26 著名京剧艺术家新艳秋20世纪30年代的旗袍影像

圆形纹样外，比较写实的花卉纹样出现在她的好几件旗袍之上（图6-27）。

（3）名票友：票友是戏曲界的行话。其意是指会唱戏而不是专业以演戏为生的爱好者。据说昔日中国戏坛有许多名票友，其演技、唱腔、扮相，都胜过台上正角，京华、沪宁都有名噪一时的票友。票友从来不为钱去演戏，倘若

参加广东音乐会彩排之章遏云女士，《北洋画报》（1932-5-28：1）

名坤伶章遏云，《北洋画报》（1930-8-2：1）

章遏云便装像，《北洋画报》（1932-3-15：1）

名坤伶章遏云，《北洋画报》（1928-8-18：1）

章遏云，《北洋画报》（1935-9-21：2）

女名伶章遏云女士，《北洋画报》（1930-2-8：6）

图6-27　名伶章遏云旗袍影像资料

兴致浓处，水袖长衫、长靠短靴，也只是为了一个“玩”字，却绝不会收那份“包银”。票友和一般的戏剧爱好者不同，他们不仅爱看，也喜欢演唱，甚至还参与演出。不仅演唱生、旦、净、丑各个行当的票友应有尽有，而且有些票友还把伴奏、服装、化妆等都当作爱好加以研习。票友登台演戏，称为票戏，当票友取得一定造诣后，有的便转为职业演员，行话称之为下海，像京剧名家孙菊仙、龚云甫、言菊朋、奚啸伯等人都是票友出身。票友是中国文化中特有的现象，他们对戏剧艺术的传播，演员表演技艺的提高，都发挥了重要作用。

在《北洋画报》中经常刊登名票友的时尚照片，对这些票友身世、职业、艺术造诣等暂无考证，但这些票友不但是各种戏剧品类的爱好者、参与者，她们的旗袍影像在各种媒体上的频频亮相，对国民旗袍的发展也起到一定的推动作用。本节选取了南方和北方的名票友的照片6幅，从其中我们不仅可以窥探到票友与名伶在服饰流行上的异同及对时尚的影响，更能从刊载的时间中，发现旗袍时尚在票友这个群体中的发展与变化。票友是一个多元性的群体，各种阶层皆有，因而在她们的旗袍面料和纹样类型上无太多的规律可循，紧跟时尚是这一群体的特征（图6–28）。

2. 歌舞明星

在谈及民国初年上海服饰的日新月异和创新，时人都不约而同地指出其先锋与引领者多为青楼女子和女学生，如权伯华指出：“彼辈（青楼女子）着其

北京名票新声女士，《北洋画报》（1928–12–20：1）

谱霓国剧社女票友竹影女士，《北洋画报》（1931–7–4：1）

名票壁君馆主，《北洋画报》（1935–7–9：1）

名票赵志雯小姐便装，
《北洋画报》（1935-6-15：1）

沪上名票友闵翠英女士，
《北洋画报》（1936-4-4：1）

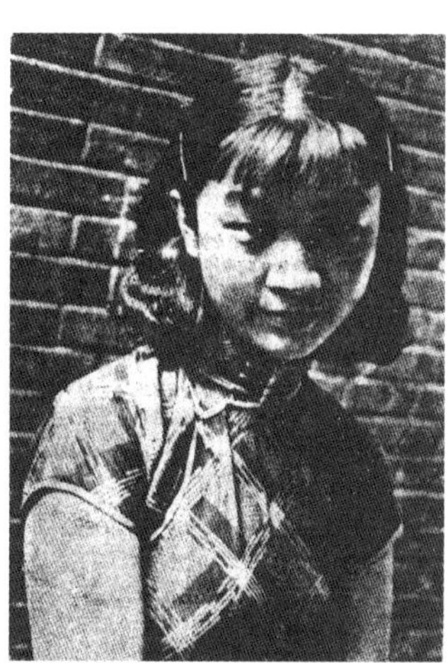
沪上名票友王润珠女士，
《北洋画报》（1936-3-14：1）

图6-28 《北洋画报》中刊出的戏剧票友的旗袍倩影

新妆出游市上，人惊以为奇艳，于是大家妇女，亦争效尤。”[1]至民国中期后，歌舞明星则取代青楼之人成为另一支服饰时尚引领的重要人群。

20世纪10～40年代由于上海舞场的发展和舞客对伴舞需求的增加，舞女、歌女成为这个时期女性的一大职业。这个时期舞女、歌女的来源大致有四种：第一种小家碧玉，是上海舞女、歌女的主要来源，这些女性多数没有接受过良好的教育，加上经济不景气工作不易找到，因此做舞女、歌女成了唯一的谋生出路；第二种是风月女，随着青楼业的衰落改行为舞女；第三种是学生，有大学生、中学生、艺术生等，由于受过高等教育，客户多为知识阶层男性；第四种是女招待转行而来。

当时的舞女、歌女已经成为上海时装的引领人群之一。如1930年美亚绸厂的十周年纪念时装表演大会，就是由巴黎饭店的舞女担任的。当时美亚绸厂因捐助1930年“国货时装表演大会”而邀请参加表演大会的闺秀、名媛、模特再次担任绸厂十周年庆的模特，但遭到拒绝，因此奉送衣料、赠送茶券邀请巴黎饭店舞女作为时装模特，她们欣然同意且在表演对时装的诠释非常到位，被传为佳话。

在民国中期以后的上海，歌舞厅既是交际场所也是服饰时尚的传播场所，而歌舞厅的歌女、舞女们因为必须要以最时尚、最风光的服饰来展现自己、取

[1] 权伯华．二十五年来中国各大都会妆饰谈[C]//先施公司．先施公司二十五周（年）纪念册．香港：香港商务印书馆，1924：286-287。

悦客人和交际应酬，故而，其服饰也势必时髦而新奇华丽，灯红酒绿的繁华舞厅无疑也是最能目睹各式新装的场所之一。舞女所着旗袍的样式和面料也是舞女身份的象征，当时人们能从舞女的穿着上来判断她们的时尚层次和舞厅的层次。

叶浅予先生在《上海漫画》1928年6月第10期中用了两整版十几张照片的篇幅，对当时的舞女们的装束进行了介绍，并以此谈论到整个女性服饰的变化（图6–29）："中国妇女之服装，近年来迅速的进步，大有一日千里之势。比如以前的大袖管，从创造到风行，从消瘦到改样，最少也得经过若干年月，而且不论是老老少少大大小小只要是女性总得在那大袖管的圈子里不问春夏秋冬都得兜上一转，这是照例的事情，即使是比大袖管前一辈的瘦长袖管也自成了一个时代的（缩影）。目前的时代，那就真不同了。我们从这里十几个姑娘的身上看一看，她们的袖管，差不多人人都不同样，我们简直认不清哪个样式是代表这个时代的，不过裸出小腿的短袍式无论如何总得认为是这个时代得

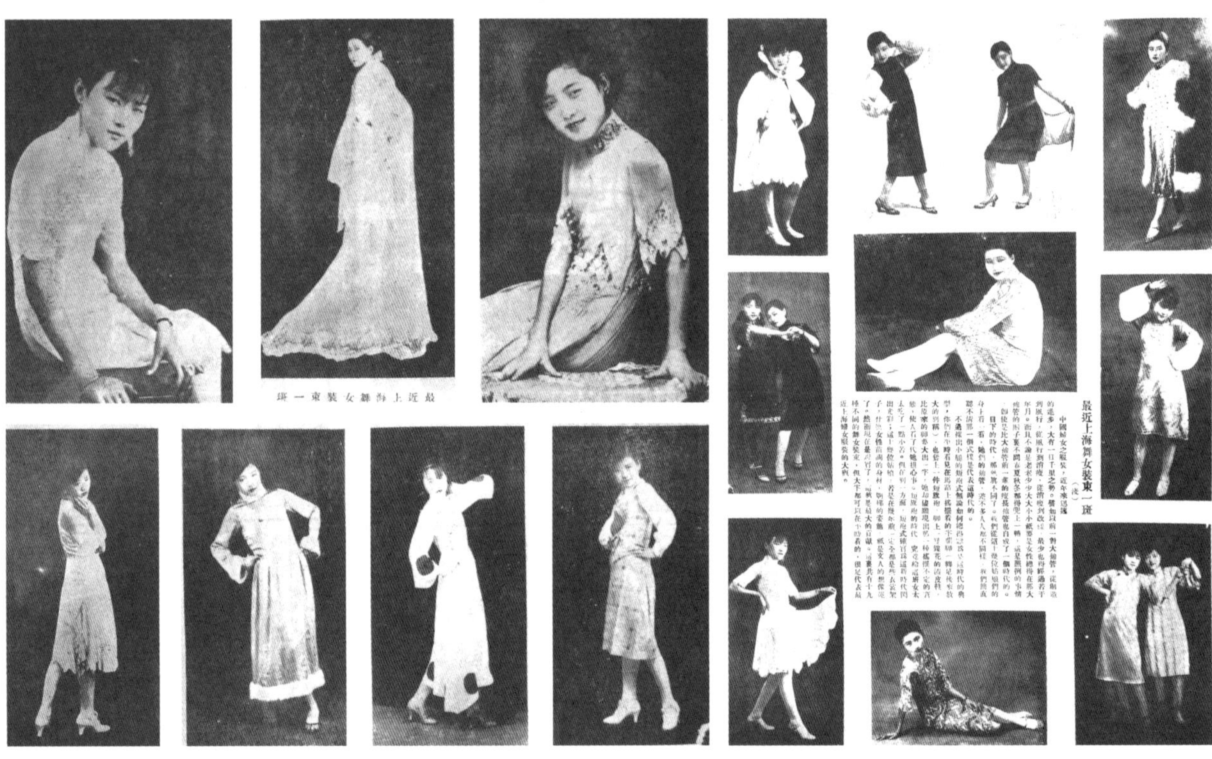
最近上海舞女裝束一斑
最近上海舞女裝束一斑
（淺）

图6–29　上海舞女装束一斑，《上海漫画》[1929（42）：2–3]

典型……这里共有十九种不同的舞女装束，但大半都是可以在平时着的，很足代表最近上海妇女服装的大概。”

从叶浅予先生的图像和这段文字中，我们首先可知的是上海服装变革的“一日千里之势”和混杂多变。他指出大袖管（倒大袖）等服装样式从“创造”到“改样”都经过了数年甚至更久，并有一个相对稳定的大众认同期。20世纪20年代末，是一个百花齐放、瞬息万变的时代，从衣袖的形式来说，没有统一的标准，长、短，大、小，中式、西式，中西合璧，无奇不有。从这十几幅图像上，我们可以看到仍然存在的倒大袖，还有短袖、灯笼袖、克夫袖、开衩袖等。从这些舞女、歌女服饰和旗袍中我们可以更全面地了解“摩登”的多重含义，了解歌舞明星群体在旗袍时尚不断改良和创新过程中自觉或不自觉的参与。

从图6-30、图6-31所选的照片来看，我们不得不承认各地歌舞明星们对时尚发展的贡献。由于社会的原因，当时很多女性的身份都是交叉难辨的。同样，她们既是电影演员，也是上海舞界、社交界的风云人物，还曾到新加坡做过舞女。从她们所穿着的旗袍面料来判断，应该是当时最时髦的进口印花丝绸，其纹样和色彩既特别也很另类。另外几位舞星的旗袍款式都很新颖，无不通过紧身、收腰来显示她们性感、婀娜的曲线。在面料上同样表现出她们的开放和时髦，提花、刺绣、印花、手绘，以及半透纱质面料都可以在她们的旗袍影像资料中找到，写实的叶形纹样、花卉纹样，抽象的条格、几何纹样无一不

图6-30　新自沪上来津在河东天昇舞场伴舞之舞女，《北洋画报》（1936-6-9：3）

热心赈灾之青岛舞女薛玲玲，《北洋画报》（1931-9-17：1）

本市巴黎舞场舞星徐惜惜，《北洋画报》（1935-5-25：1）

沪上舞星梁赛珊女士，《北洋画报》（1937-3-20：1）

欧游返沪之舞后北平李丽女士，《北洋画报》（1936-10-15：1）

梁赛珍女士，《玲珑》[1932（55）：220]

青岛舞星金美丽女士，《北洋画报》（1937-1-12：1）

青岛舞星马稃英女士，《北洋画报》（1937-7-1：1）

梁赛珠女士，《玲珑》[1932（55）：221]

上海歌舞明星江曼莉女士，《北洋画报》（1934-10-20：1）

上海舞星沈丽玉女士，《北洋画报》（1936-10-24：1）

天津巴黎舞星陆秀兰女士，《北洋画报》（1937-4-20：1）

图6-31　舞星也是“摩登女性”中不可或缺的一部分

被她们所妙用。这也从另一个角度诠释了在物质上具有极强占有欲和表现欲的她们，与大家闺秀和女学生群体在文化底蕴与文化自觉上的差异。

第四节

“女学生”与职场女性

从1844年，英国基督教女传教士玛丽·爱尔德赛（Mary Ann Aldersey）在宁波创办女塾，创中国女子学校先河之后，中国各地女子学校逐渐得到建立。上海作为中西文化交融的前沿，其女子教育亦走在了时代前列。如1850年，由美国人创办的裨文女塾是上海的第一所女子学校，而后清心女塾（1861年）、圣玛利亚女校（1881年）、中西女塾（1892年）等相继开班招生。学生们在这些教会学校中，接受比较全面的西方教育，中英文并重，其语言、衣饰、习俗深受西方文化的影响。教会女校主观上是为了传播教义，或对学生进行文化渗透，而客观上却培养出了中国历史上第一批富有现代思想的知识女性，大大冲击了几千年来“女子无才便是德”的封建思想，唤起了女性对知识的向往，促使她们理性思考自身的角色地位。1898年，经元善在“有淑女而后有贤子，有贤子而后有人才，有人才而后可致国富强”思想的主导下，在上海创办经正书院，后改为经正女学，开中国现代女学的先河。1902年，由蒋智由、黄宗仰提议，蔡元培、林獬、陈范等联名发起，在上海创办了爱国女学。

一、“女学生”独领风骚

到20世纪初，女子教育虽有了长足的发展，但“1916～1917年全国女子中学学生人数为724人，即便上海这样的女学发达的大都会中，1930～1931年时中等学校女生人数也才仅达1499人”[1]。除教会学校，普通女中和大学外，民国时期还有职业教育和传习所等类型的教育机构，共同促进了民国时期女性整体知识结构的提升。20世纪初的中国还有部分女学生走出国门，留学海外。这些女性出国之后，扩大了视野，增加了见识，也造就了民国时期西化程度较高的一批知识女性阶层。

[1] 张素玲．文化、性别与教育：1900—1930年代的中国女大学生[M]．北京：教育科学出版社，2007：53。

(一)"女学生"服饰现象的流变

随着越来越多的女学生拥有接受教育的权利，女学生数量呈逐年递增的态势。多种形态的教育氛围不但带给青年女子文化知识、独立的人格，也使她们更愿意接受各种新的思想观念。这些女学生大都来自中产阶级以上的家庭，她们不拘旧俗，主张男女平等，追求自由、解放，成为受社会关注、尊重的一股新兴势力。此时期的女学生以她们特殊的身份和地位，在民国初期扮演了服饰时尚发起者和传播者的角色。同时，各种出版刊物也将有关描写女学生生活的文字、图像作为重要的内容，使女学生成为社会青睐和追捧的对象。女学生"雅小求艳、新小随俗"的着装风格也赢得各界女子纷纷效仿，曾一度成为服装流行的风向标。

《玲珑》杂志曾刊文以北平地区的女学生为例，以经济背景为主将当时的女性分为三派："1.时髦派（亦可称摩登派）——这一派大多数是千金小姐，至低也是中上资产阶级的女儿；她们的衣服，有的是中国式，有的是外国式；其实呢，并不能分得这样显明，多数是中外'杂拌'式的混合装，譬如拖地的长旗袍，要趁上一件西装式的翻领'洋马褂'；健美的腿和'脚步鸭子'直接穿在西洋花皮的高跟鞋里…… 2.适中派——她们的服装，不是五年以前的旧式，也不是一九三五年的长得拖地的新式，是不长不短，不抢先，也不落后的保存着她们那大家风范的美。这一派中，有许多的家庭，比较旧一点，也许她们的家庭，不允许她们太摩登吧！3.男性派——脂粉自然是不用，即衣服，也不重华丽;装束举动，似乎不带一点'巾帼'气，当然没有伍妮（上海话：我们）的态度……"[1]此文亦可以让我们更为清晰地了解女学生在时尚发展中显现的不同风格特征。

女学生群体作为新潮服装的倡导者和实践者，从整体上看为20世纪初的中国服装带来了不可替代的无限生机。在旗袍的发展过程中，"率先穿着旗袍的是上海的女学生，大约在20年代中叶，她们穿的旗袍，下摆在踝关节之上，袍身较为宽大。到了1927年，赶时髦的女性纷纷仿效，穿着旗袍，成为一种时尚。因为受西方短裙的影响，旗袍摆线提高到膝下，袖口趋小，以后袖口又装上仿西式的克夫，高领，袍身合体，显得简洁"[2]。作为时尚领袖的女学生，为旗袍的产生、发展、普及确实起到功不可没的作用（图6–32）。

❶梅杜·茂．北平女学生概观[J]．玲珑，1934（164）：2468–2469。

❷陈伯海．上海文化通史[M]．上海：上海文艺出版社，2001：65。

穿格纹旗袍的复旦大学学生胡季任的照片，《学生时代》封面（1934，17）

时尚女学生的生活照片，《中华画报》插页

旗袍成为女生校服，《图画时报》（1930-6-29：4）

图6-32　报刊中的女学生的生活影像

（二）“女学生”的简朴素雅

民国中后期，女学生简朴素雅的着装风格为追求奢靡的女装热潮曾带去一股清新之风。从图6-32的照片来看，女学生的旗袍及面料除校服以单色为主外，大多喜用清新淡雅的色彩，纹样也以细小花卉、几何纹、条格为主。但她们对面料的质地较为讲究，一些出身富贵之家的女学生的旗袍面料则“多以丝织品，用极绚烂之绸缎，或西洋式花绸，其尤精者，且以西洋跳舞纱为之，裙多黑色。衣不甚加襂，颜色以跳舞会为驰骋新装之地，则所服亦嫣红姹紫，各穷其艳”[1]。当时上海最摩登的女学生，要数复旦大学、培成女校、启明女校、中西女塾、明德女校、智仁勇女校、晏摩氏女校等者最为知名，她们或参与设计时装，或身着时装参加时装表演、戏剧演出、园游会表演等，成为时尚女装重要的创作者和引领者。如20世纪20年代衣衫的单滚边就是从女学生开始流行的。1925年史料有“至衫子周缘边，式有用素绸单滚者，唯仅行之于学生装耳”[2]的记载（图6-33~图6-35）。

从民国中期以后来看，女学生群体

京华美术学院杨增慧女士，《北洋画报》（1937-2-9：4）

南京汇文女中谭琼芳女士，《玲珑》[1934（136）：674]

南京汇文女中徐新欢女士，《玲珑》[1931（36）：1399]

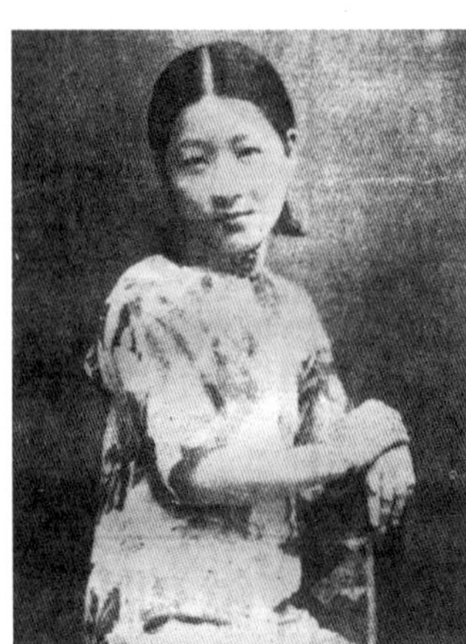
培华女学毕业生罗若兰女士，《北洋画报》（1930-1-16：1）

上海新华美专学生沈雁女士，《北洋画报》（1936-11-26：4）

新华艺大高材生霍景熹女士，《良友》[1931（56）：30]

图6-33 报刊中的女学生与旗袍

1 龙厂．二十五年来中国各大都会妆饰谈[C]//先施公司．先施公司二十五周（年）纪念册．香港：香港商务印书馆，1924：294-297。

2 李昭庆．老上海时装研究（1910—1940s）[D]．上海：上海戏剧学院，2015：80。

沪两江女子体育学校陆剑莹（右）、蒋国秀（左）女士，《北洋画报》（1937-7-1：4）

天津女子图画刺绣学校师生，《上海漫画》［1929（62）：2］

启明女学两位刘小姐，《玲珑》［1935（206）：3363］

圣玛利亚女校学生，《玲珑》［1934（139）：866］

本市女子图画刺绣研究所本届毕业生陆蕴微、幢幼芬、许绮卿（左至右），《北洋画报》（1934-2-27：4）

女子图画刺绣研究所本届毕业生吴仲明、幢幼芬、渠川琛（右至左），《北洋画报》（1934-2-27：4）

天津华北护士助产师学校合影，《北洋画报》（1933-12-19：2）

北京大学女生同学会全体会员合影，《北洋画报》（1936-5-12：2）

北平财商学校学生杨若宪（右）、董世锦（左）两女士，《北洋画报》（1934-5-20：2）

中西女塾学生合影，《图画时报》［1926-10-31（325）：1］

松声画社师生全体合影，《北洋画报》（1928-7-17：2）

复旦大学预科毕业女生合影，《良友》［1928（30）：25］

图6-34　各类杂志中刊发的女学生合影的旗袍倩影

的旗袍随意性较大，衣长并没有十分统一的标准，其中约二分之一的旗袍长及脚踝，另外二分之一属于长及脚面或短至膝盖之下的；领口都较为适中，偶有一些高领的款式，但大部分处于适中高度；春秋之间袖长大多至手肘，上臂次之，长袖略少；衣身围度以合体适中为主导，少有偏向宽松的样式出现；而开

上袄下裙

短袖旗袍

西装、绒线编织衣等

图6-35　20世纪20~40年代上海圣玛利亚女中学生着装演变图（分别参见：凤藻——圣玛利亚女中年刊，1921、1937、1943）

衩高度处于膝盖上下，偶尔在开衩处还缀以蕾丝，款式较为质朴舒适。旗袍的面料浅色调为盛，深色调与印花图案的旗袍略少些；领、袖、襟、摆的镶边以简约细边为主，甚至有些素色旗袍上不曾镶边。作为校服的旗袍而言，其面料一般为淡色、蓝色的阴丹士林色布。

二、职业女性的清新俊逸

由于女学生群体的出现、存在和成长，也就必然会产生一批为稻粱谋的职业女性。她们或出身名门，或家境殷实，持有名校肄业或毕业文凭，具备较高的文化素养，既具有现代女性的气质，又不缺乏传统淑女的魅力。她们在社会生活中独立扮演着一定的社会角色，为几千年来沉闷的中国女性社会生活注入了一股新鲜气息。

（一）职场的清新素雅之风

职业女性也是社会现代化的产物，五四运动之前，女性几乎没有平等就业权。五四运动时期，妇女解放运动提出了女性经济独立的观念，而就业是独立最直接的渠道，所以女子平等、就业平等问题得到了社会更广泛的关注。随着女性就业领域的逐渐扩大，特别是中上层女性开始走上职业的发展道路，部分女性实现了经济独立。职业女性的发展离不开社会政治经济的发展与社会环境的改善，但最重要的还是依靠女性自身素质的提高，主要体现在受教育程度的提升、就业思潮的涌动以及妇女运动的推动。

民国建立以及五四新文化运动的发展，为新兴职业女性群体的发展壮大提供了适宜的政治环境。除原有的产业女工之外，当时最受关注的女性就业范围主要集中在脑力劳动者，即职业知识性更强的行业。首先是女教师、女医护人员的数量继续增加。一些女性开创了中国女性从事新闻事业的先河，在商业、文教等机构中还出现了女实业家、女店员、女会计师、女速记员、女打字员、女教师、女作家、女科学家、女艺术家、女新闻记者、女医护人员、女律师、女法官等。海关、邮政局、电话局、翻译局、警察局等国家机关也出现了女职员，几乎在社会的各个行业中都出现了女性的身影。陈鹤琴先生对于当时新兴女性从业状况的叙述为："十年前，除了教师及医生，只有少数人（女性）从事卑微的不熟练的劳动，现在却已有男子职业的一小部分向女子开放了，如银行员、铁路事务员，商店的店伙，以及公司会社的职员等……就是大学的教授里，以及官署中的官吏等，也颇有以女子充任的事情，这都是十年以前所没有的。"[1]到了20世纪30年代，职业女性已发展到一定规模，法律、科学、实业、演艺等各领域都有女性供职，受过教育和培训的职业女性已成为社会发展中的一支中坚力量。当然，报章杂志对职业女性的态度与评价也褒贬不一（图6-36）。

由于工作、职场和社交的需要，这些职业女性对服装、旗袍和面料有着不同于一般女性群体的要求。她们既不能

[1] 陈鹤琴．最近十年内的妇女界[J]．妇女杂志，1924（1）：29。

职场女性（作者：鲁少飞）

20世纪30年代电影中的女店员

南京路上的先施公司是最早雇用女店员的公司，这一做法很快被其他公司效仿

图6-36

民国时期女子商店的女服务员

图6-36 民国时期电影、报刊中对职业女性的反映和报道

像电影和戏剧明星们那样过于时尚，也无须像政界宝眷们那样端庄拘谨，更不能像歌舞女性般暴露，因而也逐渐产生了与她们所处的社会地位、职业需要相吻合的风格特征，即清新俊逸中显露着不同职业的个性，淡雅隽逸中显露着知识赋予的从容自信。对于职业女性在流行服装的追求上，也有非她们本意的另一面，即职业要求：一般雇主录用女职员的标准，学识修养是一方面，“卖相”却不能马虎。在这样的境况下，职业女性为了谋得岗位，不得不注重外表和穿着打扮，因而时装旗袍加卷发、高跟皮鞋加胭脂也成为20世纪30年代职业女性的典型写照，她们在职场的亲和力、直觉力、敏感性、细腻、忍耐等也都可以在她们的职业服饰中得以体现（图6-37）。

（二）社会活动的身份标签

《玲珑》杂志的相关文章大多力求提倡服饰合乎身份、简洁，并端正“摩登”的定义，认为可以时髦却不要过度洋化。1931年第15期的《女店员》一文便提议职业女性穿着不要失了职业女

本市中华无线电台报告员王宗彦女士，《北洋画报》（1935-10-10：1）

本市中华无线电台主任报告员潘卫华女士，《北洋画报》（1935-10-1：1）

河北省政府女职员朱群芳女士，《北洋画报》（1933-8-19：4）

就职于外交部的朱福珍女士，《玲珑》[1931（25）：897]

画家吴菊傲（左）三姐妹，《北洋画报》（1935-6-8：1）

北平市妇女慈善会费路路女士及其妹，《北洋画报》（1935-11-30：4）

上海中华妇女协会姚百宽夫人，《北洋画报》（1937-5-13：1）

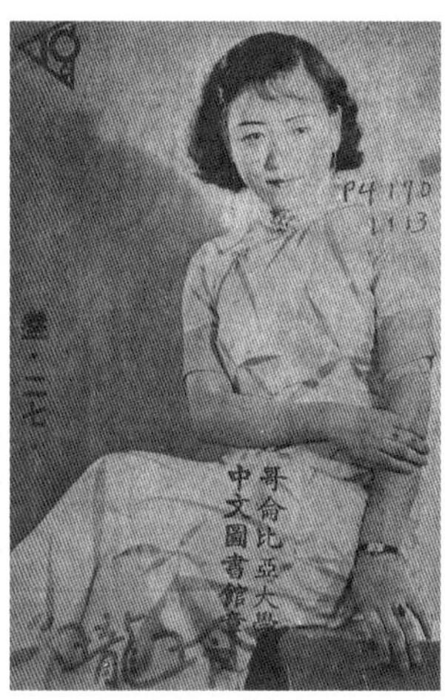
职业女性王默娟女士，《玲珑》封面［1933（107）］

图6-37　职业女性在旗袍上所体现的职业特点

性的真谛[1]；1934年第159期的《妇女服饰之我见》中也写道："新女子的服饰是力求简洁，便利是尚。"[2]

结合报刊所刊载的图像资料和笔者收集的部分老照片来看，职业女性对于旗袍的款式和面料的关注，内在多于外表。特别是在社交场合中，款式端庄但富有细节的变化，比较注重镶滚、盘扣等细节的装饰，面料以条格、几何和中等花型花卉纹样为主。

❶何漱芳. 女店员[J]. 玲珑，1931（15）：507-508。

❷美卿. 妇女服饰之我见[J]. 玲珑，1931（159）：2176-2178。

作为职业女性，她们一方面代表了此时社会结构的新阶层，另一方面体现了一个完全不同的领域——现代都市女性的精神面貌。20世纪30年代，随着上海新都市的形成和崛起，在庞大的职业女性群体中，她们或许是才女、美女，出身大家庭、上流社会，接受西式教育，很国际化，但她们与公寓女郎、摩登女郎、家庭主妇之间，又有着多种关联和交叉。她们或许来自旧的家庭，但是她们更独立自主、更健康、更富有朝气，已经成为当时新女性整体形象的突出代表。她们在通过自身和服饰展示身体的曲线、健康、活力的同时，也通过发现女性——发现女性身体，将女性身体塑造成近代社会发展、进步的一种标签和表述。

我们从《北洋画报》的报道和图像信息中可以得知，当时的职业女性除了自己的职业外，还参与了很多社会性活动，例如：各种团体的演出、会议，赈灾、救灾慈善义演、时装表演，支持国货表演等，在这些活动中，她们不仅为社会做出了贡献，也展现了她们自己的精神、风貌以及她们在不同场合的旗袍风范。

20世纪30年代，职业女性阶层的旗袍款式，为获得端庄的大众形象袍身长度多至脚踝处或稍上；旗袍的领型根据职业的异同多处于适中和偏低领之间；春秋及夏季的短袖旗袍一般袖长在肘关节上一寸左右，无袖旗袍使用者为数不多，也有一定数量的衣袖是合体长袖；在穿着短袖者中，特定场所也搭配长袖毛衣和长袖短西服。衣服的围度以适中合体为多，但也有一些偏向紧身或是宽松的形象出现；旗袍的开衩高度除了极少出现高至大腿中部外，绝大多数于膝盖上下处。此类女性的衣着面料纯色和花色面料兼有，浅色、中浅色占较大比例。在面料的纹样上，中、小花型偏多，偶有大花型也以单套色或少套色纹样为多，波点、格纹、小花、暗纹为主占比例较大，整体上讲究色调的雅致与协调。从旗袍的镶边细节来看，整体细腻而精巧，一般以深、浅色线香滚为主，用另色丝绸做滚边也有少量比例。总体特征上比较明显地体现着此类女性温文尔雅、含蓄内敛的气质（图6–38）。

由表6–4中我们可以更为清晰地看到，当时的知识女性普遍钟爱清淡素雅的面料纹样，受西方文化影响的新式碎花、条格、几何纹样是出现频率最高的几类，这些旗袍纹样从视觉和穿着效果上都使知识女性们在凸显她们对新事物的敏感、追求外，更显沉静质朴，十分贴合她们的社会形象。

在这些旗袍纹样中，我们也可以窥见鲜明的时代特征，如表6-4中出现的多种叶形纹样，它们的布局、表现方法等在中国传统花卉纹样中都较为罕见，显然是受到外来文化的影响。另在几何型纹样中，其元素的西化痕迹更为明显，与中国传统纹样有很大区别。

武汉妇女界慰劳抗日将士举办游艺会艺术组三女士（右至左：姜惠莲、何慕梁、张莞君），《北洋画报》（1933-4-8：2）

参加“联青夜”摩登女宾之四，《北洋画报》（1934-10-11：2）

武汉妇女界慰劳抗日将士举办游艺会场务组洪助初（右）与陈绍棠夫人，《北洋画报》（1933-4-8：2）

北平音乐家林鸣女士，《北洋画报》（1937-7-1：2）

上海排球名将关柳珠女士，《北洋画报》（1934-9-25：2）

钢琴演奏中四人联奏之张氏姐弟，《北洋画报》（1931-6-16：3）

参加十八届华北运动会河北女子选手之四，《北洋画报》（1934-10-13：2）

图6-38

上海妇女服务社委员合影,《玲珑》[1933(120):2213]

五位女钢琴家,《北洋画报》(1931-6-16:2)

武汉妇女界慰劳抗日将士举办游艺会发起人陈瑞贞(右)与徐珪珍,《北洋画报》(1933-4-8:2)

本届华北运动会之一群女领队与评判员,《北洋画报》(1934-10-18:3)

汉口市举行国货时装表演大会之表演者,《北洋画报》(1934-4-7:2)

沪妇女节制协会主管职员,《北洋画报》(1935-6-25:2)

北平妇女各团体联席会议合影,《北洋画报》(1937-7-3:2)

图6-38 职业女性与她们在不同场合穿着的旗袍

表6-4　职业女性青睐的旗袍面料及纹样复原图

图像来源	人物照片	纹样复原图	纹样类型
岭南画家 魏淑珍女士 良友[J]. 1926（7）：13			叶形碎花
上海音乐会 成员			叶形碎花
良友[J]. 1926（7）：19			小碎花
教员彭女士 良友[J]. 1931（64）：34			叶形碎花

续表

图像来源	人物照片	纹样复原图	纹样类型
作家周军莲女士 玲珑[J]. 1931（19）：667			叶形碎花
作家周晴波女士 玲珑[J]. 1934（128）：147		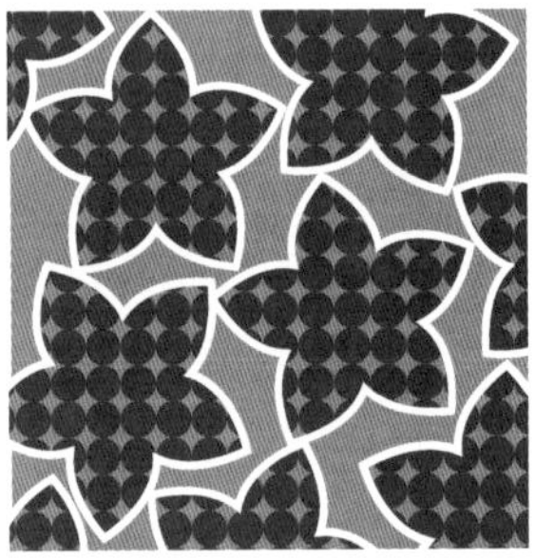	满地大花，像叶似花，以圆点填充，层次丰富
女音乐家 黄霭丽小姐 玲珑[J]. 1936（241）：1840			叶形纹样
唐瑛女士 良友[J]. 1927（18）：6		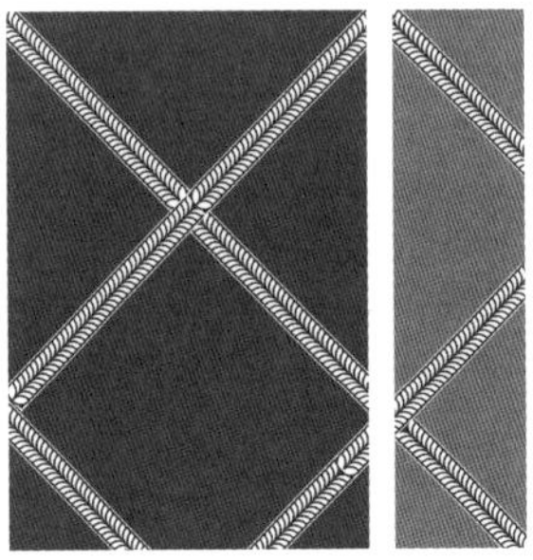	米字格形纹样

续表

图像来源	人物照片	纹样复原图	纹样类型
北平孔德 学校女生 良友 [J]. 1928（28）：24	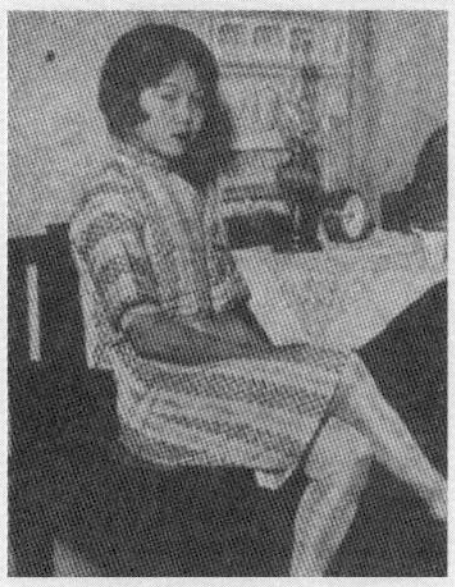		方格与条形纹样组合的条形纹样
南京汇文女中 徐欢新女士 玲珑 [J]. 1931（36）：1382			波形竖条纹样
上海美专 廖梅影女士 玲珑 [J]. 1932（77）：1267			不规则几何形纹样
音乐家 陈斐音小姐 玲珑 [J]. 1932（77）：1267			斜条纹样衬叶形碎花纹样

续表

图像来源	人物照片	纹样复原图	纹样类型
文学歌舞社员 袁嘉宝女士 玲珑[J]. 1933（116）：1943			三角形几何纹样
上海清心女子 中学高材生 谢志娆女士 良友[J]. 1929（36）：29		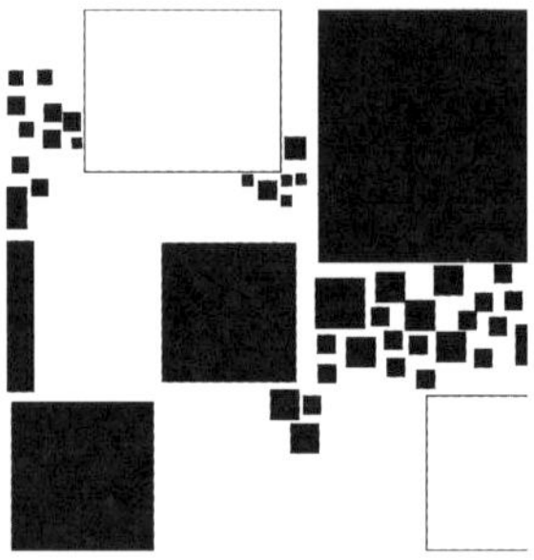	方形几何纹样
新华艺大高材生 霍景熹女士 良友[J]. 1930（47）：26			方形几何纹样
画家谭燕儿女士 良友[J]. 1930（56）：30	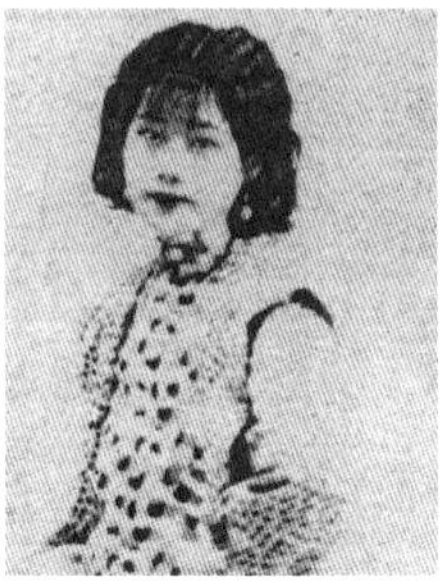		圆形几何纹样

注　表格绘制：薛宁。

在纯粹的职业女性之外，还有一类是具有知识教育背景的家庭主妇，她们平时以辅助丈夫工作、教育子女的贤妻良母式的形象出现在家庭，但她们也承担一些社会性的事务。因而这类女性所穿着的旗袍及面料纹样与社交场所中的时尚名媛和电影明星，以及纯粹的女学生又有区别。作为知识型家庭主妇，身着旗袍更多时候是为了表现出具有知性、时尚性，她们当然也要吸引丈夫的目光，“但是更多的不是为了表现自己的身体，而是为了表现出自己的贤妻形象。身着旗袍的女性所表现出的贤妻良母形象与前现代中国妇女所表现出的贤妻良母形象是不同的，也不像前现代妇女处于依赖角色，她们在此时是辅佐和教育的角色，具有相对的独立性”[1]，这也是旗袍在那个时代被赋予的多元与进步意义的另一个原因。

[1] 师爽．旗袍：中国20世纪初期女权文化的一个表征[J]. 理论界，2009（4）：176。

褐色叶纹烂花绒纱短袖旗袍及面料局部（20世纪40年代，香港博物馆藏）

结论

在此书的撰写过程中，笔者检索和阅读了大量的近代和民国文献，其中包括著作、笔记、文集、纪念册和各种类型的杂志、报章等。中国近代传统服饰文化的传承、近代服饰新思潮的启蒙、各种中西合璧服饰日新月异的发展、文人墨客及纸质媒体的推动，无疑厥功甚伟。为了让读者对正文中引用的某些文字，知其上、下文的整体描述，也为了读者能够有更多的延伸阅读，特以附录形式摘录了有关近代女性服饰面料、图案、色彩以及旗袍时尚的相关论述，以供参阅。

有学者指出："时尚是中国近代史学的研究内容之一，它是政治、经济、文化等因素的综合反映，蕴涵深广的社会历史内容，有很高的研究价值，但并未得到学界的重视。"[1]确实，作为艺术史、设计史或服装史中的旗袍及面料时尚研究，同样没有得到应有的重视。近代旗袍及面料作为近代时尚的典型代表之一，是近代社会、科技进步、商业文明和现代媒介发展的产物，是一个表面呈现于流行时尚，但实质上裹挟着众多社会、政治、文化因素及复杂变量的物质载体。因此，本书的研究尽量避免了重复或游离于现代学者已有的观点之间，而是以近代史多种形态文献的深入解读为基础，将近代旗袍及面料放置或还原于当时社会、经济发展大背景下，从传世旗袍实物、月份牌旗袍图像和民国刊物、文献等多个视域，来探讨旗袍及面料与政治、经济、科技、文化、消费、大众传媒的关系，使我们对旗袍、面料及特定案例的审视方式、认知结果等，更为系统、更接近本质的反思，而非表象的简单罗列。

一、近代旗袍及面料是近代中西文化交融的典型产物

本书通过对"旗袍"文本的解读以及对"旗袍"一词在近代文献中的指代变迁的分析，明晰陈述、论证了清朝时期对其袍服的称谓中并未使用过"旗袍"一词。论证了从1920年前后始在"暖袍""男式长衫""旗袍马甲"等服饰上，非定性、混沌使用"旗袍"一词的原因、过程，以及1925年后逐渐将"旗袍"约定俗成为特指"近代旗袍"的史实。在众多时人对"旗袍"概念的界定中，比较接近史实和典型的观点认为：旗袍的文本虽看似指称的是清朝的袍服，但旗袍本身是"曾经改制"[2]的，"早已脱离了满清服装的桎梏，而逐渐模仿了西洋女装的式样"[3]。综合时人的观点，笔者认为，虽然，旗袍有着

[1] 孟兆臣．中国近代小报中的时尚资料[J]．社会科学战线，2011（3）：148-152。

[2] 镌冰女士．妇女装饰之变化[N]．民国日报，1927-1-8。

[3] 旗袍的旋律[J]．良友，1939（150）：57。

"旗"（清朝）的姓氏，但绝非"旗"之嫡生。旗袍的初兴，是"要求解放"的女性们，大胆而叛逆地穿起了"一截"长袍，只是为了在外在形象上与男性抗衡。但从改良旗袍始，它虽有着满、汉服饰的血缘，但已带有了明显的西方服饰文化的基因。因而，从文化基因的角度说，旗袍是一个有着显著中国符号外部特征，而骨子里却很西方的"混血儿"。说它有着显著的中国外部特征，是因为它的领、襟、盘扣等直接来自满、汉服饰文化符号，绝对的中国；说它骨子里却很西方，不仅是它在裁剪、制作方法、面料使用、穿着方式上逐渐的西方化，而更重要的是它彻底颠覆了中国传统服饰的"以衣载人"，抹杀女性身体自然曲线的礼教观念，使旗袍转换成为倡导人性解放、男女平等，"以人载衣"的真正现代服饰，凸显了"人"的存在和对人本的关注。使中国女装脱离了覆盖性的装饰，开始强调穿着者的人本语言，也使中国服饰史上首次出现了男女服装本质性的差异化。同时，也明确显现了中国女性开始从审美客体向审美主体的转变，服装从等级着装向自由着装的嬗变。

为了以上论点更为清晰，我们不妨再从社会学、文化学、技术学、传播学等角度提纲挈领地加以论证。

（一）从社会学的角度分析

其一，从社会结构和社会变迁的角度看，社会关系、结构的变化以及政权更替，必然会酝酿和导致礼制与服饰的变革。反之，社会生活中一件件具体的新事物的出现，多半又可以从社会思想观念的变迁中追溯到原因。在民国建立后，1912年10月4日颁布了民国政府的第一部服制条例，以及1929年4月16日颁布的服制条例，就很好地说明了社会变革必然引发的服饰革命。与前朝相异的是，1912年的服制条例虽由政府颁布，但并没有强制执行，甚至没有影响到当时妇女界"混乱穿衣"的习惯。而1929年的服制条例，则是顺应了社会时尚潮流之变，将已流行数年的旗袍作为女子礼服的一种和唯一公务员的制服。因而旗袍的出现与流行如果看作是一种社会现象和社会行为的话，它突出反映了近代女性的自觉革命、抗争、进步的过程和结果，是西方服饰制度、行为方式影响中国服饰发展的物化表现之一。

其二，从辛亥革命开始，社会变革的主要目标之一就是"反清"，努力摆脱"满清"的阴影。另外，民主制度的确立也激励了人们对西方民主社会的向往，人们更加醉心于天赋人权、自由平等的理想，通常认为这种思想下建立的西方生活方式，代表人类前进的方向，谁接受西方习俗，谁就是文明维新，否则就是冥顽不化。西方服饰及服饰观念成了西方文明的象征，被人们推崇备至。作为"追求解放""争取社会地位"的女性们，无论从哪一个层面上说，都不太可能逆行于推崇西俗的社会大潮，将"满清"的袍服作为自身解放、女性革命的一种时尚标志。虽然当时社会上曾出现过穿着"旗装"拍照、炫耀的现象，但只能将其视为猎奇、非主流的行为。因而，近代旗袍沿袭清代袍服之说，或将旗袍等同于旗人袍服的观点，从社会发展的角度看，都很难成立。基于民国社会变革背景下，旗袍无疑深受西方服饰观念行为的影响，是一种带有浓厚近代资本主义色彩和社会进步意义，中西文化互相融合的服饰。它的社会学意义无异于中山装。

（二）从文化学的角度分析

不管是从文化的共性和个性上看，民国时期都是中国文化发展史上一个激进、混乱、多变、复杂，甚至是肤浅、粗糙的特殊时期。首先，在文化结构上，表现为各种文化形态的共存，当时"五族共和"[1]政治口号的提出，也从另外一个角度反映了多种文化共存的状况。在此特殊时期，中国古代传统文化仍然得到传播与发展，西方文化及各种文化流派之学说则澎湃涌入；此外还有在中西方文化融合中形成的不中不西、亦中亦西的新文化类型层出不穷。从文化发展的脉络上说，是从纵向的一元文化，发展为横向的多元文化，体现为一个文化整体嬗变的时代。民国文化为了适应不同市民阶层的需求，在西方文化的冲击下，传统的文化只得从固有的高雅经典开始走向世俗平民，以政体为依托的京派文化也逐渐让位于以商业经济为依托的海派文化。大众文化、商业文化成为民国文化的主流。在服饰文化上同样如此。清代服饰的清朝体系，虽说也受到汉服的诸多影响，但基本还是处于其体系之下。而到了民国时期，在这个旧权威、旧传统已被打破，新秩序、新权威还没有真正形成的新旧文明交替之际，从政府到民众对怎么穿衣一片茫然，继而出现"西装东装，汉装满装，应有尽有，庞杂不可名状"[2]的乱穿衣现象。因而，旗袍在这个时期存在名称、款型、风格等诸多方面的不确定

[1] 五族共和，是中华民国成立初期的政治口号，强调了在中国的五大民族（汉、满、蒙、回、藏）和谐相处，共建共和国的理念，当时的国旗也为五色旗。

[2] 闲评二[N]. 大公报，1912-9-8。

性、复杂性就不难理解了。其次，再从主流文化对服饰时尚文化影响的角度来分析，民国时期的主流文化实质是欧风美雨环境下，中西文化碰撞、交汇形成的一种新型资本主义文化。而旗袍的形成和发展受到更趋“西化”之海派文化的影响，已是一个不争的事实。可见，旗袍无疑是传统服饰被迫或主动走向西化的结果，其基因中，西方文化多于传统文化，大众文化多于精英文化，而清朝文化的实际影响可以少至忽略不计的程度。如在旗袍廓型的发展中，变化最大的莫过于下摆线及袖型，而将此两项与欧美女装的变化来对比的话，我们可以看到其流行变化几乎是同步的。服饰文化横向发展上的一致性，以及旗袍领、肩、袖、收腰、省道、下摆、面料、辅料等元素的西化，都表明了旗袍明显西化的文化属性。

（三）从技术学角度的分析

以技术发展的特点来看，中国的传统服装是属于“肩袖连裁式，十字型平面结构”，在民国以前不管是满族袍服、汉族女褂都同属于这个结构体系。但从倒大袖旗袍到无袖旗袍，其裁剪方法已悄然发生了重大改变。首先，20世纪20年代末以后的旗袍，虽依旧遵循了以前后身中心线为中心轴，以肩袖线为水平轴，前后片为整幅布连裁的十字整衣型结构，但裁剪方法已从中线破缝裁剪发展到无中线破缝裁剪，这是近代面料技术进步（面料幅宽的增加）直接导致的裁剪方法的发展。其次，在20世纪30年代中期旗袍的廓型上，已从宽大的A型，向较为合体的H型发展。随着腰线的出现，表面上只是裁剪线型的变化，但实质上则是中式服装裁剪系统向西式服装裁剪系统的过渡和变化。其三，至20世纪30年代末，旗袍造型元素、面料元素、辅料元素均已开始不同程度的西化。如有些旗袍使用的围领、坡肩、装袖等局部西化已被广大女性消费者所接受。其廓型在H型的基础上开始向西式的S型过渡。特别是到20世纪40年代，旗袍辅料元素的西化速度加快，西式子母扣、拉链以及垫肩的运用，使旗袍的制作技术与“国际化和现代化”接轨。

（四）从传播学角度的分析

从传播与人及社会的关系来看，中国传统服装本身是一个相对独立的文化传播系统。在封建社会，服饰的传播属于一种制度性的传播，多为由上至下的强制执行。而民国时期，从作为旗袍雏形的多种服装形式以及旗袍本身分析，它们的传播主要依靠的并非制度，而是各种媒介渠道的传播及群体引导，即本书前述的月份牌图像、报纸、杂志等纸质媒介的传播；以及从女性社会活跃者、学生、演艺明星、大家闺秀到名人宝眷等群体的引导。前者依靠的是制度的压力，后者依靠的是时尚传播和流行的多种途径。仅从纸质传播的内容看，一方面，介绍西方生活方式的内容占有很大比例，特别是外国的电影明星服饰和西方时装等，它们对旗袍的产生和发展无疑起到了重要的影响作用。另一方面，是各种传播媒体对旗袍本身的传播作用，从该不该穿旗袍，旗袍怎么穿，到旗袍的设计制作、穿着搭配方法等的介绍，都对旗袍的流行起到重要的推动作用。

二、近代旗袍及面料是旗袍发展中不可缺失的一体两面

旗袍的产生与发展是一个复杂、渐进的综合系统工程，是在多种政治、社会、文化、技术因素综合影响、历练下形成的一种近代女性时装。在这个综合系统中，除了款式、工艺、着装方式、服饰配伍、流行时尚等之外，面料也是一个非常重要的决定因素。笔者在概说中就提出了这样一个假设：在清末以后，如果没有西方文化以及“洋布”等洋货的输入，没有由此而引发的国内近代纺织制造业、织物品种的变革与发展，是否会有近代旗袍的产生、发展和鼎盛？答案显而易见。

（一）传统面料制造业是旗袍产生的基础

不管是清朝袍服或汉族袄裙，它们的存在都与当时的面料织造技术密切相关。首先，从棉布来看，自元、明时期以后已演化近百个品种，既有为统治者服用的高级官布，也有用于市场上贩卖的商品布和老百姓自产的自用布。其次，我国拥有丰富多彩的丝绸产品，给国人提供了华美的服饰面料，从汉代起通过丝绸之路远销世界各国，享有很高的声誉。从清末和民国初年的传世服饰实物来看，除了民众普遍使用的各种棉布外，传统的绸、缎、纱类丝织物是各种服饰中使用最多的面料品种。而这些品种同样被运用在早期旗袍的面料之中，也是支撑旗袍发展的重要材料因

素。中国传统面料织造业的存在，也为20世纪初引进西方设备、技术，以及自主新产品的开发、生产奠定了一定的基础。

（二）西方“洋布”的输入是中国近代旗袍及面料产业嬗变的触发因素

1840年鸦片战争爆发后，洋纱、洋布、洋绸大量输入我国，以价廉物美的优势逐步占领了我国服装面料的部分市场，我国的自产棉布和丝绸等受到不同程度的挤压。洋绸、洋布的大量倾销，导引人们的消费习惯发生了显著变化，细密光泽的洋绸、洋布成为人们时尚服饰的首选面料。面料幅宽的增加、新材料的使用、流行纹样与色彩的出现，这些因素都不同程度地促使服饰款式、着装方法随之变化，旗袍产生与发展也与这种西化的材质变化不无关系。在当时报刊对女学生服装的评述中，就能看出消费者对“洋绸”青睐的状况。

近代面料产业兴起的过程，既是引进西方纺织技术、开拓近代纺织生产的过程，也是训练、培养纺织面料设计与开发人才和技术力量的过程。通过渐次及规模化的设计、生产实践，我国自主的面料产业也逐渐形成和壮大。

（三）新型设备与技术的引进带来了旗袍及面料品种的不断拓展

18世纪以后，法、意、日等国丝织工业发展迅速，历来居于优势地位的我国丝织业开始遭遇到前所未有的竞争和挑战。从20世纪初开始，不管是机械缫丝的兴起，国外手拉织机的引进，厂丝和人造丝的运用，或是对国外丝绸品种的模仿，这些举措都为国内丝织业的变革和品种的创新打下了良好的基础。20世纪20年代以后，以杭州、上海、苏州为代表的丝绸产业群，开发了一大批新型面料。它们在纤维材料、织物组织、手感风格、纹样色彩等方面皆取得了不小的进步，从整体上说，面料从厚重走向了轻薄，色彩从艳丽转变为淡雅，为近代旗袍的发展提供了大量国产丝绸面料。

再从印染业来看，首先是机器染色织物的从无到有，再到形成以上海为中心的全国机器印染布局。根据相关统计至1936年全国已有机器印染厂100余家[1]，包括晴雨牌阴丹士林在内的众多厂家生产的染色布，为普通消费者的旗袍提供了“色彩鲜艳”“永不褪色”的面料选

[1] 杨栋梁．我国近代印染业发展简史（二）[J]．印染，2008（13）：46–47。

择，本书收集、整理的晴雨牌阴丹士林色布广告中的颜色就有20种之多。而1947年出版的《蒽醌还原染料（阴丹士林染料）》一书中所载各种色系的染料达345种[1]。此外，国内棉布和丝绸印花业的发展，为广大消费者提供了在丝绸提花织物、一般染色布之外更为流行和价廉物美的面料。如在丝绸印花中有直接印花、拔染印花、防染印花、丝绒烂花和丝绒拷花等不同的品种可供选择。在当时旗袍面料中十分流行具有"薄、露、透"流行特点的烂花织物，如有烂花绸、烂花乔其绒、烂花丝绒、烂花绡等品种。

从上述的面料新品种中可知，旗袍时尚的发展与新型面料的出现、开发关系密切，可以说没有西方"洋绸""洋布""洋呢"对中国的倾销，没有国内面料产业的发展和新品种的开发，不管是从款式、色彩还是流行风格等角度看，都很难形成民国旗袍的辉煌。

三、近代旗袍及面料的品种、题材、纹样的文化语义多元性

民国时期的经济繁荣和文化活跃，为旗袍及面料设计的"百花齐放"奠定了基础，形成了旗袍及面料款式、纹样种类繁多，文化语义、表现形式多元性的局面。旗袍及面料在这一时期的创新与发展，依托多种传媒途径在中西方文化的交融互通中发展，并通过本土设计师对传统元素的继承与西方文化的借鉴，使中西方文化有机的交融与共生。民国时期旗袍及面料纹样风格处于由传统到现代过渡的时期，并且受到国外进口面料的影响极大，呈现出中西杂糅、多元无序的时代特征。

（一）面料品种的中西杂陈

从旗袍面料品种来看，20世纪20年代末以后，旗袍使用的面料品种明显增多，在传统品种以外，"新型"面料的品种主要有两类：一类是直接引进的西式面料，如哈喇呢、花洋纺、派力丝、哔叽、羽纱、蕾丝、印度绸、法国绸、德国丝洋缎等，名目众多。这些西式面料与中国传统面料在外观、使用性能、纹样、色彩上均相去甚远，但受到当时女性消费者的青睐。例如：上海三四十年代曾盛行的蕾丝面料旗袍，这类薄、透的面料制作而成的旗袍，不仅未被视为不雅，反倒受到追捧而十分流行。由于蕾丝等镂空或半透明的化纤织物的大量输入，上海等地还掀起了一股"薄、

[1] 陈彬，王世椿. 蒽醌还原染料（阴丹士林染料）[M]. 上海：中国科学图书仪器公司，1947：117-134。

露、透”的旗袍时尚。可见，西式面料的输入不仅是给传统服装面料带来了冲击，更是丰富了面料的品种，还给旗袍的不断创新带来了活力。另一类是西式纺织技术与传统工艺结合应用而出现的新式织物。如20世纪初，西方开始用人造丝代替蚕丝制造丝织品，起初中国是拒绝和排斥这种工艺的革新。但到20世纪20年代以后，中国成为世界上重要的人造丝输入国，并且利用真丝和人造丝染色性能的差别发展出一些新的丝织品种，如克利缎、鸳鸯绉、雁翎缎和罗马锦等；再如明华葛、华赉司、羽纱、孔雀绸、线绨等经面织物都是用通过浆经的人造丝为经线织造的经面织物新产品。此外，20年代西方新颖的“意匠法”传入我国后，又出现了很多新型组织结构的提花织物。

（二）纹样主体文化语义的暧昧与缺失

从20世纪20年代初期人人必备“不着绣文”的素色布衫，到20年代末的条格、碎花纹样旗袍的大行其道，再到30年代后期的满地花卉纹样的引领潮流。在每种流行纹样类型中又有多种细化的分类，以至时尚潮流加速更迭的“黄金十年”被认为是旗袍面料纹样多元化的典型期。

民国时期，由于没有了封建社会意识的禁锢，各种西方文化思想盛行，织物和旗袍面料纹样设计所受到的意识形态的限制逐渐减少，大量与传统文化相异的“新式纹样”元素逐渐占领市场，除前文所述的几何形、叶形等新元素的大量出现外，为了迎合“崇洋”之风以及不断更新的时尚市场，设计师更是广泛利用西方的不同纹样元素相互搭配，进行排列组合，在很大程度上扩大了创新纹样的数量，在促使纹样元素类型更加多元化的同时，不免也带来了主体文化语义的缺失和价值观念的暧昧性。

（三）工艺与设计表现中明显的西化痕迹

在织物与旗袍面料工艺表现手法的多元化中，首先主要体现为技术引进带来的西化。民国时期包括旗袍面料在内的织物设计所取得的发展，是因为它在设计、工艺上有一个与以往完全不同的社会文化和科技基础。民国时期的设计风格具有很强的综合性，拿来主义为最基本特征之一。如在丝织方面——各种新型提花机、制版机以及人造丝的引进；印花技术方面——浆料印花、丝网印花、辊筒印花等的引进，为民国时期织物和旗袍面料的发展提供了技术支撑。

民国时期的面料设计主要是在相对开放的社会环境，以及工业革命和现代纺织技术的基础上进行的。当时的机械印染和提花技术已经基本可以表现各种纹样形式甚至是较为复杂的色彩和肌理，也可以模仿再现各种风格的图形样式。民国时期出现了织物及旗袍面料品种大发展的盛况，很重要的一个手段或说是发展前提，就是对外来织物的分析和仿制。如美亚织绸厂的织物试验所，主要任务之一就是征集国内外织物样品加以分析，并试验仿造。这个过程为各种自主新织物的研究设计和试验打下了必要的基础。

除技术上的“拿来”以外，设计师们在纹样设计中受到的限制相对更少，可以自由学习各种风格的纹样并进行大胆的发挥。如果我们仔细浏览一下那个年代的各种面料设计，可以发现当时的设计师的设计视野非常开阔，创造出了大量在当时来讲是全新的设计，为以后的纹样设计发展做出了难以估量的贡献。如有的纹样设计将具有动感的曲线作为形象组合要素，造型上很显然模仿了“新艺术运动”的纹样；而有些纹样设计，在造型、色彩处理上非常简练地保持了“装饰艺术风格”的韵味，同时单纯的色彩具有更强的视觉表现力。更有意思的是在一些纹样设计中也可以看到非常明显的现代主义风格的影响。

另一方面是西方服饰面料、辅料的直接输入，除了给国内企业提供了模仿、借鉴的实物外，也给包括旗袍在内的各种服饰，提供了丰富的面料、辅料选择空间。同时，这些日趋成熟的技术和产品，为旗袍款式创新、工艺制造方式的变革也提供了多元的可能性。

四、近代旗袍及面料的色彩趋于含蓄与异质融合

随着封建“衣冠之治”的彻底瓦解，“禁用色”和“限用色”的色彩禁忌早已被冲破，再有西方“人人平等”的观念逐步深入人心，使得近代旗袍织物的色彩更显五彩斑斓。

（一）色彩体系趋于国际化

民国时期的服饰及织物色彩观念，一方面受到进口服装、面料等的直接影响；另一方面20世纪20～30年代，国

内开始创办了不少艺术教育机构，如中西美术学校、上海美术专科学校、国立北京高等师范学校（现为北京师范大学，开设3年制手工图画科）、国立南京高等师范学校（现为南京师范大学，开设3年制图画手工科）、国立北京美术专科学校等。而在这些学校任教的多为曾在欧洲、日本等国留学的艺术家，甚至是外国老师，他们将西方按色相、纯度、明度划分的三要素色彩体系及概念引进到中国。由此，中国的色彩运用和教学也效仿、引入了西方色彩学体系，同时也使我国近代纺织品及旗袍纹样设计的色彩表现趋于国际化。

（二）色彩特征的流行化与市场化

在色彩特征上，单纯朴素的面料风格仍是这个时代的主角。而传世实物收藏品和各种画报中反映出的色彩特征，有着明显的选择性、局限性，非现实大众色彩特征的主流。按市场销售面料及消费者比例来看，民国时期单色、素色面料与花色面料比较，单色、素色面料至少占60%以上。虽说各类明星、社交名媛等女性所穿旗袍的色彩风格更标新立异，色彩多变而强烈，引领着部分阶层的色彩流行。但普通消费者的旗袍面料还是以单一色彩为主，以单色、素色小花居多，并多受市场流行的影响。在单色旗袍面料中，也包含了暗花和丝绸面料，并占一定比例。

民国时期旗袍色彩的纯度相对于清代略有降低，并且色彩纯度随时代的发展显示为同步降低的趋势。西方灰色系列的引进也是此阶段的色彩特征之一，虽然，低灰度色彩在面料设计中所占的比重仍较少，但米灰色作为介于纯色与灰色之间的一种新色彩，在这个时代受到了特别的欢迎，其应用频率远远超出其他灰色系列。在民国时期，旗袍的整体色彩特征，除了受到西方色彩流行趋势的影响外，还主要取决于市场流行的主体面料色彩本身。由于印花和色织提花技术的进步，面料本身色彩较之前丰富，刺绣、滚边等二次加工对旗袍整体色彩的影响逐渐减弱。在提花和印花面料中满地和清地小花所占比例较大，其纹样色彩除起到点缀作用之外，从视觉效果上也丰富了旗袍整体色调。满地大花的印花面料、提花面料，色彩多、对比强，但从整体上说所占比例相对较少。

在近代旗袍与面料的色彩方面，旗袍滚边色彩不得不说是近代旗袍的一大特点。从传世实物与图像资料来看，这一阶段的滚边色彩以简洁、单一风格为主。滚边面料与主体面料的颜色一般采用同类色或近似色，在多条镶边的状况下一般采用以明度变化为主。当然也存在对比色运用很好的案例，大部分都比较好地考虑到对比色彩的纯度和色相变化，获得比较协调、雅致的效果，说明当时的设计师（包括裁缝师）以及女性消费者普遍对服饰色彩有较好的审美度。

五、旗袍及面料发展的历史贡献与时代局限

20世纪的20～30年代是受西方思潮影响最为深刻的时期，也是由传统向现代的过渡时期。将此时期与清代中期做一番比较的话，我们不难发现，在中国的沿海城市，中西方文化的影响已介入到中国人生活的方方面面，其程度之深、普及之广是难以想象的。西方文化的冲击改变了人们的生活方式，开阔了人们的视野，也使人们从对域外事物一无所知的封闭状态中走出。在中国传统文化和西方文化的相互对抗、比较中，也产生了对传统文化的种种反省、认识，并逐渐出现二者的融合，同时也孕育了近代旗袍及面料产生、发展的社会环境。

（一）现代服装和织物设计观念的发端与确立

鸦片战争以后，各种西方服饰和产品蜂拥而至，各种洋绸、洋布的倾销令传统丝绸、土布遭到冷遇，新型提花和印花织物的装饰效果取代了费工费银的刺绣装饰。在西方科技文明优势的主导下，中国的织物制造业也由传统的手工作坊逐渐向机器化生产转变，服装、服饰也参照西方服饰文化对传统服饰进行了革新，这一过程并非简单的除旧纳新，而是选择性地吸收西方文化的精华，形成中外结合、古今交融的新风范，中山装和旗袍就是这一时期服装设计中西合璧的服饰典范。

在服饰织物和旗袍面料设计方面，外来织物对国内服装和面料产业的冲击，以及对中国近代纺织、印染工业的影响是无疑的。这些外来织物进入中国的同时，也输入了西方和现代的纺织品设计观念及方法。在民国时期不少企业还聘请了国外的设计师来进行产品设计，这个过程不但促进了中国织物和旗袍面料产品的进步，也带动了中国纺织设计人才的进步。另有不少中国留学生的学成回国，也带回了西方国家的设计理念和方法。这些因素共同构成了中国

❶夏燕靖．陈之佛创办“尚美图案馆”史料解读[J]．南京艺术学院学报（美术与设计版），2006（2）：160-167。

❷赵丰．中国丝绸通史[M]．苏州：苏州大学出版社，2005：651。

❸蔡淑娟．民国时期图案教材版本与撰述研究[D]．南京：南京艺术学院，2008。

近代服装和织物设计的发端，也为国内自主设计奠定了基础。

有资料显示，在20世纪20～30年代初，“上海市的民族工商业呈迅速发展之势，一些产品的设计水平已经超过了当时的日本”❶，虽然此处之设计并未言明是服装及旗袍面料纹样的设计，但亦可看出当时国内设计在良好商业环境支撑下的快速发展势态，至20世纪30年代初期纺织印染的花样设计已形成专门行当和自主设计的雏形。但不可否认的是服装及旗袍面料纹样的设计发展一直在艰难曲折中前行，因为与来样加工相比较，自行设计的难度大、成本高，这对于刚刚起步的民族纺织印染工业来说，都是不可避免的困难。本土现代染织设计的萌发，不论其成果如何，对于近代纺织艺术设计的发展来说都是意义重大的。

（二）图案、面料设计与设计体系的初步建构

首先来看织物及旗袍面料纹样设计与设计师的关系。图案不等同于织物纹样，而纺织品纹样的设计却和图案息息相关，民国时期图案的“改良”对旗袍面料设计也有着相当大的影响。1926年，美术史家、画家俞剑华在其编著的《最新图案法》中写道：“国货之图案不知改良，懵于社会之心理耳。研究图案，即为改良国货之基础，亦即杜绝外货输入之后良法，制作家不应急起直追，对于图案稍加注意乎？”❷从文字表达中我们可以看出俞剑华先生认为改良国货图案已经是迫在眉睫之举。于是，在20世纪20～30年代，先辈们努力编撰了多种图案教材，这些图案教材多借鉴东洋或西洋的图案体系，但是“真正反映在教材的编写过程中，图案教材的本土意识并不强烈，很少有与我国本土的理论与实践的结合部分”❸，这就给图案以及织物纹样设计的发展带来了一定的局限，但总的来说显现的是进步趋势。

而从“图案”以及织物设计改良本身来说，也存在着一些难以避免的问题。张爱玲在她的随笔中对当时的丝织衣料就有这样一番评价：“色泽的调和，中国人新从西洋学到了‘对照’与‘和谐’两条规矩——用粗浅的看法，对照便是红与绿，和谐便是绿与绿。殊不知两种不同的绿，其冲突倾轧是非常显著的；两种绿越是只推扳一点点，看了越使人不安。”“现代的中国人往往说从前的人不懂得配颜色。古人的对照

不是绝对的，而是参差的对照，譬如说：宝蓝配苹果绿，松花色配大红，葱绿配桃红。我们已经忘记了从前所知道的。”“过去的那种婉妙复杂的调和，惟有在日本衣料里可以找到。”[1]寥寥数语，却尽是尖锐的批判，认为当时衣料的纹样色彩搭配没有了“婉妙复杂的调和”，“我们已经忘记了从前所知道的”也可看作是对当时设计师一味追求西洋的时尚，却对本国传统设计的精华缺乏认知的一种批判。

话虽如此，民国织物及旗袍面料纹样设计仍是可圈可点的，且对于整个织物设计的发展来说，这是一个重要的“现代化”萌芽时期，现代的织物设计理念开始在中国传播，设计师也逐渐活跃起来。

在民国时期从事纹样设计的设计师[2]大都曾经留学东洋或西洋，受过现代绘画或设计理念的熏陶，其中还有一些画家也参与了设计，为一些厂家设计花样。并且这批留学归来的染织艺术设计专家还在当年广泛的投入到图案教学中，培养了一批专门的纹样设计人才。

具体来说，织物纹样设计师在民国时期基本上有两种不同的工作方式：一种是开办图案馆；另一种是在相关企业当雇员。图案馆的开办首当其冲就是陈之佛先生，他于20世纪20年代开办的“尚美图案馆”在中国现代设计史上可谓意义重大，正如张道一先生在《陈之佛文集》序言中所说：“在当时的中国，办‘图案馆’不仅是一件旷古未有的新事物，体现着一种全新的设计思想，并且标志着现代工业生产中设计与制造的分工。其观念之新，意义之大，是不能低估的。”[3]陈之佛年表中对此有记载，在1924年（民国十三年，当时陈之佛先生28岁），“‘尚美图案馆’业务兴盛，设计的图案纹样深为各厂家喜爱，当时颇有名气的虎林厂生产的产品，纹样多出自他们的设计”[4]，可见当时图案馆设计的纹样是颇受欢迎的。但更多的染织设计师是在丝织或印染厂做雇员，如上海美亚织绸厂的设计师李有行，还有在多家印染厂、丝绸厂从事印花布设计工作的柴扉，包括画家叶浅予也受聘于三友实业，为他们做服装和织物纹样设计。

在本书第四章中重点论述的上海美亚织绸厂，应该是中国近代纺织企业中注重品种和纹样设计的典型案例。上海美亚织绸厂在关注品种开发的同时，1929年成立设计纹样、版式的美章纹制合作社，集中纹制技术人员，促进丝织花样的革新。1930年设立美亚织物试验

[1] 张爱玲．穿[M]// 李宽双，彭桂芝，张宽，等．人生四事：衣食住行．长沙：湖南出版社，1995：50。

[2] 设计师，跟“图案”一词一样，也是到近代才新传入的词汇，以前是没有这种叫法的。从《明会典》嘉靖十年染织局和工部织染所的工匠清册上，我们可以看到八大分工项目：“纺丝——络丝匠、攒丝匠，金线制作——裁金匠、背金匠、捻金匠，整经、上机——牵经匠、打线匠、结综匠，花纹设计——画匠，挑花——挑花匠，织造——织匠、腰机匠、挽花匠、刻丝匠、织罗匠，织机零件和维修——机匠、yun匠、簆匠、木匠，染整——染匠、洗白匠、捆脂匠”。其中对设计花纹（作坊术语叫“出花样”）的匠人就称之为画匠。另《天工开物》中也有记载“画师先画何等花色于纸上，结本者以丝线随画量度……梭过之后，居然花现”，可见“画匠”和“画师”的工作都是设计纹样，而他们各自分工又略有不同。在徐仲杰所著《南京云锦史》中有一段小注解：“清代宫廷御用的锦缎织物纹样，除由宫廷的‘如意馆’画师设计，经审定后交由江南三织造依式生产外，在三织造中亦固定有部分画匠进行纹样设计”，这多少有点像现在的设计总监和普通设计师之间的关系。

[3] 陈修范，李有光．陈之佛文集[M]．南京：江苏美术出版社，1996：2。

[4] 同[3]483。

所，指导各厂技术改良，并集中原各厂分散的设计人员进行联合设计和生产，以便提高设计技艺和减少花样供需矛盾。对花样设计，由原来各厂分散设计改为由各厂将踏花机、纸版和纹工设计人员集中在一起，进行联合生产。“印花方面，美亚专门设立印花社。并在1936年设立‘纱印工场’，最先引进当时的‘丝网印花’工艺。上述专门化与科学化的管理策略都显示出美亚织绸厂比国内同行更胜一筹的优势和对品种创新的助益”[1]。1930年以后，为了引导丝绸消费的时尚，满足顾客趋时求新的心态，美亚织绸厂公布了一项“史无前例”的产品开发策略，即公开在各大报刊上宣布，定期于每星期一发布一个具有标新、时髦、畅销新产品，这个举措在当时不得不说是轰动国内丝绸产业和丝绸销售市场的新闻。

[1] 冯筱才. 技术、人脉与时势：美亚织绸厂的兴起与发展（1920—1950）[J]. 复旦学报（社会科学版），2010（1）：130-140。

（三）“拿来主义”盛行下的混杂与肤浅

民国时期旗袍及面料品种的发展离不开技术的进步，也离不开本土服装和面料设计业的兴起。面料设计到了民国时期，开始进入现代设计的起步和初创阶段。此时期，很多的服装及面料设计并非全由专业的设计师来承担，部分由其他专业的设计师或美术家来兼职设计。因而民国时期的服装及旗袍面料设计在逐渐融入国际时尚行列的同时，也呈现出“拿来主义”倾向明显和比较混杂、肤浅的特点。

民国时期的纺织品包括旗袍面料的设计所取得的巨大发展，是因为它在设计、工艺上有一个与以往完全不同的社会文化和科技基础。民国时期设计风格具有很强的综合性，设计上的拿来主义——“海纳百川”是民国时期设计的基本特色之一。

从设计史上看，当时织物和旗袍面料设计作品的风格样式是极为丰富的，就风格的多样性来说也是历史上罕见的。从“拿来主义”的多向度模仿，到逐渐走向成熟的自主创新是民国时期织物和旗袍面料设计发展的鲜明特征之一。

而所谓的混杂、肤浅现象的出现，首先是“拿来主义”所导致的。在当时的历史条件下，对西方某种艺术风格和潮流的学习，很难是深入而全面的，不求甚解的借鉴和运用必然会带来混杂和肤浅。其次就是专业设计人员的匮缺。民国时期我国除了1912年创办的浙江甲种工业学校开设有专门的染织教育学科，培养了中国第一代染织（织物）图案设计师外，其他如南京两江优级师范学堂等只是开设了一般的图案手工科或工艺等。总的来说，国内专门的织物设计教育几乎为空白，专门的织物设计、面料设计人才极其匮乏，而一般的图案设计与符合工艺加工要求的织物或面料设计之间是有着较大差别的。因而，此阶段在织物和旗袍面料中出现混杂、肤浅之现象就不难理解了。

参考文献

一、中文专著

[1] 江苏省地方志编纂委员会：江苏省志·蚕桑丝绸志［M］. 南京：江苏古籍出版社，2006.
[2] 周德华. 吴江丝绸志［M］. 南京：江苏古籍出版社，1992.
[3] 王敏毅. 吴地丝绸文化［M］. 出版地、出版者、出版年不详.
[4] 王庄穆. 民国丝绸史［M］. 北京：中国纺织出版社，1995.
[5] 徐新吾. 近代江南丝织工业史［M］. 上海：上海人民出版社，1991.
[6] 曹聚仁. 上海春秋［M］. 上海：上海人民出版社，1996.
[7] 仲富兰. 上海民俗：民俗文化视野下的上海日常生活［M］. 上海：文汇出版社，2009.
[8] 苏州市档案馆. 苏州丝绸资料汇编（上、下）［M］. 南京：江苏古籍出版社，1995.
[9] 徐化龙. 上海服装文化史［M］. 上海：东方出版中心，2010.
[10] 吴昊. 中国妇女服饰与身体革命（1911—1935）［M］. 上海：东方出版中心，2008.
[11] 包铭新. 近代女装实录［M］. 上海：东华大学出版社，2004.
[12] 包铭新. 中国旗袍［M］. 上海：上海文化艺术出版社，1998.
[13] 邓明，高艳. 老月份牌年画：最后一瞥［M］. 上海：上海画报出版社，2003.
[14] 郭建英，陈子善. 摩登上海［M］. 桂林：广西师范大学出版社，2001.
[15] 吴红婧. 老上海摩登女性［M］. 上海：中国福利会出版社，2004.
[16] 素素. 老月份牌中的上海生活［M］. 北京：生活·读书·新知 三联出版社，2000.
[17] 周利成. 中国老画报：上海老画报［M］. 天津：天津古籍出版社，2011.
[18] 崔荣荣，张竞琼. 近代汉族民间服饰全集［M］. 北京：中国轻工业出版社，2009.
[19] 逸明. 民国艺术［M］. 北京：国际文化出版公司，1995.
[20] 卞向阳. 中国近代海派服装史［M］. 上海：东华大学出版社，2014.
[21] 王晓华，孙青. 百年生活变迁［M］. 南京：江苏美术出版社，2000.
[22] 孙会.《大公报》广告与近代社会（1902—1936）［M］. 北京：中国传媒大学出版社，2011.
[23] 朱成梁，王跃年. 老照片：服饰时尚［M］. 南京：江苏美术出版社，1997.
[24] 洪煜. 近代上海小报与市民文化研究［M］. 上海：上海世纪出版集团，2007.

[25] 孙燕京．服饰史话［M］．北京：社会科学出版社，2000.
[26] 周锡保．中国古代服饰史［M］．北京：中国戏剧出版社，1984.
[27] 赵庆伟．中国社会时尚流变［M］．武汉：湖北教育出版社，1999.
[28] 上海市档案馆，中山市社科联．近代中国百货业先驱：上海四大公司档案汇编［M］．上海：上海书店出版社，2010.
[29] 上海市工商行政管理局，上海市纺织品公司棉布商业史料组．上海市棉布商业［M］．北京：中华书局，1979.
[30] 上海百货公司，上海社会科学院经济研究所，上海市工商行政管理局．上海近代百货商业史［M］．上海：上海社会科学院出版社，1988.
[31] 刘北汜，徐启宪．故宫珍藏人物照片荟萃［M］．北京：紫禁城出版社，1994.
[32] 沈宗洲，傅勤．上海旧事［M］．北京：学苑出版社，2000.
[33] 仲富兰．图说中国百年社会生活变迁（1840—1949）［M］．上海：学林出版社，2002.
[34] 止庵，万燕．张爱玲画话［M］．天津：天津社会科学院出版社，2003.
[35] 李有光，陈修范．陈之佛文集［M］．南京：江苏美术出版社，1996.
[36] 杨源．中国服饰百年时尚［M］．呼和浩特：远方出版社，2003.
[37] 王翔，李英杰．近代浙江企业的广告行为［M］//浙江省民国浙江史研究中心．民国史论丛（第二辑：经济）．北京：中国社会科学出版社，2011.
[38] 蒋一谈．图说清代女子服饰［M］．北京：中国轻工业出版社，2007.
[39] 秦风．一个时代的谢幕［M］．桂林：广西师范大学出版社，2007.
[40] 吴健熙，田一平．上海生活（1937—1941）［M］．上海：上海社会科学院出版社，2006.
[41] 苏州市文化广电新闻出版局，苏州丝绸博物馆．苏州百年丝绸纹样［M］．济南：山东画报出版社，2010.
[42] 陈子善．脂粉的城市［M］．杭州：浙江文艺出版社，2004.
[43] 瞿孜文．世界艺术设计简史［M］．长沙：中南大学出版社，2014.
[44] 南京博物院．芬芳流年：中国丝绸博物馆中国百年旗袍展［M］．南京：译林出版社，2014.
[45] 左旭初．近代纺织品商标图典［M］．上海：东华大学出版社，2007.
[46] 刘业雄．春花秋月何时了：盘点上海时尚［M］．上海：上海人民出版社，2005.
[47] 徐松．中国明清江南服饰图典［M］．上海：上海辞书出版社，2004.
[48] 师永刚，林博文．宋美龄画传［M］．北京：作家出版社，2003.
[49] 沈从文，王孖．中国古代服饰研究（增订本）［M］．香港：商务印书馆，1992.
[50] 王开林．民国女性之生命如歌［M］．长沙：岳麓书社，2004.
[51] 严勇，房宏俊，殷安妮．清宫服饰图典［M］．北京：紫禁城出版社，2010.
[52] 彭泽益．中国近代手工业史资料［M］．北京：生活·读书·新知三联书店，1957.

[53] 上海艺术研究所，周天. 上海裁缝 [M]. 上海：上海锦绣文章出版社，2016.
[54] 刘瑜，邵旻. 旗袍图案 [M]. 上海：上海文化出版社，2016.
[55] 周松芳. 民国衣裳：旧制度与新时尚 [M]. 广州：南方日报出版社，2014.
[56] 中华世纪坛世界艺术馆. 晚清碎影：约翰·汤姆逊眼中的中国（1868—1872）[M]. 北京：中国摄影出版社，2009.
[57] 薛理勇. 消失的上海风景 [M]. 福州：福建美术出版社，2006.
[58] 乐正. 近代上海人社会心态（1860—1910）[M]. 上海：上海人民出版社，1991.
[59] 上海文史研究馆. 海上春秋 [M]. 上海：上海书店出版社，1992.
[60] 陈无我. 老上海三十年见闻录 [M]. 上海：上海书店出版社，1997.
[61] 陈涌，王晓中，等. 旧中国掠影 [M]. 北京：中国画报出版社，2006.
[62] 姜平. 南通土布 [M]. 苏州：苏州大学出版社，2012.
[63] 由国庆. 鉴藏老商标 [M]. 天津：天津人民美术出版社，2005.
[64] 孙旭光. 沉香：旗袍文化展 [M]. 北京：团结出版社，2014.
[65] 翁卫东. 杭州丝绸 [M]. 杭州：杭州出版社，2003.
[66] 李宇云，等. 美镜头：百年中国女性形象 [M]. 珠海：珠海出版社，2004.
[67] 周进. 末代皇后的裁缝 [M]. 北京：作家出版社，2006.

二、外文译著

[1] 霍兰德. 性别与服饰：现代服装的演变 [M]. 魏如明，等译. 北京：东方出版社，2000.
[2] 墨菲. 上海：现代中国的钥匙 [M]. 上海社会科学院历史研究所，编译. 上海：上海人民出版社，1986.
[3] 沃克，阿特菲尔德. 设计史与设计的历史 [M]. 周丹丹，易菲，译. 南京：江苏美术出版社，2011.
[4] 罗松泊. 瞬间永恒：沈石蒂摄上海华洋人物旧影 [M]. 上海：中西书局，上海书画出版社，2013.

三、外文专著

[1] HARRIS J.5000 years of Textiles[M]. London: British Museum Press, 2004.
[2] GILLOW J, SENTENCE B. World Textiles[M]. London: Thames & Hudson, 1999.
[3] SCOTT P. The Book of Silk[M]. London: Thames & Hudson, 2001.
[4] HSIAO L. China's Foreign Trade Statistics 1864—1949[M]. Cambridge: Harvard University

Press, 1974.
[5] FINNANE A. Changing Clothes in China[M].New York: Columbia University Press, 2008.
[6] GARRELT M V. China Clothing an Illustrated Guide[M]. Oxford: Oxford University Press, 1994.
[7] MCALEAVY H. The Modern History of China[M]. London: Weidenfeld and Nicolson, 1967.
[8] WEN H Y. Shanghai Splendor: Economic Sentiments and the Making of Modern China, 1843—1949[M]. Berkeley: University of California Press, 2007.
[9] REED D. Made in China[M].San Francisco: Chronicle Books, 2004.
[10] SHERMAN C. Inventing Nanjing Road: Commercial Culture in Shanhai, 1900—1945[M]. New York: East Asia Program, Cornell University, 1999.
[11] BENJAMIN A E. On Their Own Terms: Science in China,1550—1990 [M]. Cambridge: Harvard University Press, 2005.
[12] ALBERT F. China's Early Industrialization, Sheng Hsuan-Huai,1844—1916 and Mandarin Enterprise[M]. New York: Antheneum, 1970.
[13] JOSEPH E. Remaking the China City: Modernity and National Identity,1990—1950[M]. Honolulu: University of Hawaii Press, 2000.
[14] DOWDERY P. Threads of Light: Chinese Embroidery from Suzhou and the Photography of Robert Glenn Ketchum[M]. Tokyo: Toppan Printing Company, 1999.
[15] QUINN B. Chinese Style[M].London: Conran Octopus Limited, 2002.
[16] KUO C J. Visual Culture in Shanghai, 1850—1930s[M]. Washington: New Academia Publishing, 2007.
[17] YEH W. Shanghai Splendor[M]. California: University of California Press, 2007.
[18] CHEN C. Old Advertisements and Popular Culture: Posters, Calendars and Cigarettes, 1900—1950 (Arts of China) [M]. San Francisco: Long River Press, 2004.
[19] LEUNG W. Chinese Woman and Modernity: Calendar Posters of the 1910—1930s[M]. Hong Kong: Joint Publishing, 1999.
[20] KERT F P. Art Deco Graphics[M].London: Thames & Hudson, 2002.
[21] ROOJEN V P. Cheongsam[M]. Amsterdam: The Press in Amsterdam, 2009.
[22] JACKSON B. Shanghai Girl Gets All Dressed Up[M].Berkeley Ten Speed Press, 2005.

四、报刊论文

[1] 戴亮．中国近代丝绸品种史［J］．浙江丝绸工学院学报，1993，9：125-128.
[2] 包铭新．中国近代丝织物的产生和发展［J］．中国纺织大学学报，1989，1：59-65.

[3] 包铭新，柳韵. 民国传统女装刺绣研究 [J]. 浙江纺织服装职业技术学院学报，2010，9：44–47.

[4] 昌炎. 十五年来妇女旗袍的演变 [J]. 现代家庭，1937，1（2）：50–53.

[5] 赵明. 文化的碰撞与融合：中国传统旗袍研究 [J]. 艺术设计研究，2013（3）：19–23.

[6] 卞向阳. 论旗袍的流行起源 [J]. 装饰，2003，127：68.

[7] 杨贤春. 服装结构与形态：对中国传统“服装裁剪”与形态的思考 [J]. 武汉科技学院学报，2001，14（3）：65–67.

[8] 孟兆臣. 中国近代小报中的时尚资料 [J]. 社会科学战线，2011（3）：148–152.

五、学位论文

[1] 陈洁. 从上海月份牌解读近代中国社会文化的变迁与发展 [D]. 长沙：湖南师范大学，2011.

[2] 初艳萍. 20世纪20—40年代改良旗袍与上海社会 [D]. 上海：上海师范大学，2010.

[3] 霍任坤. 20世纪30年代上海女性角色转换问题研究：以《良友》画报为中心的考察 [D]. 石家庄：河北师范大学，2009.

[4] 陈礼玲. 旗袍结构设计和工艺演变研究 [D]. 无锡：江南大学，2010.

[5] 李洪蕊. 中国传统服装“十”字型平面结构初探 [D]. 北京：北京服装学院，2007.

[6] 杜若松. 近现代女性期刊性别叙事研究 [D]. 长春：东北师范大学，2015.

附录

附录 1　民国时期文献中关于近代女性服饰面料、图案和色彩的论述摘录

序号	年代	内容	作者	文献出处
1	清末	京津一带中等人家的衣式：衣服的材料，奢华者，亦只用鲁豫等省的土绸，颜色花样，亦甚朴素；俭省者，便用洋缎、哔叽、洋布；夏天着夏布，冬季惟穿羊皮，且系老年妇女	权伯华	二十五年来中国各大都会妆饰谈[C]// 先施公司．先施公司二十五周（年）纪念册．香港：香港商务印书馆，1924：287
2	清末	关陇省会（即西安、兰州两处）上等衣式：到前清将亡时，始改瘦小，及镶边等式样；衣料，多川省所产的丝织品，亦有用鲁豫茧绸的；江浙的绸缎，尚不盛行。裙式：尚百褶且有用五色者，谓之彩裙	权伯华	二十五年来中国各大都会妆饰谈[C]// 先施公司．先施公司二十五周（年）纪念册．香港：香港商务印书馆，1924：288
3	清末	关陇省会中等衣式：肥瘦不一，圆肩压缋，是一种很通行的式样。裙式：或用宽褶，或无褶，极不一律。衣料，多用棉织；丝织品，用者很少	权伯华	二十五年来中国各大都会妆饰谈[C]// 先施公司．先施公司二十五周（年）纪念册．香港：香港商务印书馆，1924：288
4	清末	拳匪时（1900年左右），官眷之南徙者，群寓于上海。时人民虚荣心倾向于帝制者犹众。即装饰之事，亦都因观念所趋，莫不以摹仿京师，以为堂皇。不二三年，而长江一带，如汉口湖北等埠，相效京津装饰。服式上尊卑之别甚严，而衣料极重国货，如贡缎、宁绸、湖绉、熟罗、漳绒、漳缎之类	屈半农	二十五年来中国各大都会妆饰谈[C]// 先施公司．先施公司二十五周（年）纪念册．香港：香港商务印书馆，1924：305
5	1900~1911	妇女服装上所用图案，多为粗笨之大花，牡丹、海棠、菊、荷均有。尤其盛行者，为梅兰竹菊相结合之图案，其形色俱不佳。其后俄布入境，则时尚条纹及散点等几何图案。又因久视大花，群尚极复杂之小花，更有不用图案而尚素色者。此风以苏杭妇女为最多。繁杂之极，至于淡素，亦心理上变迁之定则也 男子衣饰，以人品而异……中上之趋尚，率多不离旗民马褂长袍之习，马褂多尚玄色大花。北京以玄色花缎为最贵之衣料。男子衣饰所用之图案，与女子有别，多福寿及牡丹等大花。花之大者，一衣仅有数朵。作法殊稚拙，绝少曲直趣味。其后苏杭有铁织机行，所取图案由大花一变为细花，较为优秀	李寓一	二十五年来中国各大都会妆饰谈[C]// 先施公司．先施公司二十五周（年）纪念册．香港：香港商务印书馆，1924：278

续表

序号	年代	内容	作者	文献出处
6	1900以后	上海固不足以代表中国，然以天气适中之地，交通辐辏之巨，苏杭产地之密迩，地方人士之群集，而流行为上海派之名词，实则上海固海隅一角，无所名其宗，以纳众流，斯树名帜。言上海正所以兼并众长，且上海为繁华造端之地，凡所流行，郡邑响应，即以北京广州之雄邑，亦往往奉上海为圭臬，言上海其差能兼并之乎	龙　厂	二十五年来中国各大都会妆饰谈[C]// 先施公司. 先施公司二十五周(年)纪念册. 香港：香港商务印书馆，1924：293
7	1900以后	上海为各省各界云集之地，必欲率加胪举，亦复更仆难尽。今试约略述其可成为宗派者，约有六派：一，闺门派，为髫龄少女世家兰畹之未出格者。二，阀阅派，为笄珈命妇及甲第巨室。三，写意派，为专用新奇逞其容采者。四，学生派，为女学生之稍染欧化及肆业学校者。五，欧化派，为纯习西式及负笈重洋者。六，别裁派，为参合各派而名一家者	龙　厂	二十五年来中国各大都会妆饰谈[C]// 先施公司. 先施公司二十五周(年)纪念册. 香港：香港商务印书馆，1924：293
8	1900以后	浓淡奢节，无兴于派别，盖无论何派，但主其剪裁之式尚，而不问其材料。及为颜色之若何何也。然颜色浓淡，亦颇有关系，若配置而不得尽其美，则虽以至精之材料，至美之式尚为之，亦必触目，使人不能发其美感。至于浓淡深浅，又无一定之标准，必以天时物质为转移，而品藻检定又必具有极丰富之美术思想，始足称其相当之配置。其事盖将为文心艺心表示于外之特征，固非浅人所可适意定论者也	龙　厂	二十五年来中国各大都会妆饰谈[C]// 先施公司. 先施公司二十五周(年)纪念册. 香港：香港商务印书馆，1924：293
9	1900以后	阀阅派。此等服饰之裁料，最宜以丝织品为之，若用毛织，未免失之暗淡，丝织品最蕃艳者，在国货厥惟闪色之丝缎华丝葛。在舶来品厥惟烂漫之法国花绸，而于二者花式中，又可分为两类：一有规矩为之经纬，如范花于方圆万字花纹中者；一纯粹烂漫之花，如葡萄藤菊叶及枝叶交错之状态。至其取经，则端庄者往往爱御经纬范本，而流丽者则爱烂漫。实则二者各极其胜，各趋时尚，不能强同，亦殊不必强之使同。至于单色而无花之光面织品，若蔚蓝深黑均足特树一帜，秀美缤纷。然其颜色，必主艳丽，物货必主名贵，而款式则大致在闺秀写意二派之间。以阀阅派于花大足拟于牡丹芍药之竞茂，必围以绣木雕兰，始足相得益彰，若瓦盆清供，固未能映带其丰容盛态之为美也	龙　厂	二十五年来中国各大都会妆饰谈[C]// 先施公司. 先施公司二十五周(年)纪念册. 香港：香港商务印书馆，1924：294
10	1900以后	写意派。此种裁料，力求烂漫，金碧参差，而或者但主新鲜，转不能辨其花式之妍媸，即以毛织品为之，亦必文绣纂组，丝织品亦别绣夭桃文杏，翠羽葡萄，以示特色，盖不可以方物者也……此类式别衣服，但求覆体，腕部尤不过长，庶露其皓腕，俾留为饰物之余地，襟领交错，最不易平服，而治之必严整。不甚御裙则裤自尤注重，大多以极美之黑丝葛为之，长只逾踝，裤口甚巨，或曳文绣之带，露其二端，以为时尚，而新式者，均不加椽，其夹里尤在研精之列，大抵用极软极鲜艳之绸类为之。或衣裤为一式，则上下均绣同类之花鸟，一主绚烂焉	龙　厂	二十五年来中国各大都会妆饰谈[C]// 先施公司. 先施公司二十五周(年)纪念册. 香港：香港商务印书馆，1924：295-296

续表

序号	年代	内容	作者	文献出处
11	1900~1924	1900~1924年妆饰的变化"归纳起来，可以得到以下四种结论：（甲）我国妇女妆饰，不迂十年，必改革一次。（乙）近二十五年来，妆饰之改革，皆是螺旋式的进化，而非循环式的复古：回忆最近二十五年来，妆饰之改革，衣式由肥大而瘦小，由瘦小而肥大，似乎是同循环差不多；其实同光时之瘦小，与清末之瘦小不同；光绪中叶之肥大与现在之肥大又复不同；每改一次，必改良进步一次；只能谓之螺旋式的进化，不能谓之循环式的复古。（丙）妆饰的改革，时期逾近，必逾趋于奢侈。清末的妆饰，已经不如光绪中叶的时候的朴素，现在的时妆，较之清末，便益发的奢侈。流弊所居，尚不知伊于胡底咧。（丁）我国妆饰，将来必盛行欧化：现在妇女的时装，既多效仿西式"	权伯华	二十五年来中国各大都会妆饰谈[C]// 先施公司. 先施公司二十五周（年）纪念册. 香港：香港商务印书馆，1924：291
12	1905	此时裙系较高，微露足，样式仍旧。裙色不无大更改，除大红外亦有着宝蓝者。花样裙幅上，除上述各种外，有绣万福来朝、五福捧寿者，亦甚普通……至于裤料，大都轻质如湖绉等，即棉者亦用此。用硬质材料者，料上花样裁破者均须对齐，不得分毫参差。盖亦因裤脚而致之连带讲究，裤脚镶边之繁，亦不让于上述衣袖镶边之繁，间亦加滚水珠者	权伯华	二十五年来中国各大都会妆饰谈[C]// 先施公司. 先施公司二十五周（年）纪念册. 香港：香港商务印书馆，1924：230
13	1912~1924	至于其时之衣料新发明者甚多。各种颜色，亦大加改良。秋冬则有铁机缎、绮霞缎、电光缎等。颜色大半为青深灰、浅灰、宝蓝等。夏春两季，则野杂葛、电光缎、云绮纱、逐仄绸等。颜色大半为白灰、柴、绯等。此只本地新发明而自制造者也。如外货之输入，秋冬则哈喇呢、外国缎、德国丝洋缎等。春夏则有印度绸、法国绸等。裙式亦大改良，多用纽扣而不用带，系更高。质料多用青花外国缎，裙边亦只用同色洋花边滚一道而已。一切玉珮金钱响铃等，均废除而无余。妓院中人，更不着裙，惟裤与衣一色，亦须对花。或于裤脚上，定水珠边，或滚大花边亦有	景庶鹏	二十五年来中国各大都会妆饰谈[C]// 先施公司. 先施公司二十五周（年）纪念册. 香港：香港商务印书馆，1924：301
14	1912~1924	闺阁派：衣式多采取上述普通妆，质料不一。秋冬最普通者，为云霞缎、电光铁机缎、杭织花缎等。颜色为深灰、紫灰等。暗色，中年者多着之。如宝蓝、虾灰、玫瑰紫等色，少妇及闺女着之。将近中年者，间亦着之，如蓝缎底而起红丝花，或白缎底起紫色，直纹而又起银红万字花，或湖色缎底而起银红细花，花中又起金织鸡心，或白果花等。五色枪缎，最适于少妇闺女，盖彼辈如此年华。配此衣服，颇见婉娈丰润，容度庄雅。裙多半为统裙，用扣者甚鲜。裙口小而摆大，长度甚长，非用以遮足，实用以盖衣角所露腰际也。质料不一，用本国品为多。秋冬颜色多用青色，质用本国改良杭缎。夏日之裙，样式亦同。惟年少者，大都爱着银红绸裙，上绣团花。花为湖色者多，亦有碎花及水角边者。夏日衣服，年少者亦爱着他式。如领开方，微露胸，用对襟，无纽，只用同色或银红飘带，打结扣住。内衣多着银红汗衫。项间挂带金鸡心珍珠串等。衣料，国货，则华丝葛、电光绸、香云纱、蝉翼纱等。外国货，则有麻纱、印度五色花绸、玻璃纱等。而着新式夏衣者，多用玻璃纱，质轻而薄，加无结扣。行动之际，内衣鸡心，隐约可见	景庶鹏	二十五年来中国各大都会妆饰谈[C]// 先施公司. 先施公司二十五周（年）纪念册. 香港：香港商务印书馆，1924：302

续表

序号	年代	内容	作者	文献出处
15	1912~1924	学生派：正在丰腴之时，不因妆饰朴素，而减其美姿，反添一种淡雅可人之态。夏日衣服，只开方领，或尖领。一切样式，俱依普通式。材料多用白洋纱、夏布麻、纱等而已。他如丝织品等材料，俱不可着。衣边多用本色料镶，有用蓝花边而定，于白衣上，似嫌太素。秋冬衣样，一如普通式。质用灰哔叽梭直贡呢等。此等衣料，适于秋冬衣服，故着者最多。而夏尽秋初，羽呢、线春为最流行。裙式一如普通质，秋冬用青绒或绸，夏用素纱。裙上印银红大团花。裙系极高，只及膝。秋冬袜无定色。鞋多御梭黑二种高跟鞋。冬日禦寒，则绣花大围巾，或小全狐裘。夏日袜俱白色，着白鹿皮西女帆鞋。有于鞋头上缀小银红球，亦不伤雅，反形美观	景庶鹏	二十五年来中国各大都会妆饰谈[C]// 先施公司．先施公司二十五周（年）纪念册．香港：香港商务印书馆，1924：303
16	1912~1924	留学派：其妆饰完全为西洋式。如秋冬二季，则着窄袖、细腰、平领之长服。而下微露二寸许之秀郎裙。衣料多用美、法呢缎。为爱以斯呢、连理呢等。颜色如黄、橘、紫、青等色。春季秋初，衣料多法兰绒、维兰绒等。色以浅灰米色为多，或起蓝直纹。夏季衣服减短，内裙露与不露，俱可。领开尖方，袖只遮臂，袖口起荷叶边，披蓝色或银红绸巾。衣质，用轻质法兰绒、白艾绒、花绸、玻璃纱等。中国衣料，亦时参用，总以质轻花美为佳。夏季蔽日，除用花伞外，有带软冠者，冠以白棉质。上绣同色花朵，非留神不易辨出	景庶鹏	二十五年来中国各大都会妆饰谈[C]// 先施公司．先施公司二十五周（年）纪念册．香港：香港商务印书馆，1924：303-304
17	1912~1924	青楼派：彼辈妆饰，与闺阁派大同小异。秋冬衣服，均绣五色花为牡丹等。衣边袖边均用五色水珠滚，质料不外锦缎。彼辈既不能穿裙，裤料自与衣同镶水珠边绣花。冬日所着美人氅，较闺阁派更为讲究，绣花金边，层层至四五道，固然奇艳。然由奇艳，而流入俗。夏日衣料不外纱绸，衣式分普通、对襟、缺襟三种，缺襟一种，余都依普通式，惟于开襟处，取材于前清男子缺襟背心马褂而已。彼辈夏日所着一种轻绡，较玻璃纱尤薄尤轻，内御外洋银红马甲，胸臂及乳隐然可见，不啻一幅裸体画。惟补料较厚，仿佛间只觉内御红裤耳。然为此妆甚已以为有伤风化，时为官府认作奇妆异束捉去惩罚也	景庶鹏	二十五年来中国各大都会妆饰谈[C]// 先施公司．先施公司二十五周（年）纪念册．香港：香港商务印书馆，1924：304
18	1912以后	京津一带上等衣材：丝织品，种类繁多；颜色花样，务极妖艳	权伯华	二十五年来中国各大都会妆饰谈[C]// 先施公司．先施公司二十五周（年）纪念册．香港：香港商务印书馆，1924：289
19	1912以后	关陇两处（即西安、兰州两处），上等衣饰：已与京津一带差不多。惟衣式至民国七八年间（1918~1919），尚多瘦小；近年以来，始改肥大的新式。衣料，民国初年，尚多川豫两省所产丝织品；至民国六七年间，该地直豫商人，始贩售苏浙绸缎；嗣后又有之苏州妇女为行商者，专售苏浙丝织物；所以该地上等妇女，都一变而用苏浙绸缎。夏衣：在关中尚有用纱罗夏布，陇上，用纱罗者变少。在民国七八年间，尚是裙拖六幅，近年始改用时式短裙	权伯华	二十五年来中国各大都会妆饰谈[C]// 先施公司．先施公司二十五周（年）纪念册．香港：香港商务印书馆，1924：290

①庞菊爱. 跨文化广告与市民文化的变迁：1910—1930年《申报》跨文化广告研究[M]. 上海：上海交通大学出版社，2011：158。

②《新上海》，责任者为乙丑社编辑部，由新上海杂志发行所出版发行的月刊，于1925年（民国十四年）5月创刊。

续表

序号	年代	内容	作者	文献出处
19	1912以后	中等衣式：至近年始有肥大者，然亦与清季肥大仿佛，尚不肯全效南方之时势。衣料洋缎鬼子呢，——即由新疆运入俄织之洋缎——洋布等丝织品仍少	权伯华	二十五年来中国各大都会妆饰谈[C]// 先施公司．先施公司二十五周（年）纪念册．香港：香港商务印书馆，1924：290
20	1912	光复初，五色旗照耀大地，而上海一隅，妇女之裤，竟有制五色旗以为美观者……其制法大都在裤之上截腿际，以五色旗合陆军旗作交叉形，左右各一	佚名	上海花界六十年[M]. 上海：时新书局，1922：151
21	1913	她们穿着猩红袜裤，脚高不掩胫，后托尾辫，招摇过市。……继则女学生亦纷纷效法	佚名	粤女学生之怪装[N]. 大公报，1913-6-15
22	1913	俄国布"在莫斯科不惜工资聘请斯名师，所有织出各种新鲜花布质色鲜明，所以耐久、细软、坚固，丽若细纱"	佚名	俄国布广告[N]. 申报，1913-4-28
23	1916	近消息……法国妇女素来崇尚新奇，近日模仿希腊、波斯、埃及等古典的风俗，作为时髦的装饰，这种古典的风色、服色大概属于茶褐色系	笑鹤	你们预备秋装了么[J]. 妇女杂志，1916（2）：18
24	1916	沪上妇女一时之风尚，恒为内地之先导，故无论杭货苏货新花一出，必以上海为实验场，上海能销，则内地畅销自无待言，绸缎时行之潮流，大概先沪次津继以北京，然后至汉口，而闽粤出此例外	宗朱	上海之丝绸业[N]. 申报，1916-1-5
25	1917	二窈窕女郎珊珊，一年可十六七，衣浓绿之衣，穿灰色之裤，梳蝴蝶之髻，穿绣凤之履，其一年近二九，长裙委地，金链悬胸，衣闪缎之短袄，臂出袖外	佚名	西大街两美女并头[N]. 民国日报，1917-2-9
26	1922	大批新式夏季时式丝纱衣料，由西欧各国远远进到，所列名目众多，花式不等，均为欧美之最盛行衣料	佚名	惠罗公司广告[N]. 申报，1922-4-16①
27	1922	哔叽之衣裙；近日妇女颇喜着之以其清雅也。吾国绸缎花纹太浓艳，为一般好清雅之妇女所不喜，于是舶来哔叽吸收我国金钱不少矣。以改良国货为业者不可不践行仿造也	佚名	求幸福齐装饰谈[J]. 家庭，1922（7）
28	1925	老林黛玉异时流，前度装从箱底搜，一时学样满青楼，出风头，一半儿时髦一半儿旧	朱鸳雏	旗袍[J]. 紫罗兰（旗袍特刊），1925，1（5）
29	1925	近年来趋向哔叽，无论单的夹的棉的皮的，差不多都要用哔叽做面子，舶来品销场打旺，便使国货的丝绸纱罗大受影响，几有退处无权之概。除了哔叽外，又有一件魔物，叫做骆驼绒，简直夺去了国产银狐珠皮之席。每年二三月和九十月间，差不多人人穿一件骆驼绒袍子了	沧海容	上海新观察[J]. 新上海，1925（1）②

续表

序号	年代	内容	作者	文献出处
30	1925	至于布料的采用，也随时间变迁曾经风行过的，如印花哔叽、印花的印度绸。进来风行的，有花香缎，有软缎，有葛罗绸，有印花绸，大抵每种不过风行一年，又要换新鲜花样了。去年秋间，要算毛丝纶是一时代的雄狮，每个妇女，差不多都要做一件毛丝纶的衫子，单的夹的，都是毛丝纶……穿在身上，仿佛把伊家府上的窗帘改制的，也并不好看……今年春上，毛丝纶似乎已见得少些，多半又过时了	沧海容	上海新观察[J].新上海，1925（1）
31	1925	自从哔叽流行，灰色满街都是。这种颜色，很文雅、又很朴素，可算是极合适的颜色了……淡色对于妇女，也不是绝对的不流行，也有许多女子，非常喜欢淡色，女学生尤甚，最喜欢用白色和灰色……女性的目光，自然和男性的不同。她们喜欢浓艳的颜色，喜欢复杂的颜色。她们最喜欢的一种新出的衣料，同样颜色的，只有那么一匹，那么她们一定很高兴，以为没有人和她穿同样的，是极出风头的事	沧海容	上海的颜色问题[J].新上海，1925（3）
32	1925	上海人的穿着，对于颜色是很讲究的。有些人喜欢浓艳的颜色，有些喜欢淡雅的颜色，各有各的特点，各有各的佳处	沧海容	上海的颜色问题[J].新上海，1925（3）
33	1926	麻纱“颜色鲜明、经洗不褪、纱线上等、光洁如绸”	佚名	月光牌麻纱广告[J].上海漫画，1926（4）：17
34	1926	乃以扑克牌中带柄的鸡心，用于饰缘，最宜于夏令。则服之摇曳生姿，极形别致	清河	新妆杂谈[J].良友，1926（3）
35	1927	初春穿一件玄色素绸的旗袍，尺寸不可过长，袖口配上洁白的银鼠，把银线绣些有图案意味的云朵，颈边围一条淡妃色的丝巾，白袜黑鞋诚飘飘而仙矣	叶浅予	实用的装束美[J].良友，1927（13）
36	1927	提倡新装者，切宜研究利用国产品，以增进妇女之美观	佚名	妇女装束谈[N].北洋画报，1927-1-19
37	1928	欲求装饰入时，而博交际场中称赏者，曷惠临本公司女式部，参观新到大批衣料，必能满意而归也。人造丝夏季唯一之衣料，三十八寸阔，轻飘美丽世无其匹，现每码减售大洋二元五角；土白拉古阔三十八寸，花色众多，每码一元二角半；华尔纱素受中西社会之欢迎，经洗经穿是其特点，为夏季衣料中之王，现每码减售一元五角；提花衣纱夏季极凉，有黄红二色，每码二元五角	佚名	福利公司广告“天仙化人”篇[J].上海漫画，1928（5）：28①
38	1928	法兰绒“令爱深喜之也，以其对于娇嫩皮肤极柔软舒适之致故耳”	佚名	维也勒法兰绒广告[J].上海漫画，1928（5）：16
39	1928	袅娜绸“外洋运到”，“花样颜色非常美丽”，“专供各界女士制夜衣之需要”	佚名	汇司公司广告[J].上海漫画，1928（5）：20

①庞菊爱.跨文化广告与市民文化的变迁：1910—1930年《申报》跨文化广告研究[M].上海：上海交通大学出版社，2011：158。

续表

序号	年代	内容	作者	文献出处
40	1928	独出心裁，花纹颜色……所以弄的青年妇女，奇装异服，妖艳逾常！再加进了日本人学校读书的，就沾着和化；和西洋人接近的，就染了欧风。假使逢到了纪念节假，走到了南京路或北四川路去眼一观，只见北往南来的形形色色，差不多像入了魔王宫阙一样	竞文女士	装饰絮语[N].民国日报，1928-12-27
41	1929	平日在学校里，女生穿的衣服，非绫罗即绸缎，这个冬天，十个女生中有九个是穿皮衣的，脚上呢自然是高跟鞋，丝袜	李里	大学奇闻[N].民国日报，1929-2-6
42	1929	每日上午九时起十时止，发售全真丝双绉旗袍料一百件，原价二元整，只售一元，每人限购一件，售完为止……此次发售之广告品原为提倡国产绸缎，故该料全为蚕丝织成，售价不及成本之半	杭州羊坝头大马路元昌绸缎局	广告[N].浙江商报，1929-10-15
43	1930	女性因为想把自己的姿态弄得好看，常喜欢着很薄的衣服……近来上海一带的妇女衣服，已很显著的有趋于着薄的倾向	忻介六	衣服的科学[J].妇女杂志，1930（5）：27
44	1930	新娘要穿红衣服，玫瑰花表示爱情，都是为此。黄色是一种愉快的颜色；紫是带着贵族性的色彩，表示奢侈、尊贵和神秘；蓝色是一种抚慰恬静的颜色，用于书斋、卧室里，都是很相宜的衬色	夏行时	颜色的选择和配合[J].妇女杂志，1930（12）：45
45	1930	英国名厂Wemco所出之Tricochene绸，花样新奇，颜色鲜艳，适合春夏衣料之用……该厂特派专员来公司为新装设计，现制就各款新装多种，均属独出心裁……延请中西名媛登台表演，服饰之美丽，设色之夺目，姿态之曼妙，举止之大方，无不表现入微，令人发生无限美感	佚名	时装表演大会[N].民国日报，1930-3-26
46	1932	一二八电光布、九一八中山呢，摩登女子最喜欢服用，时行秋令，仕女相约赴南京路，购买美满之衣料欣然而归	佚名	广告[J].申报月刊，1932，1（3）
47	1933	我们不乐用国货的最大原因是“国货不时髦”，如果我们于款式方面求新颖雅观则采用国货呢绒又何尝不时髦呢	佚名	关于冬装[J].夫人画报，1933（2）：28
48	1934	哔叽，是毛纺的衣料，性挺直，无光泽，质较厚重，以前只有舶来品独霸市场，每年漏卮（比喻国家利益外溢的漏洞），不可胜数。现国产出品，日见进步，诚挽回利权之一途也 哔叽制西装最佳，中式服装亦见妙处，盖其平挺不皱，匀净无光泽，俨然一副正经面容也。男子及好素女子都喜欢穿着它。它不像软缎那样有“神秘性”，它有“君子”的风度，你可以看见一个半老徐娘，穿了哔叽的旗袍，就格外严整可敬，它的风韵就越觉丰满了，不过配色方面很要注意的	佚名	号外：服装特刊[N].时报，1934-2-27
49	1934	软缎，的确是一种“神秘性”的衣料，我记得以前曾有男子把它做长衫穿，不过光亮的正面，故意把它做在反面，虽埋没了它的本来面目，但亦觉飘逸雅致，风行一时的软缎斗篷，现在回忆起来，也觉得颇有风头	佚名	号外：服装特刊[N].时报，1934-2-27

续表

序号	年代	内容	作者	文献出处
50	1934	1934年最摩登的夏装，用薄得像玻璃纸一般的，软得像留兰香样的乔其纱造成的	陈嘉震	大上海的热景[N].良友，1934（8）：13
51	1934	妇女服装镶嵌花边，并不肇始今日，亦不是在都市中属独有风尚，从前妇女镶在自纺自织的土布衣服上，也能增加一点美观	佚名	花边输入为值惊人[N].时报.1934-8-21（号外：服饰特刊）
52	1935	花边在民国十一、十二年（1922、1923年）的时候，帝国主义资本主义侵略的思潮，也把这渺小的浒浦卷进了漩涡。在浒浦口的几个耶稣教徒，就把这“花边”从上海带到浒浦来。真好，做一根针，有两三个铜板，十五个钟头的一天，可以做六七十根线，一月可以通扯几十块钱，那比做纱布好得多……于是你也学“花边”，我也去学“花边”……这样的，把整个浒浦的妇女赶进了“花边”的圈	佚名	挣扎在“花边”圈里的浒浦妇女[J].妇女生活，1935（4）
53	1936	上海的一般女校书看重了它，差不多都是每个人都是香云纱拷绸[①]来做旗袍，后来渐渐传播到舞场去。舞场里的舞女也应声而起，一律穿香云纱拷绸	胡瓢蓬	海化的流传感冒，黑香云纱夏季装[N].新民报（南京版），1936-8-19
54	1937	最新之衣料，则略如十年前流行下半截有花者，但现时袖及胸皆有花纹，图案也较昔略新耳	佚名	北洋画报[N].1937（妇女装饰专号）
55	1939	设计夏季的新装，第一在色彩上要讲究简单鲜明，大红大绿，是太刺眼的，最好选择淡蓝、浅绿、奶黄或粉红的颜色，善加配合	方雪鸪	新装[J].新新画报，1939（7）
56	1948	浅红淡绿的薄呢，交枕（织）着深黑藏青的厚呢；五颜六色的织锦，并排着大小花朵的绸缎，有毛头茂盛的各色丝绒，有花色繁多的千种布疋	行子	谈谈时装[J].妇女，1948，2（10）

①香云纱拷绸，出产于广东，品质优良，价格也高至一元七八角一尺。

附录2 清末到民国报刊、文献中关于服饰时尚及旗袍发展的相关论述摘录

序号	年代	内容	作者	文献出处
1	清末	衣式：当光绪的中叶，还有尚宽大。袖口，宽者可至一尺；窄者必七八寸。身长无论人之高矮，皆二尺有奇。腰身，亦其宽肥，那时男女皆无高领，唯妇女用四五分高镶边的领子，领下有三四寸的圆肩。袖口，则用二寸余宽的绣花的花边，谓之点袖。点字系译音，或系缘字的讹音。色尚蓝紫，间或也有用淡青、雪青等色；那时候鲜艳的颜色，还没有现在这样多。材料，多用扬绉、湖绉、杭缎、宁绸等，冬季有用漳缎、建绒的。夏季，则用纱、罗、纺绸、夏布。花样，尚细小。裙式：皆拖至脚面，旧式多系宽褶，所谓蜂窝百褶裙，便算是最新式的了。材料，不外绸缎两种。颜色，亦只红、黑	权伯华	二十五年来中国各大都会妆饰谈[C]//先施公司.先施公司二十五周（年）纪念册.香港：香港商务印书馆，1924：286
2	清末	日出新裁。期间朴素而趋于奢侈，固足证世风之日下，然亦有由繁琐而趋于简便者，亦足见文化之日进也	徐珂	清稗类钞：第十三册[M].北京：中华书局，1986：6149
3	清末	北京是首善之区，天津是北方最大的商港，中国北半部的习尚，几乎全视此两处为转移，尤其是妆饰一项，在南方一说到海式——即上海式——在北方一说到京式，那便是再好没有，以此足见北京妆饰的价值了	权伯华	二十五年来中国各大都会妆饰谈[C]//先施公司.先施公司二十五周（年）纪念册.香港：香港商务印书馆，1924：296
4	清末	京津一带上等人家的衣式：到了光绪的末叶，以至宣统年间，京汉津浦两路，也相继告成。交通既便，风气便益发的由南而北。衣式：由肥大逐渐变为瘦小。袖口，小者不盈五寸。身长，亦逐渐变短。镶边的风气，逐盛行于一时。先用窄边，后改宽边；肩下肘上，还镶宽边一道，谓之花鼓镶；衣角常镶成云头蝴蝶等样式。衣料的种类亦增多。花样则尚大花巨朵；细碎花样的衣料，上等人家的妇女，便不喜穿着了。裙式：也由百褶又变为大褶，惟颜色不限定红、黑了	权伯华	二十五年来中国各大都会妆饰谈[C]//先施公司.先施公司二十五周（年）纪念册.香港：香港商务印书馆，1924：287
5	清末	而男女之装饰，光怪陆离。充满老大帝国之现象。衣服由窄小而变宽博，周围均重沿镶。镶者男衣如紫酱、月白围以黑边，女衣有织成之锦缎花带。水钻花带……时京津衣服，不论绸布，色尚奇艳。论者以为色彩异于寻常	屈半农	二十五年来中国各大都会妆饰谈[C]//先施公司.先施公司二十五周（年）纪念册.香港：香港商务印书馆，1924：305
6	1900	距今二十五年其时当在逊清光绪二十六年（1900年），时最盛行酒晕妆。除中年以外，莫不擅此。回眸凝睇，娇嫩欲滴，多配以湖色或银红金黄等色宫服。服长过膝，腰甚大，袖遮手，领甚矮。服上绣花为牡丹、荷花及凤凰者多。其间不绣花者，则注重于镶边镶袖。所镶边色，红衣则用绿边。黄衣则用紫边，与红边。湖色衣则用锦缎边，花样甚多，有如蝴蝶者、福钱者、白果者，有卍字者，有合数种花而合成一种花样谓为十样锦者，鲜华悦目。非巧匠不能辨，亦非笔墨所能形容其巧……裙甚长，系不露足。颜色大都红色，盖其时以红色为福色也。裙边多镶狗牙瓣。裙上之花不一。大约以凤楼梧桐、富贵白头、为最多。裙带多用湖色，或本色，带上有系玉佩金钱者	景庶鹏	二十五年来中国各大都会妆饰谈[C]//先施公司.先施公司二十五周（年）纪念册.香港：香港商务印书馆，1924：299

续表

序号	年代	内容	作者	文献出处
7	1905	此过五六年后（约1905年），妆饰之样式又稍变迁。衣之颜色仍多着上述各色，惟有杂绯色者。袖渐小，只在五寸之间，长才露指。衣长及膝，腰身亦较小，镶边之风亦兴，惟不如前花样之繁。最普通者只双龙抱树，匾滚两种而已	景庶鹏	二十五年来中国各大都会妆饰谈[C]//先施公司.先施公司二十五周（年）纪念册.香港：香港商务印书馆，1924：300
8	1906	江南人较北方为短小，故于身体上之关系。而京津、沪汉、闽粤、苏杭之服饰，各以其地而稍异。如京津仍循宽博，沪上独尚窄小，苏杭守中庸。闽与浙类，汉效津妆，粤则独树一帜，衣袖较短，裤管不束，便利于动作也。时人称京式、广式、苏杭式，斯时衣服之裁制。由复杂而转入简单，去阔镶滚，而尚窄镶滚，历三四年之久。时清廷正筹备立宪（1906年左右），设咨议局于各地，而装饰上正由阶级制度，而入于混沌时代，盖与国家现象，亦暗相吻合也	屈半农	二十五年来中国各大都会妆饰谈[C]//先施公司.先施公司二十五周（年）纪念册.香港：香港商务印书馆，1924：306
9	1908	沪杭铁路建于前，京汉铁路（1906年通车）继于后，交通日渐进步。尤以京津沪粤，得风气之先。男女装饰，至斯而又一变。咸别出心裁，众趋于窄小。鞋帮尚浅，衣色尚灰，有青灰、莱灰、驼灰、水灰之类，盖时适光绪初殁宣统方立。人民在于专制压力之下，值国丧时期中（慈禧去世于1908年），所以黯然无色也。同时沪粤苏杭，男弃马褂，女不束裙。女界都修其前发，作燕尾式之尖口，俗称为尖口辅沿。而上海装饰，已稍稍露头角。且以上海扼全国之中心，并交通上之便利，其装饰颇足以风靡全国	屈半农	二十五年来中国各大都会妆饰谈[C]//先施公司.先施公司二十五周（年）纪念册.香港：香港商务印书馆，1924：306
10	1900~1911	衣裳之纽扣亦足供研究者。其式有两种：一为纽之修饰，一为襻之修饰。纽之修饰，其时盛行一种圆纽，多为铜制，上刻有多种花纹。襻之修饰，多有蟠作如意形者，有蟠作蝶之形者 妇女之裙，裙之形式，百褶裙为通常所用。其中不折之部，绣铺水纹和云纹等形	李寓一	二十五年来中国各大都会妆饰谈[C]//先施公司.先施公司二十五周（年）纪念册.香港：香港商务印书馆，1924：274-275
11	1910以后	鼎革初元，崇尚纤瘦，领作元宝形，纽扣密布，做种种样式，紧缚芳肌，无稍余地。有玉环躯胖者，则怀中双峰，隐隐隆起，而后庭肥满，又时觉春色撩人也	李家瑞	北平风俗类征[M].上海：上海文艺出版社，1985：246
12	1910以后	窄几缠身，长能覆足，袖仅容臂，形不掩臀，偶然一蹲，动至绽裂，或谓是慕西服而为此者	李家瑞	北平风俗类征[M].上海：上海文艺出版社，1985：235
13	1911以后	政变后（辛亥革命以后）……妇女衣裙上之修饰，有三大变更。一种色彩方面，一种形式方面，一种图案方面 色彩方面：昔日以红绿及其他原色为尚者，政变（民国成立后）而后，则重复色，多莴紫灰青等淡色，极雅素之美。衣与裙之配色，先只有黑裙与红裙两种，无所谓配色，今则以衣裙同色为美，似有欧风。镶边之色，先用红绿镶边，与衣料皆异色，后以本色镶边为尚。近更尚百花边取其雅洁。履帽之色，亦能与衣色相配，不如昔日之拉杂矣 形式方面：先用右襟，或有改左襟者……衣之全体形	李寓一	二十五年来中国各大都会妆饰谈[C]//先施公司.先施公司二十五周（年）纪念册.香港：香港商务印书馆，1924：280-281

续表

序号	年代	内容	作者	文献出处
13	1911以后	式，有大袖宽身，一变而小袖窄身。领之高度先较政变前尤高，后由高而改低，近则更有无领者……衣之长除女学生而外，皆以短为入时。及今则有仅及腹下者……裙之式，盛行套裙，着时从足部套上，裙之底边，习喜张开，近喜拢合，亦系西风。裙褶之制，除交通未便之都外，其余各地早已废去。百褶裙更少穿之者。惟红色裙，至今京津各地，犹时出现于应酬场中 图案方面：在民国初年，由繁文一变而为无纹，即幼儿，亦仅用条纹图案、散点图案。近日盛行者有二种：一种为细钩大花，一种为小朵印花。用红绿色者亦间有之，大部分则用相近之邻色相配（如青与黄紫与赭）。衣边之滚条，由韭菜边，一变而不用滚边，取其清爽。裙亦无边，间有用白色之花纹，周饰于近边处者。衣袖上亦有此式，其所用之边，阔狭不一，多取材于坊间所售花边	李寓一	二十五年来中国各大都会妆饰谈[C]//先施公司.先施公司二十五周（年）纪念册.香港：香港商务印书馆，1924：280−281
14	1911以后	政变后（辛亥革命以后）……男子之衣形由小而大，为各大都市之同风。马褂长袍之制，亦皆未废。质料则北地尚花缎、华丝葛等。上海各地，则以直贡呢、哔叽为最佳，一则以炫耀为美，一则以沉静为美，南优于北矣 衣裳之花纹，除马褂尚有用铁机细花者，均以无花纹为上品	李寓一	二十五年来中国各大都会妆饰谈[C]//先施公司.先施公司二十五周（年）纪念册.香港：香港商务印书馆，1924：282
15	1912	光复后气象一变。国徽既易，而人民之装饰，亦应时以新。一二年间，盛传中国之衣服，将不合世界潮流。于是大多数人，男尚西装女制反襟之衫。男剪发辫，女绾双髻。而好奇之人，男且有束发制和尚襟明代服式，女有绾古代堕马妆者，可于苏杭二埠中见之，善谑者识为十八世纪之古董出现矣……夫上海本有小巴黎之称，至此而名益著。盖其时政客都盘桓沪上，冠盖所集，举国风从。虽扼全国进出口之香港，亦不是过也。时废弃中装之说稍戢，本国绸缎，销路渐渐恢复。然舶来品之潜势力，已由一二年废除中装之声浪中，扩张极盛。男女衣服，又趋重沿镶，有四层镶、五层镶，至十三层、十五层镶者。杭沪姑苏间最多，京津仿之稍后。川汉效之，则已望尘莫及。盖此衣饰不及二年，至行于川汉，而沪上又易其新妆矣	屈半农	二十五年来中国各大都会妆饰谈[C]//先施公司.先施公司二十五周（年）纪念册.香港：香港商务印书馆，1924：306
16	1912	其时也正值清帝退位，国事甫平。前清遗老贵胄名臣莫不携其家人，拥其资产，来居沪上。于是交际场中，大家妇女，倍形加多。乘此机会，有人独出人才，将妆饰样式根本推翻。仍由青楼中人先着，不及一周，全城大都一律。未至两周，各大都会大都仿着。不得不叹沪地妇女财力之豪。而各大都会崇拜沪地妆饰之深也。兹谈其样式如下：衣长不及膝，过身以腰为度，领高及颊。袖长露腕，而不露肘。袖宽只及二三寸，内更着一种小袖，露出半节。袖色白，式如箭袖。质用白罗，或用外国之卫生绒，上有绣同色花者。青楼中人有用银红花蛋青袖配以深绿，或浅绿叶者。后除绣花更用水珠边而加金绒线几道者	景庶鹏	二十五年来中国各大都会妆饰谈[C]//先施公司.先施公司二十五周（年）纪念册.香港：香港商务印书馆，1924：300

续表

序号	年代	内容	作者	文献出处
17	1912以后	上述妆饰，至此时期，又大变迁。衣服之式，似取材于前两期而成，惟又似参以西洋女服之样式。衣短只二尺二三，身矮者尚不需此。袖短露肘，袖口又大，在七寸之间。过身仍以腰为度，领亦减矮，高不及寸，衣边成半圆形，使衣摆上斜，而成半圆之衣角。衣式既是如此，自然必须一合适长裙。惟裙质不一，裙色各异，不能一聚而述。即上述衣式，亦不过称为最普通式，各式衣服之原主而已。其他各式，近数年来，继续发明，亦有数种。惟着何样衣服，及作何妆饰，尚分何派人物，不似前之杂乱不分	景庶鹏	二十五年来中国各大都会妆饰谈[C]//先施公司.先施公司二十五周（年）纪念册.香港：香港商务印书馆，1924：301
18	1912以后	其时各大都会之女校书，多效男子妆。便帽定准，暖冠加带，遮其云发，不上胭脂，但施薄粉，且架金丝眼镜。长服华丽，修短适体。亦穿革履。高车过市，目钝者不能辨其雌雄也	景庶鹏	二十五年来中国各大都会妆饰谈[C]//先施公司.先施公司二十五周（年）纪念册.香港：香港商务印书馆，1924：301
19	1912以后	京津一带中等的妆饰中等人家，民国以来，亦大半趋时，头髻衣裙，多效上等式样；不过材料多棉织而少丝绸罢了	权伯华	二十五年来中国各大都会妆饰谈[C]//先施公司.先施公司二十五周（年）纪念册.香港：香港商务印书馆，1924：290
20	1912以后	写意派与学生派，稍有出入。其重要区别，不在于裁制之异同，而在于衣料之华丽。然宽窄长短之间，究较学生为考究，是派服装非求便利于动作，惟注意于飘逸。如年来男女衣都废沿镶，而此派又群制沿镶之衣	屈半农	二十五年来中国各大都会妆饰谈[C]//先施公司.先施公司二十五周（年）纪念册.香港：先施公司，1924：309
21	1912以后	女学生派者其装饰雅不求艳，新不随俗，故与世界潮流有关系。有依据巴黎化、纽约化者，于卫生上，亦稍有研究，不徒尚美观。如裙之由长而短，衫之改窄小为宽舒，废弃流俗之怪装束，而能独树一帜	屈半农	二十五年来中国各大都会妆饰谈[C]//先施公司.先施公司二十五周（年）纪念册.香港：香港商务印书馆，1924：310
22	1912以后	小家碧玉之装饰，亦以自然取胜，好雅洁而反对奢华。鬓发尚光，首饰尚简。衣衫之长短及式样，商量极称身之至，迩来女学派衫尚方角，则仿效之。贵族及青楼都行蝉腹式之圆角，则反对之。且因动作上与经济上之关系，亦时有研究考虑，与女学派相争衡。虽不尽藉罗衣之璀璨，亦颇有华容婀娜，楚楚动人之妙	屈半农	二十五年来中国各大都会妆饰谈[C]//先施公司.先施公司二十五周（年）纪念册.香港：香港商务印书馆，1924：310
23	1912~1915	京津一带上等衣式：于民元以及三四年间，极尚瘦小，腰身膀臂，以毫无褶纹为美。近年则渐改肥大，不过式样与前清时期的肥大不同；清时肥大，下襟尚长；现在则尚短，所肥处，仅在袖口与下摆。裤：皆逐渐尚短，近日短者，几至不能覆膝，此等装饰，鄙意以为欧化	权伯华	二十五年来中国各大都会妆饰谈[C]//先施公司.先施公司二十五周（年）纪念册.香港：香港商务印书馆，1924：289

续表

序号	年代	内容	作者	文献出处
24	1912	从前衣服暗分等级，非真贵家豪族，现有通身裘帛者	虎痴	做上海人安得不穷[N].申报，1912-8-9
25	1912	华人惯用丝绵羊皮，今如西式之衣，层层均系单夹，于天寒亦殊有碍	佚名	服饰刍议[N].申报，1912-1-7
26	1913	上海中华国货维持会副会长伍廷芳等，邀请神州女界代表舒蕙桢等讨论女界礼服和便服的图样及制成之衣服样板	佚名	会议女服式纪要[N].申报，1913-1-7
27	1913	因现时女界多不喜欢红色，所以应不规定颜色；更有反对女子旗装衣服，甚至提议政府立例“禁止女子服男子服”	佚名	会议女服式纪要[N].申报，1913-1-7
28	1913	今日女界所穿衣服，未能一致，殊不雅观，故请诸君到会研究常服应如何改良，务请从长议定①	佚名	会议女服式纪要[N].申报，1913-1-7
29	1913~1926	民国元二年间，妇女盛行元宝高领，竟高至面颊。衣长至膝，方角镶边。裹衣窄袖，长出外衣袖二三寸，平时穿裤不穿裙。又一字襟马甲流行于是时。至民五前后，领渐低，衣亦渐短，裹衣袖亦不长，将与外衣袖等。方角阔镶边，于是大圆角流行，至民十四五尚有。当民十三时（1924年），流行长马甲，亦称旗袍马甲。这就是旗袍盛行的预兆。翌年（1925年），旗袍即流行，高跟鞋与大衣也随之而起。这是妇女衣饰的一大变更	君奇	妇女衣饰和发装的演进[J].玲珑，1937（22）：1695-1696
30	1916~1917	五六年中。女界盛行切肤之小背心，男衣则故大其身围，而束之以带……而所谓上海派新妆饰者，仿佛全国公认为美满。国货中有华丝葛、物华葛，同时出品，一时风尚所趋。于衣裳之裁制上，废除沿镶，于便利上，则去马褂而服马甲。衣之袖口，渐渐放大。女郎仿之，亦穿马甲，并改曳地之长裙以齐足踝，俾利于步履也	屈半农	二十五年来中国各大都会妆饰谈[C]//先施公司.先施公司二十五周（年）纪念册.香港：香港商务印书馆，1924：307
31	1918	七年春，某距公创俭德会于北京，衣服不用绸缎，其宗旨为矫正薄俗，节省人民经济，以布衣素洁为高尚也。一时南北之时髦者，及机关中人，趋而附之者亦众。其有面貌恶劣者，莫不引镜自惭形秽。亦有以三闪缎制为衣里，以爱国布为面者，犹画蛇添足，表朴而里奢……有裙以绸制衫以布裁亦有独弃铅华，摒除珠翠者。而普通袖口，已放至五寸左右。裙幅亦离足背二三寸。裁制之间，比前似觉修短合度，以视矫揉造作者，较为大方人遂称为女学生装束。女学生装束，发源于沪杭，化及于全国，不可谓非妆饰界之革命分子也	屈半农	二十五年来中国各大都会妆饰谈[C]//先施公司.先施公司二十五周（年）纪念册.香港：香港商务印书馆，1924：307
32	1919	舶来品、哔叽、羽纱及缎绒之类畅行全国男女衣服之裁制。又云其沿镶之习盖厌繁复，而尚简洁也。衣之色彩，有复色美、单色美之二派分焉。复色美者，浓紫繁翠，杂耀于身。单色美者，不论深蓝浅绿通身之色彩归于一例。虽履舄之类，亦几同之。在比较上，单色美雅占优胜，但必更替不穷，经济上自多费矣。同时，丝袜盛行于沪粤、京汉。夏秋时，女郎衣领都以制成漏空之花边为之，而骈以缎带。带端适居领下，系成一结，系红浅绿传遍一时。衫之纽扣，有黄金、白银制成之葡萄形者。未几，又有翡翠珊瑚等之同样出品。女界又盛行手提包，有绸制及银丝制二种。中贮化妆品，或钱币之属，亦欧化也	屈半农	二十五年来中国各大都会妆饰谈[C]//先施公司.先施公司二十五周（年）纪念册.香港：香港商务印书馆，1924：307-308

①1913年1月5日，上海中华国货维持会副会长伍廷芳、王介安、吕葆元，邀请神州女界代表舒蕙桢，以及葛泽、葛志云、徐曼仙、徐逸仙等出席会议，讨论女界礼服和便服的图样及制成之衣服样板，由伍廷芳报告上述会议理由。

续表

序号	年代	内容	作者	文献出处
33	1920	到民国三四年时候，一般妇女，大有高领的盛行，高度四五寸不等，愈高愈美观，形态是不平衡的，两端高而中较低，广东人叫它做马鞍领，后来不到三年，这盛行的马鞍领已成为过时货了。自五四运动以后，一般女子确实觉悟了不少，她们知道衣服加领，有妨碍颈的转动，高领更为不行，所以那时她们的思想很积极，不论高低领，一概取消，很慷慨地提倡穿没领衣服了，那时女学生们得到这个消息，就立刻赶着把她们的衣领除去，而且还在报纸上、刊物上发表很多废领运动的文章，鼓吹得风云皆变	少金	近代妇女的流行病[N].民国日报，1920-5-5（12）
34	1920	海上女子，一时旗袍为最新之装饰品	丹翁	无题[N].晶报，1920-4-18
35	1921	这种新装（旗袍马甲），不只身长减短，而有一件更正确的改革，就是那种极不舒适的硬高领子，换成软且低，甚至趋于西式的无领之势，使她们的颈子看着柔媚而动人，还感觉无拘束的舒服。过去的时兴的“短袖”现在也被小姐太太们废弃，而有一种新式短袖兴出，长度是刚让过肩头，穿上显得“细腰”、“阔肩”和胸部的丰满，把手臂的匀称表现出来，工作时，异常的活婉，制作时在布料上、时间上比较经济许多了	启真	妇女的新装[J].妇女杂志①，1921（5）：17
36	1921	我国女子的服装，向来是重直线的形体，不像西洋女子的衣服，是重曲体型的……现在要研究改良的法子，须从上述诸点上着想，因此就得三个要项，注重曲线，不必求折叠时便利。不要太宽大，恐怕不能保持温度。不要太紧小，恐阻血液的流行和身体的发育	佚名	女子服装的改良[J].妇女杂志，1921（9）：39
37	1922	（旗袍马甲领型的变化）有作方领者，有作圆领者	钏影	妇女装饰自由谈[J].家庭，1922（12）
38	1922	男女之衣，又改革其裁制。普通袖口，由五寸而放大至六七寸。领子删至极低，夏令女衣，则并低领而云之。盖时至今日，男女社交公开，色相既常示人，又何惜此区区蚍蛴之颈哉。曹子建所谓延颈秀项，皓质呈露者，类是。亦有以领口裁成鸡心式者，据说系自喻其为有心人也。有裁成方形者，示人以大方也。冬，兜蓬通行南北	屈半农	二十五年来中国各大都会妆饰谈[C]//先施公司.先施公司二十五周（年）纪念册.香港：香港商务印书馆，1924：308
39	1923	十二年春。苏杭女学界，有以学生校服仿西式而绉裥者，亦流传四远。同时，沪粤女界，又新行欧洲化之西式裙。衫袖之式，变为肩部紧而袖口宽，如喇叭之式，俗呼为叭喇袖嘴。而切肤之小背心，因障碍呼吸不合卫生。遂一变而俱制对胸纽之短衬衫。然胸部腰部间之宽紧，仍与切肤之小背心仿佛。盖女界咸以腰如约束，为自然美之一种，而不愿放弃也	屈半农	二十五年来中国各大都会妆饰谈[C]//先施公司.先施公司二十五周（年）纪念册.香港：香港商务印书馆，1924：308
40	1924	舶来品、华尔纱，更盛极一时。是纱稀薄之至，女界用以制衫。其内衬以淡雪青、或白地细花之衬衫。若隐若现，弥觉美丽。洛神赋所谓，仿佛兮，若轻云之蔽月；飘飘兮，若流风之回雪者。是也。而男衣则弃哔叽等品，而趋用国产丝葛纱罗。良以数年来，哔叽长衫，遍满于上中下三等人物	屈半农	二十五年来中国各大都会妆饰谈[C]//先施公司.先施公司二十五周（年）纪念册.香港：香港商务印书馆，1924：308

①《妇女杂志》，发行于1915—1931年的大型女子刊物，历时17年，共出版发行204期。该刊为月刊，每年一卷，每卷12期，是近代妇女史上第一份历史悠久的大型刊物。

① 此番感叹似乎是看不惯上海妇女的服装，但客观上却将上海妇女敢于创新、毫无顾忌世俗眼光的精神表现了出来。

续表

序号	年代	内容	作者	文献出处
41	1924	最近上海所流行之装饰品及衣服式样，未久已流行于各省内地。上海作为时尚的中心，上海妇女之装束，已经趋于欧化	新侬女士述，马二先生记	上海妇女之新装束谈[N].申报，1924-12-18
42	1925	上海有钱的人，最喜欢置备衣服，妇女尤甚，三日二朝的做新衣服，穿了几天，觉得不出风头了，便向箱里一塞	佚名	上海的颜色问题[J].新上海，1925（3）
43	1925	十四年初，则女士多转而穿上海装。上海装者，则长椭圆形元斜角衫，二分高领，袖长仅至腕，裤则阔而且长，垂于脚面。其衣色均彩，如红绿黄等色居多，甚少素色者，唯间亦有之。行时柳腰款摆，亦别具风韵，故此风一时极盛，几触目皆是	凌伯元	妇女服装之经过[N].民国日报，1928-1-4
44	1925	海上妇女凡夏秋的衣衫，几乎把领儿完全废掉，甚至渐染西方袒露之习，但是酥胸藏遮惯的，一旦袒露出来，觉得不太雅观，所以异想天开，把淡黄色的帛儿，缘着胸项间，且缘得很阔，远远地望去，似乎袒着，走进一瞧，那却又不然。我于此未免要叹上海妇女的狡狯了①	佚名	上海妇女之狡狯[J].新上海，1925（6）
45	1925	时届秋凉，正乃各届添需衣类繁殷之际，但“五卅”惨案发生又适，同胞爱国而爱国货之心，如欲购哔叽袍料、直贡马褂者，当易花绸之袍、大绸之褂矣	杭州章隆记绸缎局	广告[N].浙江商报，1925-9-13
46	1925	中国旧式的衣服“皆系平面的，便于叠折收藏，但是于身体上则波痕较多”，“近来海上之时装，咸趋欧化，于制裁上多注重于立体观念方面矣”	瀓海	服装漫谈[N].申报，1925-12-21
47	1925	内衣之外，冬天加新式旗袍最便当[张先生（张竞生）不甚赞成的旗袍，其实旗袍不过是一个名称，与旗人穿的长袍并不同]，旗袍很有韵致，腰间也可以收小（注意：不可太紧，紧则不伸），愿意露颈的，不妨开大领，或仿古装，是领都行，最要紧的就依体格的肥瘦长短为准，在襟袖腰身上加以考究	明晖	谈谈新装束[N].申报，1925-12-21
48	1925	“现在的服饰，可称电影服饰，因为现下流行的服饰，大多是一般电影女演员造成的”。这些女演员“必须时常换新，衣服的样式，必须开未尝有，并须调和颜色的美观，求观众的赞美，那好学时髦的妇女，不知觉地随着他们变动了”	英章	妇女服饰的派别[N].申报，1925-12-21
49	1925	在跑马场左近，见到一个女子，穿件水红色素地双丝葛旗袍，高跟皮鞋，面庞长长的又白又嫩，从派克路那边慢慢走来	金俊仁	痛苦的来源[J].紫罗兰，1930，4（23）
50	1926	春光明媚之际，正妙龄女郎服装争妍斗胜之时，中国女子服装大都趋于单调。每一新妆出，争相仿效。不论燕瘦环肥，服饰均趋一致。一段时间盛行大圆角，街头巷尾所在皆是	清河	新妆杂谈[J]良友，1926（3）：15

续表

序号	年代	内容	作者	文献出处
51	1926	妇女的装束，现在对于“新”的趋向，益发来得热烈了。但是，“新”只管“新”，“美”却还没达到，并且趋于模仿一途；见人家穿的是长的，走起路来，很有一种婀娜的美态，便不管自己身材的肥瘠，马上唤裁缝依样画葫芦来了。一着上身，她自以为“新”，然而“婀娜”却就没了，为的是她的身材，另有一种装束来配的啊	佚名	新装漫语[J].良友，1926（7）：15
52	1927	袄子的衣身又窄又短，它的“长处是能够紧紧地裹着身子，将身体方面的曲线，很自然地显露；它的坏处，就是两边衣角只往上缩，不是将内衣露出，便是将裙腰可以隐约看见 裙子因上衣短小的缘故，不得不逐渐放长，和上衣比较起来，裙子占三分之二，衣服占三分之一，而且因为上衣紧束着的缘故，便将裙子造得宽松一点，虽然下摆比较的狭，可是腰腿的一部分因为走路时的摆动，可以使它鼓动起来，增添不少美感	镌冰女士	妇女装饰之变化[N].民国日报，1927-1-8
53	1928	这种新改变的旗袍，穿起来可说时髦极了！美丽极了！可是一双肥满而圆润的大腿，暴露在冷冽的天气之中，仅裹着一层薄薄底丝袜，便能抵御寒气的侵袭么	叶家弗	女子的服装[N].民国日报，1928-11-20
54	1928	妇女的衣服，是多曲线的，或“美线”的……曲线意味愈多，愈能表现女子的美	李寓一	衣装美的判断[J].妇女杂志，1928（3）
55	1928	衣服分旗袍和短衣两种：一、旗袍最长离脚背一寸。二、衣领最高须离颌骨一寸半。三、袖长最短齐肘关节。四、左右开衩旗袍，不得过膝盖以上三寸，短衣须不见胯腰。五、凡着短衣者，均需着裙，不着裙者衣服须过臀部三寸。六、腰身不得绷紧贴体，须有宽松	佚名	兴化县政府取缔妇女奇装异服办法[C].江苏省档案馆藏全宗号5-30，案卷号184，1928
56	1929	服装问题，在实用方面求其合卫生，在观瞻方面则有审美关系。现代生活中，事事去繁求简，尤其是日常生活更取其轻便	佚名	巴黎及纽约春夏时装展中集中简单而美观之衣服[J].良友，1929（36）：19
57	1929	穿起华尔纱的短旗袍，而有意隐约地显露出两条衬衫的坎肩带……乳峰耸起，是时行之一	号莺	咖啡座[N].民国日报，1929-11-3
58	1929	短旗袍风行，妇女装束的趋势，充分说明表现着活泼与流动；但同时在隆重的或盛大的交际中，每每感到过于轻俏，不能显示自己的端庄。终于曳地之长裙仍占一部分势力。最近旗袍引长，所以能流行者，是基于女性体态审美观点的转移由腿部移到了腰部、臀部之间，而能充分地显露出女性身段的美妙，逐渐地倾向到温柔婀娜方面去，而随文所刊登的旗袍长度则长到了小腿中部……阔花边装饰在长袍边缘，渐渐代替了嵌线与滚条的地位	佚名	妇女装束之新倾向[J].时代画报，1929（3）：24

续表

序号	年代	内容	作者	文献出处
59	1930	旗袍款式“曲线的显明，自然已成应有条件之一，穿上了真是紧紧地裹在身上，走在路上，凡是胸部臀部腰部腿部，都可从衣服外面很清楚的一一加以辨别，不必出之意会了。领高而硬，似乎一个竹管套在颈之四周，衣袖很短，不过到臂弯为止，袖口也不甚大，旗袍长度只到腿弯，两条玉胫上，套着一双长统丝袜，再加上一双高跟皮鞋，走起路来，‘吉个吉个’的益显婀娜”	徐国祯	上海生活[M].上海：世界书局，1930：33-34
60	1930	中国妇女的装束，多半是以上海为标准，就像西方把巴黎式当作时髦一样的观念……上海女人正时行在长旗袍上套上一件小背心	镌冰	介绍上海的新装束[N].大公报，1930-4-25
61	1930	沪滨有背后美人之谚称，指中年或且及于迈年之妇女，亦效少女时装，此诚不足言；然知识阶层之妇女，近方以印度绸花料作楚腰（女子的细腰）装以入时，辗转仿效，成知识阶级之普遍美。最近流行之样式如第一图，其两腰之曲线凹入于腰里。世俗效颦，更小之如束帛，其腰与股间曲线，乃完全裸露。是为苗条之样式，多宜于初成年女子。若中年妇女，其盆骨增大，亦相率而趋于此式，则盘然两股，豁露于外，徒显其丑	寓一	一个妇女衣装的适切问题[J].妇女杂志，1930（5）：46
62	1930	至于女子衣服太单调，亦固过事模仿、无独创适切之精神所至；其单调者，乃衣褶与图案边缘色彩等，少有变化。一领口之变化，但知由高领而反于低，由低又翻之于高……有翻领、敞领及由敞领而见之皱纹种种变化者则少 至于以上的滚边，不仅滚其边，以滚边用之花边，镶于胸前，滚于其他各部，则单调之格，亦可因此打破……是中情趣不欲其简单，必使有千百不同之式，庶可以适应各个之性格身材情感也	寓一	一个妇女衣装的适切问题[J].妇女杂志，1930（5）：46
63	1930	近年来，男子的服装只变了二三变，而妇女的服装则至少已变了一二百变 妇女的服装照例是随着岁月、随着绸缎店的大廉价与服装公司的广告宣传而翻新花样，我们看到妇女的服装有高领减至无领，在回复到二三寸的高度地位；由长下摆升至齐膝盖，再降下至脚面只差二三寸。由竹管样的细袖口缩短至肘处成为喇叭式大袖口，再收小而伸至齐腕地位；一切都合节奏，如音韵般高低升降。而且在今天乃有更大规模的时装运动出现在上海。妇女的服装文化大概要在今日达到登峰造极的地步了。我们又在某报上发现这样的评论：“妇女只知道跟着大众走，她们完全不能在自己最重要的个性上生活；她们是时装的奴隶——在思想上和在心中都是——因为在服装上面，没有妇女是不随波逐流的”	仲华	现代妇女的时装热[J].妇女杂志，1930（12）：59
64	1930	1930年的夏天，时髦已经把上海女子的两只袖管截断了，男子的一半赤膊，不许进租界公园，女子的两臂却以赤露为时髦，两只腿的袜子，由长筒一变而为赤裸，不着袜的女子是最最时髦的	天马	从裸体运动想到的话[N].申报，1933-7-20

续表

序号	年代	内容	作者	文献出处
65	1930	长袍之姿态，足以呈现出古典的风味，近来欧洲服装的长裙时代，却与我国的长袍流行，同一趋向。可见妇女们也已渐渐的厌了过分的解放，风行一时的短旗袍和短裙，也成为时代的落伍者了	佚名	秋之流行服[J].时代画报.1930，10（11）：24
66	1930	装束之现在，已逐渐进化而成为一种艺术的表现。一袭新装应合于美的条件，根据于剪裁、色彩、图案，三者的调和，而以适合服者的身段及地位为必然的理由。试观目前中国妇女界装束的现象，大概已从旧的束缚中跳了出来，渐渐地走上了正确之路；不过一般人仍是盲从趋时的风气，所以半老徐娘会学着少女的时髦，穿了紧窄短俏的旗袍，表现出来一种丑态。有点年轻的小姑娘也照着她妈妈的式样缝制一袭新衣，淹没了她青春的美丽。这类错误的装束，在她们自己当然丝毫不以为然，其实，每每给予讽刺画家一个极好的题材	叶浅予	写作“春秋之装束”前面[J].妇女杂志，1930（12）：53
67	1931	似乎一个女子，没有学识倒还小事，如果不摩登却是一件奇耻大辱！因而她们每天的主要事务，就是在讨论新装的问题，尤其是上海的女郎们最考究了，冬季和春季，新装的样式，天然是不同了，甚至上月和本月，昨日共今朝，新装也早已改变花样了。因此，一般缝衣匠他们虽不停地打算新装样式，而制成新衣，寿命却很短，隔上几天就成旧装了。一般摩登女郎，今天新造一件时式的衣服，穿了几天不时髦了，搁诸箱笼，重行定制，整百整十的钞票，花在新装上丝毫没有吝啬	影呆	高跟皮鞋之不幸[N].民国日报，1931-2-17
68	1931	服饰的进步自从旗袍夺去了大袖衫和大脚裤以后，中国妇女的服饰，便有了极大的进步，但是起初仍不免有呆板和单调的弊病。服饰进步的最大原因。也就是极端的个人意志主意……她们受了较高欧美教育的感化，运动的锻炼，和电影的熏陶，不由得身体活泼，表情丰富而且美丽，和从前呆若木鸡，静如泥娃的美女，当然不可同日而语了	沈诒祥	现代妇女比以前妇女好看[J].玲珑，1931（25）：901
69	1932	长旗袍是表现女子婀娜的美，可是有些长得扫齐脚跟，既不便于步引，反有些像“扫帚”	佚名	扫帚星[J].玲珑，1932（45）：1838
70	1932	惟有服装一项，则大有一日千里之势，在城市都会的地方，便是穷极奢靡，脑筋中充满思想，尽是时装的样式，这已成为普遍的现象，亦是演进不已的缘故	刘志纯	服装改良论[N].时事新报，1932-1-25（第三张第一版）
71	1933	对于普通妇女“只要你能够有眼光自行选择与自己配合的图样，交给廉价的缝工（需要5~7元）去做，试样时又特别加以留意，这样既可省下一笔巨额的裁缝费（时装公司约需二十五元），造出来的也不见得怎样不时髦”	佚名	关于冬装[J].夫人画报，1933（2）：28
72	1890~1934	半世纪以前（1890年左右），妇女的上衣，长在三尺四寸左右，袖口尺二，下面是束裙子的，它的变化，在尺寸方面的，可说是没多少，单是镶滚的宽窄多少，纽扣的花纹和花边（都是翻花的）的意匠不同而已。大概四十年前（约1895年），袖口在开始渐渐的改小，不过身筒长短还没有改动。到了三十五年前（1899年），上海	佚名	半世纪来中国妇女服装变迁的总检讨[N].时报（服装特刊）1934-2-27

续表

序号	年代	内容	作者	文献出处
72	1890~1934	的青楼女子，已经有七八寸的袖口的衣裳，不过长短大概仍然在二尺八寸左右，至于内地，直到了清光绪末年（1908年），几个时髦的女子，居然也穿窄袖短衣，不穿裙子的，那时候最短不过二尺四寸。这种短衣窄袖的风气，从租界影响到内地，变化得很慢。大概经过三十年之久，到鼎革之际（1912年），而达到了极限，衣服最短，不过一尺八寸左右，袖口不过二三寸左右，裤脚管也那样笔直而窄小。另外的是领子非常之高，因为后面有发髻，所以领口成为元宝式，前面两只曲线式的领角，掩盖了脸孔的小部分	佚名	半世纪来中国妇女服装变迁的总检讨[N].时报（服装特刊）1934-2-27
73	1934	目今世界，只重衣裳不重人……贤母时期……衣着不必过于奢华，土布哔叽，此其时矣……少妇时期……则其服装，又趋素净一道，式样务必诚实，其色彩以元色与灰色最为合度，总之，女子服装，时代年龄实有密切之关系	佚名	求爱与婚期：不妨试着绫绸[N].时报（服装特刊）1934-2-27
74	1934	最近从民国二十二年到二十五年，还没有看到鲜明的变化，只有滚边的镶线是不行了。旗袍衩角，已由高而改低，这是一种普通衣服的样式，至于特殊的服装，都不在此例的 近年来服装变化的总结账，就是限于不裸体的范围以内，要显出身体的美丽来，所以材料要柔软，质地要单薄，至于裁剪上近来效法西服，线缝不一定是直线，也是显著之进步 大小样式的变化，今日已到了相当的境界，要表现人体之美，现代的服装，也确实有相当的成功，所以我以为最近的将来，它的变化，绝不是明显而绝对的，它一定是意匠、装饰品、（如纽扣、花纹之类）裁剪等等变化而已	佚名	半世纪来中国妇女服装变迁的总检讨[N].时报（服装特刊）1934-2-27
75	1934	时装是一个多么好听的名词呀，都会中的女性，大半都被这两个字蒙混了，她们看见了，或听到了一种服装，便不顾及资金、年纪、高矮、肥瘦，强自去模仿它……譬如现在很行白色旗袍，你的面孔不是很白的，你却要掩饰它的黑，那么穿这样颜色的衣服，再会白吗	麦穗	时装的要点[N].时报（服装特刊）1934-2-27
76	1934	真正的时装，合理化的时装，不必定要丝绸绫缎，才能做成，就是一幅土布，我们也能做成一件很好的衣服，因为时装在于裁剪的合适，决不在乎衣料的贵贱。不信，你们且看彳亍于西门道的女学生，她们的衣料大半是二一二、青竹布等，然而因为裁剪的合适，又有哪个看了说它是不好看呢	麦穗	时装的要点[N].时报（服装特刊）1934-2-27：号外
77	1934	旗袍本来从前是旗人所穿的，但是到了目今呢，却成为摩登的时装了。一般摩登的小姐们别出心裁，缝制各种旗袍，什么黑下配白边及各种的配称，使得一件旗袍能够得到美的姿态，现在我且把旗袍的沿革来讲一下。最初的时候，一般小姐们所穿的格式差不多多是短袖，长并不见长，大概在膝盖下面，这就是所谓短旗袍，到后来盛行的格式是长袖，它的长要差不多到脚板板上为止，很显得姑娘们的美丽，这就是所谓的长旗袍。现在所谓盛行的式样，就是短袖，它的长在脚板的上面，开跨也开得很高，有的差不多到膝盖，此即所谓1933年最摩登的格式	佚名	旗袍的沿革[N].时报（服装特刊），1934-2-27：号外

续表

序号	年代	内容	作者	文献出处
78	1934	到了目今1934年，我想一般摩登小姐们，一定要别出心裁的去裁制了。我倒有个计划，以为是1934年旗袍最近之式样，暂将余名定之为“蚂蟥式”。但是诸位摩登小姐们你们做得不好，且莫来怪我，现在向诸位介绍一下：衣料：最好用黑色，及其他颜色之软缎，还加白色软缎，或红色均可。裁制：长度照1933年式一样，但袖口应改至肩处，袖口须用宽紧（松紧带），使其紧贴皮肤，余尺寸均依个人尺寸而定，但腰身宜稍紧收。配称：黑衣者可配白色软缎（即四处镶以二寸许之白软缎），在袖口处用白或红色软缎，袖口四周镶边，约五寸许，但需使其高起，像蝴蝶边一样，高高耸起，配以玉色手臂，殊不美哉	佚名	旗袍的沿革[N].时报（服装特刊），1934-2-27：号外
79	1934	上海女子都以样式贴身为美观，裁缝更为迎合女子心理起见，穷心极思、标新立异，女子服装样式的更改，层出不穷	佚名	添置新衣时要考虑的几点[N].家庭年刊，1934，4
80	1934	几年前短裙运动风靡了全世界。中国女装的旗袍也截短到膝盖以上。于是长筒丝袜便开始流行起来。丝袜的色素也渐渐由杂色集中到肉色来	嘉谟	关于裸腿的出现[J].夫人画报，1934（19）：14-15
81	1934	各校学生服饰，大同比较朴素，其余大多数习之奢侈繁华，衣履竞尚新奇，日下社会中最繁华奢侈的，无过于学生，无过于大学生，更无过于大学生中的女学生……受教育程度愈高，需用奢侈的愈多，便是推销洋货愈力	佚名	学生国货年产销应注意学生的需要[N].申报，1934-12-27
82	1935	短袖女性在公共场所，受窘者甚多，故北平女生现做旗袍时，袖口皆做长过肘，但平日则将其高卷二三折，仍将肘露出，至受时始放下，令干涉者无话可说。现裁缝已懂此妙诀，而专做此种袖口之衣服矣	无聊	卷袖时装[N].北洋画报，1935-6-22
83	1935	现将全部货品削码九折外，凡购货一元以上者，花洋一元得购价值两元四角零之真丝绉或真丝平纺广告品一件	佚名	广告[N].浙江商报，1935-6-17
84	1935	以经济、耐用、美观三者为首要，即所谓物美价廉（针对选购衣料提出的基本原则）	之瑚	添置新衣时应该考虑的几点[J].家庭年刊，1935，4（3）
85	1936	一般姐妹们十有八九都她们的腿忽略过去，弄得不直不壮，十分不雅，为要女子强壮非露腿不可，欲求美观，亦非露腿不可	秀娟	露腿发生问题[J].玲珑，1936（257）：3129
86	1936	不论是东方人或西方人，服饰虽各不相同，但服饰美的原理，却似乎不分中外	严芷容	服装美的基本条件[J].快乐家庭，1936（2）：12

续表

序号	年代	内容	作者	文献出处
87	1936	我国旗袍的妙处，就妙在它特别的长度，将全身紧紧裹住，显露出曲线之美……最新式旗袍的制出，(样式)也略有变更。在从前颈部纽扣纽襻二至三档，自襟至摆再加十一至十三档，现在颈部纽扣仍旧，底下则大大不同，用揿扣七粒代替。故裁制方面，亦颇别致。襟特别斜，上面的衩，开到肘下一二寸处，而下摆并不开衩。所以穿起来，不是像平常旗袍般先将手伸入袖子里去，然后扣纽。是要像穿裤子般的先将旗袍套上，然后把两只手伸入袖子里去，然后把揿扣揿好，便觉无缝天衣，熨贴非常……但至今日，不少摩登小姐，都喜欢洋太太们所穿的印花布。这种花纹，是精细底而非粗枝大叶底，颜色一律是白底而加印上淡红的淡黄的淡蓝的花纹	佚名	最新旗袍样式[J].玲珑，1936(257)：3129
88	1937	漂亮的太太们把长旗袍称赞得和宝衣一样！凡是女人，一穿上长旗袍，就自然会美丽起来；譬如站着的时候，虽不花枝招展，可真是亭亭玉立。如果蹬上高跟鞋，在绿茸茸的草地上面慢慢地散步着，阿呀！人家看起来，真比神仙还要飘洒！只要穿长旗袍，就可以把人显得文雅秀气	胡蔺畦	长旗袍与高跟鞋[J].玲珑，1937(288)：1623-1626
89	1938	讲到样式，高硬的领头，长得拖地的下摆，开在大腿间的步衩，和束得箍桶似的腰身，都已风行过一时了的。在今年则行着低领头、没袖子和下摆短在脚弯上的式样了。就是布料，一忽见白地蓝花，一忽见点条的“纶昌”(英国布料)在推陈出新	余振雄	截长成短的短旗袍[N].申报(副刊)，1938-10-10
90	1944	现在要紧的是人，旗袍的作用不外乎烘云托月忠实地将人体轮廓曲曲勾出。革命前的装束却反之，人属次要，单只注重诗意的线条，于是，女人的体格公式化，不脱衣服，不知道她与她有什么不同	张爱玲	更衣记.流言[M].上海：中国科学公司，1944：74
91	1948以前	海禁开放以后，外国材料源源不绝的输入，在鸦片战争以前，洋货只有羽纱、呢绒之类，后来花色日多，洋绸、洋缎、洋锦，要比国产绸缎便宜得多，洋布更充斥于市场。材料既易取得，观念也会渐渐地改变，衣服大小、肥瘦有别，尺寸更该合身一些。许多费时费工的滚嵌觉得太累赘了，缝纫方法，亦趋于简单化。同时外国装饰之输入，使式样改变的更快，这种种都是造成风气的原因。上海因华洋杂处，便得风气之先，成为时装的权威者。过去所谓“京装”、“苏式”，已跟着衰落了。而南方的“粤衣”、“港衣”，也可说是上海的一支。近百年来，上海乃是操纵中国妇女装饰的大本营	屠诗聘	上海市大观(下)[M].上海：中国图书编译馆，1948：19
92	1948以前	在旗袍尚未流行以前，妇女们都是两截穿衣的，材料也是洋货，式样大同小异。这时真正的时装，谓之“番装”。那是完全洋式服装，但只限于小孩子的衣帽，妇女们虽然偶一穿之也仅在照相馆中镜头上扮一“番妹”，穿起来在街上走的很少。后来留日之风大盛，日本服装也为一般时髦女子所醉心，当时流行的衣衫是既窄且长，裙上也无绣文，其色尚玄，配上手表，椭圆的小蓝色眼镜，加以皮包和绢伞，是最时髦不过的。那时所谓的时装，对于闺阁千金，影响尚少，而北里中却有许多奇形怪状	屠诗聘	上海市大观(下)[M].上海：中国图书编译馆，1948：19

续表

序号	年代	内容	作者	文献出处
93	1948以前	有一时期盛行一件长马甲，加在旗袍的外面。这是从旗装的坎肩变化而来的。于是妇女们纷纷模仿，成为一时之风尚，后来渐渐地走了样，外面虽然是长马甲，可是罩在里面的，已不是长旗袍而是一件短袄。甚至在褂肩上做一线缝，假充长背心，且较长背心更为熨帖，于是一而二,二而一，不可复辨	屠诗聘	上海市大观（下）[M].上海：中国图书编译馆，1948：48
94	1948以前	妇女们穿旗袍，不仅在中国普遍流行，并且流传到了美国。这还是民国廿四五年间事。可惜抗战旋起，否则倒很可以藉此推广国产丝绸的销路。可见旗袍之流传于海外，亦非偶然之事	屠诗聘	上海市大观（下）[M].上海：中国图书编译馆，1948：48